21世纪高等学校规划教材 | 电子信息

信号与系统分析

高继森 主编

清华大学出版社
北京

内容简介

本书较系统地介绍了信号与系统的基本概念、基本理论和基本分析方法。内容包括连续时间信号与系统的时域分析、频域分析及复频域分析，离散时间系统的时域分析及 Z 域分析，状态变量分析法，并附有信号与系统分析实验。配合正文，书中配有大量的例题和习题，并附有部分习题的答案。

本书可作为高等院校电信、电子、电气控制、自动化等电类专业基础课程的教材，也可供有关科技人员参考。

图书在版编目(CIP)数据

信号与系统分析/高继森主编. —北京：清华大学出版社，2012.10(2024.2重印)
(21世纪高等学校规划教材·电子信息)
ISBN 978-7-302-29358-3

Ⅰ. ①信… Ⅱ. ①高… Ⅲ. ①信号分析—高等学校—教材 ②信号系统—系统分析—高等学校—教材 Ⅳ. ①TN911.6

中国版本图书馆 CIP 数据核字(2012)第 156907 号

责任编辑：郑寅堃 赵晓宁
封面设计：傅瑞学
责任校对：梁 毅
责任印制：宋 林

出版发行：清华大学出版社
网 址：https://www.tup.com.cn，https://www.wqxuetang.com
地 址：北京清华大学学研大厦 A 座 邮 编：100084
社 总 机：010-83470000 邮 购：010-62786544
投稿与读者服务：010-62776969，c-service@tup.tsinghua.edu.cn
质量反馈：010-62772015，zhiliang@tup.tsinghua.edu.cn
课件下载：https://www.tup.com.cn，010-83470236
印 装 者：涿州市般润文化传播有限公司
经 销：全国新华书店
开 本：185mm×260mm 印 张：17.5 字 数：437 千字
版 次：2012 年 10 月第 1 版 印 次：2024 年 2 月第12次印刷
印 数：5701～6200
定 价：49.00 元

产品编号：047251-02

编审委员会成员

出版说明

随着我国改革开放的进一步深化，高等教育也得到了快速发展，各地高校紧密结合地方经济建设发展需要，科学运用市场调节机制，加大了使用信息科学等现代科学技术提升、改造传统学科专业的投入力度，通过教育改革合理调整和配置了教育资源，优化了传统学科专业，积极为地方经济建设输送人才，为我国经济社会的快速、健康和可持续发展以及高等教育自身的改革发展做出了巨大贡献。但是，高等教育质量还需要进一步提高以适应经济社会发展的需要，不少高校的专业设置和结构不尽合理，教师队伍整体素质亟待提高，人才培养模式、教学内容和方法需要进一步转变，学生的实践能力和创新精神亟待加强。

教育部一直十分重视高等教育质量工作。2007 年 1 月，教育部下发了《关于实施高等学校本科教学质量与教学改革工程的意见》，计划实施"高等学校本科教学质量与教学改革工程"(简称"质量工程")，通过专业结构调整、课程教材建设、实践教学改革、教学团队建设等多项内容，进一步深化高等学校教学改革，提高人才培养的能力和水平，更好地满足经济社会发展对高素质人才的需要。在贯彻和落实教育部"质量工程"的过程中，各地高校发挥师资力量强、办学经验丰富、教学资源充裕等优势，对其特色专业及特色课程(群)加以规划、整理和总结，更新教学内容、改革课程体系，建设了一大批内容新、体系新、方法新、手段新的特色课程。在此基础上，经教育部相关教学指导委员会专家的指导和建议，清华大学出版社在多个领域精选各高校的特色课程，分别规划出版系列教材，以配合"质量工程"的实施，满足各高校教学质量和教学改革的需要。

为了深入贯彻落实教育部《关于加强高等学校本科教学工作，提高教学质量的若干意见》精神，紧密配合教育部已经启动的"高等学校教学质量与教学改革工程精品课程建设工作"，在有关专家、教授的倡议和有关部门的大力支持下，我们组织并成立了"清华大学出版社教材编审委员会"(以下简称"编委会")，旨在配合教育部制定精品课程教材的出版规划，讨论并实施精品课程教材的编写与出版工作。"编委会"成员皆来自全国各类高等学校教学与科研第一线的骨干教师，其中许多教师为各校相关院、系主管教学的院长或系主任。

按照教育部的要求，"编委会"一致认为，精品课程的建设工作从开始就要坚持高标准、严要求，处于一个比较高的起点上。精品课程教材应该能够反映各高校教学改革与课程建设的需要，要有特色风格、有创新性(新体系、新内容、新手段、新思路，教材的内容体系有较高的科学创新、技术创新和理念创新的含量)、先进性(对原有的学科体系有实质性的改革和发展，顺应并符合 21 世纪教学发展的规律，代表并引领课程发展的趋势和方向)、示范性(教材所体现的课程体系具有较广泛的辐射性和示范性)和一定的前瞻性。教材由个人申报或各校推荐(通过所在高校的"编委会"成员推荐)，经"编委会"认真评审，最后由清华大学出版社审定出版。

目前，针对计算机类和电子信息类相关专业成立了两个“编委会”，即“清华大学出版社计算机教材编审委员会”和“清华大学出版社电子信息教材编审委员会”。推出的特色精品教材包括：

(1) 21世纪高等学校规划教材·计算机应用——高等学校各类专业，特别是非计算机专业的计算机应用类教材。

(2) 21世纪高等学校规划教材·计算机科学与技术——高等学校计算机相关专业的教材。

(3) 21世纪高等学校规划教材·电子信息——高等学校电子信息相关专业的教材。

(4) 21世纪高等学校规划教材·软件工程——高等学校软件工程相关专业的教材。

(5) 21世纪高等学校规划教材·信息管理与信息系统。

(6) 21世纪高等学校规划教材·财经管理与应用。

(7) 21世纪高等学校规划教材·电子商务。

(8) 21世纪高等学校规划教材·物联网。

清华大学出版社经过三十多年的努力，在教材尤其是计算机和电子信息类专业教材出版方面树立了权威品牌，为我国的高等教育事业做出了重要贡献。清华版教材形成了技术准确、内容严谨的独特风格，这种风格将延续并反映在特色精品教材的建设中。

清华大学出版社教材编审委员会

联系人：魏江江

E-mail：weijj@tup.tsinghua.edu.cn

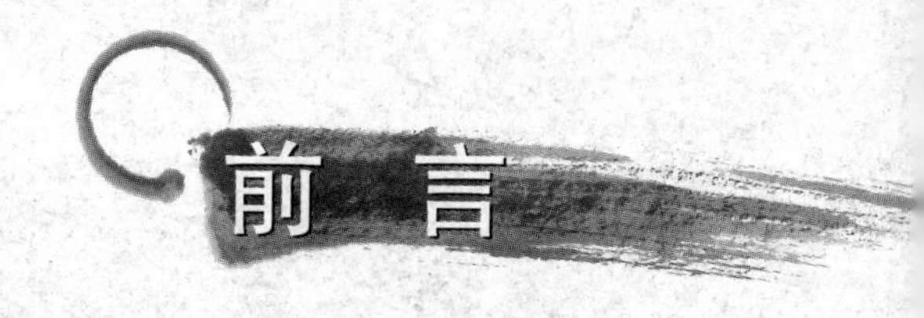

前言

信号与系统分析是高等工科院校电信、电子、电气工程、自动控制、自动化等专业必修的技术基础先导课程，该课程的地位在大学本科4年的学习过程中是举足轻重的。该课程中所涉及的内容是学生学习后续专业课的基础。

本书的主要任务是介绍信号与系统的基本概念、基本理论和基本分析方法，使学生掌握其基本概念和原理、基本分析方法，即信号与系统的时域分析法、频域分析法、复频域分析法、Z域分析、系统的状态变量分析法，以提高学生的分析思维能力和计算能力，为学习后续课程奠定良好的基础。

本书编写基本原则是立足于实事求是、夯实基础、精选内容、有利教学的指导思想，从授课的对象出发，考虑实际授课学时，兼顾课程自身广度与深度的关系，有针对性地为学生奠定好基础理论。本书的体系符合由浅入深、循序渐进的认识规律，采用信号—系统分析；时域—频域—复频域分析；连续—离散系统分析体系。编者认为，这样一种结构符合由浅入深、由简到繁、由静到动、由局部到整体的认识规律，便于引导学生逐步由浅入深，最终具备较完整的基础理论知识。书中配有较丰富的例题与习题，有助于学生对基本内容的理解和掌握。

本书由高继森、王玮和王芬琴合作编写。其中，第1、第2章及附录由高继森编写，第3和第4章由王玮编写，第5和第6章由王芬琴编写，高继森负责全书的组织及统稿工作，并任主编。在编写本书时，杨硕、贾安然、张雄、马子奕4位同志给予鼎立支持，在此一并表示感谢。

由于水平有限，书中难免有错误和不当之处，恳切希望读者批评指正。

来信请寄：兰州交通大学电子信息工程学院　邮编　730070

编　者

2012.4

目录

第1章 连续时间信号与系统的时域分析

随着现代科学技术的进步与发展,特别是高集成度与高速数字技术的飞跃发展,信息高速公路的建设,新材料、新工艺和新器件的不断出现,各技术学科领域和现代化工业的面貌发生了深刻和巨大的变化。当今科技革命的特征是以信息技术为核心,促使社会进入信息时代,使信号与系统日益复杂,也促进了信号与系统理论研究的发展。

系统理论主要研究两类问题,即分析与综合。系统分析是对给定的某具体系统,求出它对于给定激励的响应;系统综合则是在给定输入(激励)的条件下,为获得预期的输出(响应)去设计具体的系统。

本书讨论的范畴仅限于信号与非时变线性系统的分析。

1.1 信号的定义与分类

人类在社会活动和日常生活中,无时无刻不涉及信息的获取、存储、传输与再现。可以说上至天文,下至地理;大到宇宙,小到粒子、核子的研究,乃至工业生产、社会发展及家庭生活都离不开信息科学,故信息对每个人都赋予了特别重要的意义。"信息化"成为现代社会生活的特征。作为信息的表现形式和运载工具的信号也越来越复杂,对它的研究也越来越重要。

信息是反映人们得到"消息",即原来不知道的知识,信息是人们认识客观世界的知识源泉。获取信息、传输信息和交换信息,自古至今一直是人类基本的社会活动。从公元前700余年,祖先利用烽火传递警报,到现代的电话、电报、传真、无线广播与电视,其目的都是要把某些"消息(message)"借一定形式的信号从一个地方传递到另一个地方,给对方以信息(information)。即信息要用某种物理方式表达出来,通常可以用语言、文字、图画、数据、符号等来表达。也就是说,信息通常隐含于一些按一定规则组织起来的约定的"符号"之中,这种约定方式组成的"符号"统称为消息。因此,消息中通常包含大量的信息。但是,信息一般都不能直接传送,它必须借助于一定形式的信号(光信号、声信号、电信号等),才能远距离快速传输和进行各种处理。因此,可以说信号是消息的载体,是消息的一种表现形式。

广义地说,信号是带有信息的随时间变化的物理量或物理现象。例如,机械振动产生力信号、位移信号及噪声信号;雷电过程产生的声、光信号;大脑、心脏运动分别产生脑电和心电信号;电气系统随参数变化产生电磁信号等。在通信技术中,信号是消息的表现形式,它是传送各种消息的工具，是通信传输的客观对象。

目前由于电信号具有易于传输和可与其他信号相互转换的特点，得到了迅速的发展。电信号是指带有一定信息量，随时间而变化的电流或电压，电容器上的电荷、电感线圈的磁通及空间的电磁波等。本教材主要研究随时间变化的电流或电压信号。

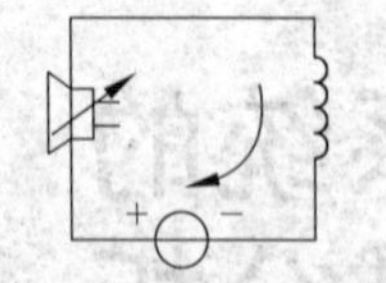
图 1-1-1　炭粒话筒电路

下面举例说明电流或电压是怎样携带信息量的。图 1-1-1 是一炭粒话筒电路。轻重不同的声音作用在话筒中的炭粒电阻上，炭粒电阻值的大小将随声音而变化，变化的阻值控制着电路中电流的强弱，也就是说电流变化的规律是与语言信息相对应的。这种电流就是一种电信号，通过电感线圈可以把这种变化的电信号传送出去并进行放大，在接收端还可以还原为相同的语音。研究电信号的目的在于了解各种电信号的组成及其变化规律，以便按照人的意志产生、传输和恢复信号或进一步了解信号所携带的信息。下面从信号的分类中指出要研究的电信号的类型。

信号的分类方法很多，可以从不同的角度对信号进行分类。在信号与系统分析中，常以信号所具有的时间函数特性来加以分类。这样，信号可以分为确定信号与随机信号(图 1-1-2)、连续时间信号与离散时间信号、周期信号与非周期信号、能量信号与功率信号、实信号与复信号等。

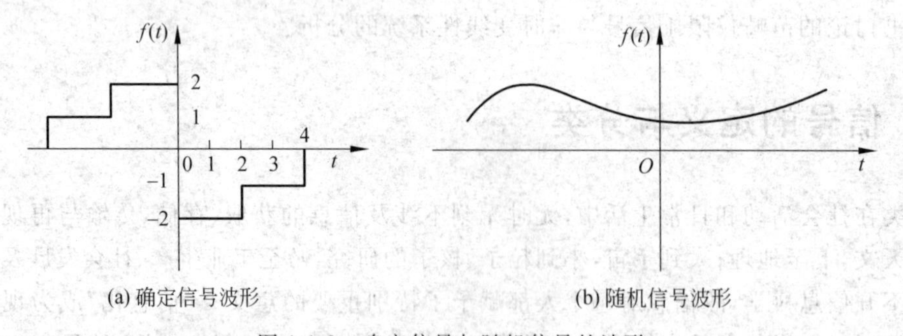

图 1-1-2　确定信号与随机信号的波形

1. 确定信号与随机信号

按时间函数的确定性划分，信号可分为确定信号与随机信号两类。

确定信号(determinatesignal)是指一个可以用明确的数学关系式描述的信号，即可以表示为一个或几个自变量的确定的时间函数的信号。也就是预先知道它的变化规律，是时间的确定函数，即在给定的某一时刻，信号有确定的值，如正弦信号、周期脉冲信号等。随机信号(random signal)则与之不同，不能预知它随时间变化的规律，是时间的确定函数，即不能用数学关系式描述，其幅值、相位变化是不可预知的，通常只知道它取某一些数值的概率，如噪声信号、汽车奔驰时所产生的振动信号等，但是在一段时间内由于它的变化规律比较确定，可以近似为确定信号。因此，为了分析方便，首先研究确定信号，在此基础上，根据随机信号的统计规律再研究随机信号。本书主要研究确定信号。

对于确定信号，它可以进一步分为周期信号、非周期信号与准周期信号。

周期信号(periodic signal)是指经过一定时间可以重复出现的信号，其表达式为

$$f(t)=f(t+nT)\quad n=0,\pm1,\pm2,\cdots \tag{1.1.1}$$

满足此关系式的最小 T 值称为信号的周期。这种信号，只要给出任一周期内的变化规律，即可确定它在所有其他时间内的规律性。

非周期信号(aperiodic signal)在时间上不具有周而复始的特性，往往具有瞬变性，也可以看做一个周期 T 趋于无穷大时的周期信号。

准周期信号是周期与非周期的边缘情况，由有限个周期信号合成，但各周期信号的频率相互不是公倍数的关系，其合成信号不满足周期信号的条件。这种信号往往出现于通信领域。例如，

$$f(t)=\cos t+\cos\sqrt{2t}$$

就是这种准周期信号。

2. 连续时间信号与离散时间信号

按照时间函数取值的连续性，可将信号分为连续时间信号与离散时间信号，简称连续信号与离散信号。

连续信号(continuous signal)是指在所讨论的时间间隔内，除若干个第一类间断点，对于任意时刻值都可以给出确定的函数值。此类信号称为连续信号或模拟信号，通常用 $f(t)$ 表示，如图 1-1-3 所示。

离散信号(discrete signal)是指在所讨论的时间区间不连续规定的时刻给出函数值，而在其他时刻没有给出函数。通常用 $f(t_k)$ 或 $f(nT)$[简写为 $f(n)$]表示。由于它是由一组按时间顺序的观测值所组成，因此也称为时间序列或简称序列，如图 1-1-4 所示。离散信号又可分为两种情况：时间离散而幅值连续时，称为采样信号；时间离散而幅值量化时，则称为数字信号。

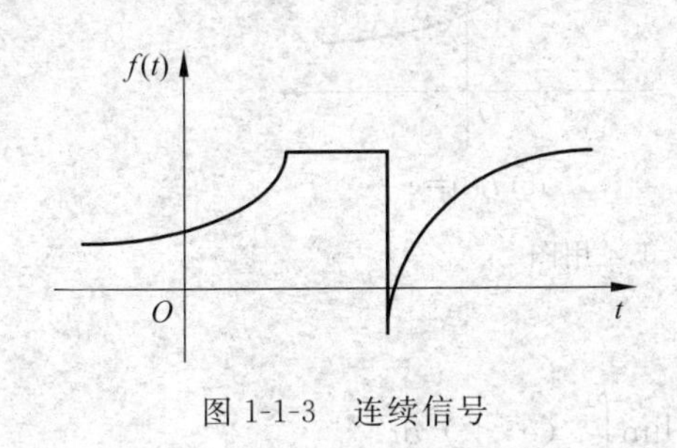

图 1-1-3　连续信号

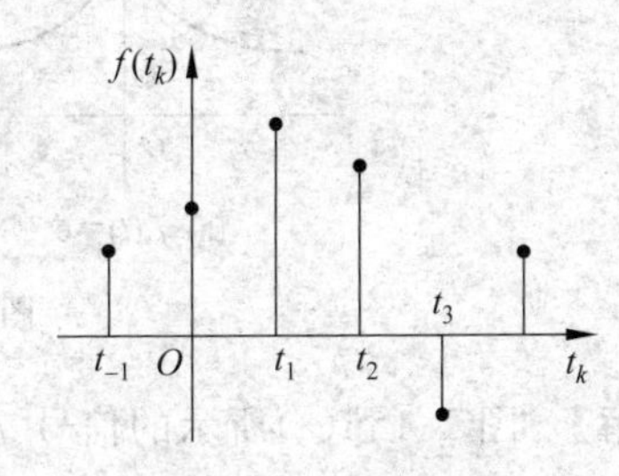

图 1-1-4　离散信号

3. 能量信号与功率信号

信号按时间函数的可积性划分，可以分为能量信号、功率信号和非功率非能量信号。信号可以看做是随时间变化的电压或电流，将其加到一电阻上的能量，简称为信号能量 E，即

$$E=\lim_{T\to\infty}\int_{-T}^{T}f^2(t)\,\mathrm{d}t \tag{1.1.2}$$

其平均功率定义为

$$P=\lim_{T\to\infty}\frac{1}{2T}\int_{-T}^{T}f^2(t)\,\mathrm{d}t \tag{1.1.3}$$

若信号 $f(t)$ 的能量有界，即 $0<E<\infty$，此时 $P=0$，则称此信号为能量有限信号，简称能量信号(energy signal)。

若信号 $f(t)$ 的功率有界，即 $0<P<\infty$，此时 $E=0$，则称此信号为功率有限信号，简称功率信号(power signal)。

值得注意的是，一个信号不可能同时既是功率信号又是能量信号，但可以是一个既非功率信号又非能量信号，如单位斜坡信号就是一个例子。一般来说，周期信号都是功率信号；非周期信号则可能有 3 种情况，即能量信号、功率信号、非能量非功率信号。例如，持续时间有限的非周期信号为能量信号，如图 1-1-5(a)所示；持续时间无限、幅度有限的非周期信号为功率信号，如图 1-1-5(b)所示；持续时间、幅度均无限的非周期信号为非功率非能量信号，如图 1-1-5(c)所示。

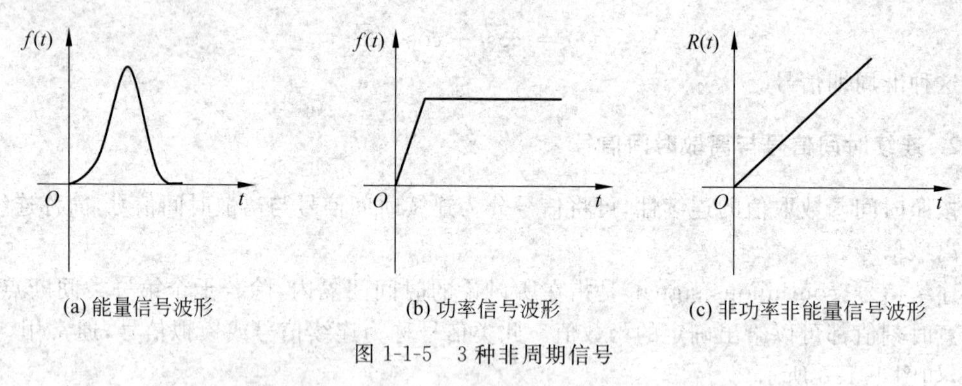

(a) 能量信号波形　(b) 功率信号波形　(c) 非功率非能量信号波形

图 1-1-5　3 种非周期信号

例 1.1.1　如图 1-1-6 所示信号，判断其是否为能量信号与功率信号。

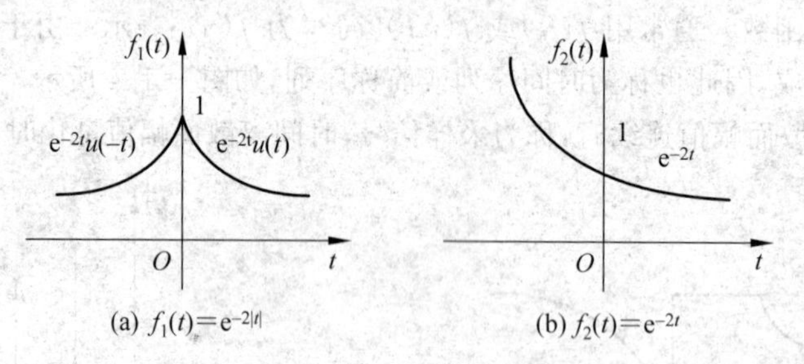

(a) $f_1(t)=\mathrm{e}^{-2|t|}$　(b) $f_2(t)=\mathrm{e}^{-2t}$

图 1-1-6　例 1.1.1 用图

【解】　图 1-1-6(a)所示的信号 $f_1(t)=\mathrm{e}^{-2|t|}$

$$E=\lim_{T\to\infty}\int_{-T}^{T}f^2(t)\,\mathrm{d}t=\lim_{T\to\infty}\int_{-T}^{T}(\mathrm{e}^{-2|t|})^2\,\mathrm{d}t$$

$$=\int_{-\infty}^{0}\mathrm{e}^{4t}\,\mathrm{d}t+\int_{0}^{\infty}\mathrm{e}^{-4t}\,\mathrm{d}t=2\int_{0}^{\infty}\mathrm{e}^{-4t}\,\mathrm{d}t=\frac{1}{2}$$

$$P=0$$

因此该信号为能量信号。

对于图 1-1-6(b)所示信号 $f_2(t)=\mathrm{e}^{-2t}$，则有

$$E=\lim_{T\to\infty}\int_{-T}^{T}f^2(t)\,\mathrm{d}t=\lim_{T\to\infty}\int_{-T}^{T}(\mathrm{e}^{-2t})^2\,\mathrm{d}t=\lim_{T\to\infty}\left[-\frac{\mathrm{e}^{-4T}-\mathrm{e}^{4T}}{4}\right]=\infty$$

$$P=\lim_{T\to\infty}\frac{E}{2T}=\lim_{T\to\infty}\frac{\mathrm{e}^{4T}-\mathrm{e}^{-4T}}{8T}=\lim_{T\to\infty}\frac{\mathrm{e}^{4T}}{8T}=\lim_{T\to\infty}\frac{\mathrm{e}^{4T}}{2}=\infty$$

所以该信号既非能量信号又非功率信号。由此可见，按能量信号与功率信号分类时，从理论

上讲尚未包含所有的信号。

4. 时限与频限信号

时域有限信号是在有限区间(t_1,t_2)内定义，而其外恒等于零，如矩形脉冲、三角脉冲、余弦脉冲等。周期信号、指数衰减信号、随机过程等则称为时域无限信号。

频域有限信号是指信号经过傅里叶变化，在频域内占据一定带宽(f_1,f_2)，其外恒等于零。例如，正弦信号、限带白噪声等，为时域无限频域有限信号；$\delta(t)$函数、白噪声、理想采样信号等，则为频域无限信号。

时间有限信号的频谱，在频率轴上还可以延伸至无限远。由时、频域对称性可推论，一个具有有限带宽的信号，必然在时间轴上延伸至无限远处。显然，一个信号不能在时域和频域都是有限的。

1.2 信号的描绘与运算

规则信号都可用时间函数表示出来，根据这些时间函数，又可画出它们随时间变化的图形，称为信号波形。有时信号波形可以由实验测量得到或由示波器观察得到，有时又要求写出它们的表达式。所以，根据时间信号的表达式正确地画出波形和根据波形正确地写出表达式是信号分析的一项任务。另外，对信号与系统进行分析必然遇到一些信号的运算，为此介绍一些基本信号，通过对它们的研究，掌握其随时间变化的规律和运算规则，一些较复杂的信号就是由这些基本信号叠加而成的。

1.2.1 一些基本信号及性质

1. 正弦信号

正弦信号(sine signal)与余弦信号在相位上相差$\frac{\pi}{2}$，常常统称为正弦信号，表示为

$$f(t)=k\sin(\omega t+\varphi) \quad -\infty<t<\infty \tag{1.2.1}$$

式中，k为振幅；ω为角频率；φ为初相角。

正弦信号的波形如图1-2-1所示。

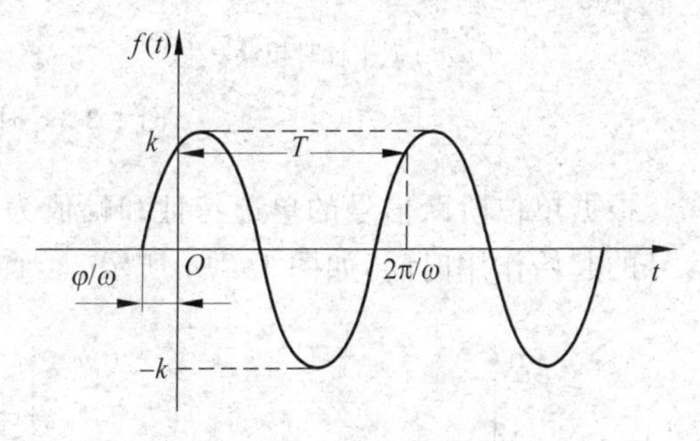

图1-2-1 正弦信号波形

正弦信号是周期信号，其周期T与角频率ω、频率f满足下列关系式，即

$$T=\frac{2\pi}{\omega}=\frac{1}{f} \tag{1.2.2}$$

正弦信号和余弦信号可用复指数信号来表示，它们的关系是

$$\sin\omega t=\frac{1}{2\mathrm{j}}(\mathrm{e}^{\mathrm{j}\omega t}-\mathrm{e}^{-\mathrm{j}\omega t}) \tag{1.2.3}$$

$$\cos\omega t = \frac{1}{2}(e^{j\omega t} + e^{-j\omega t}) \tag{1.2.4}$$

各种周期信号都可由正弦信号叠加得到。

2. 单位阶跃信号

单位阶跃信号(unit step funtion)用 $u(t)$ 表示，定义为

$$u(t) = \begin{cases} 1 & t > 0 \\ 0 & t < 0 \end{cases} \tag{1.2.5}$$

根据此式可画出单位阶跃信号的波形，如图 1-2-2 所示。

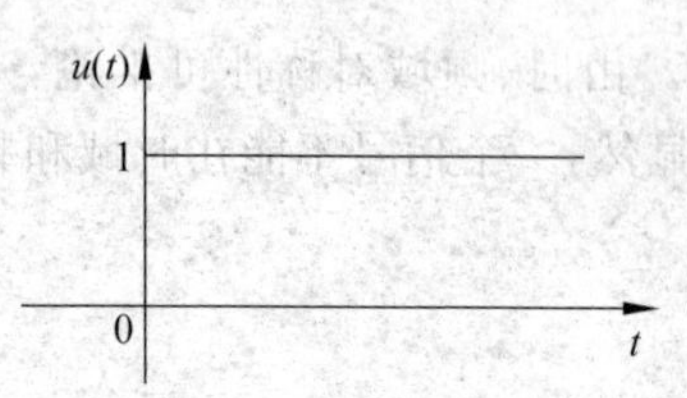

图 1-2-2 单位阶跃信号波形

由图 1-2-2 可见，在 $u(t)$ 中，当 $t<0$ 时函数值为 0；而当 $t>0$ 时，函数值为 1；$t=0$ 时函数值发生跳变，此时按要求可将函数值定义为 1、0 或 1/2。幅度不为 1 时称为阶跃信号，表示为 $f(t)=Au(t)$，A 为一常数。

单位阶跃信号可以迟于或早于计时起点发生，如图 1-2-3(a)、(b)所示。此时可以分别表示为

$$u(t-t_0) = \begin{cases} 1 & t > t_0 \\ 0 & t < t_0 \end{cases} \quad 和 \quad u(t+t_0) = \begin{cases} 1 & t > -t_0 \\ 0 & t < -t_0 \end{cases} \tag{1.2.6}$$

上面的写法符合单位阶跃函数的定义。例如，由图 1-2-3(a)可见，当 $t=t_0$ 即 $t-t_0=0$ 时函数值发生跳变；当 $t>t_0$ 即 $t-t_0>0$ 时，函数值为 1；当 $t<t_0$ 即 $t-t_0<0$ 时，函数值为 0，所以该阶跃函数的总量应该为 $t-t_0$，由此得出 $u(t-t_0)$ 的表达式(1.2.6)。

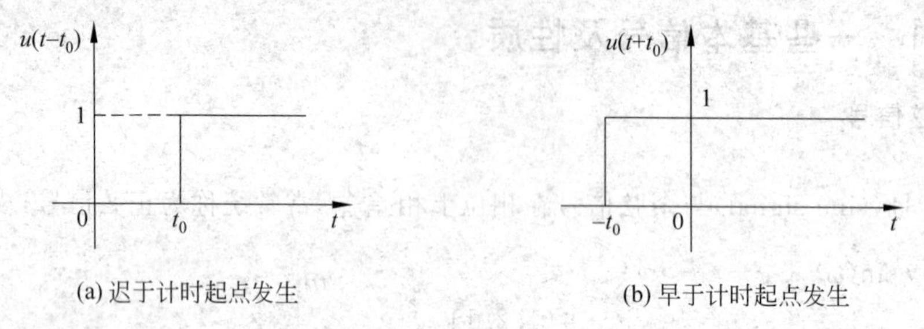

(a) 迟于计时起点发生　(b) 早于计时起点发生

图 1-2-3 时移的阶跃信号

根据单位阶跃信号的单边特性和幅值为 1 的特点，用它与任意信号相乘可以表示出该信号的起始作用时间，如图 1-2-4 所示。

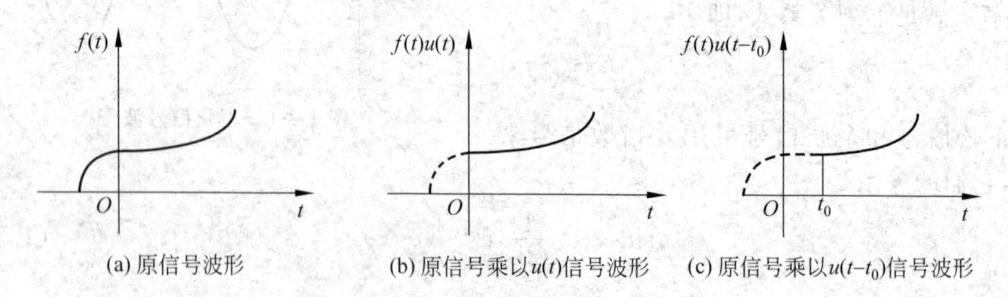

(a) 原信号波形　(b) 原信号乘以 $u(t)$ 信号波形　(c) 原信号乘以 $u(t-t_0)$ 信号波形

图 1-2-4 阶跃信号与任意信号相乘

阶跃信号叠加或与其他信号叠加可得到较为复杂的信号。信号分析中非常有用的门函数就是由延时阶跃信号叠加而成，如图 1-2-5 所示。

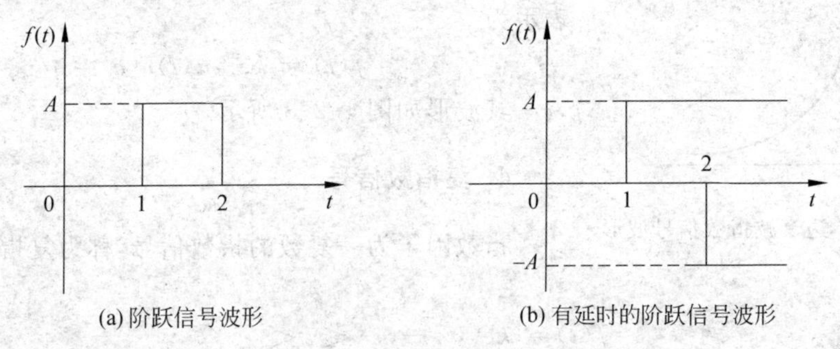

(a) 阶跃信号波形　　(b) 有延时的阶跃信号波形

图 1-2-5　门函数

$$f(t)=\begin{cases}A & 1<t<2\\0 & t<1,t>2\end{cases}\tag{1.2.7}$$

又可表示为

$$f(t)=A[u(t-1)-u(t-2)]\tag{1.2.8}$$

$f(t)$方括号内的表达式$[u(t-1)-u(t-2)]$称为门函数，其幅度为 1，门函数与任意信号相乘就会把该信号的作用时间限制在门函数的范围内，如图 1-2-6 所示。图中实线部分即信号 $f_1(t)$与门函数$[u(t-2)-u(t-4)]$相乘后的曲线。

3. 指数信号

指数信号(exponential signal)的定义式为

$$f(t)=k\mathrm{e}^{at}\quad -\infty<t<\infty\tag{1.2.9}$$

式中，a 为一实数。若 $a>0$，则信号随时间的增长而增长；若 $a<0$，则信号随时间的增长而衰减；$a=0$ 时信号成为直流信号；常数 k 是指数信号在 $t=0$ 时的值，指数信号的波形如图 1-2-7 所示。

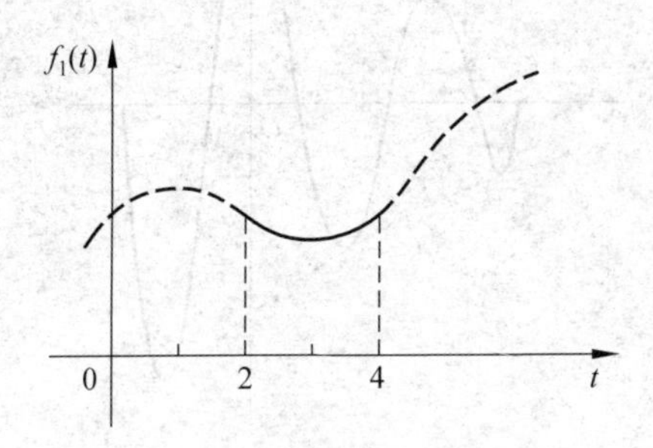

图 1-2-6　门函数与任意信号相乘

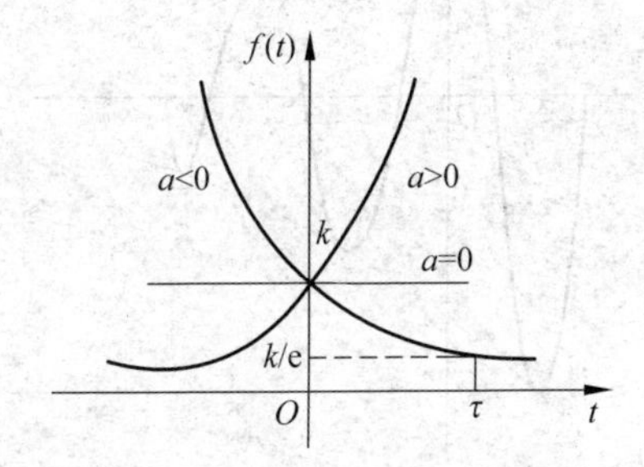

图 1-2-7　指数信号波形

$|a|$的大小反映了信号增长或衰减的速率。$|a|$越大，增长或衰减的速率越快。通常用 τ 来表示$|a|$的倒数，即 $\tau=\dfrac{1}{|a|}$，并称为指数信号的时间常数。τ 越大指数信号增长或衰减的速度越慢。

今后经常遇到的是 $a<0$ 的衰减信号，这时常把 a 的负号提出来，写为

$$f(t) = k\mathrm{e}^{-at} \quad a > 0, \quad -\infty < t < \infty \tag{1.2.10}$$

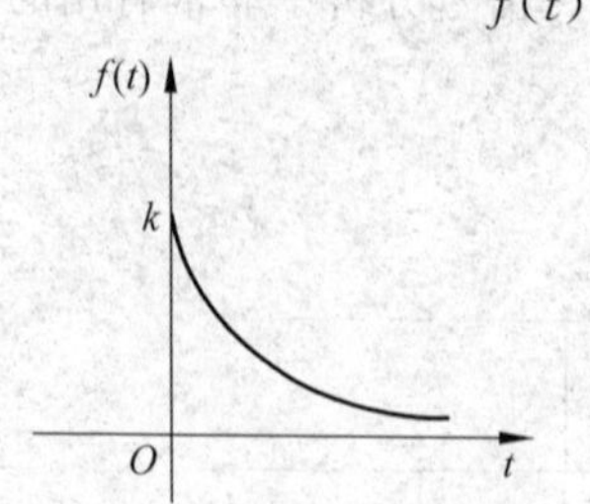

图 1-2-8 单边衰减指数信号波形

若此信号只在 $t>0$ 时才存在，则称为单边指数信号，表示为

$$f(t) = k\mathrm{e}^{-at}u(t) \quad a > 0$$

其波形如图 1-2-8 所示。

4. 复指数信号

指数因子为一复数的指数信号，称为复指数信号。表示为

$$f(t) = k\mathrm{e}^{st}, \quad -\infty < t < \infty$$

式中，$s=\sigma+\mathrm{j}\omega$，$\sigma$ 为复指数 s 的实部，ω 为复指数 s 的虚部系数。

根据欧拉公式

$$\mathrm{e}^{\pm\mathrm{j}\omega t} = \cos\omega t \pm \mathrm{j}\sin\omega t$$

上式可表示为

$$f(t) = k\mathrm{e}^{st} = k\mathrm{e}^{(\sigma+\mathrm{j}\omega)t} = k\mathrm{e}^{\sigma t}\cos\omega t + \mathrm{j}k\mathrm{e}^{\sigma t}\sin\omega t \quad a > 0, -\infty < t < \infty \tag{1.2.11}$$

式(1.2.11)表明复指数信号可分为实、虚两部分，即

$$\text{实部 } \mathrm{Re}[k\mathrm{e}^{st}] = k\mathrm{e}^{at}\cos\omega t$$

$$\text{虚部 } \mathrm{Im}[k\mathrm{e}^{st}] = k\mathrm{e}^{at}\sin\omega t$$

根据上面两式可画出复指数信号实、虚两部分的波形，随着 $\sigma<0$ 和 $\sigma>0$ 的不同，这两部分波形又可能是随时间的增长而衰减和随时间的增长而增长的波形。以后常遇到的是 $\sigma<0$ 时的衰减波形，因此把它们示于图 1-2-9 和图 1-2-10 中。

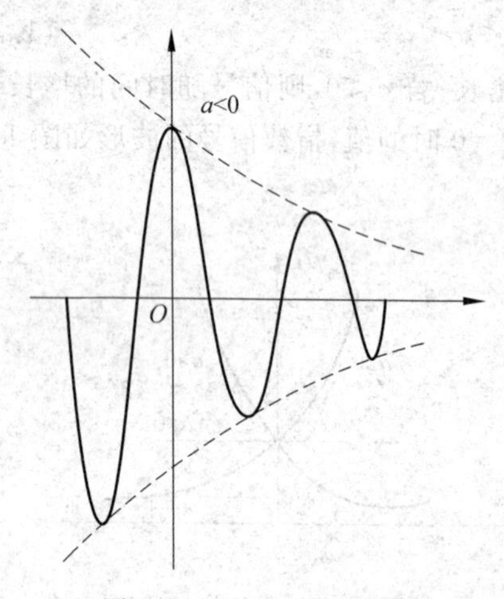

图 1-2-9 $a<0$ 时的波形

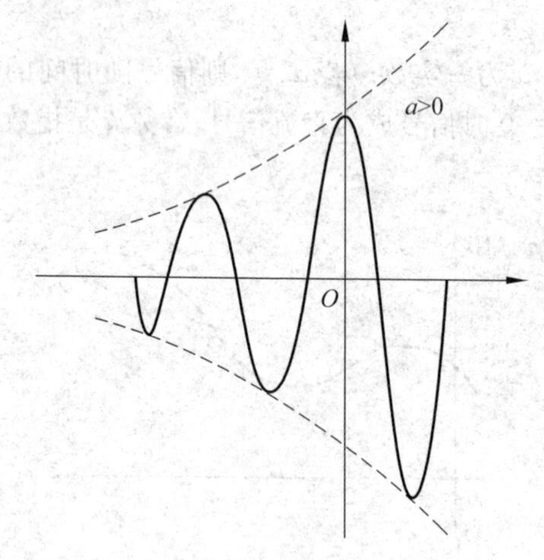

图 1-2-10 $a>0$ 时的波形

由图 1-2-9 和图 1-2-10 中可见，指数因子 σ 表征正弦函数及余弦函数的振幅随时间而变化的速率，ω 则是正弦函数与余弦函数的角频率，所以常把 s 称为复频率。

5. 正负号信号(单位符号信号)

定义式

$$\operatorname{sgn}(t)=\begin{cases}1 & t>0\\ -1 & t<0\end{cases}\tag{1.2.12}$$

的波形如图1-2-11所示，正负号函数在跳变点可不予以定义，或规定$\operatorname{sgn}(t)=0$。如果只考虑某信号的正负符号而不关心其函数值时，可记为$\operatorname{sgn}[f(t)]$。

例如，$\operatorname{sgn}[\cos u(t)]=f(t)$，其波形如图1-2-12所示。由图1-2-12可见，此时信号只有+1与−1两值和跳变点。这是因为根据正负号函数的定义：$\cos u(t)>0$时，正负号函数为+1；而$\cos u(t)<0$时，正负号函数值为−1所致。

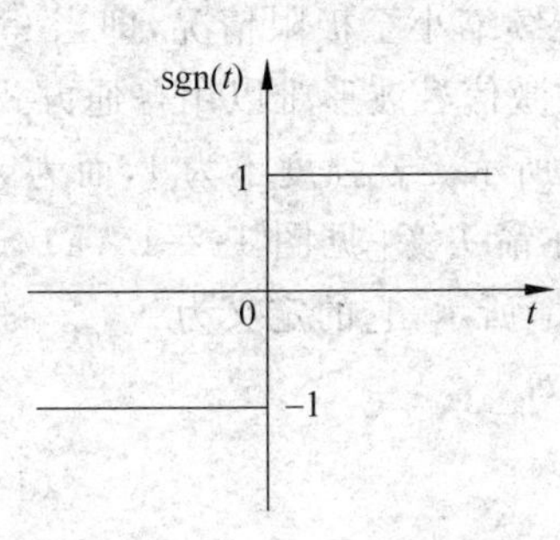

图1-2-11　正负号函数波形

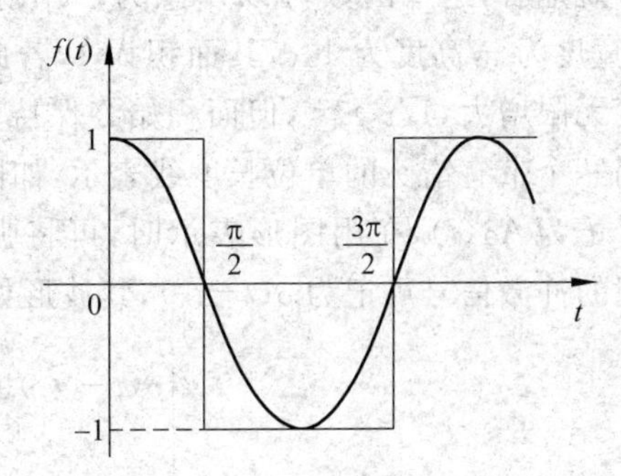

图1-2-12　sgn[cos$u(t)$]的波形

6. 单位斜坡信号

定义式为

$$R(t)=t,t\geqslant 0\quad 或\quad R(t)=tu(t)\tag{1.2.13}$$

其波形如图1-2-13所示。

由图1-2-13可见，单位斜坡信号是随时间的增长而成正比例地增长，且增长率为1的单边信号。若增长率不为1时，此信号称为斜坡信号，表示为$f(t)=AR(t)=Atu(t)$。单位斜坡信号与单位阶跃信号的关系是

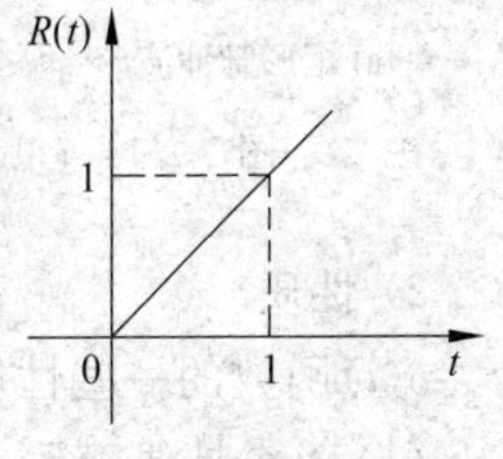

图1-2-13　单位斜坡信号

$$\int_{-\infty}^{t}u(\tau)\mathrm{d}\tau=\int_{0}^{t}\mathrm{d}\tau=t\quad t\geqslant 0$$

或

$$\int_{-\infty}^{t}u(\tau)\mathrm{d}\tau=R(t)=tu(t)\tag{1.2.14}$$

和

$$\frac{\mathrm{d}R(t)}{\mathrm{d}t}=1,\quad t\geqslant 0\quad 或\quad \frac{\mathrm{d}R(t)}{\mathrm{d}t}=u(t)\tag{1.2.15}$$

7. 单位冲激信号

1）定义

单位冲激信号是一个抽象的理想信号。它反映了自然界存在着的一系列相类似的现象，即作用时间很短、取值很大的物理现象，如电学中的雷击闪电、力学中的瞬间作用的冲击力及理想情况下电容器的充电现象等。单位冲激函数(unit impulse funtion)有效地反映了这些现象，称为信号与系统分析中一个很重要的信号，并得到了广泛的应用。单位冲激信号

用 $\delta(t)$ 表示。$\delta(t)$ 是 1930 年由英国物理学家狄拉克(P. A. M. Dirac)首先提出的，故又称为狄拉克函数或 δ 函数，它不能用普通的函数来定义，其工程定义为

$$\delta(t)=\begin{cases}0 & t\neq 0\\ \infty & t=0\end{cases} \quad 和 \quad \int_{-\infty}^{\infty}\delta(t)\mathrm{d}t=1 \tag{1.2.16}$$

上述定义表明，$\delta(t)$ 是在 $t=0$ 瞬间出现又立即消失的信号，且幅值为无限大；在 $t\neq 0$ 处，它始终为零，并且具有单位面积[常称为 $\delta(t)$ 的强度]。

直观地看，这一函数可以设想为一窄脉冲的极限。图 1-2-14(a)所示是一矩形脉冲 $P(t)$，宽度为 τ，高度为 $1/\tau$，其面积为 1，若此脉冲宽度继续缩小至极限情况，即当 $\tau\to 0$，这时高度无限增大，$1/\tau\to\infty$，但面积始终保持为 1。单位冲激信号波形难以用普通方式表达，通常用一个带有箭头的单位长度线表示，如图 1-2-14(b)所示。若强度不为 1，而为 A 的冲激信号记为 $A\delta(t)$，在用图形表示时，可将强度 A 标注在箭头旁[见图 1-2-15(a)]。延迟 t_0 出现的冲激信号可记为 $\delta(t-t_0)$，其波形如图 1-2-15(b)所示，它的定义为

$$\begin{cases}\delta(t-t_0)=\begin{cases}0 & t\neq t_0\\ \infty & t=t_0\end{cases}\\ \int_{-\infty}^{\infty}\delta(t-t_0)\mathrm{d}t=1\end{cases} \tag{1.2.17}$$

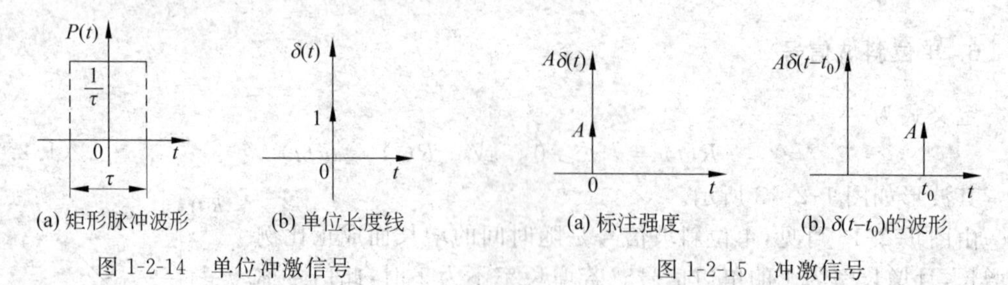

(a) 矩形脉冲波形 (b) 单位长度线

图 1-2-14 单位冲激信号

(a) 标注强度 (b) $\delta(t-t_0)$的波形

图 1-2-15 冲激信号

2）性质

$\delta(t)$ 函数的一些性质如下所示。

(1) $\delta(t)$ 是偶函数，即

$$\delta(t)=\delta(-t) \tag{1.2.18}$$

证明： $\int_{-\infty}^{\infty}f(t)\delta(-t)\mathrm{d}t \xlongequal{令\tau=-t} \int_{\infty}^{-\infty}f(-\tau)\delta(\tau)\mathrm{d}(-\tau)=\int_{-\infty}^{\infty}f(0)\delta(\tau)\mathrm{d}\tau=f(0)$

由此可见，$\delta(-t)=\delta(t)$，因为它也满足定义式。

(2) $\delta(t)$ 取样特性

由于单位冲激函数仅在零点有值，所以它与在原点连续的函数 $f(t)$ 相乘，并在 $\pm\infty$ 间对时间积分可将 $f(t)$ 函数在原点的值 $f(0)$ 取出，这一性质称为 $\delta(t)$ 函数的原点取样特性。如图 1-2-16 所示，表示为

$$\int_{-\infty}^{\infty}f(t)\delta(t)\mathrm{d}t=\int_{-\infty}^{\infty}f(0)\delta(t)\mathrm{d}t=f(0)\int_{-\infty}^{\infty}\delta(t)\mathrm{d}t=f(0) \tag{1.2.19}$$

同理，时移的冲激函数与连续函数 $f(t)$ 相乘，并在 $\pm\infty$ 间对时间积分，可将 $f(t)$ 函数在任一点的函数值取出，称为单位冲激函数的任一点取样特性，如图 1-2-17 所示，可表示为

$$\int_{-\infty}^{\infty} f(t)\delta(t-t_0)\mathrm{d}t = \int_{-\infty}^{\infty} f(t_0)\delta(t-t_0)\mathrm{d}t$$
$$= f(t_0)\int_{-\infty}^{\infty}\delta(t-t_0)\mathrm{d}t$$
$$= f(t_0) \tag{1.2.20}$$

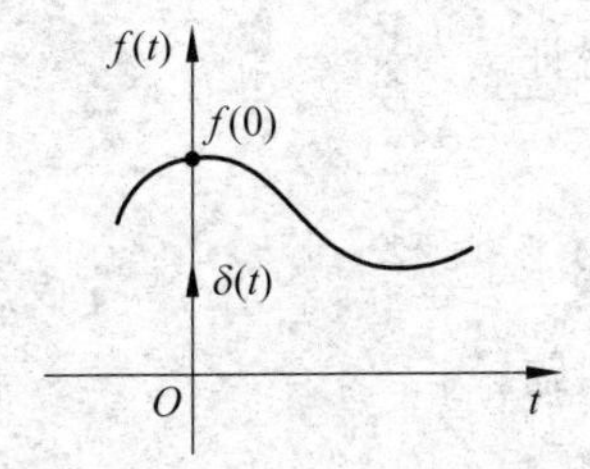

图 1-2-16　原点取样特性

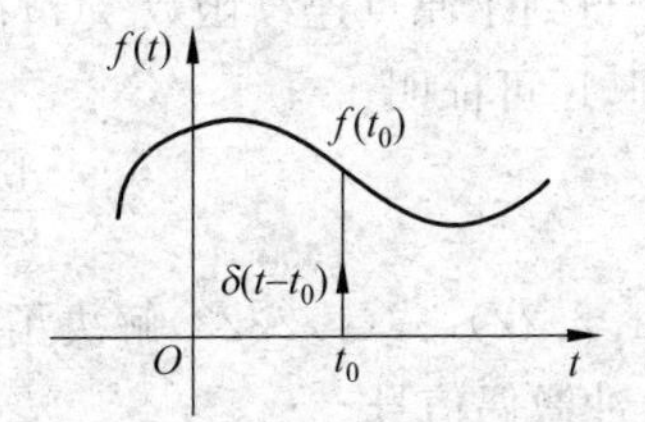

图 1-2-17　任一点取样特性

(3) 尺度特性

$\delta(t)$的尺度变换信号 $\delta(at)$与 $\delta(t)$有下面的关系，即

$$\delta(at) = \frac{1}{|a|}\delta(t) \tag{1.2.21}$$

证明：设 $at=x$，则当 $a>0$ 时有

$$\int_{-\infty}^{\infty} f(t)\delta(at)\mathrm{d}t = \frac{1}{a}\int_{-\infty}^{\infty} f\left(\frac{x}{a}\right)\delta(x)\mathrm{d}x = \frac{1}{a}f(0)$$

$a<0$ 时有

$$\int_{-\infty}^{\infty} f(t)\delta(at)\mathrm{d}t = \frac{1}{a}\int_{\infty}^{-\infty} f\left(\frac{x}{a}\right)\delta(x)\mathrm{d}x$$
$$= \frac{1}{-a}\int_{-\infty}^{\infty} f\left(\frac{x}{a}\right)\delta(x)\mathrm{d}x$$
$$= \frac{1}{-a}f(0)$$

由上面两式可得

$$\int_{-\infty}^{\infty} f(t)\delta(at)\mathrm{d}t = \frac{1}{|a|}f(0)$$

即

$$\int_{-\infty}^{\infty} f(t)\delta(at)\mathrm{d}t = \int_{-\infty}^{\infty} f(t)\frac{1}{|a|}\delta(t)\mathrm{d}t$$

尺度特性得证。

(4) $\delta(t)$与 $u(t)$的关系

$$\left.\begin{aligned}\int_{-\infty}^{t}\delta(t)\mathrm{d}t &= u(t)\\ \frac{\mathrm{d}u(t)}{\mathrm{d}t} &= \delta(t)\end{aligned}\right\} \tag{1.2.22}$$

证明：当 $t\geqslant 0$ 时，$\int_{-\infty}^{t}\delta(t)\mathrm{d}t = 1$；当 $t<0$ 时，$\int_{-\infty}^{t}\delta(t)\mathrm{d}t = 0$。

上面的结果说明积分值与 t 的关系符合单位阶跃函数的定义。另外，把$\frac{\mathrm{d}u(t)}{\mathrm{d}t}$代入

$\delta(t)$的性质(2)中

$$\int_{-\infty}^{\infty} f(t)\ \frac{\mathrm{d}u(t)}{\mathrm{d}t}\mathrm{d}t = f(t)u(t)\Big|_{-\infty}^{\infty} - \int_{-\infty}^{\infty} u(t)f'(t)\mathrm{d}t$$

$$= f(\infty) - \int_{-\infty}^{\infty} f'(t)\mathrm{d}t = f(0)$$

由于得到了原点连续函数 $f(t)$在原点的值 $f(0)$而得证。

同理,还可证明

$$\frac{\mathrm{d}u(t-t_0)}{\mathrm{d}t} = \delta(t-t_0) \tag{1.2.23}$$

式(1.2.22)、式(1.2.23)解决了在跳变点求导数的问题。

(5) 冲激偶信号

冲激偶函数是单位冲激函数对时间的一次导数,用 $\delta'(t)$表示,即

$$\delta'(t) = \frac{\mathrm{d}\delta(t)}{\mathrm{d}t} \tag{1.2.24}$$

为研究冲激偶函数的波形和性质,仍需从它的导出过程着手。现以三角波为例,三角波如图 1-2-18(a)所示。其表达式为

$$0 \leqslant t \leqslant \tau, \quad f(t) = \frac{1}{\tau} - \frac{1}{\tau^2}t$$

$$-\tau \leqslant t \leqslant 0, \quad f(t) = \frac{1}{\tau} + \frac{1}{\tau^2}t$$

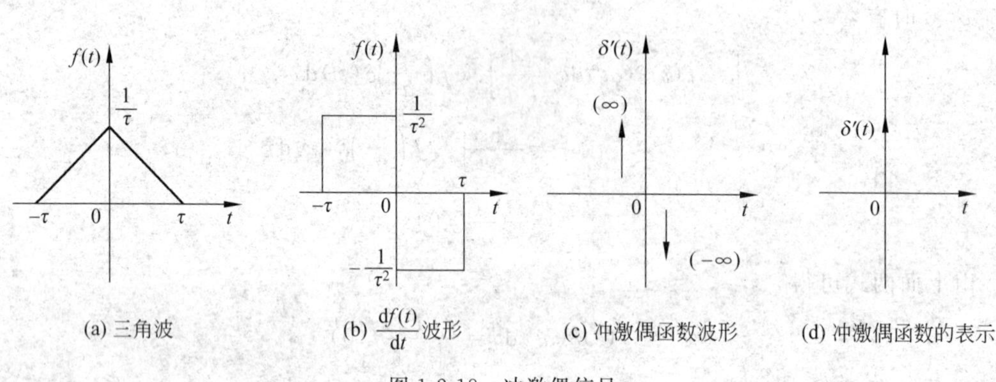

(a) 三角波 (b) $\frac{\mathrm{d}f(t)}{\mathrm{d}t}$波形 (c) 冲激偶函数波形 (d) 冲激偶函数的表示

图 1-2-18 冲激偶信号

当 $\tau\to0$ 时,用它可定义单位冲激信号,$\delta(t)=\lim\limits_{\tau\to0}f(t)$。于是有

$$\delta'(t) = \frac{\mathrm{d}}{\mathrm{d}t}\left[\lim_{\tau\to0}f(t)\right] = \lim_{\tau\to0}\left[\frac{\mathrm{d}}{\mathrm{d}t}f(t)\right]$$

$\frac{\mathrm{d}f(t)}{\mathrm{d}t}$的波形示于图 1-2-18(b)中,是两个以原点对称的方波,这两个方波在 $\tau\to0$ 时取极限后是两个原点对称、强度为无穷大的冲激函数,如图 1-2-18(c)所示。这就是冲激偶函数的波形,为使用方便,冲激偶函数的波形也常用一个旁边标有 $\delta'(t)$的向上箭头表示,如图 1-2-18(d)所示。与单位冲激信号一样,冲激偶信号也可由方波、钟形脉冲等其他信号导出,这里不再赘述。

冲激偶信号的性质如下:

① 取样特性。任一点取样,即

$$\int_{-\infty}^{\infty} f(t)\delta'(t-t_0)\mathrm{d}t = -f'(t_0) \tag{1.2.25}$$

证明：$\int_{-\infty}^{\infty} f(t)\delta'(t-t_0)\mathrm{d}t = f(t)\delta(t-t_0)\Big|_{-\infty}^{\infty} - \int_{-\infty}^{\infty}\delta(t-t_0)f'(t)\mathrm{d}t = -f'(t_0)$

上式中，当 $t_0=0$ 时可得到 $\delta'(t)$ 函数的原点取样特性。

原点取样，即

$$\int_{-\infty}^{\infty} f(t)\delta'(t)\mathrm{d}t = -f'(0) \tag{1.2.26}$$

② 冲激偶信号与任一信号 $F(t)$ 的乘积为

$$F(t)\delta'(t) = F(0)\delta'(t) - F'(0)\delta(t) \tag{1.2.27}$$

$$f(t)\delta'(t-t_0) = f(t_0)\delta'(t-t_0) - f'(t_0)\delta(t-t_0) \tag{1.2.28}$$

1.2.2　信号的运算

在信号与系统分析中经常遇到信号的运算问题，如在信号的卷积中就会遇到信号的反转、时移、相乘、积分等各种运算。为掌握这些运算规律，下面介绍几种信号的基本运算。

1. 信号的叠加

几个信号相加(减)将得到一个新的信号，该信号在任一瞬间的值等于相加(减)的信号在同一瞬间值的代数和。图 1-2-19(b)、(c)所示的波形为图 1-2-19(a)中两信号加、减后的新波形。

2. 信号的相乘

几个信号相乘后将得到一个新信号，任一瞬间该信号的值等于相乘信号在同一瞬间的值之积，图 1-2-20 给出了图 1-2-19(a)所示两信号乘积的波形。

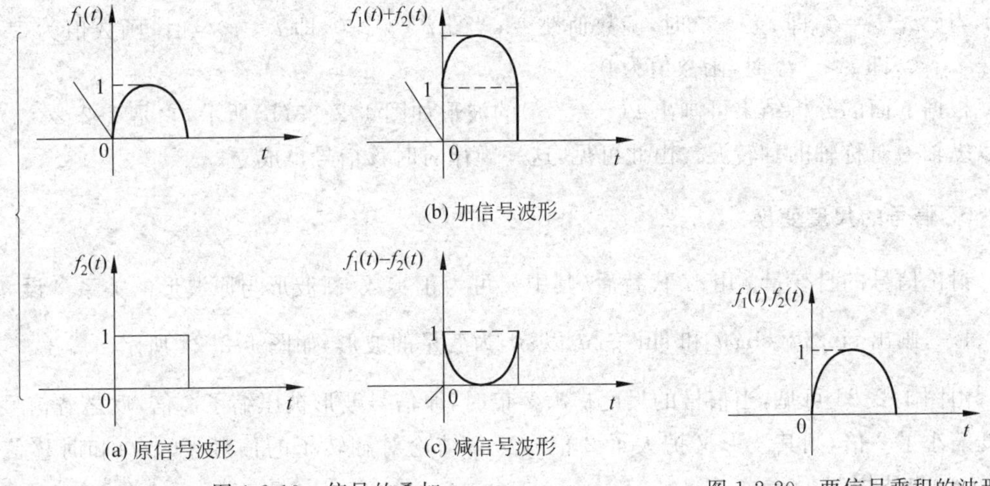

(a) 原信号波形　(b) 加信号波形　(c) 减信号波形

图 1-2-19　信号的叠加

图 1-2-20　两信号乘积的波形

3. 信号的时移

信号沿时间坐标轴向左或向右移动，它表示信号可在计时起点后出现。此时，信号的宗量将为 $t \pm t_0$，其中 $t_0 > 0$，并为所移动时间，右移为 $t - t_0$，左移为 $t + t_0$，下面用图 1-2-21(a)、(b)所示的波形说明这一结论。

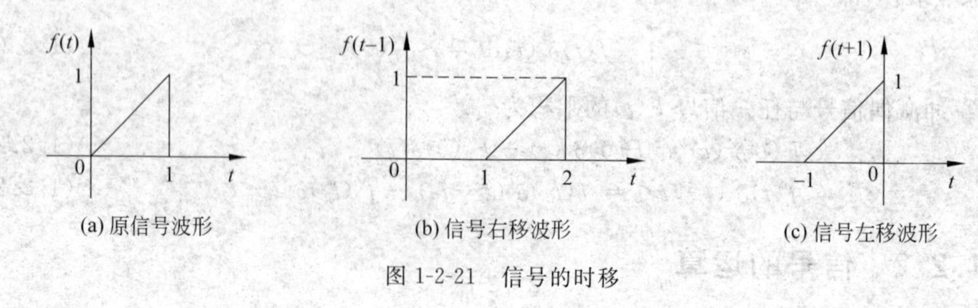

(a) 原信号波形　(b) 信号右移波形　(c) 信号左移波形

图 1-2-21　信号的时移

由图 1-2-21(a)可知，$f(t) = t[u(t) - u(t-1)]$，若用 $t-1$ 代替上式中的 t，则有

$$f(t-1) = (t-1)[u(t-1) - u(t-2)]$$

根据此式可画出图 1-2-21(b)所示的波形，显然它是 $f(t)$ 的波形向右移了 $t_0 = 1$ 后的波形。此虽属具体例子，但其时移规律对任意信号都是成立的。

4. 信号翻转

用 $-t$ 代替信号的自变量 t 后新的信号 $f(-t)$ 的波形是，原始信号以纵轴为对称轴翻转后的波形。用单位阶跃信号说明此问题。

根据单位阶跃信号的定义，$u(-t)$ 应在 $-t=0$，即 $t=0$ 时函数值发生跳变，而在 $-t>0$，即 $t<0$ 时，函数值为 1；$-t<0$，即 $t>0$ 时，函数值为零。由上面的结果可画出图 1-2-22(b)所示的波形，是原波形以纵轴为对称轴的翻转波形，若用 $-t$ 代替时移信号 $u(t-t_0)$ 的自变量 t 时，新波形是否也遵循这一规律呢？仍根据阶跃信号的定义分析信号 $u(-t-t_0)$。

当 $-t-t_0=0$，即 $t=-t_0$ 时，函数值跳变；当 $-t-t_0>0$，即 $t<-t_0$ 时，函数值为 1；当 $-t-t_0<0$，即 $t>-t_0$ 时，函数值为 0。

根据上面的分析结果可画出 $u(-t-t_0)$ 的波形如图 1-2-23(b)所示，它是 1-2-23(a)波形以纵轴为对称轴的翻转波。由此可见，这一规律对时移信号也成立。

5. 信号的尺度变换

讨论信号的自变量 t 用 at 代替后(其中 a 可为正实数)新波形与原波形的关系。设 $a=$ 2、1、1/2，画出 $\sin 2\omega t$、$\sin\omega t$ 和 $\sin\frac{1}{2}\omega t$ 以 ωt 为变量的波形，如图 1-2-24 所示。

由图 1-2-24 可见，当信号的尺度扩大 2 倍时，原信号波形被压缩了 2 倍，反之若信号的尺度缩小了 2 倍，则其波形又扩大了 2 倍。这一结论对翻转了的信号 $f(-t)$ 和时移信号 $f(t-t_0)$ 也适用。

用 $-\omega t$ 代替 $\sin\omega t$ 中的 ωt，得 $\sin(-\omega t) = -\sin(\omega t)$，其波形示于图 1-2-25(a)中，再用 $2\omega t$ 代替 $\sin(-\omega t)$ 中的 ωt，得 $\sin(-2\omega t) = -\sin(2\omega t)$，其波形示于图 1-2-25(b)中。由

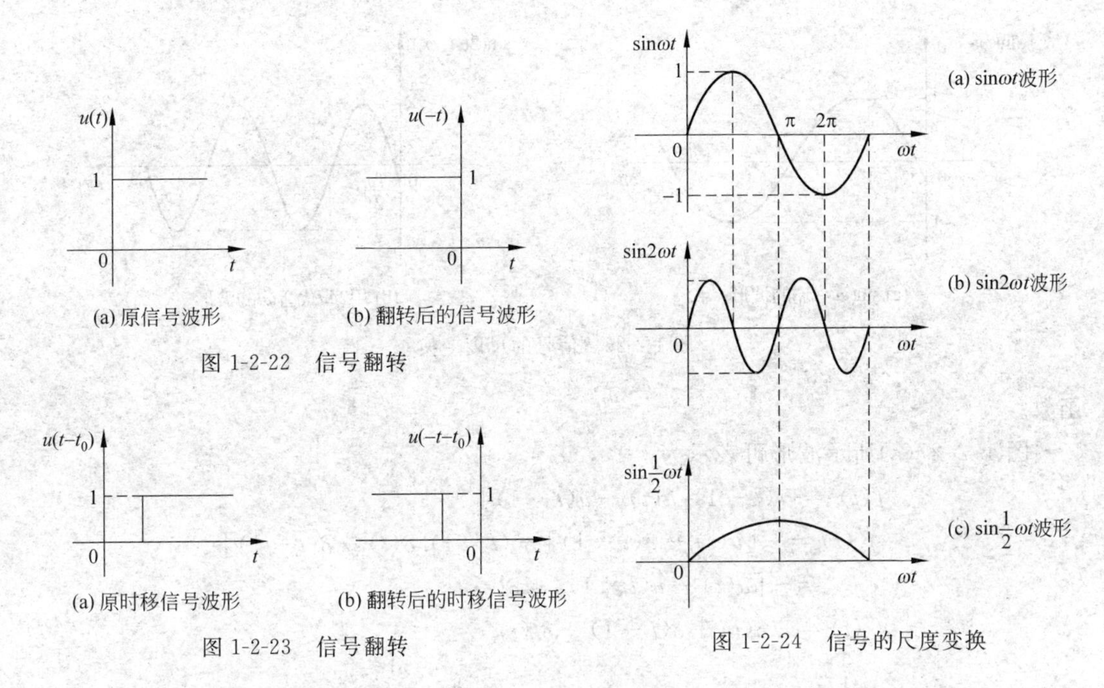

(a) 原信号波形　(b) 翻转后的信号波形

图 1-2-22　信号翻转

(a) 原时移信号波形　(b) 翻转后的时移信号波形

图 1-2-23　信号翻转

图 1-2-24　信号的尺度变换

图 1-2-25 可见，翻转信号尺度扩大 2 倍，图形也被缩小 2 倍，这个波形既可看做是原信号翻转后被压缩了 2 倍，又可看做是原信号先压缩了 2 倍后，又翻转而得到的。

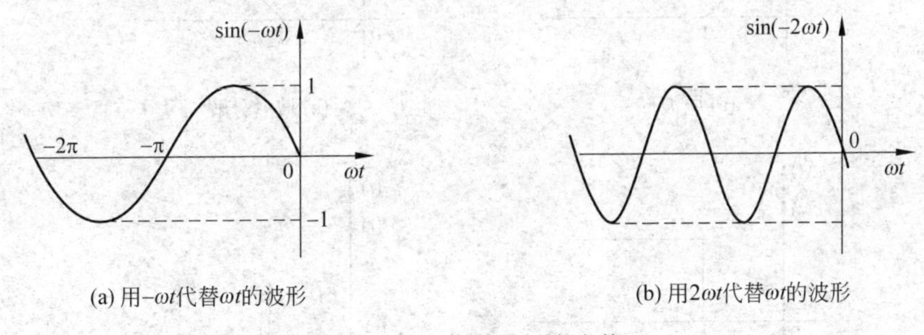

(a) 用$-\omega t$代替ωt的波形　(b) 用$2\omega t$代替ωt的波形

图 1-2-25　信号的尺度变换

在图 1-2-26(a)中，画出了时移$\frac{\varphi_0}{\omega}$的正弦信号 $\sin(\omega t-\varphi_0)$，当用 $2\omega t$ 代替 ωt 后，得 $\sin(2\omega t-\varphi_0)$。其波形示于图 1-2-26(b)中。由图 1-2-26 可见，它就是 $\sin(\omega t-\varphi_0)$被压缩 2 倍后的波形。如果先把原波形 $\sin\omega t$ 压缩 2 倍，如图 1-2-24(b)所示。再时移，由于自变量的尺度已扩大 2 倍，所以只能时移$\frac{\varphi_0}{2\omega}$，这时所得波形与图 1-2-26(b)相同。由上面的分析可知，无论是翻转、展缩还是时移，都是对自变量的变化而言的。

6. 信号的微分运算

信号的微分运算是将信号 $f(t)$对时间 t 求导，即$\frac{\mathrm{d}f(t)}{\mathrm{d}t}$的运算。这种运算可在写出信号的表达式后进行，也可直接对信号的波形进行求导，此时要注意在函数跳变时将产生冲激

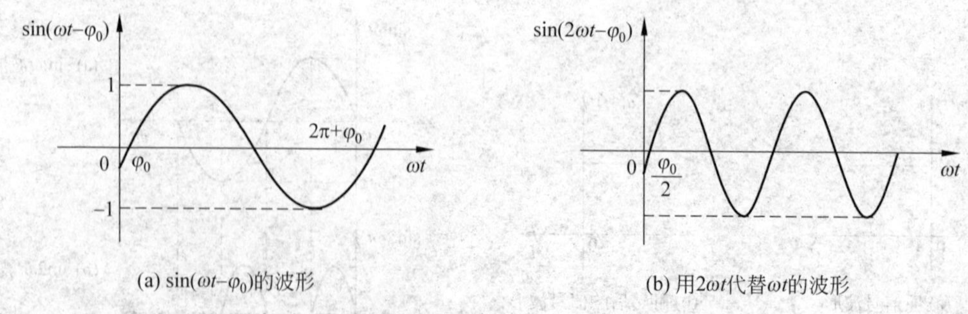

(a) $\sin(\omega t-\varphi_0)$的波形　　(b) 用$2\omega t$代替ωt的波形

图 1-2-26　信号的尺度变换

函数。

图 1-2-27(a)所示波形可表示为

$$f(t)=-(t-1)[u(t)-u(t-1)]$$
$$f'(t)=-[u(t)-u(t-1)]-(t-1)[\delta(t)-\delta(t-1)]$$
$$=-[u(t)-u(t-1)]+\delta(t)$$
$$f''(t)=-\delta(t)+\delta(t-1)+\delta'(t)$$

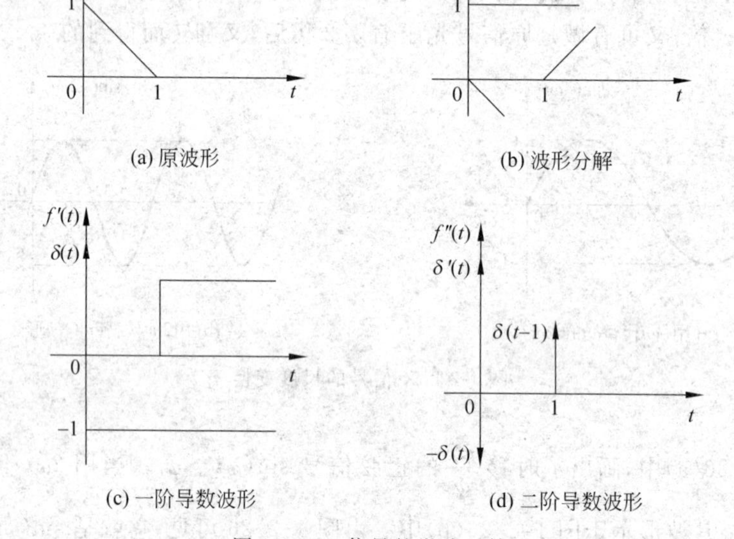

(a) 原波形　　(b) 波形分解

(c) 一阶导数波形　　(d) 二阶导数波形

图 1-2-27　信号的微分运算

这一结果可直接由波形求导得出。首先把图 1-2-27(a)所示波形分解为图 1-2-27(b)所示 3 个信号波形的叠加。对其求一阶导数，波形如图 1-2-27(c)所示，再求一次导数即 $f''(t)$，其波形如图 1-2-27(d)所示，此结果与由解析式求出的结果相同，并可看到，当信号有向上的跳变值时，求一次导数将出现正的冲激函数，当信号有向下的跳变值时求一次导数将出现负的冲激函数。

7. 信号的积分运算

与微分运算相仿，可把信号的表达式代入积分式。

例 1.2.1　从$\int_{-\infty}^{t} f(t)\mathrm{d}t$中求出，波形简单时也可由波形直接求出，因为$\int_{-\infty}^{t} f(t)\mathrm{d}t$的函数值等于曲线$f(t)$在$(-\infty,t)$间与$t$轴所围的面积，所以可定性地画出信号积分后的波形，如图 1-2-28(b)所示。已知信号波形如图 1-2-29 所示。写出它的函数式。

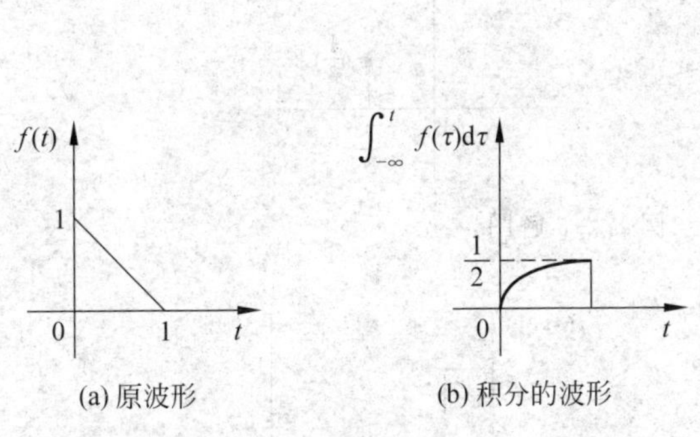

图 1-2-28　信号的积分运算

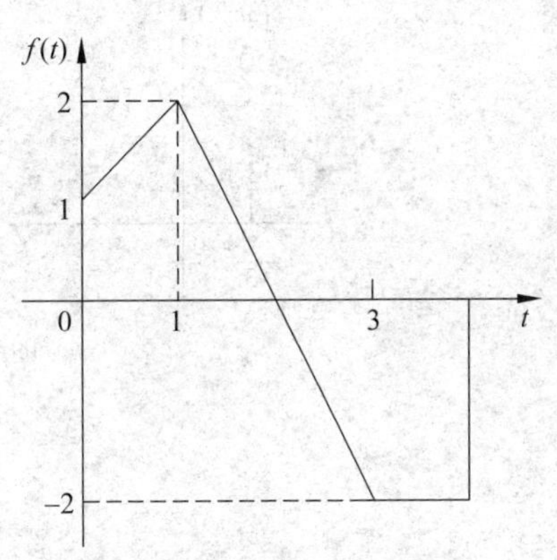

图 1-2-29　例 1.2.1 用图

(1) 由阶跃信号和斜坡信号的叠加写出，即

$$\begin{aligned}f(t) &= u(t)+tu(t)-(t-1)u(t-1)-2(t-1)u(t-1)\\&\quad +2(t-3)u(t-3)+2u(t-4)\\&=(t+1)u(t)-3(t-1)u(t-1)+2(t-3)u(t-3)+2u(t-4)\end{aligned}$$

(2) 用门函数和斜坡函数来表示，即

$$\begin{aligned}f(t) &= (t+1)[u(t)-u(t-1)]-2(t-2)[u(t-1)-u(t-3)]\\&\quad -2[u(t-3)-u(t-4)]\\&=(t+1)u(t)-3(t-1)u(t-1)+2(t-3)u(t-3)+2u(t-4)\end{aligned}$$

例 1.2.2　画出信号$u(t^2-1)$的波形图。

由定义可知：当$t^2-1>(t-1)(t+1)$时，即$t>1$、$t<-1$同时能满足这两个条件的是$t>1$；$t<1$、$t<-1$同时能满足这两个条件的是$t<-1$。此时函数值为 1，当$(t-1)(t+1)<0$时，即$t>1$、$t<-1$，此时没有公共部分，$t<1$、$t>-1$，此条件成立，此时函数值为零。

根据上面的结果可画出波形如图 1-2-30 所示。

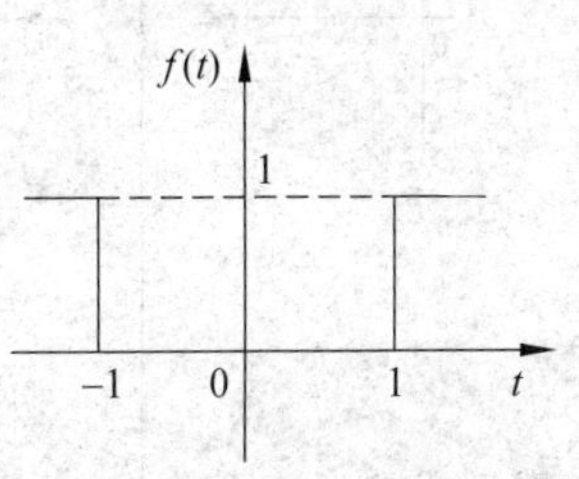

图 1-2-30　例 1.2.2 解图

例 1.2.3　已知$\delta(t)$的波形，试画出$\delta(-t)$、$\delta(-3t)$、$\delta(3t+2)$、$\delta(3t-2)$的波形。

【解】　其图解如图 1-2-31 所示。

例 1.2.4　已知$f(t)$的波形如图 1-2-32 所示，求$f(-2t+1)$的波形。

【解】　全部图解过程如图 1-2-32 所示。

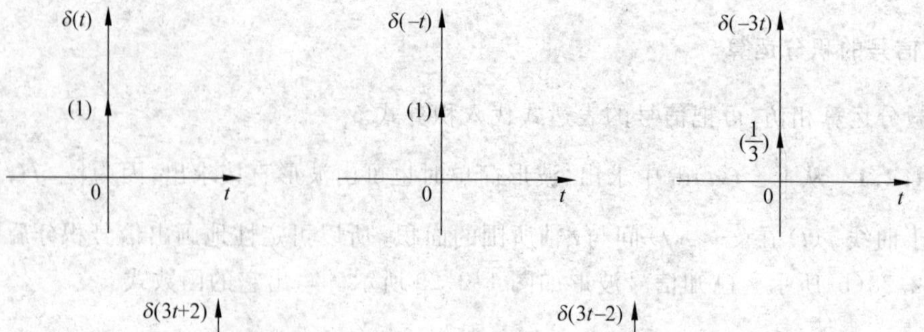

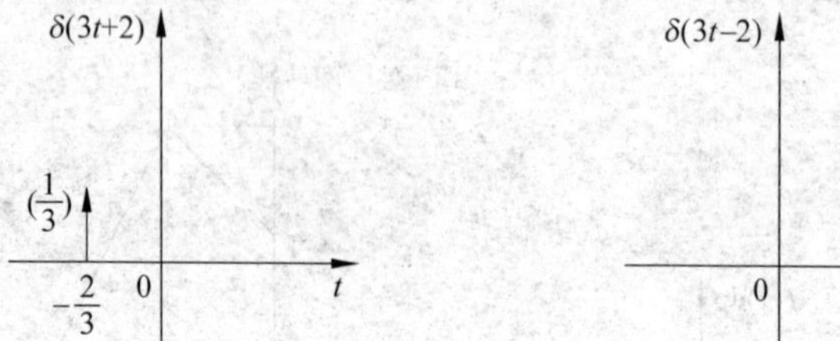

图 1-2-31　例 1.2.3 解图

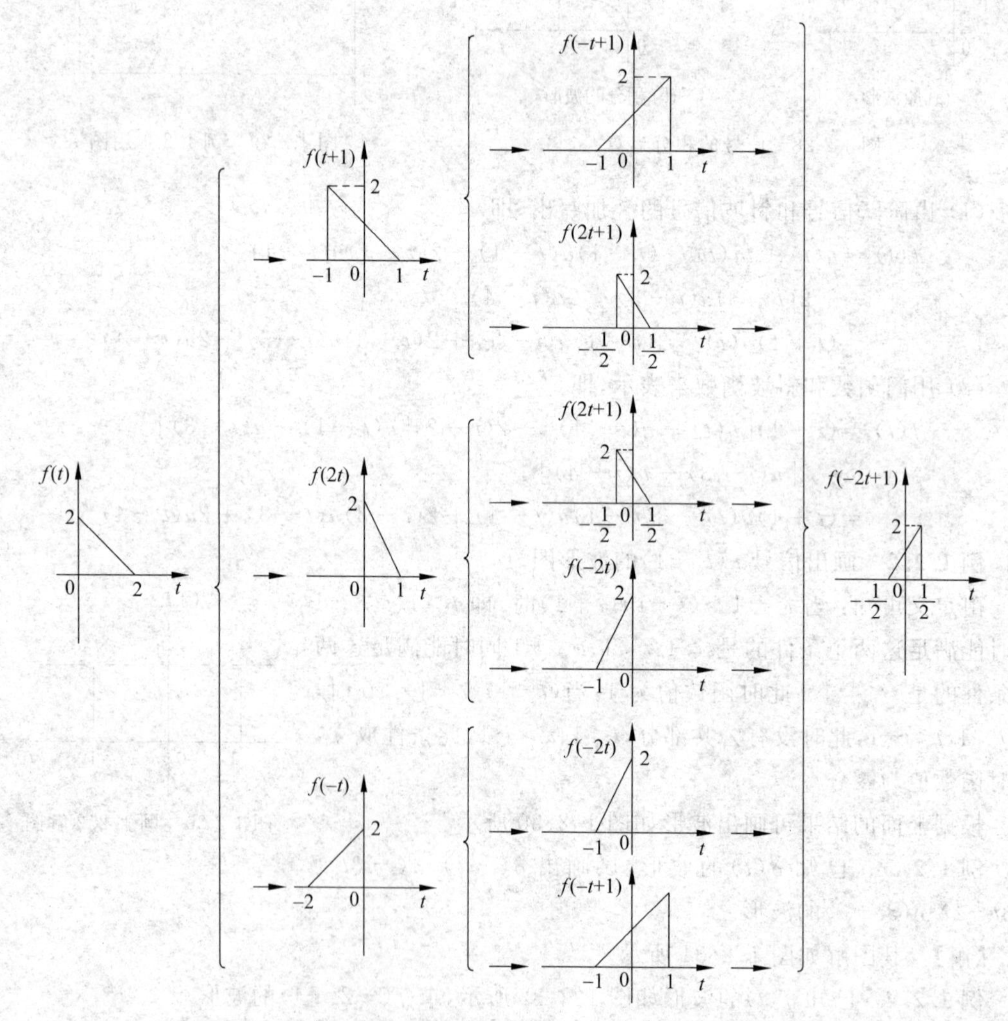

图 1-2-32　例 1.2.4 解图

1.3　系统及其分类

1.3.1　系统的概念

各种变化着的信号从来不是孤立存在的，信号总是在系统中产生又在系统中不断传递。广义地说，系统是由若干相互联系、相互作用的事物组合而成的具有特定功能的整体。系统所涉及的范围十分广泛，包括太阳系、生物系和动物的神经组织等自然系统，供电网、运输系统、计算机网(高速信息网)等人工系统，电气的、机械的、机电的、声学的和光学的系统等物理系统以及生物系统、化学系统、政治体制系统、经济结构系统、生产组织系统等非物理系统。本书系统仅讨论电子学领域中的电系统。

电系统则是为完成某一目的由电器元件或部件连接而成的整体。信号的产生、输送和处理是离不开系统的。没有信号的系统是没有意义的，所以信号与系统是为完成某种特定功能而相互联系的整体。目前关于电路和系统的提法，并没有严格的定义，但人们习惯把系统看成是由信号、传输部分、工作部分组成的整体，又可看做是局部。例如，常说的电阻、电容电路，就是由电阻和电容组成的局部电路。本书中对这两个名词不进行严格区分。通常将施加于系统的作用称为系统的输入激励，而将要求系统完成的功能称为系统的输出响应。下面将从系统的分类中确定将要研究的系统种类。

1.3.2　系统的分类

系统的分类比较复杂，根据系统处理的信号形式的不同，系统可分为 3 大类：连续时间系统(简称连续系统)、离散时间系统(简称离散系统)和混合系统。若系统中各个子系统的输入、输出信号均为连续时间信号，则称为连续系统；若各个子系统的输入与输出信号均为离散时间信号，则称为离散系统；若系统中有的子系统为连续系统，有的子系统为离散系统，这样的系统称为混合系统。例如，模拟通信系统是连续系统，而数字计算机就是离散系统。连续系统的数学模型可用微分方程来描述，离散系统则用差分方程来描述。

从系统本身的特性来划分，系统可分为线性与非线性、时变与非时变、因果与非因果、稳定与非稳定、记忆与非记忆等系统。

1. 线性系统和非线性系统线性

线性包含齐次性与叠加性两个概念。

齐次性(homogeneity)是指若系统激励(输入)增加 k 倍时，其响应(输出)也增加 k 倍，如图 1-3-1(a)所示。

若

$$f_1(t)\rightarrow y_1(t),\quad f_2(t)\rightarrow y_2(t)$$

则有

$$k_1 f_1(t)\rightarrow k_1 y_1(t)\quad k_2 f_2(t)\rightarrow k_2 y_2(t)\tag{1.3.1}$$

若有几个激励(输入)同时作用于系统时，系统的总的响应(输出)等于各激励(输入)单独作用(其余激励为零)时所引起的响应(输出)之和，这就是叠加性(superposition)，如图 1-3-1(b)所示。

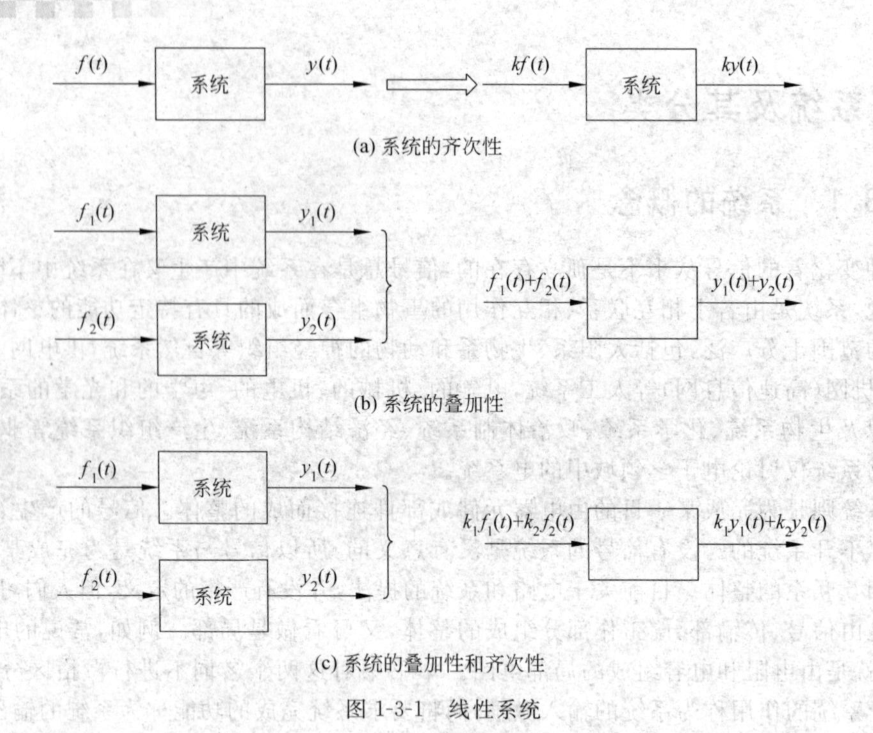

(a) 系统的齐次性

(b) 系统的叠加性

(c) 系统的叠加性和齐次性

图 1-3-1　线性系统

若

$$f_1(t) \to y_1(t), \quad f_2(t) \to y_2(t)$$

则有

$$f_1(t) + f_2(t) \to y_1(t) + y_2(t) \tag{1.3.2}$$

凡能同时满足齐次性与叠加性的系统称为线性系统，如图 1-3-1(c)所示。对于线性连续系统，

若

$$f_1(t) \to y_1(t), \quad f_2(t) \to y_2(t)$$

则有

$$k_1 f_1(t) + k_2 f_2(t) \to k_1 y_1(t) + k_2 y_2(t) \tag{1.3.3}$$

对于一个动态系统而言，其响应 $y(t)$不仅与激励 $f(t)$有关，而且还与系统的初始状态$\{x(t_0)\}$有关。设具有初始状态的系统加入激励时的总响应为 $y(t)$；若仅有激励而初始状态为零的响应为 $y_f(t)$，称其为零状态响应；若仅有初始状态而激励为零时的响应为 $y_x(t)$，称其为零输入响应。若将系统的初始状态看作为系统的另一种激励，这样系统的响应将取决于两个不同的激励：输入信号 $f(t)$和初始状态$\{x(t_0)\}$。依据线性系统性质，对于线性系统，则其总响应等于每个激励单独作用时相应响应之和，即

$$y(t) = y_x(t) + y_f(t) \tag{1.3.4}$$

此特性称为线性系统的分解性(decomposition property)。对于线性系统，若系统有多个初始状态时，零输入响应对每个输入初始状态呈线性(称之为零输入线性)；当系统有多个输入时，零状态响应对于每个输入呈线性(称之为零状态线性)。

凡不具备上述特性的系统则称为非线性系统。

例 1.3.1　试判断下列输出响应所对应的系统是否为线性系统。

系统 1：$y_1(t)=5y(0)+2\int_0^t x(\tau)\mathrm{d}\tau \quad t>0$

系统 2：$y_2(t)=5y(0)+2x^2(t) \quad t>0$

系统 3：$y_3(t)=5y^2(0)+2x(t) \quad t>0$

系统 4：$y_4(t)=5y^2(0)+\lg x(t) \quad t>0$

【解】 根据线性系统的定义，系统 1 的零输入响应和零状态均呈线性，故为线性系统；系统 2 仅有零输入响应呈线性，系统 3 仅有零状态响应呈线性，系统 4 的零输入响应和零状态响应均不呈线性，故系统 2、3、4 均不是线性系统。

例 1.3.2 已知某系统的全响应 $y(t)=x^2(0)+\int_0^t f(t)\mathrm{d}t(t\geqslant 0)$。其中 $x(0)$为系统的初始值，$f(t)$为激励，试判断此系统是否为线性系统。

【解】 根据全响应表达式可看出该系统具有分解特性，因为其中一部分响应仅与初始值有关，即 $y_x(t)=x^2(0)$，而另一部分仅与输入信号有关，即 $y_f(t)=\int_0^t f(t)\mathrm{d}t$，且零状态响应与输入信号满足线性的要求。但零输入响应与初始值 $x(0)$之间不满足比例性的要求，所以该系统是非线性系统。

例 1.3.3 某系统在初始值 $x_1(0)=2$、$x_2(0)=1$ 作用下的零输入响应为 $y_x(t)=2+3\mathrm{e}^{-2t}(t\geqslant 0)$，该系统在同样的初值条件下，输入为 e^{-t}时的全响应为 $y(t)=4-\mathrm{e}^{-t}+4\mathrm{e}^{-2t}(t\geqslant 0)$，求系统在 $5\mathrm{e}^{-t}$作用下的零状态响应。

【解】 根据题意在 $5\mathrm{e}^{-t}$作用下的零状态响应 $y_f(t)$为

$$\begin{aligned}y_f(t)&=5[y(t)-y_x(t)]=5[4-\mathrm{e}^{-t}+4\mathrm{e}^{-2t}-(2+3\mathrm{e}^{-2t})]\\&=5[2-\mathrm{e}^{-t}+\mathrm{e}^{-2t}]=10-5\mathrm{e}^{-t}+5\mathrm{e}^{-2t} \quad t\geqslant 0\end{aligned}$$

2. 非时变系统与时变系统

如果系统的参数与时间无关，为一个常数，或它的输入与输出的特性不随时间(独立变量)的起点而变化，即系统的输出仅取决于输入而与输入的作用时间无关，则称为非时变系统(time-invariant system)或称时不变系统。图 1-3-2 所示为非时变系统示意图，即如果激励是 $f(t)$，系统产生的响应为 $y(t)$，当激励的时间延迟 τ 为 $f(t-\tau)$，则其输出响应也相同地延迟 τ 时间为 $y(t-\tau)$。它们之间的变化规律仍保持不变，其波形保持不变，即

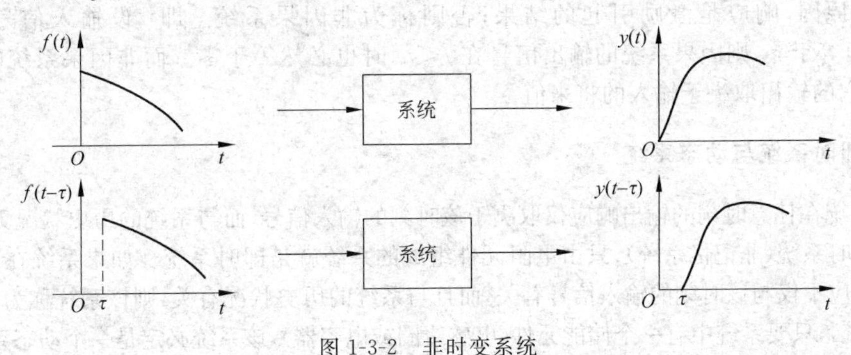

图 1-3-2　非时变系统

若

$$f(t)\rightarrow y(t)$$

则有

$$f(t-\tau) \rightarrow y(t-\tau) \tag{1.3.5}$$

若系统在同样信号激励下，输出响应随加入时间始点的不同而产生变化，即不具备非时变特性的系统为时变系统(time varying system)。

系统的线性和非时变性是两个不同的概念，线性系统可以是非时变的，也可以是时变的，非线性系统也是如此。若系统既是线性又是非时变的，则称为线性时不变系统(Linear Time Invariant，LTI)。实践表明，有关LTI系统的理论和方法在系统分析中非常有效，故本书仅研究线性时不变系统的问题。

例 1.3.4 试判断下列系统是非时变系统还是时变系统。

系统 1：$y(t)=tf(t)$

系统 2：$y(t)=f(-t)$

【解】 对于系统 1 有

$$f_1(t) \rightarrow y_1(t) = tf_1(t)$$

则

$$y_1(t-\tau) = (t-\tau)f_1(t-\tau)$$

而

$$f_1(t-\tau) \rightarrow y_2(t) = tf_1(t-\tau) \neq y_1(t-\tau)$$

故系统 1 为时变系统。

对于系统 2 有

$$f_1(t) \rightarrow y_1(t) = f_1(-t)$$

则

$$y_1(t-\tau) = f_1(\tau-t)$$

而

$$f_1(t-\tau) \rightarrow y_2(t) = f_1(\tau-t) = y_1(t-\tau)$$

故系统 2 为非时变系统。

3. 因果系统与非因果系统

因果系统(causal system)是指其响应不出现于激励作用之前的系统。也就是说，系统在某时刻的输出响应只决定于某时刻激励的输入和过去的输入，而与未来的输入无关。激励是产生响应的原因，响应是激励引起的结果；否则称为非因果系统。即：设输入信号 $f(t)$ 在 $t<t_0$ 时恒等于零，则因果系统的输出信号在 $t<t_0$ 时也必然等于零。而非因果系统响应领先于激励，它的输出取决于输入的将来值。

4. 即时系统与动态系统

若系统在任意时刻的输出响应仅取决于该时刻的输入信号，而与系统的历史状况无关，该系统称为即时系统(非记忆系统)，只由电阻元件组成的系统就是即时系统。如果系统在任意时刻的输出响应不仅与该时刻的输入信号有关，而且与系统的历史状况有关，则该系统称为动态系统(记忆系统)，只要系统中有一个储能元件(电感线圈或电容器)，该系统必定是一个动态系统。

5. 集总参数系统与分布参数系统

若系统的几何尺寸远小于输入信号的波长$\Big[$音频信号的波长 $\lambda=\frac{c}{f}=\frac{3\times10^8}{25\times10^3}=$

12(km),其中 c 为光速,即电磁波传播的速度;f 是音频范围的最高频率],此时元件可称为集总参数元件。在集总参数系统中,同一时间在同一元件中各点的电流值是相同的。若元件的几何尺寸与通过它的信号波长相近时,此时元件的几何尺寸就不能忽略。这种元件称为分布参数元件,传输线、波导一般属于这种元件,传输线上任一点的电流值,不仅与时间有关,而且与所在位置有关,由这种元件构成的系统称为分布参数系统。

6. 连续时间系统与离散时间系统

输入、输出都是连续时间信号的系统称连续时间系统。输入、输出都是离散时间信号的系统则是离散时间系统。

以上是电系统的简单分类,本书中将要讨论的是因果、线性、时不变、集总参数、动态的连续时间系统和离散时间系统。以后书中提到的连续或离散的时间系统都是指上述类型的系统,一般不再加以说明。

进行系统分析就是为给定的系统建立数学模型和在给定初始条件的情况下求解数学模型。上面提到的各种系统都有不同的数学模型与之对应。将要研究的因果、线性、时不变、集总参数、动态连续时间系统的数学模型是常系数线性、常微分方程。如果组成系统的某一电阻器、电感器或电容器的参数是时间的函数,则上述系统的时不变条件将被时变条件所代替,与此对应的数学模型是变系数线性、常微分方程。如果其他条件不变,仅用非线性条件代替线性条件,则系统对应的数学模型是非线性常微分方程。此时方程的响应函数及其各阶导数中至少有一项不以一次幂的形式出现,如以 $\sqrt{y(t)}$ 的形式出现。对于分布参数的系统常微分方程为偏微分方程所代替,响应函数不仅是时间,而且是空间的函数。如果用离散时间系统代替连续时间系统,数学模型为常系数线性差分方程。但是微分和差分方程并不是系统位移的数学模型,有时也建立状态方程对系统进行分析。根据将要研究的系统性质,本课程中所遇到的系统的数学模型是常系数线性常微分方程和差分方程及状态方程。

1.4　P 算子与零输入响应

现在开始在时域中分析系统,建立系统方程并解方程,因为要研究的系统是动态系统,所以联系系统结构,参数、输入信号和输出响应的方程一定是微积分方程或方程组,为了简化微分和积分符号的书写与运算引入 P 算子。

1.4.1　P 算子与其运算规则

令

$$P=\frac{\mathrm{d}}{\mathrm{d}t},\quad P^n=\frac{\mathrm{d}^n}{\mathrm{d}t^n},\quad \frac{1}{P}=\int_{-\infty}^{t}()\mathrm{d}t$$

则有

$$\frac{\mathrm{d}x(t)}{\mathrm{d}t}=Px(t),\quad \frac{\mathrm{d}^n x(t)}{\mathrm{d}t^n}=P^n x(t),\quad \int_{-\infty}^{t}x(\tau)\mathrm{d}\tau=\frac{1}{P}x(t)$$

在此情况下,所有的微积分方程都可用算子符号 P 表示出来。例如,微分方程为

$$\frac{d^2y(t)}{dt^2}+2\frac{dy(t)}{dt}+5y(t)+\int_{-\infty}^{t}y(t)dt=\frac{df(t)}{dt}+3f(t)$$

可表示为

$$P^2y(t)+2Py(t)+5y(t)+\frac{1}{P}y(t)=Pf(t)+3f(t)$$

提出公因子 $y(t)$、$f(t)$，则有

$$\left(P^2+2P+5+\frac{1}{P}\right)y(t)=(P+3)f(t)$$

此方程从形式上看似代数方程，从书写上简化了微积分方程，但必须记住 P 不是一个代数量，而是按规定对函数[如 $y(t)$、$f(t)$]进行微积分运算。

经常把等式左边括号中 P 算子多项式用 $D(P)$ 表示，而等号右边括号中 P 算子多项式用 $N(P)$ 表示，即

$$\left(P^2+2P+5+\frac{1}{P}\right)=D(P)$$

$$(P+3)=N(P)$$

最后微积分方程可表示为

$$D(P)y(t)=N(P)f(t)$$

移项有

$$\frac{y(t)}{f(t)}=\frac{N(P)}{D(P)}=H(P)$$

由此可见，输出响应 $y(t)$ 与输入信号 $f(t)$ 的比可用多项式的比 $H(P)=\frac{N(P)}{D(P)}$ 来表示，称为传输算子。为避免与后续各章中 $H(\omega)$ 和 $H(s)$ 的多次重复，这里不介绍用 $H(P)$ 求系统响应的方法。学过后续各章此法可自然掌握。

尽管 P 算子不是一个代数量，但 P 算子与 P 算子多项式的运算基本上符合代数方程的运算规则。例如，P 多项式 $(P+a)(P+b)$ 相乘，按代数多项式相乘，应为

$$(P+a)(P+b)=P^2+(a+b)P+ab$$

证明：
$$\begin{aligned}(P+a)(P+b)x(t)&=\left(\frac{d}{dt}+a\right)\left(\frac{d}{dt}+b\right)x(t)\\&=\left(\frac{d}{dt}+a\right)\left(\frac{dx(t)}{dt}+bx(t)\right)\\&=\frac{d^2x(t)}{dt^2}+a\frac{dx(t)}{dt}+b\frac{dx(t)}{dt}+abx(t)\\&=P^2x(t)+(a+b)Px(t)+abx(t)\\&=[P^2+(a+b)P+ab]x(t)\end{aligned}$$

由此证明了上面的运算是正确的。但应该指出，P 毕竟不是一个代数量，所以有些地方它有不符合代数量的运算规则。

算子方程两边的 P 公因子一般不能相约，即方程 $Px(t)=Pf(t)$ 中的 P 一般不能相约。这是因为对等式两边去不定积分后，有 $x(t)=f(t)+C$，两者相差一常数 C，所以通常不能相约，只有证明在 C 为零时可以约去 P。一般 P 算子的乘除运算次序也不允许随意调换，即 $P\cdot\frac{1}{P}x(t)\neq\frac{1}{P}\cdot Px(t)$，这是因为

$$P\cdot\frac{1}{P}x(t)=\frac{\mathrm{d}}{\mathrm{d}t}\int_{-\infty}^{t}x(\tau)\mathrm{d}\tau=x(t)$$

这说明此时式中的 P 算子可以像代数量那样相约，而

$$\frac{1}{P}\cdot Px(t)=\int_{-\infty}^{t}\frac{\mathrm{d}}{\mathrm{d}t}x(t)\mathrm{d}t=x(t)-x(-\infty)\neq x(t)$$

所以一般情况下，P 不能相约，只有在证明常数为零[如 $x(t)$ 为单边函数]时 P 才可约去，由此可知，P 算子的乘除运算即函数的微积分运算一般是不能颠倒的。上面的结论对于 P 算子的乘除运算也是成立的，即 $D(P)y(t)=D(P)f(t)$，其中 $D(P)$ 不能相约，即

$$D(P)\frac{1}{D(P)}x(t)\neq\frac{1}{D(P)}D(P)x(t)$$

1.4.2　由微分方程组求任一待求量的方程

为求出系统中某一待求量，必须首先由系统的微积分方程组中求出只含这一待求量的微积分方程，当微积分方程用算子 P 表示后，即可用加减或代入消元法消去多余的变量，从而得到只含待求量的微积分方程，但待求量不止一个时，利用克莱姆法则，则更为方便。下面通过对具体系统的分析说明这一问题。

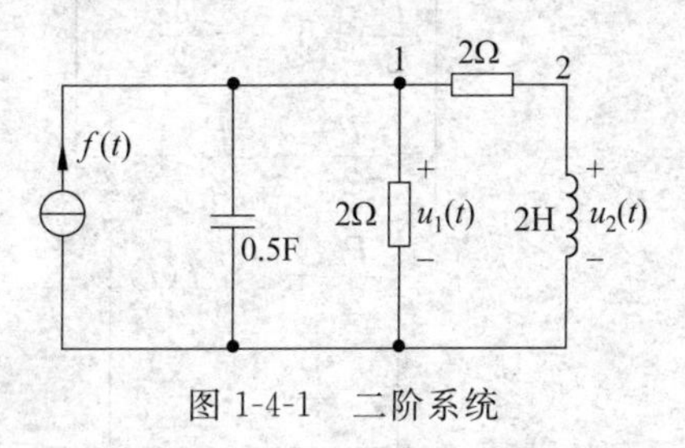

图 1-4-1　二阶系统

试写出图 1-4-1 所示的系统只含 $u_1(t)$ 和只含 $u_2(t)$ 的微分方程。首先需列出系统的微积分方程组，根据要求此处列节点 1、2 的节点方程为

$$\begin{cases}\left[\dfrac{C\dfrac{\mathrm{d}u_1(t)}{\mathrm{d}t}}{u_1(t)}+\dfrac{1}{2}+\dfrac{1}{2}\right]u_1(t)-\dfrac{1}{2}u_2(t)=f(t)\\[2ex]-\dfrac{1}{2}u_1(t)+\left[\dfrac{1}{2}+\dfrac{i_{\mathrm{L}}(t)}{L\dfrac{\mathrm{d}i_{\mathrm{L}}(t)}{\mathrm{d}t}}\right]u_2(t)=0\end{cases}$$

用 P 算子表示微积分方程，并化简为

$$\left(\frac{CPu_1(t)}{u_1(t)}+1\right)u_1(t)+\frac{1}{2}u_2(t)=f(t)$$

约去 $u_1(t)$ 得

$$(CP+1)u_1(t)-\frac{1}{2}u_2(t)=f(t)\tag{1.4.1}$$

$$-\frac{1}{2}u_1(t)+\left(\frac{1}{2}+\frac{i_{\mathrm{L}}(t)}{LPi_{\mathrm{L}}(t)}u_2(t)\right)=0$$

约去 $i_{\mathrm{L}}(t)$ 得

$$-\frac{1}{2}u_1(t)+\left(\frac{1}{2}+\frac{1}{LP}u_2(t)\right)=0\tag{1.4.2}$$

为在以后运算中不出现 P 算子的除法运算，对于含 $\frac{1}{P}$ 或其平方、立方项的 P 算子方程，应首先左乘 P、P^2 或 P^3、…以便消去这些项，所以式(1.4.2)两边都左乘 P 算子，有

$$-\frac{P}{2}u_1(t)+\left(\frac{P}{2}+\frac{1}{L}u_2(t)\right)=0 \tag{1.4.3}$$

最后把 P 算子方程(1.4.1)、式(1.4.3)代入数值后联立，利用克莱姆法则求出只含 $u_1(t)$ 与只含 $u_2(t)$ 的表达式，即

$$\begin{cases}\left(\dfrac{1}{2}P+1\right)u_1(t)-\dfrac{1}{2}u_2(t)=f(t)\\[2mm] -\dfrac{P}{2}u_1(t)+\dfrac{P}{2}+\dfrac{1}{2}u_2(t)=0\end{cases}$$

得

$$u_1(t)=\frac{\begin{vmatrix}f(t) & -\dfrac{1}{2}\\ 0 & \dfrac{P}{2}+\dfrac{1}{2}\end{vmatrix}}{\begin{vmatrix}\dfrac{P}{2}+1 & -\dfrac{1}{2}\\ -\dfrac{P}{2} & \dfrac{P}{2}+\dfrac{1}{2}\end{vmatrix}}=\frac{\dfrac{1}{2}(P+1)f(t)}{\left(\dfrac{P}{2}+1\right)\left(\dfrac{P}{2}+\dfrac{1}{2}\right)-\dfrac{P}{4}}=\frac{2(P+1)}{P^2+2P+2}f(t)$$

$$u_2(t)=\frac{\begin{vmatrix}\dfrac{P}{2}+1 & f(t)\\ -\dfrac{P}{2} & 0\end{vmatrix}}{\begin{vmatrix}\dfrac{P}{2}+1 & -\dfrac{1}{2}\\ -\dfrac{P}{2} & \dfrac{P}{2}+\dfrac{1}{2}\end{vmatrix}}=\frac{2P}{P^2+2P+2}f(t)$$

$u_1(t)$ 与 $u_2(t)$ 的动态方程为

$$(P^2+2P+2)u_1(t)=2(P+1)f(t)$$

$$\frac{\mathrm{d}^2u_1(t)}{\mathrm{d}t^2}+2\frac{\mathrm{d}u_1(t)}{\mathrm{d}t}+2u_1(t)=2\frac{\mathrm{d}f(t)}{\mathrm{d}t}+2f(t)$$

同理，可得

$$\frac{\mathrm{d}^2u_2(t)}{\mathrm{d}t^2}+2\frac{\mathrm{d}u_2(t)}{\mathrm{d}t}+2u_2(t)=2\frac{\mathrm{d}f(t)}{\mathrm{d}t}$$

1.4.3 系统的零输入响应

根据前面线性系统的分析可知，系统的全响应 $y(t)$ 可看做是系统的零输入响应 $y_x(t)$ 与零状态响应 $y_f(t)$ 的叠加，即

$$y(t)=y_x(t)+y_f(t)$$

这里先来确定零输入响应。

线性、时不变、动态集总参数系统的数学模型的一般形式为

$$\frac{\mathrm{d}^ny(t)}{\mathrm{d}t^n}+a_{n-1}\frac{\mathrm{d}^{n-1}y(t)}{\mathrm{d}t^{n-1}}+\cdots+a_1\frac{\mathrm{d}y(t)}{\mathrm{d}t}+a_0y(t)$$

$$=b_m\frac{\mathrm{d}^m f(t)}{\mathrm{d}t^m}+b_{m-1}\frac{\mathrm{d}^{m-1} f(t)}{\mathrm{d}t^{m-1}}+\cdots+b_1\frac{\mathrm{d}f(t)}{\mathrm{d}t}+b_0 f(t) \tag{1.4.4}$$

用 P 算子表示为

$$(P^n+a_{n-1}P^{n-1}+\cdots+a_1P+a_0)y(t)=(b_mP^m+b_{m-1}P^{m-1}+\cdots+b_1P+b_0)f(t)$$

由于零输入响应是输入信号为零的情况下由系统的初始储能所激发的响应，所以此时的方程为齐次方程，即

$$(P^n+a_{n-1}P^{n-1}+\cdots+a_1P+a_0)y_x(t)=0$$

因为响应 $y_x(t)\neq 0$，所以有

$$P^n+a_{n-1}P^{n-1}+\cdots+a_1P+a_0=0$$

由高等数学可知，这就是齐次微分方程所对应的特征方程，齐次微分方程解的形式是根据特征方程根的形式而确定的。

特征方程有 n 个不等的实根 $\lambda_1,\lambda_2,\cdots,\lambda_n$ 时，有

$$y_x(t)=k_1\mathrm{e}^{\lambda_1 t}+k_2\mathrm{e}^{\lambda_2 t}+\cdots+k_n\mathrm{e}^{\lambda_n t}\quad t\geqslant 0$$

有 n 个相等的重根 λ 时，有

$$y_x(t)=(k_1+k_2t+\cdots+k_nt^{n-1})\mathrm{e}^{\lambda t}\quad t\geqslant 0$$

有 $i(2i=n)$ 对共轭复根 $\lambda_1\pm j\omega_1,\lambda_2\pm j\omega_2,\cdots,\lambda_i\pm \mathrm{j}\omega_i$ 时，有

$$y_x(t)=\mathrm{e}^{\lambda_1 t}(k_1\cos\omega_1 t-k_1' t\sin\omega_1 t)+\cdots+\mathrm{e}^{\lambda_i t}(k_i\cos\omega_i t-k_i' t\sin\omega_i t)\quad t\geqslant 0$$

式中，$k_i(i=1,2,\cdots,n)$ 及 k_1' 为待定系数，由给定的初始状态来确定。

例 1.4.1　已知系统的动态方程 $(P^2+2P+1)i(t)=Pf(t)$，初始状态 $i(0)=0\mathrm{A}$，$i'(0)=1\mathrm{A/s}$，求系统的零输入响应。

【解】　由系统的动态方程可知，齐次方程对应的特征方程为

$$(P^2+2P+1)=(P+1)^2=0$$

所以特征根 $\lambda_1=\lambda_2=-1$。

零输入响应的形式

$$i_{x(t)}=k_1\mathrm{e}^{-t}+k_2t\mathrm{e}^{-t} \tag{1.4.5}$$

由初始状态 $i_x(0)=0$ ，$i_x'(0)=1$，确定待定系数，即

$t=0$ 时，$[k_1\mathrm{e}^{-t}+k_2t\mathrm{e}^{-t}]_{t=0}=0$，则 $k_1=0$

$[k_1\mathrm{e}^{-t}+k_2t\mathrm{e}^{-t}]'_{t=0}=1$，则 $k_2=1$

将其代入式(1.4.5)有

$$i_x(t)=t\mathrm{e}^{-t}\quad t\geqslant 0$$

最后画出响应函数的波形如图 1-4-2 所示。

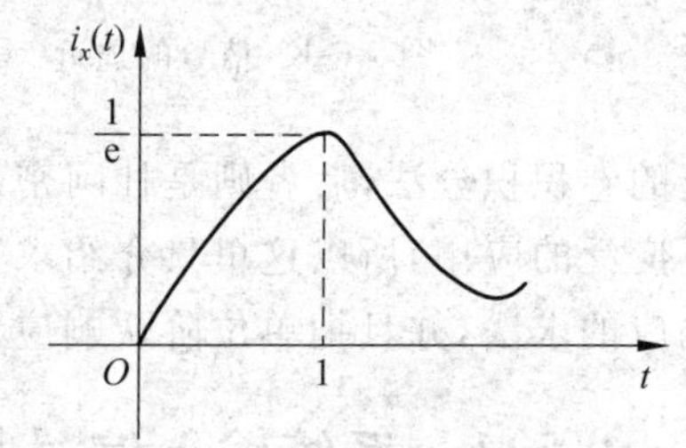

图 1-4-2　例 1.4.1 解图

例 1.4.2　已知动态方程 $(P^2+P+1)i(t)=Pf(t)$，初始状态 $i(0)=0\mathrm{A}$，$i'(0)=1\mathrm{A/S}$，求电流的零输入响应。

【解】　由特征方程 $(P^2+P+1)=0$ 求得根 $\lambda_1,\lambda_2=-\frac{1}{2}\pm \mathrm{j}\frac{\sqrt{3}}{2}$ 为共轭复根。

零输入响应的形式为

$$i_x(t)=\mathrm{e}^{-\frac{1}{2}t}\left(k_1\cos\omega\frac{\sqrt{3}}{2}t-k_1' t\sin\frac{\sqrt{3}}{2}t\right) \tag{1.4.6}$$

由初始状态 $i(0)=0\mathrm{A}$，$i'(0)=1$，确定积分常数。

由$\left[\mathrm{e}^{-\frac{1}{2}t}\left(k_1\cos\omega\frac{\sqrt{3}}{2}t-k_1' t\sin\frac{\sqrt{3}}{2}t\right)\right]_{t=0}=0$，得$k_1=0$

由$\left[\mathrm{e}^{-\frac{1}{2}t}\left(k_1\cos\omega\frac{\sqrt{3}}{2}t-k_1' t\sin\frac{\sqrt{3}}{2}t\right)\right]'_{t=0}=1$，得$k_1'=-\frac{2}{\sqrt{3}}$

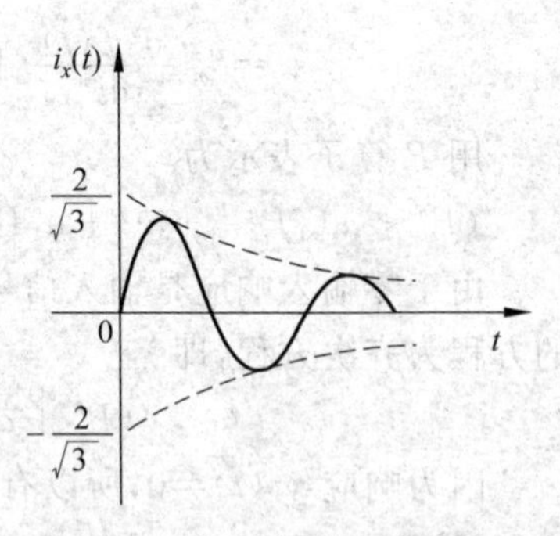

图 1-4-3　例 1.4.2 解图

把k_1和k_1'代入式(1.4.6)，则零输入响应为

$$i_x(t)=\mathrm{e}^{-\frac{1}{2}t}\frac{2}{\sqrt{3}}\sin\frac{\sqrt{3}}{2}t=\frac{2}{\sqrt{3}}\mathrm{e}^{-\frac{1}{2}t}\sin\frac{\sqrt{3}}{2}t\quad t\geqslant 0$$

此函数的波形示于图 1-4-3 中。

1.5　系统的单位阶跃与单位冲激响应

本节开始讨论系统的零状态响应，即系统的初始状态为零，仅在输入信号作用下的响应，由于输入信号的多样化和复杂化，给零状态响应的确定带来一定的困难，但是因为任意信号都可用一系列冲激信号或一系列阶跃信号来逼近，如图 1-5-1 所示，这就为在任意信号作用下能有一个通用的求零状态响应的方法提供了可能性。

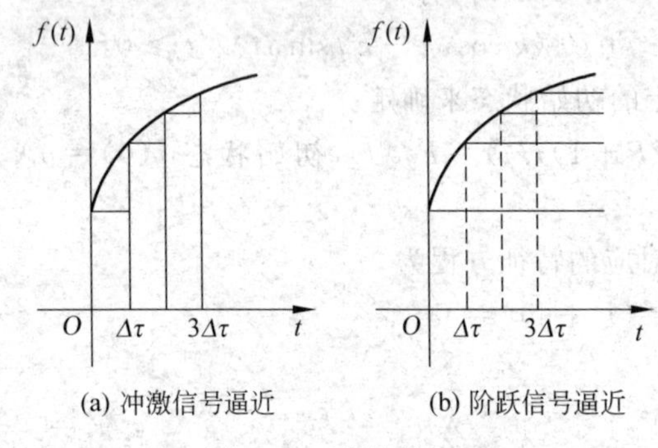

(a) 冲激信号逼近　(b) 阶跃信号逼近

图 1-5-1　信号的逼近

如果事先求出系统的单位冲激响应或单位阶跃响应，则根据系统的线性和时不变性，任一信号作用下系统的响应就可看做是冲激响应与一些列延时的冲激响应的叠加或看成是阶跃响应与一些列延时的阶跃响应的叠加。由前者可推出求零状态响应的卷积积分法，后者则是杜阿密尔积分法。由于卷积积分法比杜阿密尔积分法得到了更广泛的应用，所以这里只介绍求系统零状态响应的卷积积分法。为此先介绍单位冲激响应的求法，并且把单位阶跃响应作为单位冲激响应的一种求法加以介绍。

1.5.1　系统输入信号与输出响应之间的关系

这里要研究图 1-5-2(a)、(b)所示的关系，一个线性非时变零状态系统，如果输入为$u(t)$时，响应为$g(t)$，则当输入为原信号的导数$\frac{\mathrm{d}u(t)}{\mathrm{d}t}=\delta(t)$时，它的输出响应与原响应

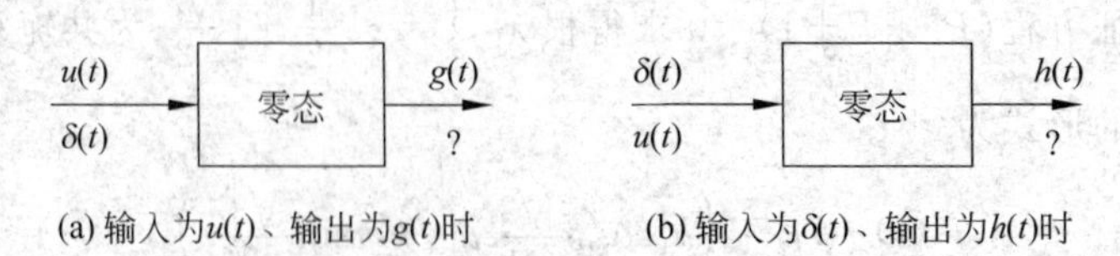

(a) 输入为$u(t)$、输出为$g(t)$时　(b) 输入为$\delta(t)$、输出为$h(t)$时

图 1-5-2　系统输入与输出之间的关系

$g(t)$有什么关系；或者输入为$\delta(t)$时输出为$h(t)$，如果输入为$\delta(t)$的积分$\int_{0_-}^{t}\delta(t)\mathrm{d}t=u(t)$时，它的输出与原输出$h(t)$有什么关系。先说明第一种关系。

若$u(t)\xrightarrow{\text{激发}}g(t)$，由时不变特性则有$u(t-\Delta t)\xrightarrow{\text{激发}}g(t-\Delta t)$，由线性特性则有$\dfrac{u(t)-u(t-\Delta t)}{\Delta t}\xrightarrow{\text{激发}}\dfrac{g(t)-g(t-\Delta t)}{\Delta t}$，当$\Delta t\to 0$时最后两式取极限，则有

$$\left.\begin{aligned}\lim_{\Delta t\to 0}\frac{u(t)-u(t-\Delta t)}{\Delta t}&=\frac{\mathrm{d}u(t)}{\mathrm{d}t}=\delta(t)\\ \lim_{\Delta t\to 0}\frac{g(t)-g(t-\Delta t)}{\Delta t}&=\frac{\mathrm{d}g(t)}{\mathrm{d}t}=h(t)\end{aligned}\right\}\tag{1.5.1}$$

式(1.5.1)表明，若输入信号为原输入信号的导数时，则输出信号也是原响应信号的导数。如果对式(1.5.1)的结果取定积分，则有

$$\left.\begin{aligned}\int_{0_-}^{t}\frac{\mathrm{d}u(t)}{\mathrm{d}t}\mathrm{d}t&=\int_{0_-}^{t}\delta(t)\mathrm{d}t=u(t)\\ \int_{0_-}^{t}\frac{\mathrm{d}g(t)}{\mathrm{d}t}\mathrm{d}t&=\int_{0_-}^{t}h(t)\mathrm{d}t=g(t)\end{aligned}\right\}$$

以上两式说明如果输入信号之间存在着积分关系，则它们的响应之间也存在着积分关系。上面的这种关系虽然是由阶跃函数和冲激函数之间的关系推出的，但它对一切有导数、积分关系的函数都是成立的，这将给它们之间互求响应提供方便。

1.5.2　系统的单位阶跃响应

单位阶跃响应是零状态系统在单位阶跃信号作用下所产生的响应，本节可以说是对电路分析中的三要素法和解微分方程的经典法的复习。

1. 三要素法求阶跃响应

这是一阶系统求响应的最简便的方法。只要能确定出待求量的初始值、终值和时间常数就可以利用公式

$$g(t)=[g(\infty)+(g(0_+)-g(\infty))\mathrm{e}^{-\frac{t}{\tau}}]u_1(t)\tag{1.5.2}$$

立刻写出单位阶跃信号作用下的响应。

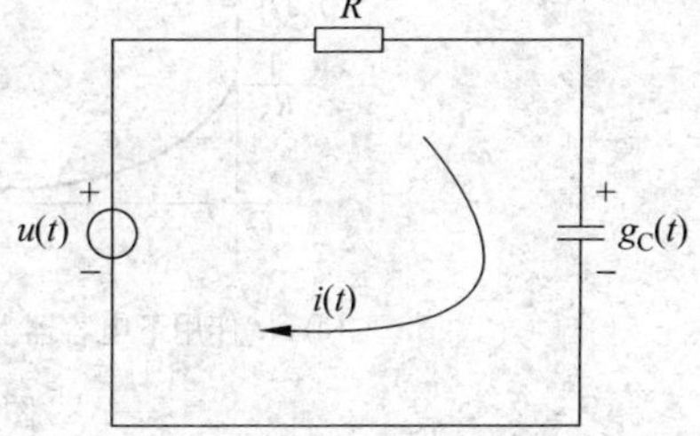

图 1-5-3　一阶系统电路

例如，求图 1-5-3 所示的一阶电路在$u(t)$作用下电容器上的电压$g_C(t)$、电路中的电流$i_{u(t)}$以及在$\delta(t)$作用下电容器上的电压$h_C(t)$及电路中的电流$i_{\delta(t)}$。

根据图 1-5-3 可知，$u(t)$作用下电容器电压的终值为 1V，初值为零(零状态)，$\tau=RC$，所以

$$g_C(t)=(1-\mathrm{e}^{-\frac{t}{RC}})u(t)$$

$$i_{u(t)}=C\frac{\mathrm{d}g_C(t)}{\mathrm{d}t}=C(1-\mathrm{e}^{-\frac{t}{RC}})\delta(t)+\frac{1}{R}\mathrm{e}^{-\frac{t}{RC}}u(t)=\frac{1}{R}\mathrm{e}^{-\frac{t}{RC}}u(t)$$

由于 $\delta(t)$ 与 $u(t)$ 是导数关系，所以有

$$h_C(t)=\frac{\mathrm{d}g_C(t)}{\mathrm{d}t}=\frac{1}{RC}u(t)$$

$$\begin{aligned}i_\delta(t)&=\frac{\mathrm{d}i_{u(t)}(t)}{\mathrm{d}t}=\frac{1}{R}\mathrm{e}^{-\frac{t}{RC}}\delta(t)+\frac{1}{R}\left(-\frac{1}{RC}\right)\mathrm{e}^{-\frac{t}{RC}}u(t)\\&=\frac{1}{R}\delta(t)-\frac{1}{R^2C}\mathrm{e}^{-\frac{t}{RC}}u(t)\end{aligned}$$

根据上面的结果画出它们的波形如图 1-5-4 所示。其中图 1-5-4(a)所示为 $u(t)$ 作用下电容器上的电压。因为电容器上的电压不能突变，它由 0 按指数增长到终值 1。图 1-5-4(b)所示的系统电流，则从初始的最大值 $\frac{1}{R}$ 随着电容器上电压的增长，而逐渐按指数规律减小为零。图 1-5-4(c)所示为 $\delta(t)$ 作用下电容器上的电压，在 $t=0$ 时破坏了开闭定律，电压发生了突变，这是因为在电容器中有一冲激电流通过[见图 1-5-4(d)]，这一冲激电流在 $t=0$ 瞬间立刻给电容器充电，这时无论是 $\delta(t)$ 还是冲激电流 $\frac{1}{R}\delta(t)$ 都不存在了。这以后系统中电压和电流的变化过程都是在电容器储存的能量作用下发生的，所以这时电路中的电流是放电电流[见图 1-5-4(d)]。电容器上的电压是逐渐减小的。同理，根据开闭定律，电感中的电流是不能突变的，但是在电感两端如有冲激电压作用，电感线圈中就会有突变的电流产生，这种情况希望读者能注意。

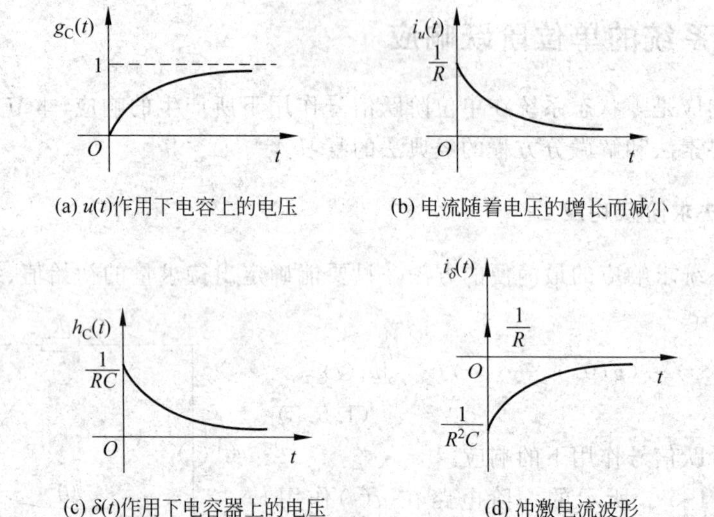

(a) $u(t)$ 作用下电容上的电压　(b) 电流随着电压的增长而减小

(c) $\delta(t)$ 作用下电容器上的电压　(d) 冲激电流波形

图 1-5-4　一阶系统的响应

2. 用经典法求 2 阶以上系统的单位阶跃响应

用经典法求响应是直接求解系统微分方程的问题，微分方程的解由两部分组成。一部分是与微分方程对应的齐次方程的解，称为通解，其解法前面已介绍过。另一部分解则是与信号有关的特解，当信号只是阶跃信号时特解也是非常容易求出的，下面将通过具体例题，说明微分方程的求解过程。

$$g(t)=g_{通}(t)+g_{特}(t) \tag{1.5.3}$$

式中，$g_{通}(t)$为微分方程的通解；$g_{特}(t)$为微分方程的特解。

二阶系统如图 1-5-5 所示，求 $u(t)$作用下电容器上的电压。为此首先列出以 $u_C(t)$为待求量的微分方程，即

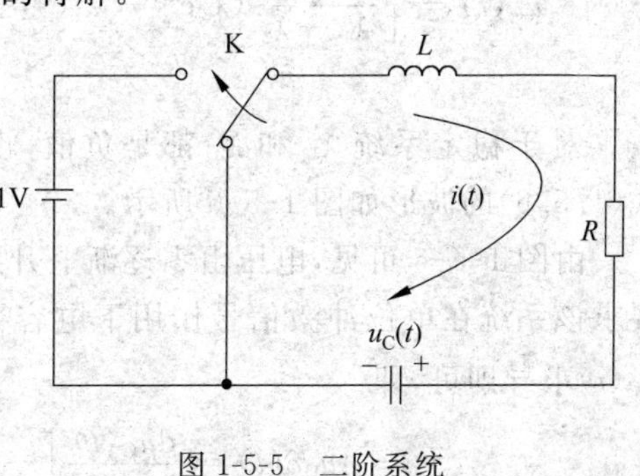

图 1-5-5　二阶系统

$$L\frac{d}{dt}\left(\frac{du_C(t)}{dt}\right)+RC\frac{du_C(t)}{dt}+u_C(t)=u(t)$$

整理得

$$LC\frac{d^2u_C(t)}{dt^2}+RC\frac{du_C(t)}{dt}+u_C(t)=u(t)$$

或

$$\frac{d^2u_C(t)}{dt^2}+\frac{R}{L}\frac{du_C(t)}{dt}+\frac{1}{LC}u_C(t)=\frac{1}{LC}u(t) \tag{1.5.4}$$

解方程(1.5.4)可求出 $u_C(t)$。

特解　由数学可知对于阶跃信号特解的形式为一常数，设为 A，即 $u_{特}(t)=A$，将它代入式(1.5.4)可求出 A，即

$$\frac{1}{LC}A=\frac{1}{LC}$$

所以 $A=1, t\geqslant 0$。

因为求的是单位阶跃响应，系统的输入信号都是阶跃信号，所以求特解的过程都与此相同。

通解　$u_{通}(t)$是微分方程(1.5.4)所对应的齐次方程的解，与前面零输入解的求法完全相同。解的形式决定于特征方程根的形式，方程(1.5.4)对应的特征方程为

$$P^2+\frac{R}{L}P+\frac{1}{LC}=0$$

所以两个根为：

$$\lambda_1,\lambda_2=-\frac{R}{2L}\pm\sqrt{\left(\frac{R}{2L}\right)^2-\frac{1}{LC}}$$

为说明求单位阶跃响应的全过程，设这两个根为不等的实根，则通解为

$$u_{通}(t)=k_1e^{\lambda_1 t}+k_2e^{\lambda_2 t}$$

全解　$u_C(t)=u_{通}(t)+u_{特}(t)=k_1e^{\lambda_1 t}+k_2e^{\lambda_2 t}+1$　(1.5.5)

下面根据初始状态确定常数 k_1、k_2，因为系统是零状态系统，所以有

$$u_C(0_+)=u_C(0_-)=0$$

$$i_L(0_+)=i_L(0_-)=0 \quad 得 \quad \left[\frac{du_C(t)}{dt}\right]_{t=0}=0$$

当 $t=0$ 时

$$\left.\begin{aligned}k_1+k_2+1=0\\ k_1\lambda_1+k_2\lambda_2=0\end{aligned}\right\} \quad 得 \quad \left\{\begin{aligned}k_1&=\frac{\lambda_2}{\lambda_1-\lambda_2}\\ k_2&=\frac{-\lambda_1}{\lambda_1-\lambda_2}\end{aligned}\right.$$

把 k_1、k_2 代入式(1.5.5),最后系统的单位阶跃响应为

$$u_C(t)=\left[\frac{1}{\lambda_1-\lambda_2}(\lambda_2 e^{\lambda_1 t}-\lambda_1 e^{\lambda_2 t}+1)\right]u(t) \tag{1.5.6}$$

对于稳定系统 λ_1 和 λ_2 都是负值,设 $|\lambda_1|<|\lambda_2|$,则式(1.5.6)的波形如图 1-5-6 所示。

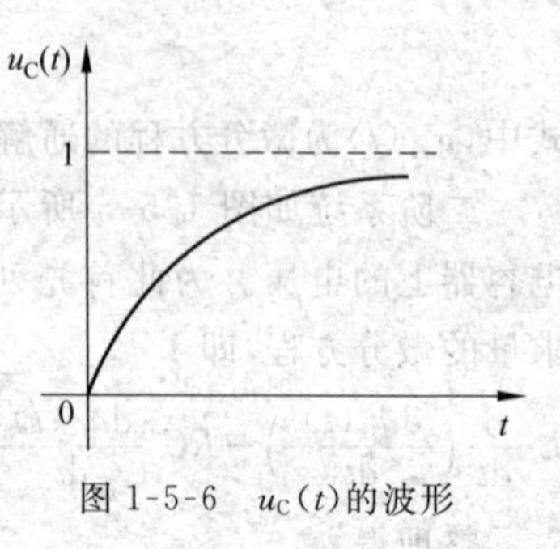

图 1-5-6　$u_C(t)$的波形

由图 1-5-6 可见,电压由零逐渐上升到它的稳定值,如要求该系统在单位冲激信号作用下电容上的电压,只要对 $u_C(t)$求导即可,即

$$\begin{aligned}u_C\delta(t)&=\frac{du_C(t)}{dt}\left[\frac{1}{\lambda_1-\lambda_2}(\lambda_2-\lambda_1)+1\right]\delta(t)\\&\quad+\left[\frac{1}{\lambda_1-\lambda_2}(\lambda_2\lambda_1 e^{\lambda_1 t}-\lambda_1\lambda_2 e^{\lambda_2 t})+1\right]u(t)\\&=\left[\frac{\lambda_1\lambda_2}{\lambda_1-\lambda_2}(e^{\lambda_1 t}-e^{\lambda_2 t})+1\right]u(t)\end{aligned}$$

由此可见,单位阶跃响应可作为求单位冲激响应的一种方法。

1.5.3　系统的单位冲激响应

系统的单位冲激响应不仅是用来求系统零状态响应的物理量,而且也是描述系统特性的重要物理量,除上述求单位冲激的方式之外,还有许多其他方法,此法可避免某些方法的局限性、不严密及与后续内容多次重复的缺点,这种方法是根据 $\delta(t)$函数本身的特点而得到的。因为 $\delta(t)$只在 $t=0$ 时作用于系统,在这一瞬间把它全部能量转换为电场或磁场能量储存于原为零状态的电容器或电感器元件中。当 $t>0$ 时输入信号 $\delta(t)$消失,系统中的响应全靠电容或电感中的储能来维持,即靠它们的初始状态来维持。由此看来,完全可以把 $t=0$ 时在 $\delta(t)$信号及其导数作用下系统的非齐次方程,用 $t>0$(即 $t\geqslant 0_+$)时系统的齐次方程和 $\delta(t)$作用等效的初始状态来代替。齐次方程的解法已掌握,因此关键就在于求出与 $\delta(t)$作用等效的初始状态,把解非齐次方程自然地转化为解齐次方程和求等效初始条件的问题。

求等效初始条件的冲激平衡法

在冲激信号作用下系统微分方程的一般形式为

$$\begin{aligned}&\frac{d^n h(t)}{dt^n}+a_{n-1}\frac{d^{n-1}h(t)}{dt^{n-1}}+\cdots+a_1\frac{dh(t)}{dt}+a_0 h(t)\\&=b_m\frac{d^m\delta(t)}{dt^m}+b_{m-1}\frac{d^{m-1}\delta(t)}{dt^{m-1}}+\cdots+b_1\frac{d\delta(t)}{dt}+b_0\delta(t)\end{aligned}$$

设 $m+1=n$,方程式的右边全部为冲激函数及其导数,因为是方程平衡,在方程式左边冲激响应及其导数中一定包含冲激函数及其导数,而且冲激函数的最高阶导数项,即一定出现在冲激函数的最高阶导数项中。例如,$\frac{d^{n-1}h(t)}{dt^{n-1}}$项,在$\frac{d^n h(t)}{dt^n}$项中就会出现$\frac{d^{m+1}\delta(t)}{dt^{m+1}}$,这样就破坏了等式的平衡,所以等式右边的最高阶导数只能出现在等式的左边的最高阶导数项中,当然这一项中还可包含其他各低阶导数项,如$\frac{d^{m-1}\delta(t)}{dt^{m-1}}$等各项。

为进一步说明这种关系，设有2阶微分方程

$$\frac{\mathrm{d}^2h(t)}{\mathrm{d}t^2}+4\frac{\mathrm{d}h(t)}{\mathrm{d}t}+3h(t)=\frac{\mathrm{d}\delta(t)}{\mathrm{d}t}+2\delta(t) \tag{1.5.7}$$

这里 $n=m+1$，根据上面的分析$\frac{\mathrm{d}\delta(t)}{\mathrm{d}t}$和其各低次项应包含在$\frac{\mathrm{d}^2h(t)}{\mathrm{d}t^2}$项内，即有

$$\begin{array}{ll} h''(t) & \delta'(t),\delta(t),u(t) \\ h'(t)\uparrow & \delta(t),u(t) \\ h(t) & u(t) \end{array}$$

上面的结构中出现了 $u(t)$函数，从纵向来看这是很自然的（如箭头所示）。至于 $\delta(t)$ 及其各阶导数和 $h(t)$及其各阶导数的数量关系将通过求解这一微分方程的具体过程来说明。

根据等效初始条件法，解上面的非齐次方程归结为解它所对应的齐次方程，因此可写出其特征方程为

$$P^2+4P+3=(P+1)(P+3)=0$$

特征根：$\lambda_1=-1,\lambda_2=-3$。

解的形式为

$$h(t)=(k_1\mathrm{e}^{-t}+k_2\mathrm{e}^{-3t})u(t) \tag{1.5.8}$$

为确定等效初始条件，对 $h(t)$求两次导数，则有

$$\frac{\mathrm{d}h(t)}{\mathrm{d}t}=(k_1+k_2)\delta(t)+(-k_1\mathrm{e}^{-t}-3k_2\mathrm{e}^{-3t})u(t)$$

$$\frac{\mathrm{d}^2h(t)}{\mathrm{d}t^2}=(k_1+k_2)\delta'(t)-(k_1+3k_2)\delta(t)+(k_1\mathrm{e}^{-t}+9k_2\mathrm{e}^{-3t})u(t)$$

因为是讨论等效初始值，所以只要考虑 $t=0$ 时响应与激励的关系即可，这时上面的各等式又可写为

$$\begin{aligned} h''(t)&=(k_1+k_2)\delta'(t)-(k_1+3k_2)\delta(t)+(k_1+9k_2)u(t) \\ h'(t)&=(k_1+k_2)\delta(t)+(-k_1-3k_2)u(t) \\ h(t)&=(k_1+k_2)u(t) \end{aligned}$$

根据上式又可写出这种关系的一般式为

$$\left.\begin{aligned} h''(t)&=A\delta'(t)+B\delta(t)+Cu(t) \\ h'(t)&=A\delta(t)+Bu(t) \\ h(t)&=Au(t) \end{aligned}\right\} \tag{1.5.9}$$

此式与前面分析的结果完全相同，称为冲激平衡结构式，并且确定了响应与激励及 $u(t)$函数之间的数量关系。由式(1.5.9)可看出 $h(t)$、$h'(t)$和 $h''(t)$中 $t=0$ 时都有跳变。由于系统的结构并未发生变化，所以这种跳变只可能是在冲激信号作用下产生的，图1-5-3中电容器上的电压 $g_C(t)$就是这种情况。于是找到了 $\delta(t)$的作用与其等效的初始条件之间的关系，即

$$h(0_+)-h(0_-)=A$$

因为是零状态，所以 $h(0_-)=0$，则有 $h(0_+)=A$。

同理，可得

$$h'(0_+)=B,\quad h''(0_+)=C$$

由此可见,只要求出式(1.5.9)中的各系数 A、B、C,等效初始条件就可求出。而各系数的求法是把冲激响应在 $t=0$ 时的结构式代入原方程,并利用等式两边同阶导数的系数相等的原理求出,现在把结构式(1.5.9)代入式(1.5.7)中,则有

$$A\delta'(t)+B\delta(t)+Cu(t)+4[A\delta(t)+Bu(t)]+3Au(t)=\delta'(t)+2\delta(t)$$

由此得出 $A=1$。

$B+4A=1$,所以 $B=-2$,$C+4B+3A=0$ 所以 $C=5$。

最后有 $\begin{cases}h(0_+)=1\\h'(0_+)=-2\\h''(0_+)=5\end{cases}$,因为是 2 阶微分方程,只用前边两个初始条件就可确定待定常数。由式(1.5.9),当 $t=0$ 时,有 $\left.\begin{array}{l}k_1+k_2=1\\-k_1+3k_2=-2\end{array}\right\}$,得 $k_1=\dfrac{1}{2}$,$k_2=\dfrac{1}{2}$。

最后零状态解为

$$h(t)=\left(\frac{1}{2}e^{-t}+\frac{1}{2}e^{-3t}\right)u(t)$$

再举一例说明等效初始条件法求冲激响应的全过程。

例 1.5.1 已知某系统的动态方程为 $\dfrac{d^2y(t)}{dt^2}+3\dfrac{dy(t)}{dt}+2y(t)=4\delta'(t)$,且 $y(0_-)=y'(0_-)=0$,求 $y(t)$。

【解】 首先确定零输入解的形式,非齐次方程对应的齐次方程为

$$\frac{d^2y(t)}{dt^2}+3\frac{dy(t)}{dt}+2y(t)=0$$

用 P 算子表示:$(P^2+3P+2)y(t)=0$

特征方程为 $(P+1)(P+2)=0$,特征根为 $\lambda_1=-1$,$\lambda_2=-2$。

解的形式为

$$y(t)=k_1e^{-t}+k_2e^{-2t} \tag{1.5.10}$$

需确定两个等效初始条件 $y(0^+)$、$y'(0^+)$,根据微分方程等式左边和右边导数的最高阶次,写出冲激平衡结构式为

$$\begin{aligned}y''(t)&=A\delta'(t)+B\delta(t)+Cu(t)\\y'(t)&=A\delta(t)+Bu(t)\\y(t)&=Au(t)\end{aligned}$$

将上式代入原方程确定系数,即

$$A\delta'(t)+B\delta(t)+Cu(t)+3[A\delta(t)+Bu(t)]+2Au(t)=4\delta'(t)$$

整理得

$$A\delta'(t)+(3A+B)\delta(t)+(2A+3B+C)u(t)=4\delta'(t)$$

由同阶导数的系数相等,有

$$A=4,\quad 3A+B=0$$

所以 $B=-12$。

可写出

$$y'(t)=4\delta(t)-12u(t),\quad y(t)=4u(t)$$

由上式可以看出，$t=0$ 时 $y(0)$ 跳变了 4 个单位，应该有下面的关系，即

$$y(0_+)-y(0_-)=4$$

同理，$y'(0_+)-y'(0_-)=-12$，因为 $y(0_-)=y'(0_-)=0$。

所以 $y(0_+)=4, y'(0_+)=-12$。

这就是要求的两个等效初始条件，根据它们就可确定两个待定常数，$t=0$ 时由式(1.5.10)有

$$\begin{cases}k_1+k_2=4\\-k_1-2k_2=-12\end{cases}$$

得 $k_1=-4, k_2=8$。

最后系统在 $\delta(t)$ 函数作用下的零状态响应为

$$y_f(t)=-4\mathrm{e}^{-t}+8\mathrm{e}^{-2t} \quad t\geqslant 0$$

以上讨论了用等效初始条件法求零状态响应的全过程，但应注意到这种方法是在 $n=m+1$ 条件下推导的。当 n 与 m 有些变化时，下面继续讨论。

若 $n\geqslant m$，仍用具体的微分方程来说明，设某系统的动态方程为

$$\frac{\mathrm{d}h(t)}{\mathrm{d}t}+3h(t)=2\delta'(t)$$

这里 $m=n$，为求冲激函数的零状态响应，仍需写出上面方程所对应的齐次方程解的形式。

对应的齐次方程：$(P+3)h(t)=0$

特征方程：$(P+3)=0$

特征根：$\lambda=-3$

解的形式为

$$h(t)=k\mathrm{e}^{-3t}, \quad t\geqslant 0$$

根据原方程等式两边导数的最高阶次写出结构式为

$$h'(t)=A\delta'(t)+B\delta(t)+Cu(t)$$
$$h(t)=A\delta(t)+Bu(t)$$

由上边确定等效初始条件的结构式中可以看出，在响应 $h(t)$ 中出现了 $\delta(t)$ 函数，这是与 $n=m+1$ 时不同的一点，常称这一项为直通分量，注意在解答中不要忘记写出这一项。

把结构式代入原方程，即

$$A\delta'(t)+B\delta(t)+Cu(t)+3A\delta(t)+3Bu(t)=2\delta'(t)$$

比较系数有：$A=2, B+3A=C$，所以 $B=-6$。

系数 B 表示冲激响应 $h(t)$ 在 $t=0$ 时的跳变值，即

$h(0_+)=h(0_-)=B$，因为 $h(0_-)=0$，所以 $h(0_+)=B=-6$。

根据这一条确定 $h(t)=k\mathrm{e}^{-3t}$ 的待定常数 k，即

当 $t=0$ 时，$h(0)=k=-6$

最后 $h(t)=2\delta(t)-6\mathrm{e}^{-3t}(t\geqslant 0)$。

由此可以推出，若 $n>m$ 时在 $h(t)$ 中除 $\delta(t)$ 项外，还会出现 $\delta'(t), \delta''(t), \cdots$ 各项。

设某系统的动态方程为

$$\frac{\mathrm{d}^2h(t)}{\mathrm{d}t^2}+\frac{\mathrm{d}h(t)}{\mathrm{d}t}+h(t)=\delta(t), \quad m=n-2$$

只研究等效初始条件的问题,由原方程可知需要两个初始条件。

根据方程写出结构式为

$$h''(t) = A\delta(t) + Bu(t)$$
$$h'(t) = Au(t)$$
$$h(t) = 0$$

由结构式可以看出,若要原方程左右平衡,只需前两项 $h''(t)$和 $h'(t)$即可。在 $t=0$ 时 $h(t)$中既无跳变也无冲激,如有都会使原式不平衡,所以 $h(t)=0$,由此可得一个零初始条件,即 $h(0_+)=h(0_-)=0$。

为求另一个初始条件,把结构式代入原微分方程,有

$$A\delta(t) + Bu(t) + Au(t) = \delta(t)$$

比较系数,有 $A=1$,即 $h'(0_+)=1$。

在这种简单的情况下,只要比较原方程两边的最高阶导数项的系数就可得到 $A=1$ 的结果,这样原方程的解可由下式求出,即

$$\frac{\mathrm{d}^2 h(t)}{\mathrm{d}t^2} + \frac{\mathrm{d}h(t)}{\mathrm{d}t} + h(t) = 0$$

$$h(0_+) = 0, \quad h'(0_+) = 1$$

对 $m<n-2$ 的情况可照此类推,当 $m=n-3$ 时必有 $h(0_+)=0, h'(0_+)=0$ 等。

1.6 系统的零状态响应——卷积积分

求出单位冲激响应之后剩下就是把输入的任意信号 $f(t)$与单位冲激响应 $h(t)$联系起来,因此这一节推导卷积积分公式。在此公式的基础上可直接代公式或用图解法,求系统的零状态响应。

1.6.1 求系统零状态响应的卷积积分公式

1. 信号分解为冲激序列

现在来讨论 1.5.3 小节提出的将任意一信号分解为冲激序列的问题。图 1-6-1(a)所示为任一信号,为了用冲激信号近似和精确地表示它,首先将 $f(t)$分解成宽度为 $\Delta\tau$ 的方波脉冲,$f(t)$可看成是这些脉冲的叠加,$\Delta\tau$ 越小,则方波脉冲叠加后的波形就越接近 $f(t)$的波

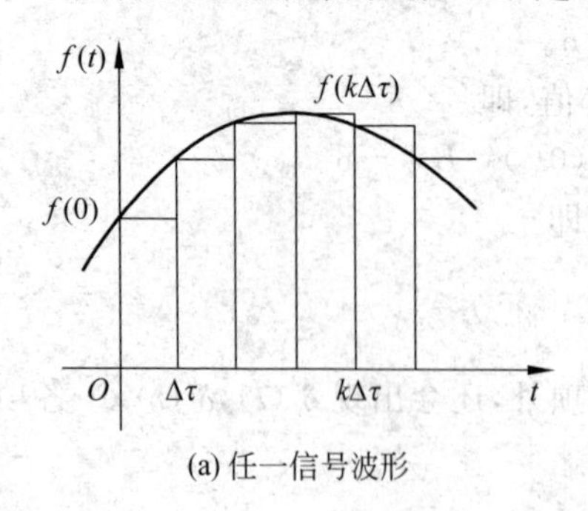

(a) 任一信号波形

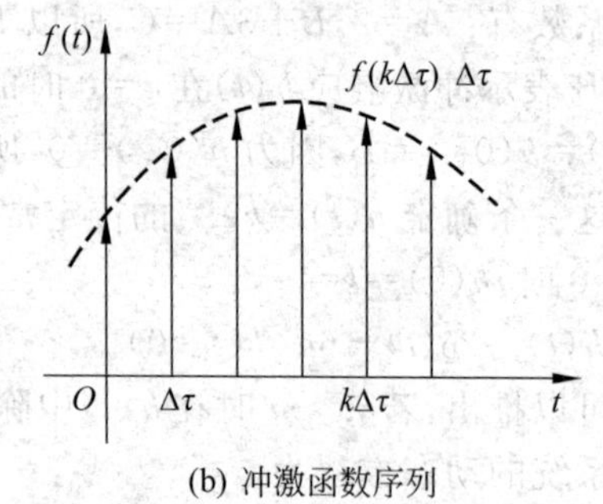

(b) 冲激函数序列

图 1-6-1 信号分解为冲激序列

形，当 $\Delta\tau\to 0$ 时，每个方波脉冲又可用一个方波函数来表示，把冲激函数的作用时间规定为它所代表的方波脉冲左侧边所在的那一瞬间，冲激函数的强度是每个方波脉冲的面积，即 $f(0)\Delta\tau, f(\Delta\tau)\Delta\tau, f(2\Delta\tau)\Delta\tau, \cdots, f(k\Delta\tau)\Delta\tau$，于是这些冲激函数可表示为 $f(0)\Delta\tau\delta(t)$，$f(\Delta\tau)\Delta\tau\delta(t-\Delta\tau), \cdots, f(k\Delta\tau)\Delta\tau\delta(t-k\Delta\tau)$，这时 $f(t)$ 可近似用间隔为 $\Delta\tau$ 的冲激函数序列表示，如图 1-6-1(b)所示。

$$f(t) \approx fs(t) = \sum_{k=0}^{n} f(k\Delta\tau)\Delta\tau\delta(t-k\Delta\tau)$$

当 $\Delta\tau\to 0$ 时，$\Delta\tau$ 可用 $\mathrm{d}\tau$ 表示，离散和 $\sum$ 用连续和 $\int$ 表示，所以

$$f(t) = \lim_{\Delta\tau\to 0} fs(t) = \int_0^t f(\tau)\delta(t-\tau)\mathrm{d}\tau \tag{1.6.1}$$

式(1.6.1)说明任意一信号也可用冲激序列精确地表示出来，此时它为该信号与冲激序列的卷积积分。

例如，把图 1-6-2 所示三角形脉冲分解为冲激信号序列。

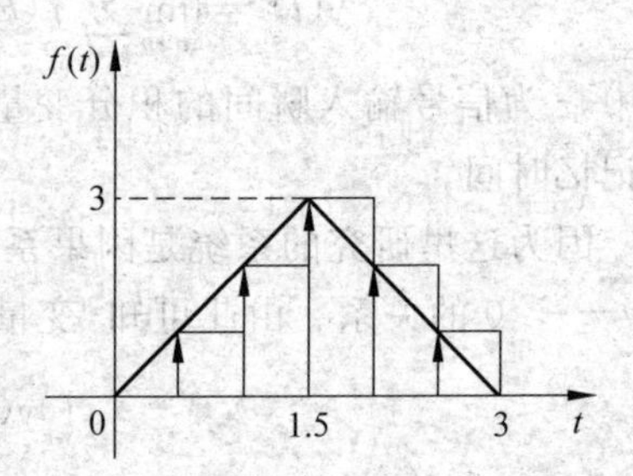

图 1-6-2　三角形脉冲分解为脉冲序列

由图 1-6-2 可知，

$$f(t) = 2t[u(t)-u(t-1.5)] - 2(t-3)\left[u\left(t-\frac{3}{2}\right)-u(t-3)\right]$$

选取 $\Delta\tau=\frac{1}{2}$，根据式(1.6.1)，可直接写出

$$\begin{aligned} f(t) &\approx \frac{1}{2}\left[2\times\frac{1}{2}\delta\left(t-\frac{1}{2}\right)+2\times 1\times\delta(t-1)+2\times\frac{3}{2}\delta\left(t-\frac{3}{2}\right)\right. \\ &\quad \left.+2\delta(t-2)+2\times\frac{1}{2}\delta\left(t-\frac{5}{2}\right)\right] \\ &= \frac{1}{2}\left[\delta\left(t-\frac{1}{2}\right)+2\delta(t-1)+3\delta\left(t-\frac{3}{2}\right)+2\delta(t-2)+\delta\left(t-\frac{5}{2}\right)\right] \end{aligned}$$

三角形脉冲用 5 个冲激函数近似地表示出来了。

2. 求零状态响应的卷积积分

如果系统是零状态，作用于系统的信号 $f(t)$ 已给定，系统的单位冲激响应 $h(t)$ 已求出，且 $f(t)$、$h(t)$ 都是从零开始的信号。把信号 $f(t)$ 分解为冲激序列 $f(t)\approx fs(t)=\sum_{k=0}^{n} f(k\Delta\tau)\Delta\tau\delta(t-k\Delta\tau)$，根据系统的线性和时不变特性可求出冲激序列中每一冲激信号产生的冲激响应，再将这些响应叠加起来，就可得到该系统在 $f(t)$ 作用下的零状态响应的近似表达式。这一叠加过程是

系统的输入信号	系统的响应
$\delta(t)$	$\to h(t)$
$f(0)\Delta\tau\delta(t)$	$\to f(0)\Delta\tau h(t)$
$f(\Delta\tau)\Delta\tau\delta(t-\Delta\tau)$	$\to f(\Delta\tau)\Delta\tau h(t-\Delta\tau)$

$$\vdots \qquad\qquad\qquad\qquad \vdots$$

$$f(k\Delta\tau)\Delta\tau\delta(t-k\Delta\tau) \qquad \rightarrow f(k\Delta\tau)\Delta\tau h(t-k\Delta\tau)$$

系统的总响应是各冲激响应的叠加，可表示为

$$y(t) = \sum_{k=0}^{n} f(k\Delta\tau)\Delta\tau\delta(t-k\Delta\tau)$$

式中，n 为信号 $f(t)$ 分解为冲激响应的个数，如果令 $n\rightarrow\infty$，$\Delta\tau\rightarrow 0$，此时 $\Delta\tau$ 成为 $\mathrm{d}\tau$，离散变量 $k\Delta\tau$ 成为连续变量 τ，离散和 $\sum$ 用连续和 $\int$ 表示，于是有

$$y(t) = \lim_{\Delta\tau\rightarrow 0}\sum_{k=0}^{\infty} f(k\Delta\tau)\Delta\tau\delta(t-k\Delta\tau) = \int_0^{\infty} f(\tau)h(t-\tau)\mathrm{d}\tau \qquad (1.6.2)$$

式中，τ 为信号输入瞬间的积分变量；t 为观察响应的瞬间，积分过程中是常数；$t-\tau$ 为系统的记忆时间。

因为这里研究的系统是因果系统，所以观察响应的时间 t 和信号的作用时间 τ 必须满足 $t-\tau\geqslant 0$ 的关系。由此可知，变量 τ 的积分上限为 t，这时式(1.6.2)可写为

$$y(t) = \int_0^{t} f(\tau)h(t-\tau)\mathrm{d}\tau \qquad (1.6.3)$$

式(1.6.3)就是系统零状态响应的卷积积分公式。由数学原理可知，这种卷积积分可表示为

$$y(t) = f(t) * h(t)$$

上面对系列冲激响应进行叠加的过程，还可在 RC 电路中求零状态响应 $u_C(t)$ 时清楚地看到。图 1-6-3(a)为 RC 电路，求该电路在信号 $f(t)$[图 1-6-3(b)]作用下的 $u_C(t)$。

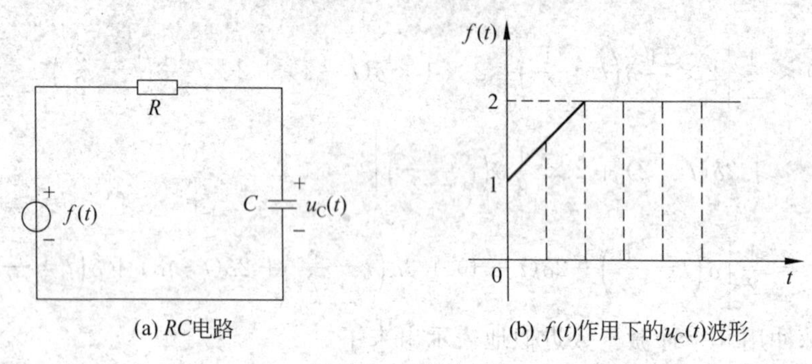

(a) RC电路　　(b) $f(t)$作用下的$u_C(t)$波形

图 1-6-3　RC 电路

设电容的初始状态为零，首先求出在 $f(t)$ 位置上 $\delta(t)$ 作用下的电容电压 $h(t)$，此结果由图 1-6-4(a)中可得，把它重画于图 1-6-4(b)中。再把信号 $f(t)$ 分解成冲激序列，如图 1-6-5(a)所示。

这时每一个冲激信号将在响应的时刻产生一个相应的冲激响应，如图 1-6-5(b)中的虚线所示，然后再把它们逐个叠加起来，就会得到实线所示的锯齿波形。如果 $\Delta\tau$ 很小就会得到如包络线所示的卷积积分波形。所以卷积积分实际上就是把一系列冲激响应的面积进行叠加的过程，由卷积积分公式 $y(t) = \int_0^{t} f(\tau)h(t-\tau)\mathrm{d}\tau$ 也可看出，卷积积分的结果 $y(t)$ 实际上是卷积函数 $f(\tau)h(t-\tau)$ 曲线与 τ 轴在不同时间所围成的面积值。

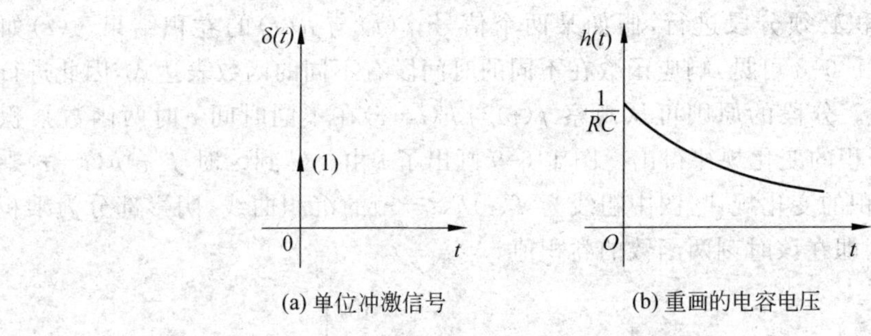

(a) 单位冲激信号　　(b) 重画的电容电压

图 1-6-4　单位冲激响应

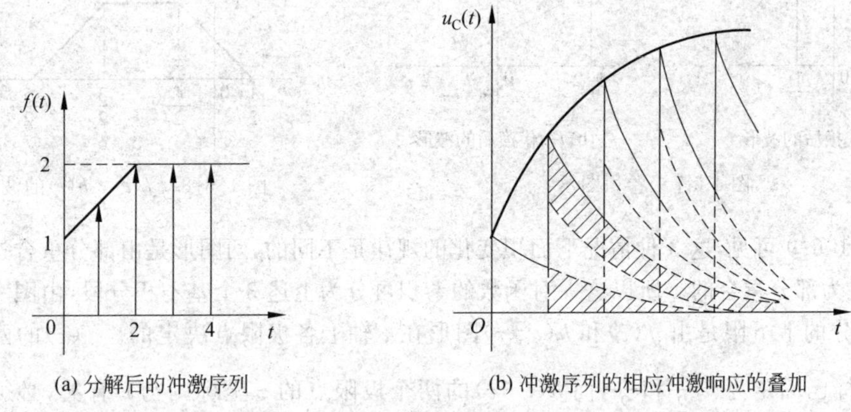

(a) 分解后的冲激序列　　(b) 冲激序列的相应冲激响应的叠加

图 1-6-5　零状态响应的卷积积分

1.6.2　卷积的图解法

有了上面的卷积积分公式，就可以利用它求系统的零状态响应了。当参加卷积的函数比较简单时，利用图形卷积计算零状态响应比较简便，而且卷积的物理概念清晰，在此基础上，还可以说明解析法求卷积值和用数值法求卷积值的一些规律，因此首先介绍卷积的图解法。由卷积公式 $y(t)=\int_0^t f(\tau)h(t-\tau)\mathrm{d}\tau$ 可知，要进行卷积首先要改变信号 $f(t)$和单位冲激响应 $h(t)$的自变量，设 $f(t)$与 $h(t)$的波形如图 1-6-6 所示，这时把 $f(t)$的变量 t 用 τ 代换，其波形如图 1-6-7(a)所示，而 $h(t)$的自变量 t 用 $t-\tau$ 代换，其波形如图 1-6-7(b)所示，它是原波形以纵轴为对称轴翻转后再时移 t 的波形。

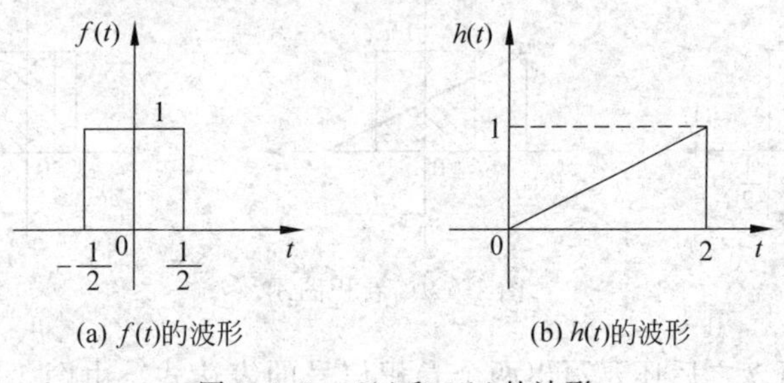

(a) $f(t)$的波形　　(b) $h(t)$的波形

图 1-6-6　$f(t)$和 $h(t)$的波形

其次分析图形卷积必须分段进行，假如某两个信号 $f(t)$ 与 $h(t)$ 的卷积结果 $y(t)$ 如图 1-6-8 所示。由图 1-6-8 可见，响应函数在不同的时间段有不同的函数表达式，因此进行图解卷积时必须分段。分段的原则可从观察 $f(\tau)$ 与 $h(t-\tau)$ 在不同时间 t 时两函数乘积 $f(\tau)h(t-\tau)$ 曲线下面积的变化规律得出。图 1-6-9 画出了 t 由 $-\infty$ 到 ∞ 时 $f(\tau)h(t-\tau)$ 乘积曲线与 τ 轴所围面积的变化规律，图中粗线为 $f(\tau)h(t-\tau)$ 的沉积曲线，阴影部分为乘积曲线与 τ 轴所围面积，即在该时刻两函数的卷积值。

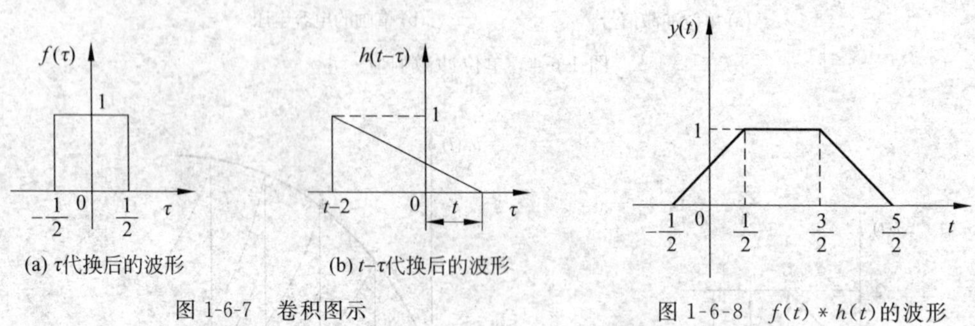

图 1-6-7　卷积图示　　　　图 1-6-8　$f(t)*h(t)$ 的波形

由图 1-6-9 可见，这 3 种情况下面积变化的规律是不同的，两图形是由部分重合进入全部重合，再成为部分重合的。所以这一对函数的卷积可分为上述 3 个基本积分段，由图 1-6-9 还可看出积分的上下限是由 $f(\tau)$ 和 $h(t-\tau)$ 图形在 τ 轴上各极限点决定的。$f(\tau)$ 的两个极限点的 τ 坐标已固定为 $-\frac{1}{2}$ 和 $\frac{1}{2}$，而 $h(t-\tau)$ 的两个极限点的 τ 坐标则与 t 有关，必须在卷积前确定下来。为此要规定观察响应时间 t 的参考点，这一点可以在 τ 轴上任意确定。为方便起见，规定为 $h(-\tau)$ 图形最右边的一个极限点为 $t=0$ 的点。上面的 $h(-\tau)$ 图形 $t=0$ 的点和 $\tau=0$ 的点重合了。当 $h(-\tau)$ 移动一个时间 t 后，如图 1-6-7(b) 所示，其右边极限点的 τ 坐标可用 t 表示出来（因两者参考点相同），而左边极限点的 τ 坐标由于比右边极限点时移了两个时间单元，所以为 $t-2$，可以看出这两个坐标在整个积分过程中都是不变的。如果单位冲激响应本身是一个延时信号，如图 1-6-10(a) 所示，它翻转后右边极限点所在位置规定为 t 的参考点，即 $t=0$ 的点，如图 1-6-10(b) 所示。当它向右移动某一个时间 t 时，右边极限点的 τ 坐标可用 $t-1$ 表示。而左边极限点的 τ 坐标就是 $t-1-2=t-3$，如图 1-6-10(c) 所示。

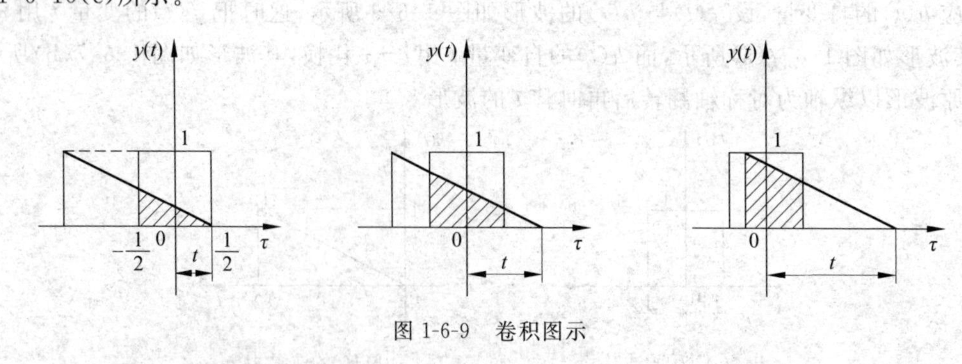

图 1-6-9　卷积图示

弄清上面这些概念之后还要写出两个卷积信号的表达式。由图 1-6-6 可知，$f(t)$ 是一

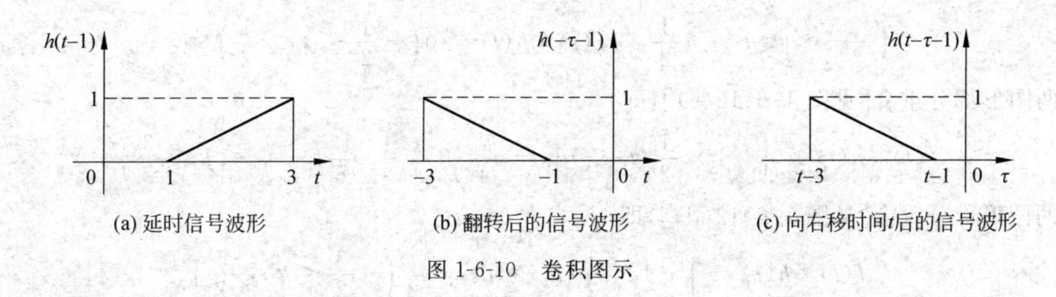

(a) 延时信号波形　(b) 翻转后的信号波形　(c) 向右移时间t后的信号波形

图 1-6-10　卷积图示

矩形脉冲,可写为 $f(\tau)=1$,而 $h(t)=\frac{1}{2}t$,所以 $h(t-\tau)=\frac{1}{2}(t-\tau)$。注意到这两个表达式都没时间定义域,这是因为它们的定义域将被时间段所限定。下面通过给定信号的卷积说明图解卷积的全过程。为完整起见,把系统的输入信号 $f(t)$和单位冲激响应 $h(t)$的波形重新绘于图 1-6-11 中,用图解法求该系统的零状态响应,并绘出响应曲线。

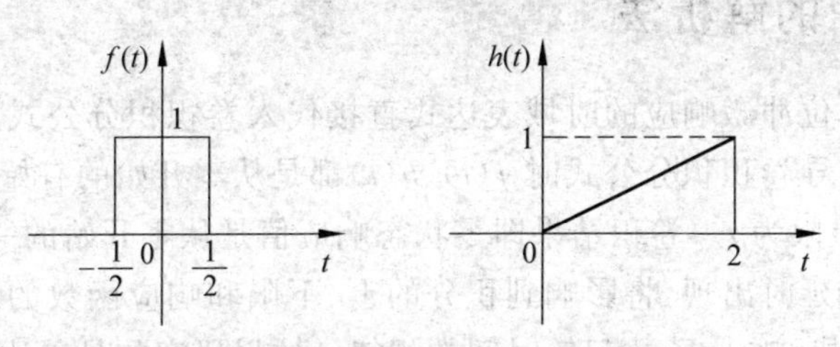

图 1-6-11　$f(t)$和 $h(t)$的波形

【解】　首先进行变量代换,并把 $f(\tau)$和 $h(t-\tau)$画于同一坐标系内。标出观察响应时间t 的参考点 $t=0$ 处和翻转图形左、右极限点的活动坐标 t、$t-2$,如图 1-6-12(a)所示,写出函数的表达式 $f(\tau)=1$,$h(t-\tau)=\frac{1}{2}(t-\tau)$。由图 1-6-12(a)可见,此时已有卷积值,为使卷积值能从零开始,把 $h(t-\tau)$图形从右向左拉开,如图 1-6-12(b)所示。由图 1-6-12 可见,当

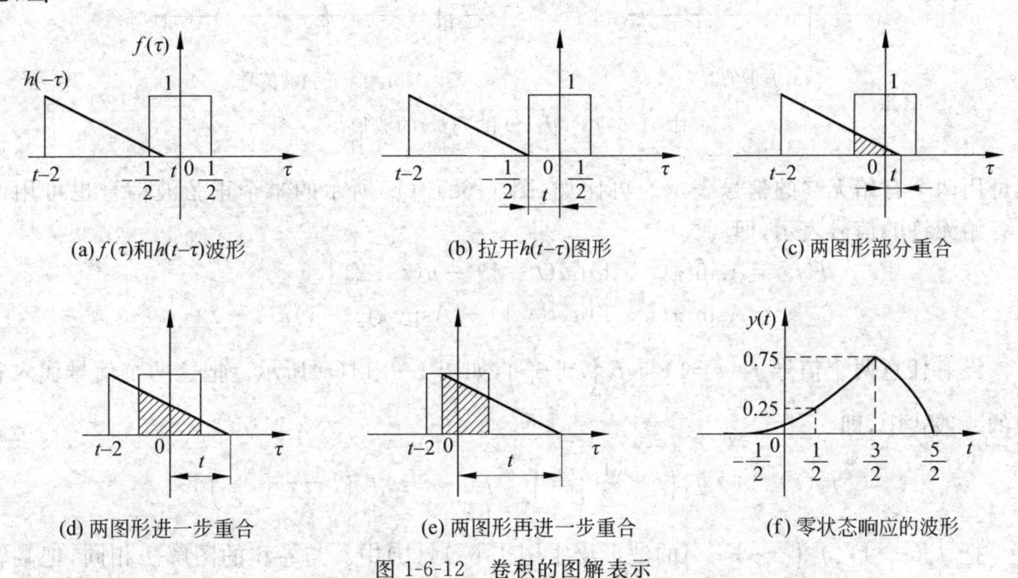

(a) $f(\tau)$和$h(t-\tau)$波形　(b) 拉开$h(t-\tau)$图形　(c) 两图形部分重合

(d) 两图形进一步重合　(e) 两图形再进一步重合　(f) 零状态响应的波形

图 1-6-12　卷积的图解表示

$$-\infty < t \leqslant -\frac{1}{2},\quad f(t) * h(t) = 0\left(-\frac{1}{2} \leqslant t \leqslant \frac{1}{2}\right)$$

两图形部分重合[见图 1-6-12(c)],即

$$f(t) * h(t) = \int_{-\frac{1}{2}}^{t} 1 \times \frac{1}{2}(t-\tau)\mathrm{d}\tau = \frac{t^2}{4} + \frac{t}{4} + \frac{1}{16}\left(-\frac{1}{2} \leqslant t \leqslant \frac{3}{2}\right)$$

两图形部分重合[见图 1-6-12(d)],即

$$f(t) * h(t) = \int_{-\frac{1}{2}}^{\frac{1}{2}} 1 \times \frac{1}{2}(t-\tau)\mathrm{d}\tau = \frac{t}{2}\left(-\frac{3}{2} \leqslant t \leqslant \frac{5}{2}\right)$$

两图形部分重合[见图 1-6-12(e)],即

$$f(t) * h(t) = \int_{-2}^{\frac{1}{2}} 1 \times \frac{1}{2}(t-\tau)\mathrm{d}\tau = -\frac{t^2}{4} + \frac{t}{4} + \frac{15}{16}$$

最后根据各时间段的卷积积分结果画出零状态响应的波形,如图 1-6-12(f)所示。

1.6.3 卷积的解析法

把输入信号与单位冲激响应的时域表达式直接代入卷积积分公式,求卷积值的方法称为解析法。前面在推导卷积积分公式时 $f(t)$、$h(t)$都是从零开始的有始无终的信号,这时卷积积分的下限为 0,上限为 t。卷积结果即零状态响应值是从零开始的一个函数。但在实践中有时输入信号可能延时出现,将影响到积分的上、下限和响应函数的起始时间,下面分析确定卷积积分上、下限和响应函数起始时间的规律。这里研究的是单边或脉冲信号,而所有的脉冲信号(冲激信号除外)都可用有始无终的信号表示,如图 1-6-13(a)所示的方波,即

$$f(t) = A[u(t) - u(t-1)] = Au(t) - Au(t-1)$$

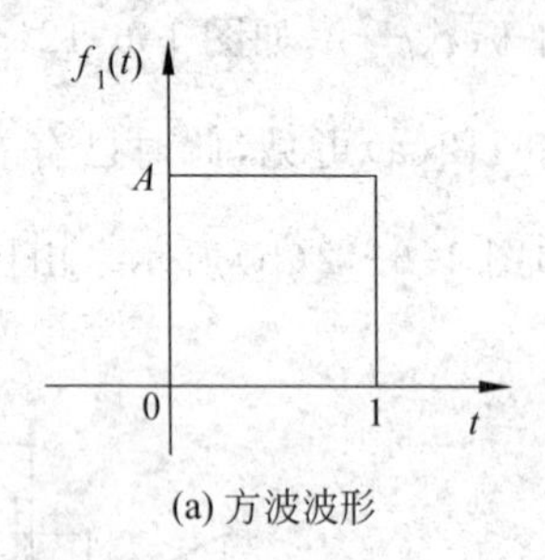

(a) 方波波形

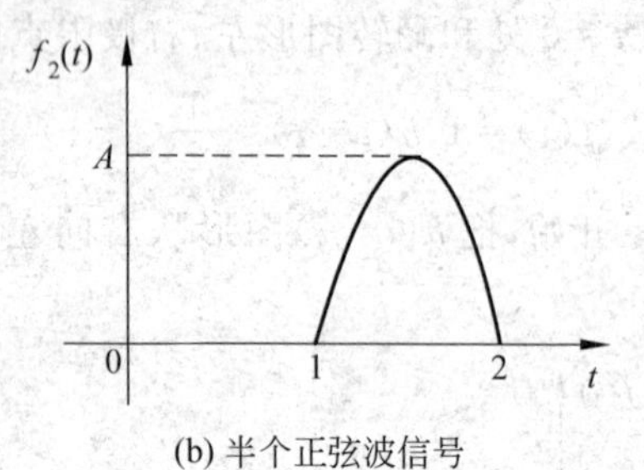

(b) 半个正弦波信号

图 1-6-13 $f_1(t)$和 $f_2(t)$的波形

就可用两个有始无终的信号表示。再比如,图 1-6-13(b)所示的半个正弦波信号也可用两个有始无终的信号表示,即

$$\begin{aligned} f(t) &= A\sin \pi(t-1)[u(t-1) - u(t-2)] \\ &= A\sin \pi(t-1)u(t-1) - A\sin \pi(t-1)u(t-2) \end{aligned}$$

设有任意两个信号 $f_1(t-1)$与 $f_2\left(t+\frac{1}{2}\right)$,如图 1-6-14(a)所示。把这两个信号代入卷积的一般式中,即

$$f_1(t-1) * f_2\left(t+\frac{1}{2}\right) = \int_{-\infty}^{\infty} f_1(\tau-1) f_2\left(t-\tau+\frac{1}{2}\right)\mathrm{d}\tau$$

把 $f_1(\tau-1)$、$f_2\left(-\tau+\frac{1}{2}\right)$的波形绘于图 1-6-14(b)中。与卷积的图解法相同,把翻转

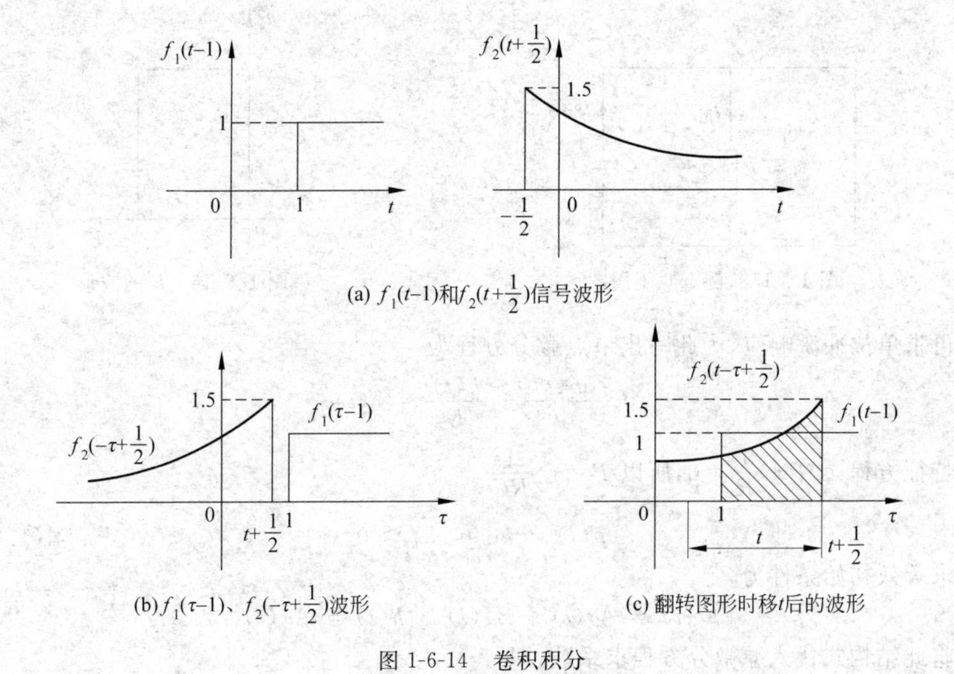

(a) $f_1(t-1)$和$f_2(t+\frac{1}{2})$信号波形

(b) $f_1(\tau-1)$、$f_2(-\tau+\frac{1}{2})$波形

(c) 翻转图形时移t后的波形

图 1-6-14 卷积积分

图形 $f_2\left(-\tau+\dfrac{1}{2}\right)$最右边所在位置规定为观察响应的时间参考点，即 $t=0$。当翻转图形时移t 后，如图 1-6-14(c)所示。

两函数 $f_1(t-1)*f_2\left(t-\tau+\dfrac{1}{2}\right)$的乘积曲线如图 1-6-14(c)中粗线所示。可以看到，这种函数卷积的积分下限永远是由未翻转函数的起始时间来确定的，它可由未翻转函数 $f_1(\tau-1)$括号中宗量等于零时的 τ 值求出，即 $\tau-1=0,\tau=1$。而积分上限总是有翻转函数图形最右边的活动坐标所决定。它可由函数 $f_2\left(t-\tau+\dfrac{1}{2}\right)$括号中宗量等于零时的 τ 值求出，即 $t-\tau+\dfrac{1}{2}=0,\tau=t+\dfrac{1}{2}$。再分析图 1-6-14(b)可见，$t=0$ 时无卷积值(两图形未接触)。当 $t=\dfrac{1}{2}$时，两图形才开始接触，开始有卷积值，如果用单位阶跃函数来表示则为 $u\left(t-\dfrac{1}{2}\right)$，括号中的宗量正是积分的上限减下限，即 $t+\dfrac{1}{2}-1=t-\dfrac{1}{2}$[见图 1-6-14(b)]。根据上面分析的规律，最后可将卷积积分写为

$$f_1(t-1)*f_2\left(t+\frac{1}{2}\right)=\int_1^{t+\frac{1}{2}}f_1(\tau-1)f_2(t+\tau-1)\mathrm{d}\tau=y(t)u\left(t-\frac{1}{2}\right)$$

式中，$y(t)$为卷积结果，上面确定积分上、下限和响应函数起始时间的规律由任意函数卷积得出，所以具有普遍意义。有了上边的规律就可以对任意信号进行卷积了。

例 1.6.1 用卷积积分的解析法求图 1-6-15 所示系统的零状态响应，输入信号如图 1-6-16 所示。

【解】 写出输入信号的表达式为

$$i_s(t)=A[u(t)-u(t-1)]$$

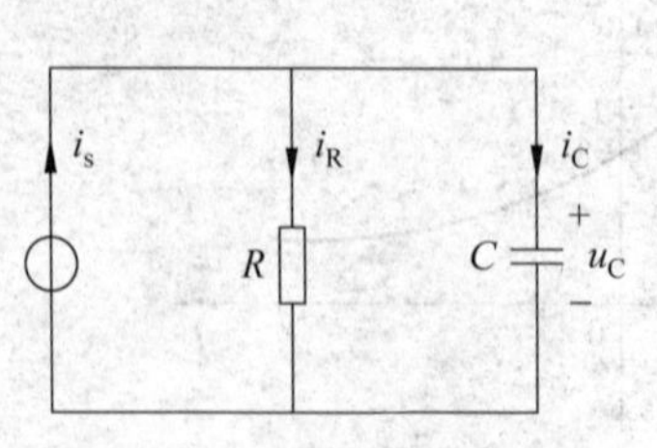

图 1-6-15 例 1.6.1 用图

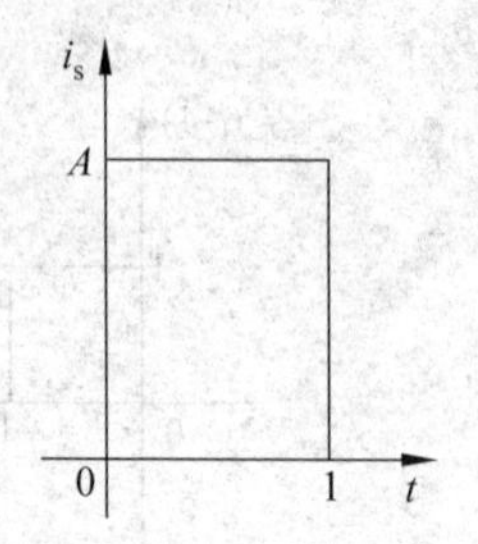

图 1-6-16 i_s 的波形

再求单位冲激响应,为此写出节点微分方程为

$$C\frac{\mathrm{d}h(t)}{\mathrm{d}t}+\frac{h(t)}{R}=\delta(t)$$

特征方程:$CP+\frac{1}{R}=0$,所以 $P=-\frac{1}{RC}$

$$h(t)=k\mathrm{e}^{-\frac{t}{RC}}\quad t\geqslant 0 \tag{1.6.4}$$

求等效初始条件为

$$h'(t)=A\delta(t)+Bu(t),\quad h(t)=Au(t)$$

将此结构式代入原微分方程求系数,即

$$C[A\delta(t)+Bu(t)]+\frac{A}{R}u(t)=\delta(t)$$

比较 $\delta(t)$的系数可得:

$$A=\frac{1}{C}=h(0_+)$$

$t=0$ 时,由式(1.6.4)得 $h(0_+)=k=\frac{1}{C}$

所以

$$h(t)=\frac{1}{C}\mathrm{e}^{-\frac{1}{RC}t}u(t)$$

最后得

$$\begin{aligned}u_C(t)&=i_s(t)*h(t)=\int_{-\infty}^{\infty}A[u(\tau)-u(\tau-1)]\cdot\frac{1}{C}\mathrm{e}^{-\frac{1}{RC}(t-\tau)}u(t-\tau)\mathrm{d}\tau\\&=\frac{A}{C}\mathrm{e}^{-\frac{1}{RC}}\left[\int_{-\infty}^{\infty}u(\tau)\mathrm{e}^{\frac{1}{RC}\tau}u(t-\tau)\mathrm{d}\tau-\int_{-\infty}^{\infty}u(\tau-1)\mathrm{e}^{\frac{1}{RC}\tau}u(t-\tau)\mathrm{d}\tau\right]\\&=\frac{A}{C}\mathrm{e}^{-\frac{1}{RC}}\left[\int_{0}^{t}\mathrm{e}^{\frac{1}{RC}\tau}\mathrm{d}\tau-\int_{1}^{t}\mathrm{e}^{\frac{1}{RC}\tau}\mathrm{d}\tau\right]\\&=AR\mathrm{e}^{-\frac{1}{RC}}\left[(\mathrm{e}^{\frac{1}{RC}\tau}-1)u(t)-(\mathrm{e}^{-\frac{1}{RC}}-\mathrm{e}^{\frac{1}{RC}})u(t-1)\right]\\&=AR\left[(1-\mathrm{e}^{\frac{1}{RC}})u(t)-(1-\mathrm{e}^{\frac{t-1}{RC}})u(t-1)\right]\end{aligned}$$

零状态响应 $u_C(t)$的波形如图 1-6-17 所示。

1.6.4 系统的全响应

上面介绍了求系统零输入和零状态响应的方法,因此求系统全响应 $y(t)=y_x(t)+y_f(t)$的问题也就迎刃而解了。下面用两个例题说明求解的全过程。

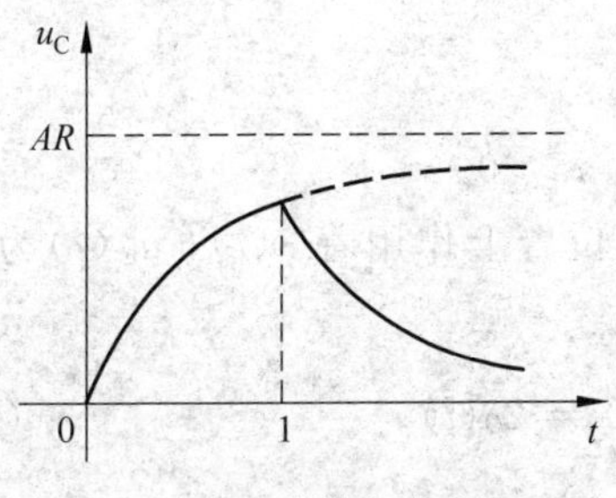

图 1-6-17 零状态响应波形

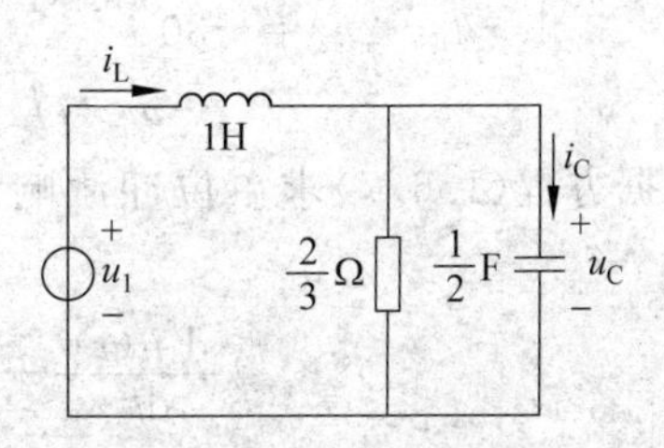

图 1-6-18 例 1.6.2

例 1.6.2 求图 1-6-18 所示系统中全响应 $u_C(t)$，已知 $u_1(t)=10e^{-4t}u(t)$，$u_C(0_-)=10V$，$i_L(0_-)=0A$。

【解】 首先写出含 $u_C(t)$ 的方程，为此列出 $u_C(t)$、$i_L(t)$ 为变量的微分方程组

$$\frac{di_L(t)}{dt}+\frac{2}{3}\left[i_L(t)-\frac{1}{2}\frac{du_C(t)}{dt}\right]=10e^{-4t}u(t) \tag{1.6.5}$$

$$\frac{1}{3}\frac{du_C(t)}{dt}+u_C(t)-\frac{2}{3}i_L(t)=0 \tag{1.6.6}$$

把此方程组用 P 算子表示出来，即

$$\begin{cases}\left(P+\dfrac{2}{3}\right)i_L(t)-\dfrac{1}{3}Pu_C(t)=10e^{-4t}u(t)\\[2ex]\left(\dfrac{1}{3}P+1\right)u_C(t)-\dfrac{2}{3}i_L(t)=0\end{cases}$$

利用克莱姆法则求只含 $u_C(t)$ 的方程，即

$$u_C(t)=\frac{\begin{vmatrix}P+\dfrac{2}{3} & 10e^{-4t}u(t)\\[2ex] -\dfrac{2}{3} & 0\end{vmatrix}}{\begin{vmatrix}P+\dfrac{2}{3} & \dfrac{1}{3}P\\[2ex] -\dfrac{2}{3} & \dfrac{1}{3}P+1\end{vmatrix}}$$

所以有

$$\frac{d^2u_C(t)}{dt^2}+3\frac{du_C(t)}{dt}+2u_C(t)=20e^{-4t}u(t) \tag{1.6.7}$$

根据方程(1.6.7)求 $u_C(t)$ 的零输入响应；已知 $u_C(0_-)=10V$，还需根据 $i_L(0_-)$ 求出 $u'_C(0_-)$，即

$$i_L(t)=\frac{u_C(t)}{\dfrac{2}{3}}+C\frac{du_C(t)}{dt}$$

得

$$u'_C(0_-)=2\left[i_L(0_-)\ \frac{3u'_C(0_-)}{2}\right]=-30V/S$$

特征方程 $P^2+3P+2=0$，特征根 $\lambda_1=-1$，$\lambda_2=-2$。

$$u_{Cx}(t)=k_1e^{-t}+k_2e^{-2t}\quad t\geqslant 0$$

$t=0$ 时 $\begin{cases}k_1+k_2=10\\-k_1-2k_2=-30\end{cases}$，得 $k_1=10$，$k_2=20$。

$$u_{Cx}(t)=10\mathrm{e}^{-t}+20\mathrm{e}^{-2t}\quad t\geqslant 0$$

根据方程(1.6.7)求单位冲激响应，此时在 $u_1(t)$ 位置上作用着 $\delta(t)$，$u_C(t)$ 为 $h(t)$，所以

$$\frac{\mathrm{d}^2h(t)}{\mathrm{d}t^2}+3\frac{\mathrm{d}h(t)}{\mathrm{d}t}+2h(t)=2\delta(t)\tag{1.6.8}$$

根据零输入响应的形式，可写出 $h(t)$ 的形式为

$$h(t)=C_1\mathrm{e}^{-t}+C_2\mathrm{e}^{-2t}\quad t\geqslant 0$$

确定等效初始条件，根据方程(1.6.8)写出结构式

$$\begin{cases}h''(t)=A\delta(t)+Bu(t)\\h'(t)=Au(t)\\h(t)=0\end{cases}$$

所以 $h(0_+)=0$，把结构式代入式(1.6.8)比较系数，可求出 $A=2$，所以 $h'(0_+)=2$。

$t=0$ 时 $\begin{cases}C_1+C_2=0\\-C_1-2C_2=2\end{cases}$，求得 $C_1=2$，$C_2=-2$

所以

$$h(t)=(2\mathrm{e}^{-t}-2\mathrm{e}^{-2t})u(t)$$

零状态响应

$$\begin{aligned}u_{Cf}(t)&=h(t)*f(t)=(2\mathrm{e}^{-t}-2\mathrm{e}^{-2t})u(t)*10\mathrm{e}^{-4t}u(t)\\&=\left(\frac{20}{3}\mathrm{e}^{-t}-10\mathrm{e}^{-2t}+\frac{10}{3}\mathrm{e}^{-4t}\right)u(t)\end{aligned}$$

最后全响应为

$$u_C(t)=u_{Cx}(t)+u_{Cf}(t)=\left[(10\mathrm{e}^{-t}+20\mathrm{e}^{-2t})+\left(\frac{20}{3}\mathrm{e}^{-t}-10\mathrm{e}^{-2t}+\frac{10}{3}\mathrm{e}^{-4t}\right)\right]u(t)$$

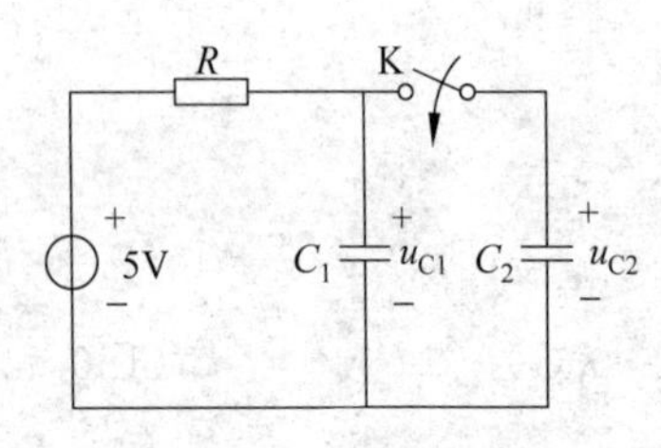

图 1-6-19　例 1.6.3 用图

例 1.6.3　图 1-6-19 所示系统在开关闭合前已处于稳态，且 $u_{C2}(0_-)=0$，求全响应 $u_{C2}(t)$。图 1-6-19 中，$R=2\Omega$，$C_1=\frac{1}{2}F$，$C_2=\frac{1}{3}F$。

【解】　由开关闭合前的系统可知 $u_{C1}(0_-)=5\mathrm{V}$，$u_{C2}(0_-)=0$，开关闭合时电容器 C_1、C_2 上电压发生强迫突变，即

$$q_{C1}(0_-)=\frac{1}{2}\times 5=\frac{5}{2}$$

所以

$$u_{C1}(0_+)=u_{C2}(0_+)=\frac{q_{C1}(0_-)}{\frac{1}{2}+\frac{1}{3}}=3(\mathrm{V})$$

开关闭合后的微分方程为

$$u_{C2}(t)+RC\frac{\mathrm{d}u_{C2}(t)}{\mathrm{d}t}=5u(t)$$

代入数据有

$$u_{C2}(t)+\frac{5}{6}\cdot 2\frac{\mathrm{d}u_{C2}(t)}{\mathrm{d}t}=5u(t)$$

整理得

$$\frac{\mathrm{d}u_{C2}(t)}{\mathrm{d}t}+\frac{3}{5}u_{C2}(t)=3u(t) \tag{1.6.9}$$

根据方程(1.6.9)求零输入响应：特征方程，特征根分别为

$$P+\frac{3}{5}=0,\quad P=-\frac{3}{5}$$

$$u_{C2x}(t)=k\mathrm{e}^{-\frac{3}{5}t},\quad t=0,\quad k=3$$

所以

$$u_{C2x}(t)=3\mathrm{e}^{-\frac{3}{5}t}$$

用三要素法求零状态响应为

$$u_{C2f}(t)=(5-5\mathrm{e}^{-\frac{3}{5}t})u(t)$$

所以总响应为

$$u_{C2}(t)=3\mathrm{e}^{-\frac{3}{5}t}+(5-5\mathrm{e}^{-\frac{3}{5}t})u(t)$$

1.6.5　卷积积分的运算规则与性质

当各函数间的卷积积分值存在时，卷积积分的运算满足以下定律。

1. 交换律

$$f_1(t)*f_2(t)=f_2(t)*f_1(t)$$

证明：把 $\int_{-\infty}^{\infty}f_1(\tau)f_2(t-\tau)\mathrm{d}\tau$ 式中的 τ 用 $t-\lambda$ 代换有

$$\begin{aligned}\int_{-\infty}^{\infty}f_1(t-\lambda)f_2(t-t+\lambda)(-\mathrm{d}\lambda)&=\int_{-\infty}^{\infty}f_2(\lambda)f_1(t-\lambda)\mathrm{d}\lambda\\&=\int_{-\infty}^{\infty}f_2(\tau)f_1(t-\tau)\mathrm{d}\tau\end{aligned}$$

此式说明两函数在卷积积分中的次序是可以任意交换的，对于系统来说交换律表明了图1-6-20所示的等效情况，即信号与系统的单位冲激响应互换可得到相同的响应。

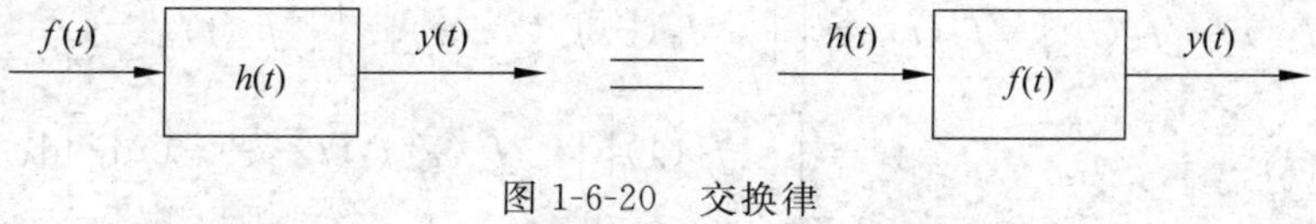

图1-6-20　交换律

2. 分配律

$$[f_1(t)+f_2(t)]*f_3(t)=f_1(t)*f_3(t)+f_2(t)*f_3(t)$$

证明：$$\begin{aligned}[f_1(t)+f_2(t)]*f_3(t)&=\int_{-\infty}^{\infty}[f_1(\tau)+f_2(\tau)]f_3(t-\tau)\mathrm{d}\tau\\&=\int_{-\infty}^{\infty}f_1(\tau)f_3(t-\tau)\mathrm{d}\tau+\int_{-\infty}^{\infty}f_2(\tau)f_3(t-\tau)\mathrm{d}\tau\end{aligned}$$

$$= f_1(t) * f_3(t) + f_2(t) * f_3(t)$$

如果把 $f_3(t)$看成是系统的单位冲激响应,则上式说明几个信号同时作用于系统产生零状态响应,将等于每个信号单独作用于系统产生的零状态响应的叠加。

如果把 $f_1(t)$和 $f_2(t)$看做是两个不同系统的单位冲激响应,则分配律说明,信号 $f_3(t)$作用于单位冲激响应为 $f_1(t)$和 $f_2(t)$系统产生的零状态响应之和。同时可见,并联系统的等效单位冲激响应是各系统单位冲激响应之和,如图 1-6-21 所示。

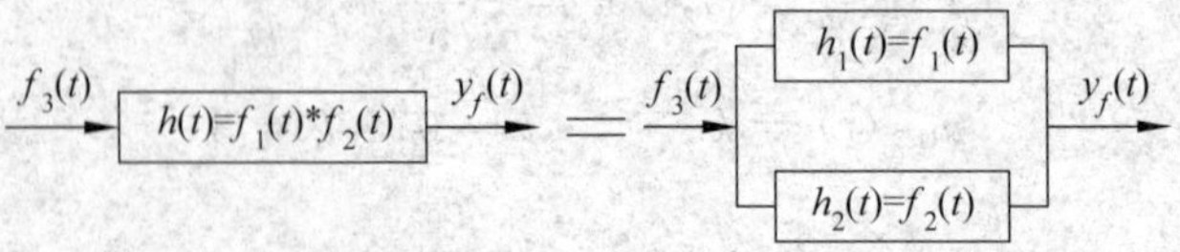

f3(t) h(t)=f1(t)*f2(t) yf(t) = f3(t) h1(t)=f1(t) h2(t)=f2(t) yf(t)

图 1-6-21 分配律

3. 结合律

$$[f_1(t) * f_2(t)] * f_3(t) = f_1(t) * [f_2(t) * f_3(t)]$$

若一系统的输出与另一系统的输入端相连,这种连接方法称为级联,如图 1-6-22 所示,若结合律中 $f_1(t)$与 $f_3(t)$分别为两个系统的单位冲激响应,则结合律表示图 1-6-23 所示的等效关系,即信号 $f_2(t)$作用下的响应 $y_f(t)$与两系统的级联顺序无关,若 $f_1(t)$与 $f_2(t)$分别为两个系统的单位冲激响应,则结合律又表明图 1-6-24 所示的等效关系,即激励信号作用于两级联系统的响应等效于该信号作用于单位冲激响应 $h(t)=f_1(t) * f_2(t)$的系统上的响应,同时可见级联后系统的单位冲激响应等于各级联系统单位冲激响应的卷积。

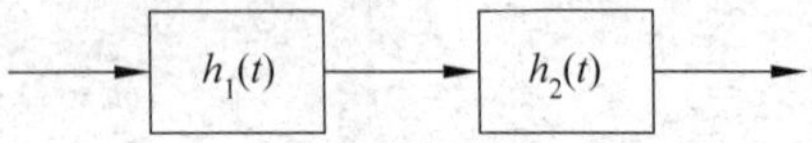

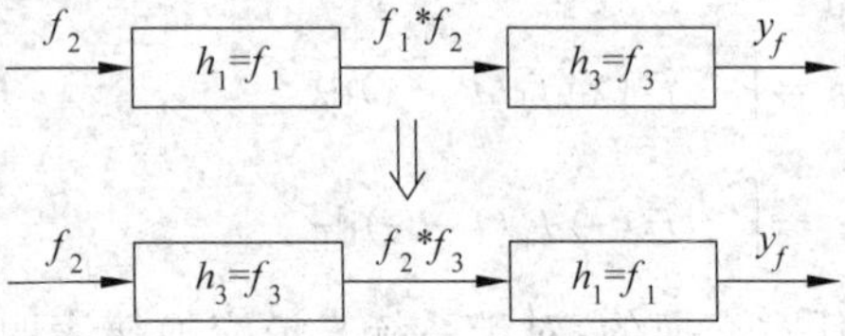

h1(t) h2(t)

图 1-6-22 结合律(一)

f2 h1=f1 f1*f2 h3=f3 yf
⇓
f2 h3=f3 f2*f3 h1=f1 yf

图 1-6-23 结合律(二)

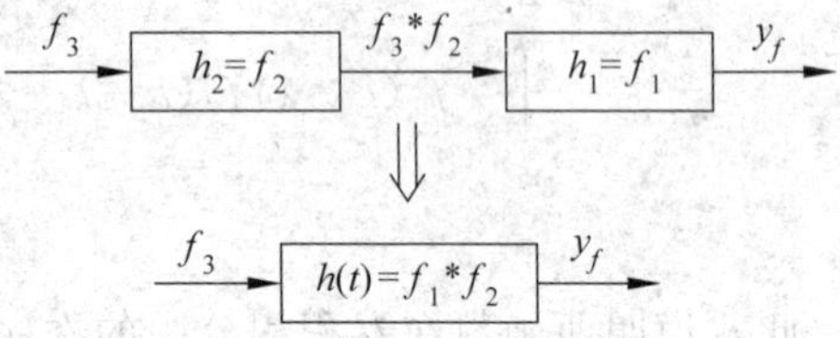

f3 h2=f2 f3*f2 h1=f1 yf
⇓
f3 h(t)=f1*f2 yf

图 1-6-24 结合律(三)

证明:
$$\begin{aligned}[f_1(t) * f_2(t)] * f_3(t) &= \left[\int_{-\infty}^{\infty} f_1(\tau) f_2(t-\tau)\mathrm{d}\tau\right] * f_3(t) \\ &= \int_{-\infty}^{\infty} f_1(\lambda)\left[\int_{-\infty}^{\infty} f_3(\tau) f_2(t-\tau-\lambda)\mathrm{d}\tau\right]\mathrm{d}\lambda \\ &= f_1(t) * \left[\int_{-\infty}^{\infty} f_3(\lambda) f_2(t-\lambda)\mathrm{d}\lambda\right] \\ &= f_1(t) * [f_2(t) * f_3(t)]\end{aligned}$$

得证。

上面是卷积的运算规则,下面介绍卷积的性质。掌握了这些性质将有利于卷积的计算。

4. 任意函数与单位冲激函数的卷积

$$f(t) * \delta(t) = \int_{-\infty}^{\infty} f(\tau)\delta(t-\tau)\mathrm{d}\tau = f(t) \tag{1.6.10}$$

此式说明任一函数与单位冲激函数的卷积就是它本身。

这种卷积用图形表示最清楚，如图 1-6-25 所示。

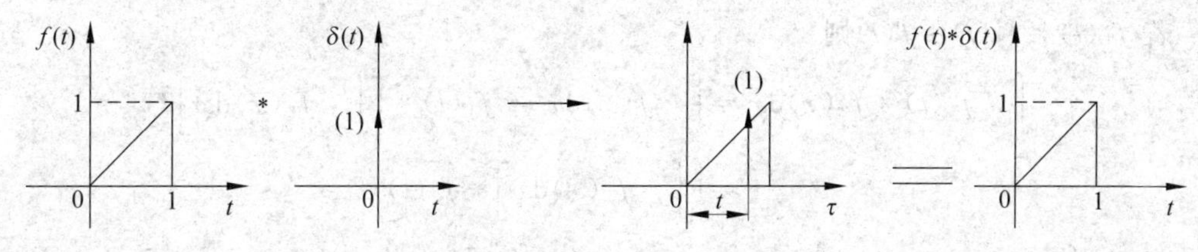

图 1-6-25　$f(t) * \delta(t)$波形

$$f(t) * \delta(t-t_0) = \int_{-\infty}^{\infty} f(\tau)\delta(t-\tau-t_0)\mathrm{d}\tau = f(t-t_0)$$

这表明任一信号 $f(t)$与 $\delta(t-t_0)$卷积，其结果相当于把函数本身延迟 t_0，由此可推广得

$$f(t-t_1) * \delta(t-t_2) = f(t-t_1-t_2)$$

$$\delta(t) * \delta(t) = \delta(t)$$

此式可看成是式(1.6.10)的特例。

5. 卷积积分的时移性

若 $f_1(t) * f_2(t) = f(t)$，则 $f_1(t-t_1) * f_2(t-t_2) = f(t-t_1-t_2)$

证明：
$$\begin{aligned} f_1(t-t_1) * f_2(t-t_2) &= f_1(t) * \delta(t-t_1) * f_2(t) * \delta(t-t_2) \\ &= f_1(t) * f_2(t) * \delta(t-t_1) * \delta(t-t_2) \\ &= f(t) * \delta(t-t_1-t_2) \\ &= f(t-t_1-t_2) \end{aligned}$$

已知 $tu(t) * \mathrm{e}^{-t}u(t) = [(t-1)+\mathrm{e}^{-t}]u(t)$，则根据时移特性可直接写出下面卷积的答案，即

$$(t+2)u(t+2) * \mathrm{e}^{-(t+1)}u(t+1) = [(t+2)+\mathrm{e}^{-(t+3)}]u(t+3)$$

6. 卷积积分的微分特性

若 $f_1(t) * f_2(t) = f(t)$，则

$$\frac{\mathrm{d}}{\mathrm{d}t}[f_1(t) * f_2(t)] = \frac{\mathrm{d}}{\mathrm{d}t}f(t) = f_1(t) * \frac{\mathrm{d}f_2(t)}{\mathrm{d}t} = \frac{\mathrm{d}f_1(t)}{\mathrm{d}t} * f_2(t)$$

证明：
$$\begin{aligned} \frac{\mathrm{d}}{\mathrm{d}t}f(t) &= \frac{\mathrm{d}}{\mathrm{d}t}[f_1(t) * f_2(t)] = \frac{\mathrm{d}}{\mathrm{d}t}\int_{-\infty}^{\infty} f_1(\tau)f_2(t-\tau)\mathrm{d}\tau \\ &= \int_{-\infty}^{\infty} f_1(\tau)\frac{\mathrm{d}f_2(t-\tau)}{\mathrm{d}t}\mathrm{d}\tau = f_1(t) * \frac{\mathrm{d}f_2(t)}{\mathrm{d}t} \end{aligned}$$

同理，可证明

$$\frac{\mathrm{d}}{\mathrm{d}t}f(t) = \frac{\mathrm{d}f_1(t)}{\mathrm{d}t} * f_2(t)$$

推论 (1) $\delta(t+1)*\delta'(t-2)=[\delta(t+1)*\delta(t-2)]'=\delta'(t-1)$

(2) $f(t)*\delta'(t)=f'(t)$

(3) $f(t)*\delta^{(k)}(t)=f^{(k)}(t)$；$f(t)*\delta^{(k)}(t-t_0)=f^{(k)}(t-t_0)$

(4) $[f_1(t)*f_2(t)]'=f_1(t)*f_2(t)*\delta'(t)$

7. 卷积积分的积分特性

若 $f_1(t)*f_2(t)=f(t)$则

$$\int_{-\infty}^{t} f_1(t)*f_2(x)\mathrm{d}x=\int_{-\infty}^{t} f(x)\mathrm{d}x=f_1(t)*\left[\int_{-\infty}^{t} f_2(x)\mathrm{d}x\right]$$

$$=\left[\int_{-\infty}^{t} f_1(x)\mathrm{d}x\right]*f_2(t)$$

证明：$\int_{-\infty}^{t} f_1(x)*f_2(x)\mathrm{d}x=\int_{-\infty}^{t} f(x)\mathrm{d}x=\int_{-\infty}^{t}\left[\int_{-\infty}^{t} f_1(\tau)f_2(x-\tau)\mathrm{d}\tau\right]\mathrm{d}x$

$$=\int_{-\infty}^{t} f_1(\tau)\left[\int_{-\infty}^{t} f_2(x-\tau)\mathrm{d}x\right]\mathrm{d}\tau$$

$$=f_1(t)*\left[\int_{-\infty}^{t} f_2(x)\right]\mathrm{d}x$$

同理，可证明

$$\int_{-\infty}^{t} f(x)\mathrm{d}x=\left[\int_{-\infty}^{t} f_1(x)\mathrm{d}x\right]*f_2(t)$$

推论 (1) $f(t)*u(t)=f(t)*\int_{-\infty}^{t}\delta(\tau)\mathrm{d}\tau=\int_{-\infty}^{t} f(\tau)\mathrm{d}\tau$

(2) $f(t)*\delta^{(-k)}(t)=f^{(-k)}(t)$；$f(t)*\delta^{(-k)}(t-t_0)=f^{(-k)}(t-t_0)$

(3) $\int_{-\infty}^{t}[f_1(\tau)*f_2(\tau)]=f_1(t)*f_2(t)*\delta^{(-1)}(t)$

8. 卷积积分的微分、积分特性

若 $f_1(t)*f_2(t)=f(t)$，则 $f'_1(t)*\int_{-\infty}^{t} f_2(t)\mathrm{d}t=f(t)$。

证明：因为 $f'_1(t)*f_2(t)=f'(t)$，所以 $f'_1(t)*\int_{-\infty}^{t} f_2(t)\mathrm{d}t=\int_{-\infty}^{t} f'(\tau)\mathrm{d}\tau$

若 $f'_1(t)$与 $f_2(t)$为有始函数，此时

$$\int_{-\infty}^{t} f'(\tau)\mathrm{d}\tau=\int_{-\infty}^{t}\mathrm{d}f(\tau)=f(t)-f(-\infty)=f(t)$$

因为 $f(-\infty)=0$，在这种条件下 $f(t)$微分后再积分才能得到原始信号 $f(t)$，也只有这种条件下才能使用上述性质。

例 1.6.4 信号 $f'_1(t)$和 $f_2(t)$如图 1-6-26 所示，使用时移特性求 $f_1(t)*f_2(t)$卷积值。

【解】 写出信号的表达式

$$f_1(t)=2\mathrm{e}^{-t}u(t)$$

$$f_2(t)=u(t-1)-u(t-2)$$

由上式可见，应先求

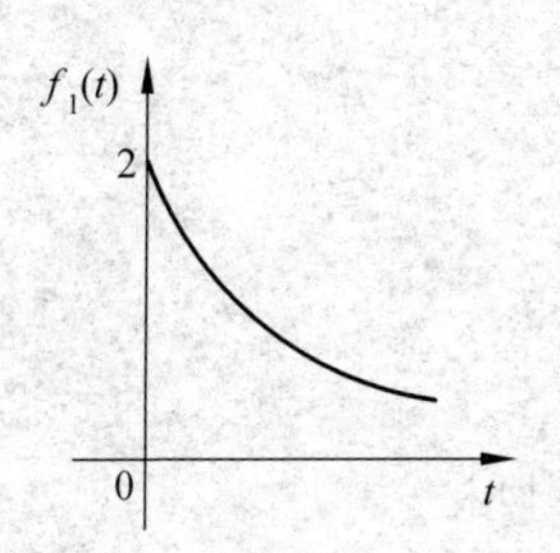

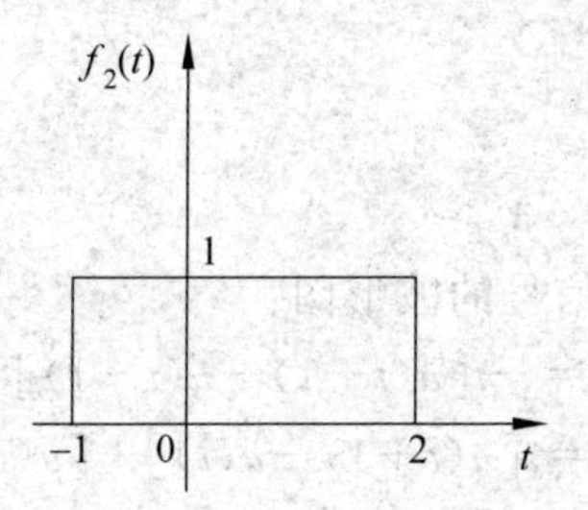

图 1-6-26　例 1.6.4 用图

$$f_1(t)*u(t)=\int_{-\infty}^{t}2e^{-\tau}u(t-\tau)d\tau=\int_{0}^{t}2e^{-\tau}d\tau=2(1-e^{-t})u(t)$$

根据上式和时移特性可直接写出

$$f_1(t)*f_2(t)=2(1-e^{-(t+1)})u(t+1)-2(1-e^{-(t-2)})u(t-2)$$

例 1.6.5　$f_1'(t)$和$f_2(t)$示于图 1-6-27 中，试用卷积的微分、积分特性求$f_1(t)*f_2(t)$卷积值。

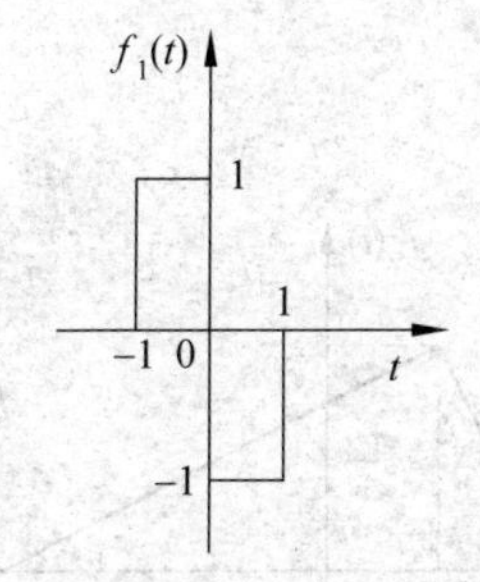

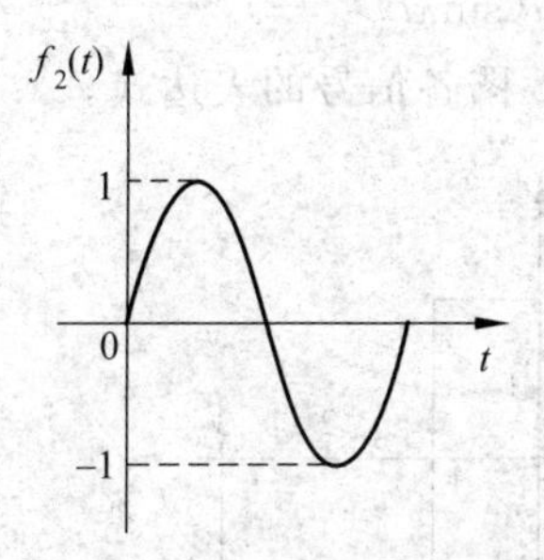

图 1-6-27　例 1.6.5 用图

【解】　$f_1(t)=u(t+1)-2u(t)+u(t-1)$

所以

$$f_1'(t)=\delta(t+1)-2\delta(t)+\delta(t-1)$$

$$f_2(t)=\sin\frac{\pi}{2}tu(t)$$

$$\int_{-\infty}^{t}f_2(t)dt=\int_{-\infty}^{t}\sin\frac{\pi}{2}tu(t)dt=\int_{-\infty}^{t}\sin\frac{\pi}{2}tdt$$

$$=\frac{2}{\pi}\left(-\cos\frac{\pi}{2}t\right)\Big|_{0}^{t}=\frac{\pi}{2}\left(1-\cos\frac{\pi}{2}t\right)u(t)$$

$$f_1(t)*f_2(t)=f_1(t)*\int_{-\infty}^{t}f_2(t)dt$$

$$=[\delta(t+1)-2\delta(t)+\delta(t-1)]*\left[\frac{2}{\pi}\left(1-\cos\frac{\pi}{2}t\right)u(t)\right]$$

$$=\frac{2}{\pi}\left[1-\cos\frac{\pi}{2}(t+1)\right]u(t+1)-\frac{4}{\pi}\left(1-\cos\frac{\pi}{2}t\right)u(t)$$

$$+\frac{2}{\pi}\left[1-\cos\frac{\pi}{2}(t-1)\right]u(t-1)$$

习题 1

1.1 绘出下列信号的波形图：

(1) $f_1(t)=-t[u(t+1)-u(t-1)]$

(2) $f_2(t)=t[u(t+1)-u(t)]+[u(t)-u(t-1)]$

(3) $f_3(t)=-(t-2)[u(t)-u(t-1)]$

1.2 绘出下列信号的波形图：

(1) $f_1(t)=\cos 10\pi t[u(t-1)-u(t-2)]$

(2) $f_2(t)=(1+\cos\pi t)[u(t)-u(t-2)]$

(3) $f_3(t)=(2-\mathrm{e}^{-t})u(t)$

(4) $f_4(t)=t\mathrm{e}^{-t}u(t)$

(5) $f_5(t)=\mathrm{e}^{-t}\cos 10\pi t[u(t-1)-u(t-2)]$

(6) $f_6(t)=u(\sin\pi t)$

1.3 试写出题 1.3 图各信号的表达式。

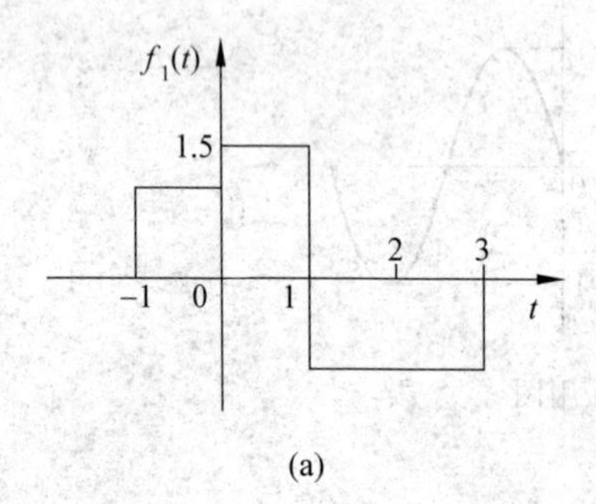

(a)

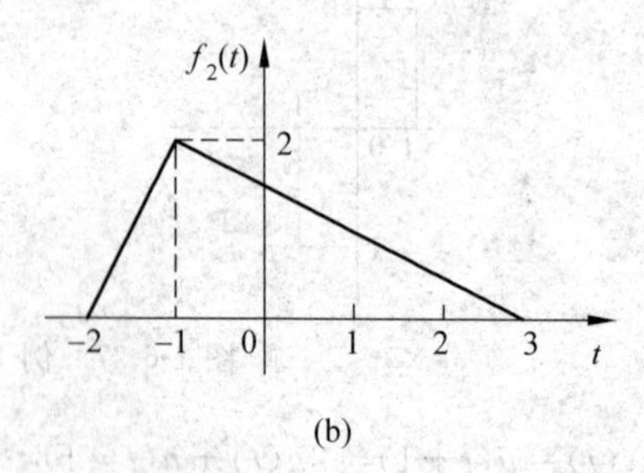

(b)

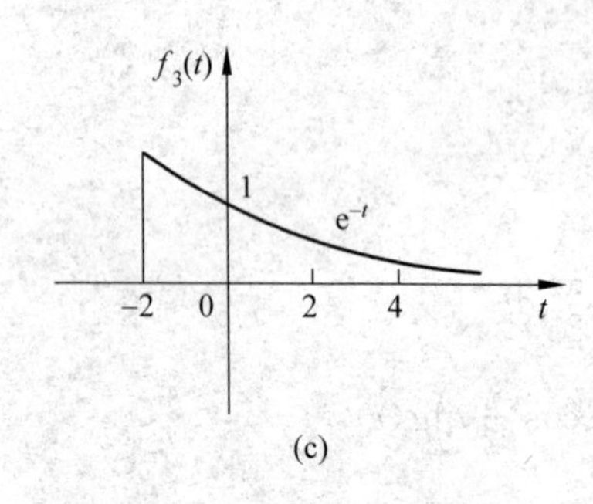

(c)

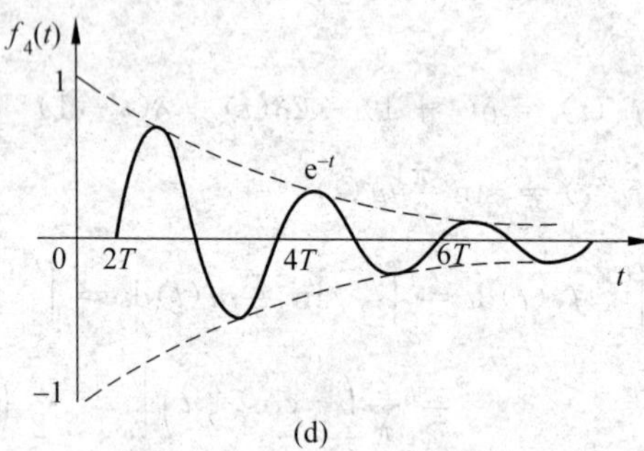

(d)

题 1.3 图

1.4 计算下列各题：

(1) $\int_{-\infty}^{\infty} f(t-t_1) * \delta(t-t_0)\,\mathrm{d}t$

(2) $\int_{-\infty}^{\infty} \delta(-t-3)(t+4)\,\mathrm{d}t$

(3) $\int_{-\infty}^{\infty} \delta(t-1)u(t-2)\,\mathrm{d}t$

(4) $\int_{-5}^{5} (2t^2+t-5)\delta(3-t)\,\mathrm{d}t$

(5) $\int_{-1}^{5} \left(t^2+t-\sin\frac{\pi}{4}t\right)\delta(t+2)\,\mathrm{d}t$

(6) $\int_{-\infty}^{\infty} \sin(\omega t+\theta)\delta(t)\,\mathrm{d}t$

(7) $\int_{-\infty}^{\infty}(\mathrm{e}^{-t}+t^2)\delta(t-1)\mathrm{d}t$　　(8) $\int_{-4}^{2}\mathrm{e}^{t}\delta(t+3)\mathrm{d}t$

1.5　求下列各函数值：

(1) $\int_{-\infty}^{\infty}(1-\cos t)\delta\left(t-\frac{\pi}{2}\right)\mathrm{d}t$　　(2) $\int_{-2\pi}^{2\pi}(1+t)\delta(\cos t)\mathrm{d}t$

(3) $\int_{-\infty}^{\infty}\mathrm{e}^{-t}[\delta(t)-\delta'(t)]\mathrm{d}t$　　(4) $\int_{-\infty}^{\infty}\delta(t^2-1)\mathrm{d}t$

(5) $\int_{-\infty}^{\infty}(t^2+t+1)\delta\left(\frac{t}{2}\right)\mathrm{d}t$　　(6) $\int_{0}^{10}\delta(t^2-4)\mathrm{d}t$

1.6　画出下列信号的波形图：

(1) $f_1(t)=u(t^2-4)$　　(2) $f_2(t)=\delta(1-2t)$

(3) $f_3(t)=\delta(t^2-1)$　　(4) $f_4(t)=\delta(\cos\pi t)$

1.7　已知信号 $f(t)$的波形如题 1.7 图所示，试画出下列各信号的波形图。

(1) $f(-t)$　　(2) $f(-t+2)$

(3) $f(-t-2)$　　(4) $f(2t)$

(5) $f\left(\frac{1}{2}t\right)$　　(6) $f(t-2)$

(7) $f\left(-\frac{1}{2}t+1\right)$　　(8) $f(-2t+1)$

(9) $\frac{\mathrm{d}}{\mathrm{d}t}\left[f\left(\frac{1}{2}t+1\right)\right]$　　(10) $\int_{-\infty}^{t}f(2-\tau)\mathrm{d}\tau$

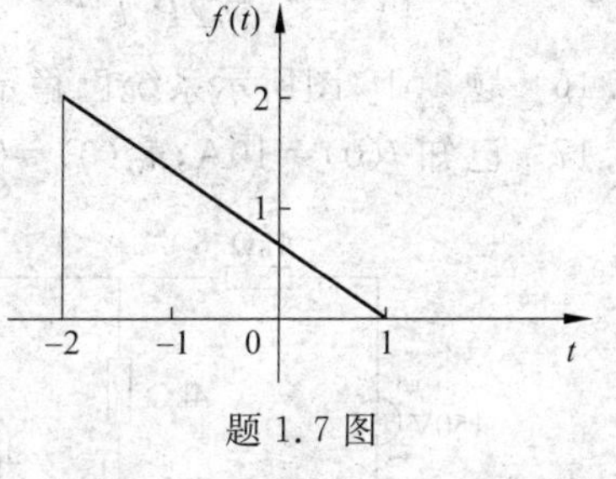

题 1.7 图

1.8　已知 $f(t)=\mathrm{e}^{-t}[u(t)-u(t-2)]+\delta(t-3)$，求 $f(3-2t)$的表达式。

1.9　已知 $f(t)=t[u(t)-u(t-2)]$，求$\frac{\mathrm{d}}{\mathrm{d}t}[f(t)]$，$\frac{\mathrm{d}^2}{\mathrm{d}t^2}[f(t)]$。

1.10　试判别下列系统是否为线性系统，若已知 $t\geqslant 0$ 时，其输出响应为：

(1) $y(t)=x^2(t)+f^2(t)$　　(2) $y(t)=3x(0)+5f(t)$

(3) $y(t)=x(0)+\int_{0}^{t}f(\tau)\mathrm{d}\tau$　　(4) $y(t)=\lg x(0)+\int_{0}^{t}f(\tau)\mathrm{d}\tau$

1.11　某一阶线性时不变系统，在相同的初始状态下，当输入为 $f(t)$时[$t<0$ 时 $f(t)=0$]，其全响应：$y(t)=2\mathrm{e}^{-t}+\cos 2t(t\geqslant 0)$。当输入为 $2f(t)$时，其全响应：$y(t)=\mathrm{e}^{-t}+2\cos 2t(t\geqslant 0)$。试求在同样初始状态下，若输入为 $4f(t)$时系统的全响应。

1.12　已知描述系统的微分方程如下，试判断所描述的系统是线性系统还是非线性系统。

(1) $(5t-1)\frac{\mathrm{d}^2y}{\mathrm{d}t^2}+t\frac{\mathrm{d}y}{\mathrm{d}t}+5y(t)=f^2(t)$　　(2) $t\frac{\mathrm{d}^3g}{\mathrm{d}t^3}+\sqrt{g(t)}=\cos t$

(3) $\frac{\mathrm{d}^2g}{\mathrm{d}t^2}+5\frac{\mathrm{d}g}{\mathrm{d}t}+5g(t)=u(t)$

1.13　如题 1.13 图所示电路，输入为 $i_s(t)$，分别写出 $i(t)$、$u(t)$为输出时电路的输入与输出方程。

1.14　如题 1.14 图所示电路，输入为 $u_s(t)$，分别写出 $i(t)$、$u(t)$为输出时电路的输入与输出方程。

1.15　试由下列各联立微分方程组写出单个变量的微分方程。

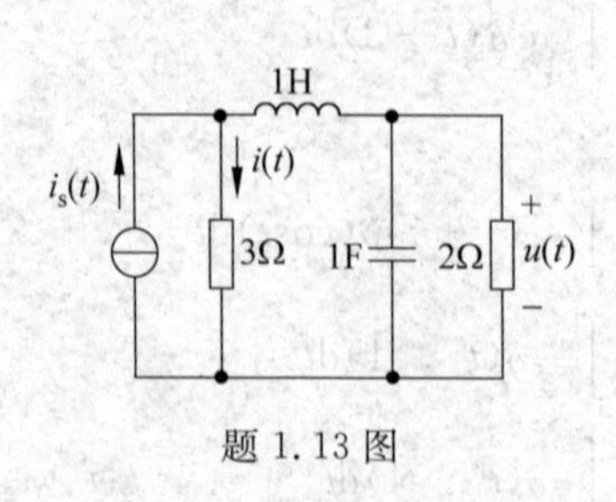

题 1.13 图

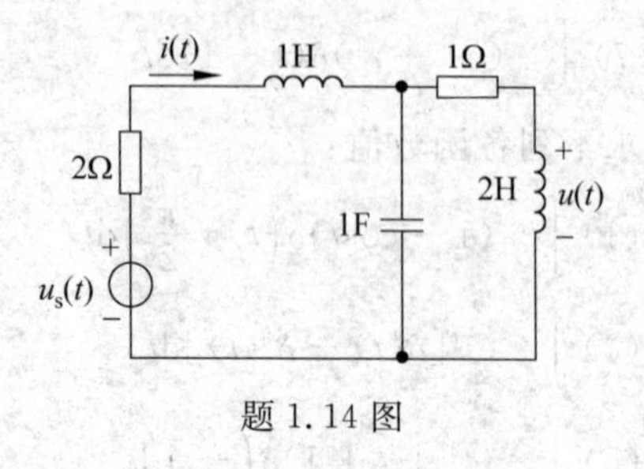

题 1.14 图

(1) $\begin{cases}(P+1)i_1(t)-i_2(t)=u_s(t)\\ -i_1(t)+(P+1)i_2(t)=0\end{cases}$

(2) $\begin{cases}\left(1+P+\dfrac{1}{2P}\right)u_1(t)-\dfrac{1}{2P}u_2(t)=i_s(t)\\ \left(1+P+\dfrac{1}{2P}\right)u_2(t)-\dfrac{1}{2P}u_1(t)=0\end{cases}$

1.16　题 1.16 图所示系统已稳定，求 K 打开后的 $u_C(t)$、$i_L(t)$。

1.17　已知 $i(0)=10\text{A}, u_C(0)=0$。试求题 1.17 图所示系统的零输入响应 $i(t)$。

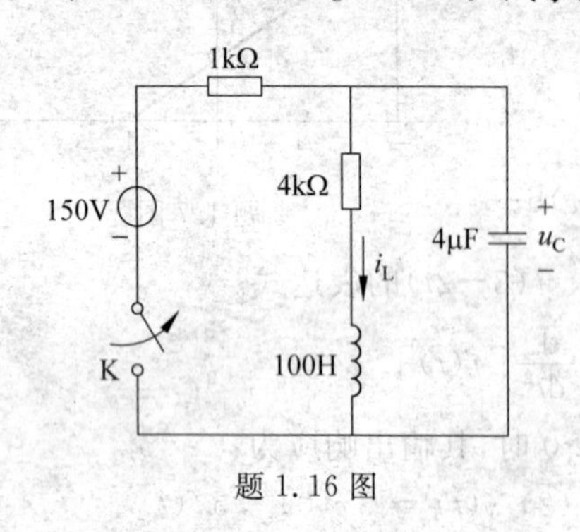

题 1.16 图

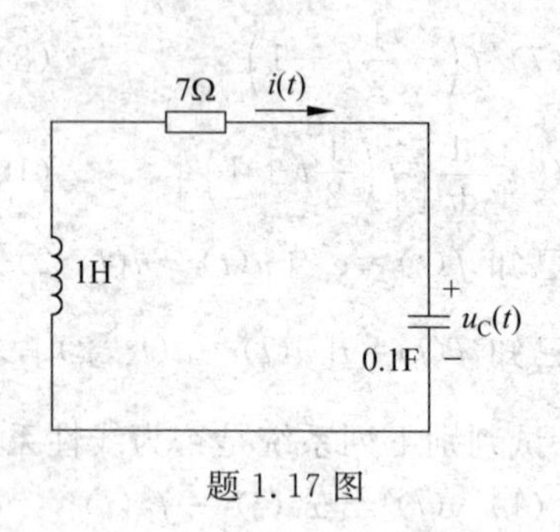

题 1.17 图

1.18　给定系统齐次方程

(1) $\dfrac{d^2 r(t)}{dt^2}+7\dfrac{dr(t)}{dt}+10r(t)=0$　　(2) $\dfrac{d^2 r(t)}{dt^2}+6\dfrac{dr(t)}{dt}+9r(t)=0$

(3) $\dfrac{d^2 r(t)}{dt^2}+2\dfrac{dr(t)}{dt}+3r(t)=0$

若上面 3 种情况的起始状态都是 $r(0_-)=1$、$r'(0_-)=3$，试求每种情况的零输入响应 $r(t)$。

1.19　给定系统齐次方程 $\dfrac{d^2 r(t)}{dt^2}+7\dfrac{dr(t)}{dt}+12r(t)=0$，分别对以下几种起始状态求系统的零输入响应。

(1) $r(0_-)=1, r'(0_-)=2$　　(2) $r(0_-)=-1, r'(0_-)=3$

1.20　题 1.20 图所示系统，已知 $L=\dfrac{1}{2}\text{H}, C=1\text{F}, R=\dfrac{1}{3}\Omega$，系统的输出取自电容电压 $u_C(t)$，试求其阶跃响应和冲激响应。

1.21　题 1.21 图所示系统，已知 $L=2\text{H}, C=\dfrac{1}{2}\text{F}, R=1\Omega$，系统的输出取自电容电压 $u_C(t)$，

试求其阶跃响应和冲激响应。

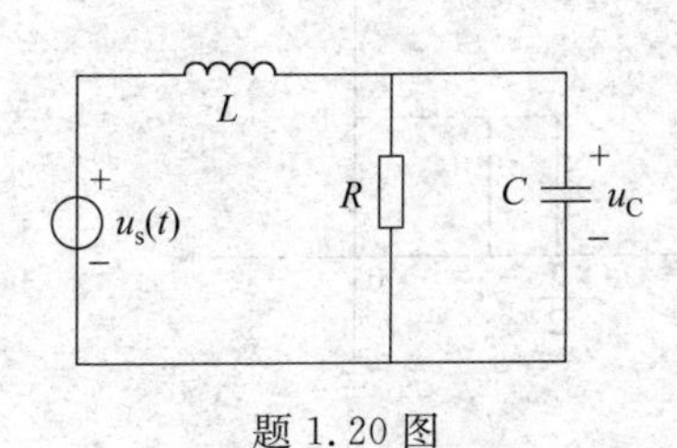

题 1.20 图

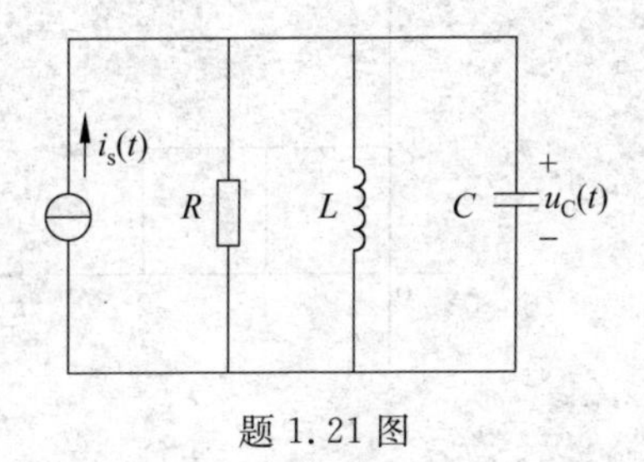

题 1.21 图

1.22 已知描述系统的微分方程式为：

$$\frac{d^3 y}{dt^3}+6\frac{d^2 y}{dt^2}+11\frac{dy}{dt}+6y(t)=\frac{d^2 f}{dt^2}+f(t)$$

试用冲激平衡法求 $\delta(t)$作用下系统所产生的等效初始条件，即系统的冲激响应 $h(t)$。

1.23 某系统如题 1.23 图所示，试求 $24\delta(t)$作用下所产生的零状态响应 $i_2(t)$。

1.24 试求题 1.24 图所示系统的冲激响应 $i(t)$。

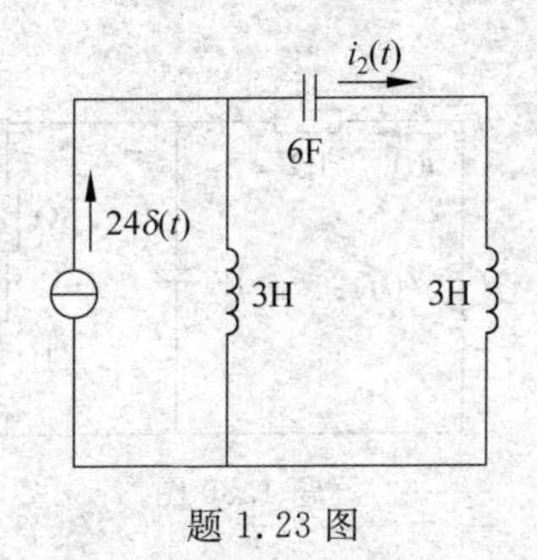

题 1.23 图

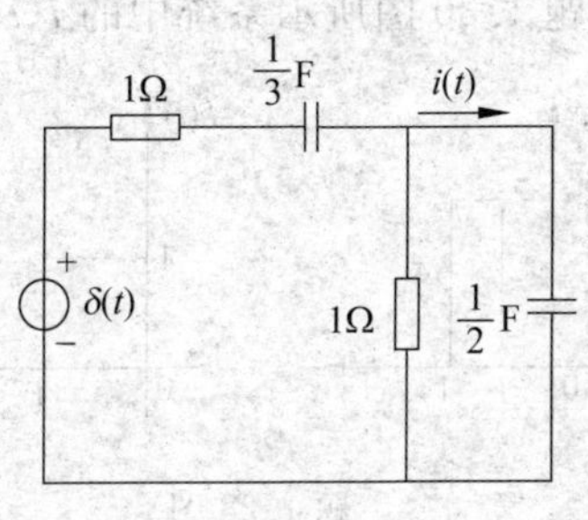

题 1.24 图

1.25 用图形卷积法求题 1.25 图所示各对信号的卷积值，并画出波形。

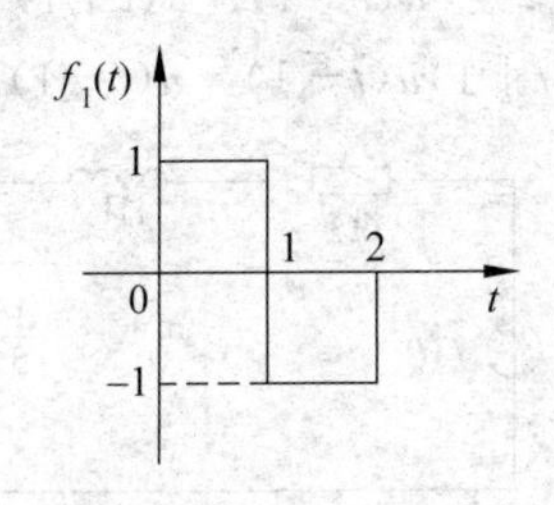

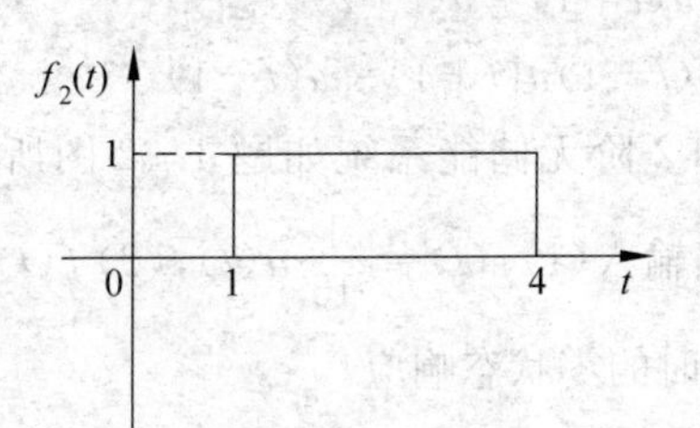

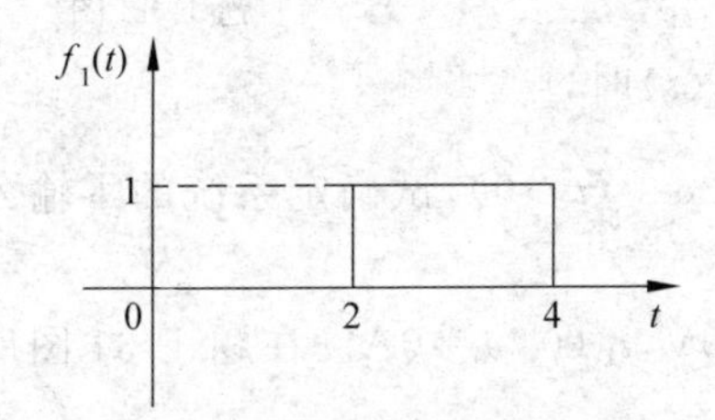

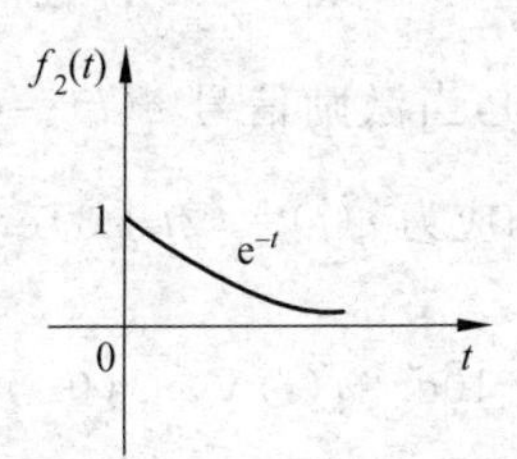

题 1.25 图

1.26 试用图解法求题 1.26 图所示两波形的卷积积分。

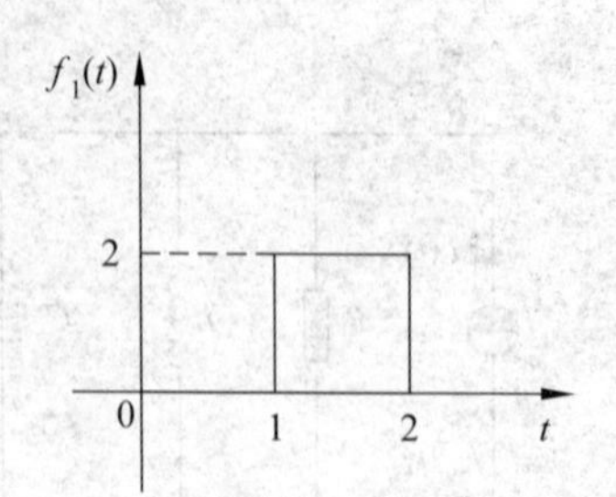

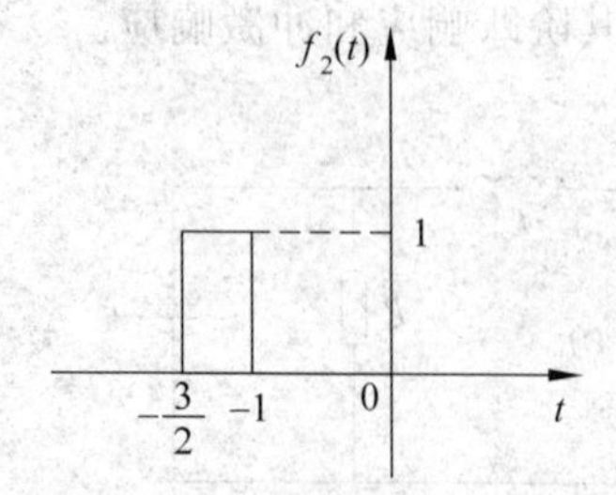

题 1.26 图

1.27　设 $f_1(t)=u(t-2)$，$f_2(t)=e^t u(-t-1)$，试用解析法求其卷积积分 $y(t)$，并画出 $y(t)$ 的波形图。

1.28　$f(t)$ 与 $h(t)$ 的波形如题 1.28 图所示，试求两者的卷积。

1.29　给定系统微分方程 $\frac{d^2 r(t)}{dt^2}+4\frac{dr(t)}{dt}+3r(t)=\frac{d^2 e(t)}{dt^2}+e(t)$，如果激励信号 $e(t)=\sin t[u(t)-u(t-\pi)]$，求系统的零状态响应。

1.30　求题 1.30 图所示系统中的 $i(t)$ 的零状态响应。

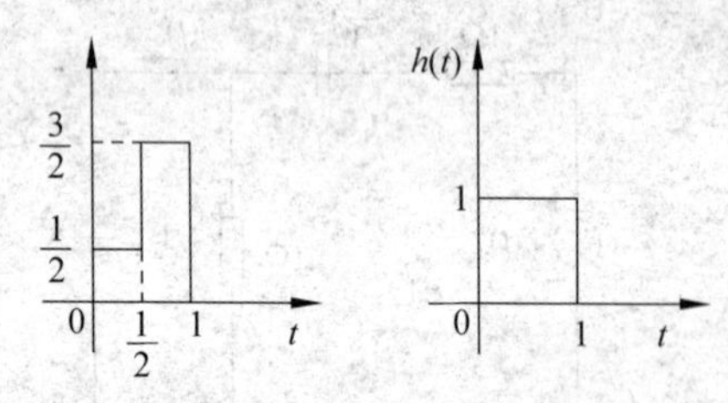

题 1.28 图

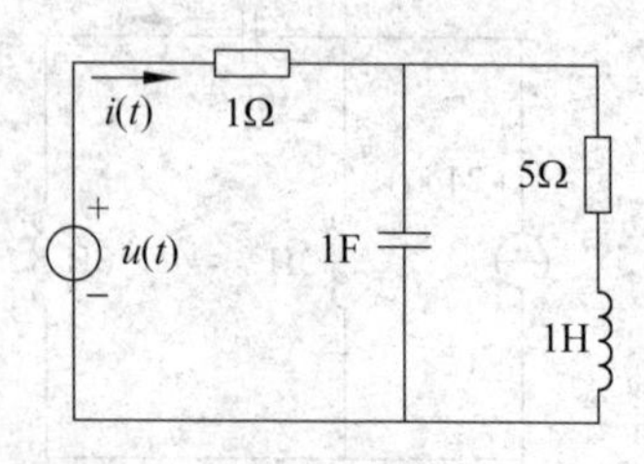

题 1.30 图

1.31　用解析法完成以下各卷积积分：

(1) $u(t+1)*u(t+2)$　　(2) $e^{-(t-1)}u(t-1)*u(t+1)$

(3) $(t-1)u(t+1)*u(t-1)$　　(4) $(t+1)u(t-1)*u(t-1)$

1.32　已知 2 阶无储能系统如题 1.32 图所示，试分别求当输入(1) $f(t)=\frac{1}{15}u(t)$，(2) $f(t)=\frac{5}{3}tu(t)$ (V)时的零状态响应。

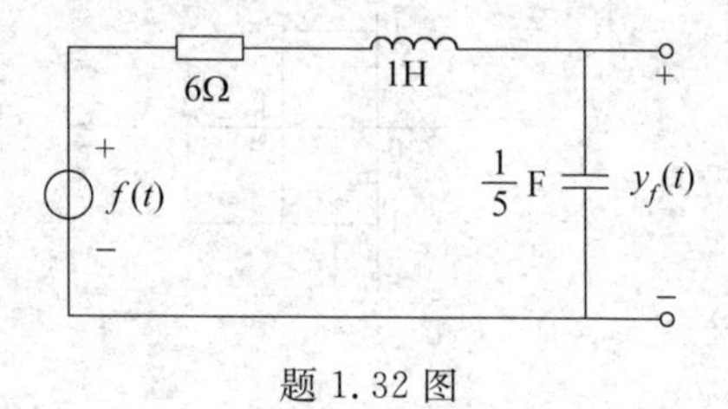

题 1.32 图

1.33　给定系数微分方程 $\frac{d^2 r(t)}{dt^2}+3\frac{dr(t)}{dt}+2r(t)=\frac{de(t)}{dt}+3e(t)$，当激励信号 $e(t)=e^{-t}u(t)$ 时，系统的完全响应为 $r(t)=(2t+3)e^{-t}-2e^{-2t}(t\geqslant 0)$，试确定系统的零输入响应和零状态响应。

1.34　已知：$u_1(t)=10e^{-4t}u(t)$ V，$u_C(0_-)=10$V，$i_L(0_-)=0$A。在题 1.34 图所示的系统中，求 $t\geqslant 0$ 时的 $u_C(t)$。

1.35　已知 $i_s(t)=e^{-\frac{1}{2}t}u(t)$A，$u_C(0_-)=20$V，$i_L(0_-)=0$。求题 1.35 图所示系统的 $u_C(t)$。

1.36　某系统的输入与输出方程式为

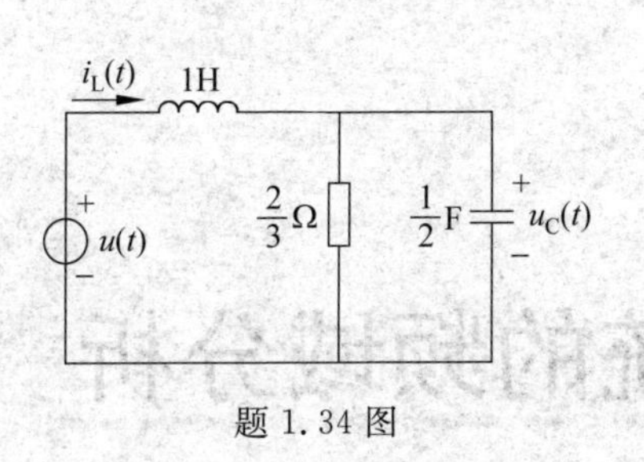

题 1.34 图

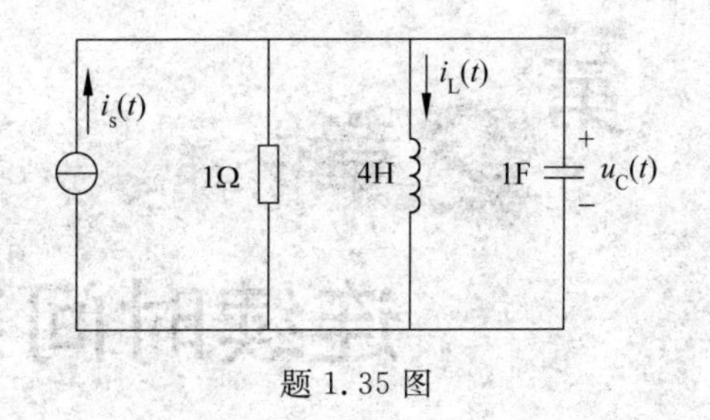

题 1.35 图

$$\frac{d^3 y}{dt^3}+6\frac{d^2 y}{dt^2}+11\frac{dy}{dt}+6y(t)=\frac{d^2 f}{dt^2}+f(t)$$

若 $f(t)=u(t)$，$y(0)=y'(0)=1$，$y''(0)=-1$，试求全响应 $y(t)$。

第2章 连续时间系统的频域分析

第1章分析了连续时间信号与线性时不变系统，主要解决了两个问题，一是信号的分解，二是响应的合成。即以冲激信号为基本信号，将信号分解为不同延时。不同强度的冲激响应的叠加(卷积积分)。

本章针对连续时间信号线性时不变系统，也要解决两个问题，同样地，一是信号的分解，二是响应的合成。不过，这里是以简谐振荡信号(正、余弦信号及其复数表示——虚指数信号)作为基本信号，将信号分解为不同频率和不同复振幅(包括振幅和相位)的简谐振荡信号的叠加。以系统对简谐振荡信号的响应作为基本响应，将系统的响应表示为不同频率、不同振幅的基本响应的叠加。需要指出，本章中的“频率”如不特别声明，都是指角频率，单位为rad/s，并以ω表示。

2.1 周期信号的频谱分析——傅里叶级数

周期信号是按照固定的周期重复出现的信号，其定义为

$$f(t)=f(t\pm nT)\quad n=1,2,3,\cdots$$

式中，T为信号的重复周期。图2-1-1中示出了几个常见的周期信号。

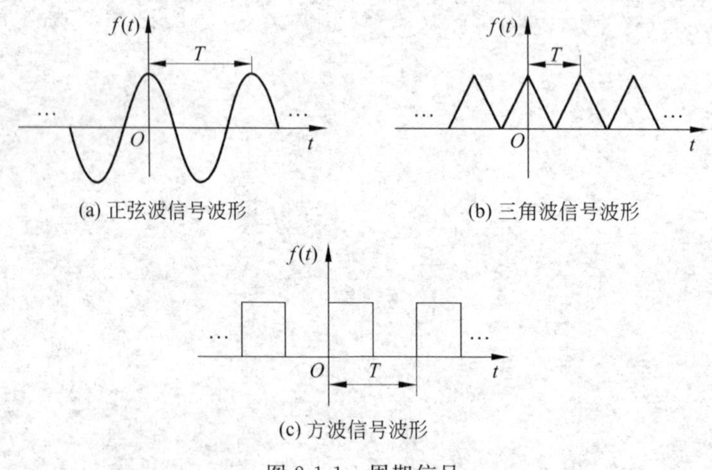

(a) 正弦波信号波形　(b) 三角波信号波形　(c) 方波信号波形

图2-1-1　周期信号

由正交函数的概念可知，任何信号都可用正交函数来表示，例如正弦函数、勒让德函数、贝塞尔函数、契比雪夫函数及沃尔什函数都属于正交函数。也就是说，在一定区间内，都可由上述任何一种函数构成一组完备的正交函数集。正弦函数是最常见的正交函数集，下面

讨论一个周期函数用正弦函数表示的方法。

2.1.1 三角形式的傅里叶级数

正弦函数和余弦函数都属于正交函数，这是因为存在以下关系，即

$$\int_0^T \cos^2 n\omega t\,\mathrm{d}t = \int_0^T \sin^2 n\omega t\,\mathrm{d}t = \frac{T}{2}$$

$$\int_0^T \cos m\omega t \cos n\omega t\,\mathrm{d}t = \int_0^T \sin m\omega t \sin n\omega t\,\mathrm{d}t = 0 \quad m \neq n$$

$$\int_0^T \sin m\omega t \cos n\omega t\,\mathrm{d}t = 0 \quad m、n\text{为整数}$$

式中，$T=\frac{2\pi}{\omega}$为上面三角函数的周期；m 和 n 均为整数。

任何一个周期函数 $f(t)$，在一个周期内，均可用正交函数(如正弦函数和余弦函数)来表示。从而有

$$\begin{aligned} f(t) = & a_0 + a_1\cos\omega_1 t + a_2\cos 2\omega_1 t + \cdots + a_n\cos n\omega_1 t + \cdots \\ & + b_1\sin\omega_1 t + b_2\sin 2\omega_1 t + \cdots + b_n\sin n\omega_1 t + \cdots \end{aligned}$$

即

$$f(t) = a_0 + \sum_{n=1}^{\infty}(a_n\cos n\omega_1 t + b_n\sin n\omega_1 t) \tag{2.1.1}$$

式(2.1.1)称为傅里叶级数的三角形式。a_n 和 b_n 是波形的相关系数，其计算公式为

$$a_n = \frac{\int_0^T f(t)\cos n\omega_1 t\mathrm{d}t}{\int_0^T \cos^2 n\omega_1 t\mathrm{d}t} = \frac{2}{T}\int_0^T f(t)\cos n\omega_1 t\mathrm{d}t \tag{2.1.2}$$

定义

$$a_0 = \frac{1}{T}\int_0^T f(t)\mathrm{d}t \tag{2.1.3}$$

另外有

$$b_n = \frac{\int_0^T f(t)\sin n\omega_1 t\mathrm{d}t}{\int_0^T \sin^2 n\omega_1 t\mathrm{d}t} = \frac{2}{T}\int_0^T f(t)\sin n\omega_1 t\mathrm{d}t \tag{2.1.4}$$

在式(2.1.1)中，$\omega_1 = \frac{2\pi}{T}$称为基波角频率。$a_n\cos n\omega_1 t + b_n\sin n\omega_1 t$ 称为 n 次谐波分量，当 $n=1$ 时，$a_1\cos\omega_1 t + b_1\sin\omega_1 t$ 称为基波分量。式(2.1.1)说明，任何一个满足狄里赫利条件的周期信号，都可展开为傅里叶级数。即该周期信号必须满足以下几个条件：

(1) 在一个周期内绝对可积 $\int_0^T |f(t)|\mathrm{d}t =$ 有限值。

(2) 函数在任意有限区间内连续，或者只有有限个第一类间断点，即在间断点处极限存在，但左极限不等于右极限。

(3) 在一个周期内，函数的极大值和极小值数目为有限个。

在工程技术中遇到的周期信号，一般都满足以上这些条件，因此都可展开为式(2.1.1)

所示的傅里叶级数,这种形式称为三角形式的傅里叶级数。将周期信号展开为傅里叶级数,具体地说就是计算系数 a_0、a_n 和 b_n。其中 a_0 是信号在一个周期内的平均值,或称为直流分量。a_n 和 b_n 分别表示 n 次谐波中正弦项和余弦项的振幅。

现在将式(2.1.1)中的 n 次谐波的正弦项和余弦项合并成一个余弦项,即

$$a_n\cos n\omega_1 t+b_n\sin n\omega_1 t=A_n\cos(n\omega_1 t+\varphi_n)$$

于是式(2.1.1)可写成

$$f(t)=A_0+\sum_{n=1}^{\infty}A_n\cos(n\omega_1 t+\varphi_n) \tag{2.1.5}$$

式(2.1.5)是傅里叶级数的三角形式的另一种形式。式(2.1.5)中各个系数求法为

$$\left.\begin{aligned} a_0&=A_0\\ A_n&=\sqrt{a_n^2+b_n^2}\\ \varphi_n&=-\arctan\frac{b_n}{a_n}\end{aligned}\right\} \tag{2.1.6}$$

或者

$$a_n=A_n\cos\varphi_n,\quad b_n=A_n\sin\varphi_n \tag{2.1.7}$$

根据式(2.1.6)和式(2.1.5)可以进行傅里叶级数的两种三角形式之间即式(2.1.1)与式(2.1.5)之间的互相转换,从式(2.1.5)更一目了然地看出,周期信号分解成直流分量及一系列频率不同的谐波分量。A_n 表示 n 次谐波的振幅,φ_n 表示 n 次谐波的初相角。从式(2.1.2)、式(2.1.4)和式(2.1.6)可以看出,a_n 和 A_n 都是频率 $n\omega_1$ 的偶函数,而 b_n 和 φ_n 都是频率 $n\omega_1$ 的奇函数,在下面的分析中会用到这一结论。

式(2.1.1)和式(2.1.5)都是无穷级数,当谐波次数取无穷多次时,可用傅里叶级数准确地表示一个周期信号,而没有误差出现。但实际上,不可能取无限多项,因此必然会出现误差。往往总是根据对误差的要求,适当地取有限多项来近似地表示原来的周期信号,因此项数取得越多,产生的误差就会相应地小一些。

例 2.1.1 周期性锯齿波如图 2-1-2 所示,试将其展开成傅里叶级数。

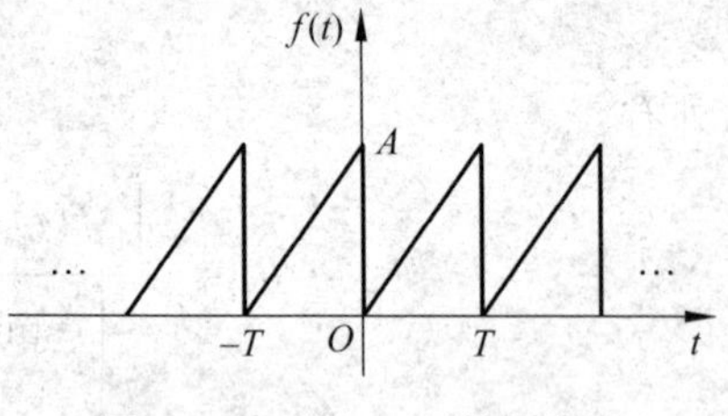

图 2-1-2 例 2.1.1 的锯齿波

【解】 $f(t)$表达式为

$$f(t)=\frac{A}{T}t\quad 0\leqslant t\leqslant T$$

$$a_n=\frac{2}{T}\int_0^T\frac{A}{T}t\cos n\omega_1 t\,\mathrm{d}t$$

根据积分公式

$$\int x\cos ax\,\mathrm{d}x=\frac{1}{a^2}\cos ax+\frac{1}{a}x\sin x$$

故

$$a_n=\frac{2}{T}\cdot\frac{A}{T}\left[\frac{1}{(n\omega_1)^2}\cos n\omega_1 t+\frac{t}{n\omega_1}\sin n\omega_1 t\right]_0^T=0$$

$$a_0=\frac{1}{T}\int_0^T\frac{A}{T}t\,\mathrm{d}t=\frac{2}{T}\cdot\frac{A}{T}\left[\frac{T^2}{2}\right]_0^T=\frac{A}{2}$$

$$b_n=\frac{2}{T}\int_0^T\frac{A}{T}t\sin n\omega_1 t\mathrm{d}t$$

根据积分公式

$$\int x\sin ax\,\mathrm{d}x=\frac{1}{a^2}\sin ax-\frac{1}{a}x\cos x$$

得

$$b_n=\frac{2}{T}\cdot\frac{A}{T}\left[\frac{1}{(n\omega_1)^2}\sin n\omega_1 t-\frac{1}{n\omega_1}\cos n\omega_1 t\right]_0^T$$

$$=\frac{2}{T}\cdot\frac{A}{T}\left[-\frac{T}{n\omega_1}\right]=-\frac{A}{n\pi}$$

于是锯齿波可展开成傅里叶级数，即

$$f(t)=a_0-\sum_{n=1}^{\infty}\frac{A}{n\pi}\sin n\omega_1 t=\frac{A}{2}-\frac{A}{\pi}\sin\omega_1 t-\frac{A}{2\pi}\sin 2\omega_1 t-\cdots$$

例 2.1.2　试求全波整流波形 $f(t)$ 的傅里叶级数展开式。

【解】　由图 2-1-3 可知，周期 $T=1$，$f(t)=A\sin\pi t$，所以

$$\omega_1=\frac{2\pi}{T}=2\pi$$

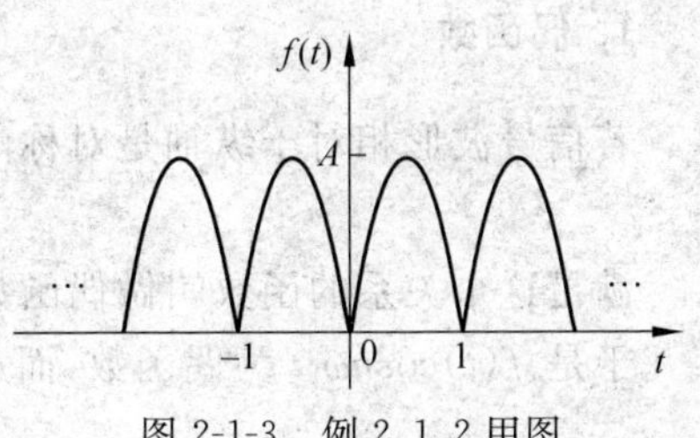

图 2-1-3　例 2.1.2 用图

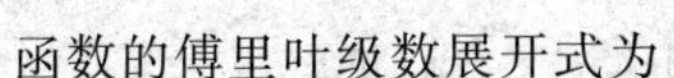
函数的傅里叶级数展开式为

$$f(t)=a_0+\sum_{n=1}^{\infty}(a_n\cos 2n\omega_1 t+b_n\sin 2n\omega_1 t)$$

$$a_n=\frac{2}{T}\int_0^1 A\sin\pi t\cos 2n\pi t\mathrm{d}t$$

差积分公式有

$$\int\sin ax\cos bx\,\mathrm{d}x=-\frac{\cos(a+b)x}{2(a+b)}-\frac{\cos(a-b)x}{2(a-b)}$$

代入公式

$$a_n=2A\left[-\frac{\cos(\pi+2n\pi)t}{2(\pi+2n\pi)}-\frac{\cos(\pi-2n\pi)t}{2(\pi-2n\pi)}\right]_0^1$$

$$=2A\left[\frac{2}{\pi(1-4n^2)}\right]=\frac{4A}{\pi(1-4n^2)}\quad n=1,2,3,\cdots$$

可求得

$$a_0=\frac{2A}{\pi},\quad b_n=\frac{2}{T}\int_0^1 A\sin n\pi t\sin 2n\pi t\mathrm{d}t=0$$

最后可得

$$f(t)=\frac{2A}{\pi}+\sum_{n=1}^{\infty}\frac{4A}{\pi(1-4n^2)}\cos 2n\pi t$$

$$=\frac{2A}{\pi}-\frac{4A}{\pi}\left(\frac{1}{3}\cos 2\pi t+\frac{1}{15}\cos 4\pi t+\cdots\right)$$

2.1.2 周期信号的对称情况

式(2.1.2)至式(2.1.4)是计算傅里叶级数展开式中各系数的基本公式，根据数学知识可知，被积函数为奇函数时，它在一个周期内的积分等于零。另外已知：

奇函数×奇函数=偶函数；奇函数×偶函数=奇函数；偶函数×偶函数=偶函数。

根据这些性质，可以判断求 a_n、b_n 积分公式中的被积函数是否是奇函数，若是奇函数则可直接判断该系数必为零，因此可以减少一些计算过程。

在实际计算过程中，往往是首先判断 $f(t)$本身是否存在某些对称性。大体上分两大类：一类是对整个周期对称，如 $f(t)$是偶函数和奇函数的情形；另一类是对半周期对称，如奇谐函数和偶谐函数的情况。在第一类对称时，级数展开式只可能含有余弦项或正弦项；而在第二类对称时，级数中只可能含偶次谐波项或奇次谐波项。几种对称情况如下：

1. 偶函数

若信号波形相对于纵轴是对称的，即

$$f(t) = f(-t) \tag{2.1.8}$$

满足这个关系的函数叫做偶函数。图 2-1-4 所示为偶函数。

于是 $f(t)\cos n\omega_1 t$ 为偶函数，而 $f(t)\sin n\omega_1 t$ 为奇函数，此时

$$\begin{cases} a_n = \dfrac{4}{T}\displaystyle\int_0^{\frac{T}{2}} f(t)\cos n\omega_1 t\mathrm{d}t \\ b_n = 0 \end{cases}$$

所以若 $f(t)$为偶函数时，级数展开式中不含有正弦项，只可能含有直流量和余弦项。

2. 奇函数

若信号波形对于纵坐标是反对称的，即满足

$$f(t) = -f(-t) \tag{2.1.9}$$

此时 $f(t)$为奇函数，如图 2-1-5 所示。

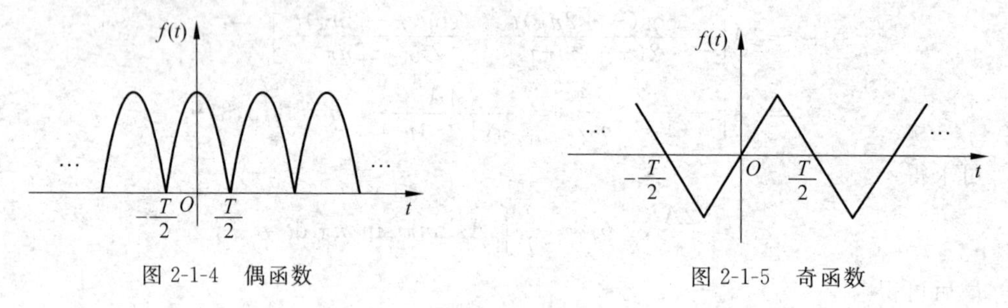

图 2-1-4 偶函数　　图 2-1-5 奇函数

由求系数 a_0、a_n 和 b_n 的积分公式可知，此时

$$a_0 = 0,\quad a_n = 0$$

$$b_n = \frac{4}{T}\int_0^{\frac{T}{2}} f(t)\sin n\omega_1 t\mathrm{d}t$$

即在奇函数的傅里叶级数展开式中，不可能含直流分量和余弦项，只可能含有正弦项。

3．奇谐函数

若某函数满足关系

$$f\left(t\pm\frac{T}{2}\right)=-f(t) \tag{2.1.10}$$

则称为奇谐函数，也称半波对称函数。这种函数的波形沿时间轴平移半个周期，并相对于该轴翻转，而波形并不发生变化，如图 2-1-6 所示。

奇次谐波的正弦项和余弦项即 $b_1\sin\omega_1 t, b_3\sin3\omega_1 t, \cdots, b_{(2n+1)}\sin(2n+1)\omega_1 t, a_1\sin\omega_1 t, a_3\sin3\omega_1 t, \cdots, a_{(2n+1)}\sin(2n+1)\omega_1 t, \cdots$ 及其叠加满足式(2.1.10)的关系。而偶次谐波的正弦项和余弦项，即 $b_{2n}\sin2n\omega_1 t$ 和 $a_{2n}\sin2n\omega_1 t$ 及其之和不满足式(2.1.10)。这类函数往往半周期为正值，半周期为负值，并且正负两半周期的波形完全相同。所以奇谐函数无直流分量和偶次谐波，只存在奇次谐波，奇谐函数正是由此而得名。注意奇谐函数与奇函数的含义是不同的，两者不要混为一谈。于是，奇谐函数的傅里叶级数展开的系数为

$$\left.\begin{aligned}
&a_0=0, a_n=b_n=0 \quad n\text{ 为偶数时}\\
&a_n=\frac{4}{T}\int_0^{\frac{T}{2}} f(t)\cos n\omega_1 t\mathrm{d}t \quad n\text{ 为奇数}\\
&b_n=\frac{4}{T}\int_0^{\frac{T}{2}} f(t)\sin n\omega_1 t\mathrm{d}t \quad n\text{ 为奇数}
\end{aligned}\right\} \tag{2.1.11}$$

4．偶谐函数

满足

$$f\left(t\pm\frac{T}{2}\right)=f(t) \tag{2.1.12}$$

关系的函数称为偶谐函数。这种函数的波形前半个周期与后半个周期完全相同，因此左右移动半个周期后波形不变。图 2-1-7 所示为全波整流的波形，属于偶谐函数。

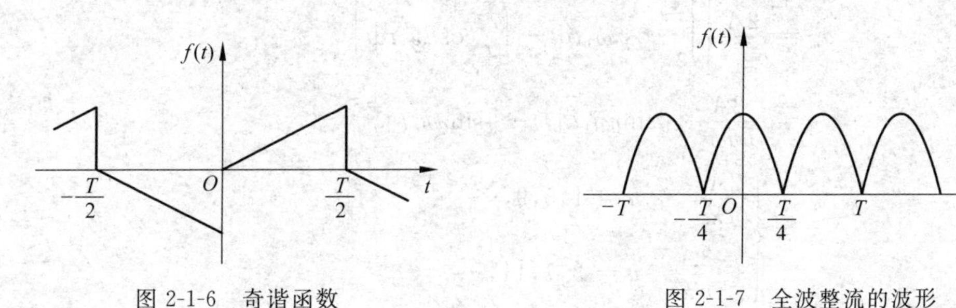

图 2-1-6　奇谐函数　　　　图 2-1-7　全波整流的波形

该函数的周期实际上为 $\frac{T}{2}$，如果仍以 T 作为它的周期，这种周期只含有偶次谐波分量而无奇次谐波分量。

以上分别讨论了 4 种对称情况，而实际上遇到一个函数可能是两种对称同时存在，根据对称的原则，可以迅速判断出傅里叶级数某些系数为零，从而可减少许多计算工作量。现将几种对称情况列于表 2-1-1 中。

表 2-1-1　4 种对称情况

函数性质	图　形	直流分量	正弦分量	余弦分量
偶函数 $f(t)=f(-t)$		不定	0	不为零
奇函数 $f(t)=-f(-t)$		0	不为零	0
奇谐函数 $f(t)=-f\left(t\pm\frac{T}{2}\right)$		0	只有奇次项	只有奇次项
偶谐函数 $f(t)=f\left(t\pm\frac{T}{2}\right)$		不为零	只有偶次项	只有偶次项

例 2.1.3　求图 2-1-8 所示周期方波的傅里叶级数。

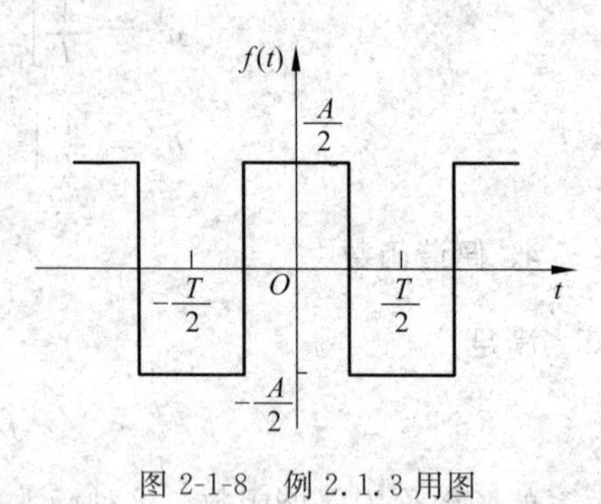

图 2-1-8　例 2.1.3 用图

【解】　由直接观察可知，$f(t)$既是偶函数又是奇谐函数。傅里叶级数展开式中直流分量为零，正弦项也为零。因此只存在奇次谐波的余弦项。

$$f(t)=\begin{cases}\dfrac{A}{2} & 0\leqslant t\leqslant\dfrac{T}{4}\\[2mm] -\dfrac{A}{2} & \dfrac{T}{4}\leqslant t\leqslant\dfrac{T}{2}\end{cases}$$

所以

$$\begin{aligned}a_n&=\frac{2A}{T}\left[\int_0^{\frac{T}{4}}\cos n\omega_1 t\mathrm{d}t-\int_{\frac{T}{4}}^{\frac{T}{2}}\cos n\omega_1 t\mathrm{d}t\right]\\&=\frac{2A}{Tn\omega_1}\left\{[\sin n\omega_1 t]_0^{\frac{T}{4}}-[\sin n\omega_1 t]_{\frac{T}{4}}^{\frac{T}{2}}\right\}\\&=\begin{cases}\dfrac{2A}{n\pi} & n=1,5,9,\cdots\\[2mm] -\dfrac{2A}{n\pi} & n=3,7,11,\cdots\end{cases}\end{aligned}$$

$$f(t)=\frac{2A}{n\pi}\left(\cos\omega_1 t-\frac{1}{3}\cos 3\omega_1 t+\frac{1}{5}\cos 5\omega_1 t-\cdots\right)$$

例 2.1.4　求图 2-1-9 所示的周期性三角波的傅里叶级数展开式。

【解】　由图 2-1-9 可以看出，$f(t)$既是奇函数又是奇谐函数。因此展开式中无直流分量与余弦项，只有奇次谐波正弦项。

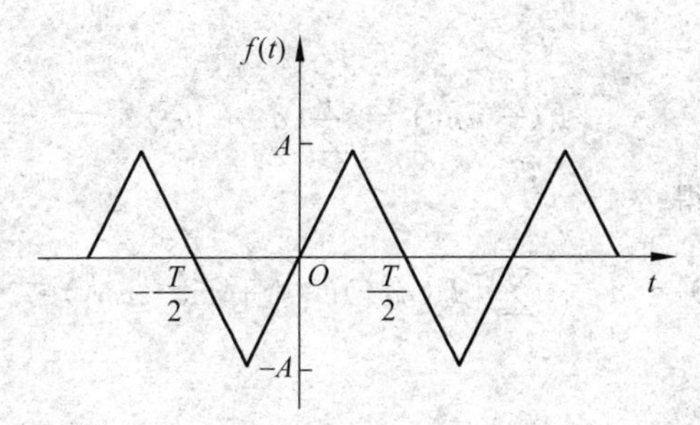

图 2-1-9　例 2.1.4 用图

$$f(t)=\begin{cases}\dfrac{4A}{T}t & 0\leqslant t\leqslant\dfrac{T}{4}\\ 2A-\dfrac{4A}{T}t & \dfrac{T}{4}\leqslant t\leqslant\dfrac{T}{2}\end{cases}$$

$$b_n=\frac{8}{T}\left[\int_0^{\frac{T}{4}}\frac{4A}{T}t\sin n\omega_1 t\mathrm{d}t\quad n\text{ 为奇数}\right.$$

查积分表得

$$b_n=\frac{32A}{T^2}\left[\frac{1}{n^2\omega_1^2}\sin n\omega_1 t-\frac{t}{n\omega_1}\cos n\omega_1 t\right]_0^{\frac{T}{4}}$$

$$=\begin{cases}\dfrac{8A}{n^2\pi^2} & n=1,5,9,\cdots\\ \dfrac{-8A}{n^2\pi^2} & n=3,7,11,\cdots\end{cases}$$

$$f(t)=\frac{8A}{\pi^2}\left(\sin n\omega_1 t-\frac{1}{3^2}\sin 3\omega_1 t+\frac{1}{5^2}\sin 5\omega_1 t+\cdots\right)$$

2.1.3　傅里叶级数的指数形式

现在从傅里叶级数三角形式出发，导出其指数形式的表达式。因为有

$$f(t)=a_0+\sum_{n=1}^{\infty}(a_n\cos n\omega_1 t+b_n\sin n\omega_1 t)\tag{2.1.13}$$

根据欧拉公式

$$\cos n\omega_1 t=\frac{1}{2}(\mathrm{e}^{\mathrm{j}n\omega_1 t}+\mathrm{e}^{-\mathrm{j}n\omega_1 t})$$

$$\sin n\omega_1 t=\frac{1}{2\mathrm{j}}(\mathrm{e}^{\mathrm{j}n\omega_1 t}-\mathrm{e}^{-\mathrm{j}n\omega_1 t})$$

代入式(2.1.13)中，得

$$f(t)=a_0+\sum_{n=1}^{\infty}\left[\frac{a_n-\mathrm{j}b_n}{2}\mathrm{e}^{\mathrm{j}n\omega_1 t}+\frac{a_n+\mathrm{j}b_n}{2}\mathrm{e}^{-\mathrm{j}n\omega_1 t}\right]\tag{2.1.14}$$

设

$$F(n\omega_1)=\frac{1}{2}(a_n-\mathrm{j}b_n)\quad n=1,2,3,\cdots\tag{2.1.15}$$

由式(2.1.2)和式(2.1.4)可知，a_n 是 n 的偶函数，b_n 是 n 的奇函数。以 $-n$ 代替

式(2.1.15)中的 n,得

$$F(-n\omega_1)=\frac{1}{2}(a_n+\mathrm{j}b_n)$$

代入式(2.1.14)中,得

$$f(t)=a_0+\sum_{n=1}^{\infty}\left[F(n\omega_1)\mathrm{e}^{\mathrm{j}n\omega_1 t}+F(-n\omega_1)\mathrm{e}^{-\mathrm{j}n\omega_1 t}\right]$$

令

$$F(0)=a_0,\quad \sum_{n=1}^{\infty}F(-n\omega_1)\mathrm{e}^{-\mathrm{j}n\omega_1 t}=\sum_{-1}^{-\infty}F(n\omega_1)\mathrm{e}^{\mathrm{j}n\omega_1 t}$$

于是将 $f(t)$ 表示为傅里叶级数的指数形式,即

$$f(t)=\sum_{n=-\infty}^{\infty}F(n\omega_1)\mathrm{e}^{\mathrm{j}n\omega_1 t} \tag{2.1.16}$$

式中

$$F(n\omega_1)=\frac{1}{2}(a_n-\mathrm{j}b_n)=\frac{1}{T}\int_0^T f(t)\mathrm{e}^{-\mathrm{j}n\omega_1 t}\mathrm{d}t \tag{2.1.17}$$

$F(n\omega_1)$ 称为 n 次谐波的复数振幅,由式(2.1.17)可以看出,$|F(n\omega_1)|=\frac{1}{2}\sqrt{a_n^2+b_n^2}$,为 n 次谐波实际振幅的一半,复数振幅因此而得名,其相位为 $\arctan\frac{-b_n}{a_n}$。

2.1.4 周期信号的频谱

周期信号可以展开成傅里叶级数,也即周期信号可以展开为直流分量及一系列的余弦波(或正弦波)之和,如式(2.1.5)。式(2.1.6)已指出,a_0 为直流分量,A_n 为 n 次谐波的振幅,φ_n 为 n 次谐波的相位,A_n 与 φ_n 都是谐波频率 $n\omega_1$ 的函数,我们以谐波频率为自变量所画出的 A_n 与 φ_n 的图形,分别称为振幅频谱与相位频谱。实际工作中,一般都习惯于将振幅频谱称为频谱。但是相位频谱在信号传输中同样具有重要意义。只有振幅频谱与相位频谱都相同的两个信号,才具有相同的波形。

某方波信号展开成傅里叶级数为

$$f(t)=\frac{4}{\pi}\left(\sin\omega_1 t+\frac{1}{3}\sin3\omega_1 t+\frac{1}{5}\sin5\omega_1 t+\frac{1}{7}\sin7\omega_1 t+\cdots\right) \tag{2.1.18}$$

由式(2.1.18)可知,该信号只含有奇次正弦波项,各次谐波的振幅为 $\frac{1}{n}\frac{4}{\pi}$,现在画出式(2.1.18)的信号振幅频谱,如图 2-1-10 所示。

由于振幅 A_n 是 n 的函数,n 只能取正整数,这就决定了周期信号的频谱是离散频谱。从频谱图可以一目了然地看出信号包含哪些频率成分及各次谐波相对大小的关系。另外,从图 2-1-10 所示的频谱图也可以看出,随着频率的升高谐波的振幅有衰减的总趋势。

周期信号可以展开成指数形式的傅里叶级数,所以也可以画出指数频谱图。现以图 2-1-11 所示的周期方波为例加以说明。

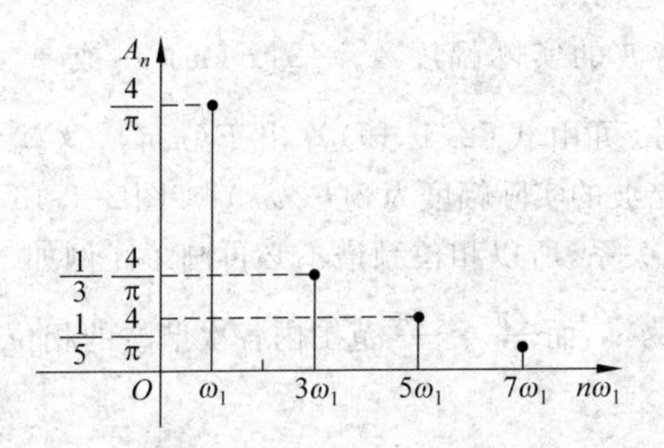

图 2-1-10　$f(t)$的振幅频谱

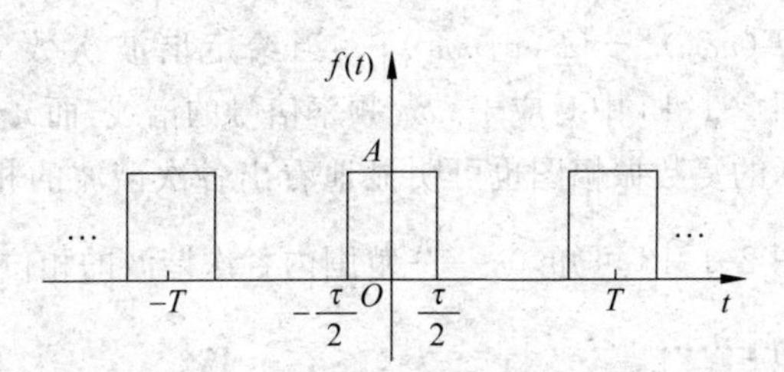

图 2-1-11　周期矩形脉冲信号

$$f(t)=\begin{cases}A, & -\frac{\tau}{2}<t<\frac{\tau}{2}\\0, & \frac{\tau}{2}<t<-\frac{\tau}{2}\end{cases}$$

复振幅

$$F(n\omega_1)=\frac{1}{T}\int_{-\frac{T}{2}}^{\frac{T}{2}}f(t)\mathrm{e}^{-\mathrm{j}n\omega_1 t}\mathrm{d}t=\frac{1}{T}\int_{-\frac{\tau}{2}}^{\frac{\tau}{2}}A\mathrm{e}^{-\mathrm{j}n\omega_1 t}\mathrm{d}t=-\frac{A}{T\mathrm{j}n\omega_1}\left[\mathrm{e}^{-\mathrm{j}n\omega_1 t}\right]_{-\tau/2}^{\tau/2}$$

$$=-\frac{A}{\mathrm{j}2n\pi}\left[\mathrm{e}^{-\mathrm{j}n\omega_1\frac{\tau}{2}}-\mathrm{e}^{\mathrm{j}n\omega_1\frac{\tau}{2}}\right]=\frac{A}{n\pi}\sin n\omega_1\frac{\tau}{2}$$

也可以写成

$$F(n\omega_1)=\frac{A\tau}{T}\frac{\sin n\omega_1\frac{\tau}{2}}{n\omega_1\frac{\tau}{2}}\tag{2.1.19}$$

$$f(t)=\sum_{n=-\infty}^{\infty}F(n\omega_1)\mathrm{e}^{\mathrm{j}n\omega_1 t}=\frac{A\tau}{T}\sum_{n=-\infty}^{\infty}\frac{\sin n\omega_1\frac{\tau}{2}}{n\omega_1\frac{\tau}{2}}\mathrm{e}^{\mathrm{j}n\omega_1 t}\tag{2.1.20}$$

式(2.1.20)中，$\frac{\sin n\omega_1\frac{\tau}{2}}{n\omega_1\frac{\tau}{2}}$具有$\frac{\sin x}{x}$的形式，这个函数叫做抽样函数，用 $\mathrm{Sa}(x)$表示。$x\to 0$时，$\frac{\sin x}{x}=1$；$x\to\infty$时$\frac{\sin x}{x}=0$，所以抽样函数具有衰减振荡正弦波的形式，如图 2-1-12 所示。由式(2.1.19)可以看出，复振幅 $F(n\omega_1)$是 $n\omega_1$ 的函数，既然 n 只能取整数，所以复振幅 $F(n\omega_1)$必定是离散函数。另外，由式(2.1.20)可看出，n 的取值范围是从$-\infty\sim\infty$的整数值，所以式(2.1.19)中 n 的范围也是从$-\infty\sim\infty$的整数。利用抽样函数的概念，可知式(2.1.19)的频谱图应是以抽样函数为包络线的离散频谱，如图 2-1-13 所示，它明确地反映了各次谐波的振幅与相位。需要指出的是，在图 2-1-13 中出现了负频率，负频率并无实际意义，仅是数学推导的结果。由

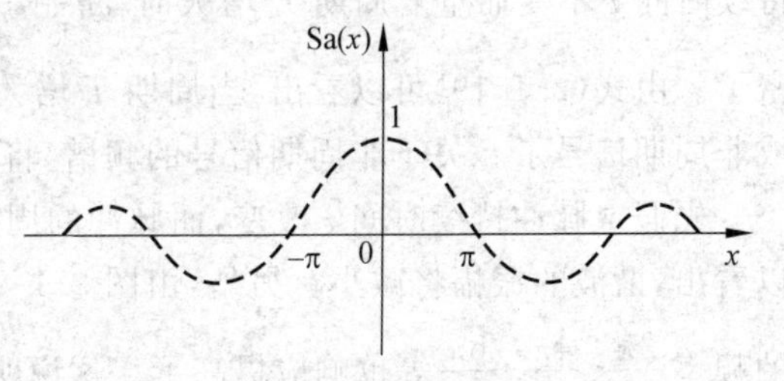

图 2-1-12　抽样函数的波形

式(2.1.16)可以看出，$F(|n\omega_1|)=\frac{1}{2}A_n$，$n$ 次谐波的实际幅度 $A_n=2|F(n\omega_1)|$ 或 $A_n=|F(n\omega_1)|+|F(-n\omega_1)|$。当给定谐波次数 n 时，可由式(2.1.19)算出 $F(n\omega_1)$，这就是图 2-1-13 中对应于 $n\omega_1$ 频率信号的谱线，而 n 次谐波的实际幅度为 $2|F(n\omega_1)|$。图 2-1-13 所示的复数振幅图也可明显地看出各次谐波的相位关系，所以相位频谱不必再画了。例如，由图 2-1-13 可知，$0\sim\frac{2\pi}{\tau}$ 范围内各次谐波的相位均为零，而 $\frac{2\pi}{\tau}\sim\frac{4\pi}{\tau}$ 范围内各次谐波的相位均为 π……

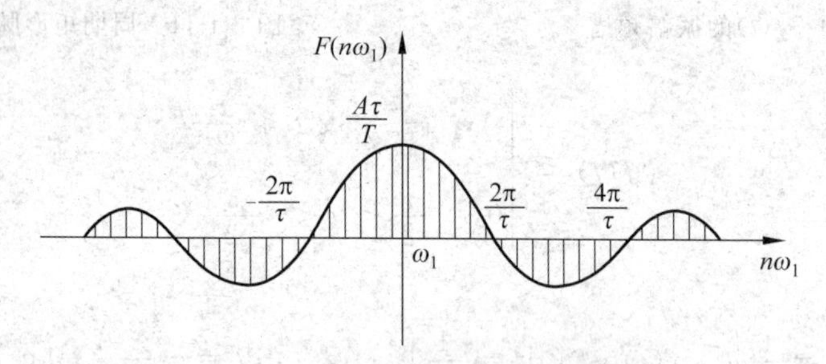

图 2-1-13　周期矩形脉冲信号的频谱

理论上一个周期信号应包括无穷多个谐波分量，但实际上随着 n 的增大，振幅在衰减，信号的能量主要集中在低频范围内。通常把零频率与包络线第一个零点之间的频带定义为信号的有效频带宽度。研究信号的有效频带宽度是有实际意义的，当信号通过系统时，为了使信号能够不失真地通过，系统的通频带就应该大于信号的有效宽度，方波的有效频带宽度为 $\frac{2\pi}{\tau}$，可见脉冲宽度越窄，其有效频带宽度越宽。普通音频电话的频宽是 0.3～3.4kHz，调幅制广播接收机中中频宽度是 535～1605kHz，电视台每一频道的频宽是 0～8MHz。有时也以从零频率到频谱幅度降为零频率振幅的 0.1 的频率范围定义为信号的有效频带宽度。

周期方波信号是电信技术中经常遇到的信号，现在来讨论脉冲持续时间 τ 和 T 变化时，对频谱结构将会产生什么影响。由图 2-1-13 可知，谱线间距离为基波频率 ω_1。当脉冲持续时间 τ 不变而重复周期 T 增大时，$\omega_1=\frac{2\pi}{T}$ 减小，相邻谱线间的距离减小，因而谱线加密了。由式(2.1.19)可以看出，当周期 T 增大时，谐波的振幅随之减小，这时周期信号将变成非周期信号了。关于非周期信号的频谱，将在下节中进行讨论。

先假定脉冲持续时间 τ 改变，而脉冲的周期 T 保持不变。当 τ 减小时，由式(2.1.19)可以看出，谐波的振幅将减小。另外，由图 2-1-13 可看出，当脉冲宽度 τ 减小时包络线过零点的频率 $\frac{2\pi}{\tau}$、$\frac{4\pi}{\tau}$、$\frac{6\pi}{\tau}$ 等也响应提高了。这说明脉冲持续时间越小，其有效频带宽度越宽，即窄脉冲通过系统时，要求系统有较宽的频带。

2.1.5　求傅里叶级数系数的简便方法

首先来讨论傅里叶级数系数的微分性质。设周期信号 $f(t)$ 的指数形式傅里叶级数的

系数为 $F(n\omega_1)$，则 $f(t)$ 的一阶导数 $\frac{\mathrm{d}f(t)}{\mathrm{d}t}$ 的傅里叶级数的系数为 $(\mathrm{j}n\omega_1)F(n\omega_1)$。

证明：$\frac{1}{T}\int_{-\frac{T}{2}}^{\frac{T}{2}}\frac{\mathrm{d}f(t)}{\mathrm{d}t}\mathrm{e}^{-\mathrm{j}n\omega_1 t}\mathrm{d}t=\frac{1}{T}\left[f(t)\mathrm{e}^{\mathrm{j}n\omega_1 t}\Big|_{\frac{-T}{2}}^{\frac{T}{2}}\right]-\frac{1}{T}\int_{-\frac{T}{2}}^{\frac{T}{2}}f(t)(-\mathrm{j}n\omega_1 t)\mathrm{e}^{-\mathrm{j}n\omega_1 t}\mathrm{d}t$

对周期信号有 $f\left(\frac{T}{2}\right)=f\left(-\frac{T}{2}\right)$，所以

$$\frac{1}{T}\int_{-\frac{T}{2}}^{\frac{T}{2}}f'(t)\mathrm{e}^{-\mathrm{j}n\omega_1 t}\mathrm{d}t=\mathrm{j}n\omega_1 F(n\omega_1) \tag{2.1.21}$$

同理，可以证明

$$\frac{1}{T}\int_{-\frac{T}{2}}^{\frac{T}{2}}f''(t)\mathrm{e}^{-\mathrm{j}n\omega_1 t}\mathrm{d}t=(\mathrm{j}n\omega_1)^2F(n\omega_1) \tag{2.1.22}$$

$$\frac{1}{T}\int_{-\frac{T}{2}}^{\frac{T}{2}}f^{(n)}(t)\mathrm{e}^{-\mathrm{j}n\omega_1 t}\mathrm{d}t=(\mathrm{j}n\omega_1)^nF(n\omega_1) \tag{2.1.23}$$

因此，在时域内对 $f(t)$ 求 n 阶导数，对应在频域中，将 $F(n\omega_1)$ 乘以 $(\mathrm{j}n\omega_1)^n$。

利用上述微分性质和 δ 函数的性质，而得到计算傅里叶级数的简便方法。当然这种方法只局限于函数为正弦、余弦或指数函数时，或者函数是分段直线方程时。上述这些函数求导之后，可以得到原来的函数或得到冲激函数。利用这一方法，可以免去积分运算。

例 2.1.5　求图 2-1-14(a)中，周期三角波的傅里叶级数的系数。

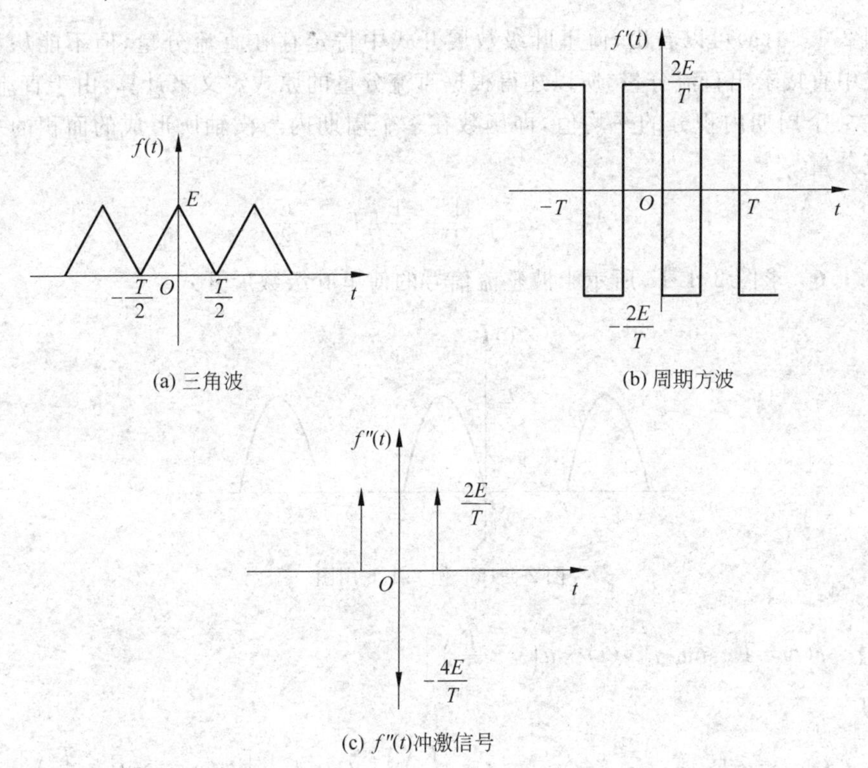

图 2-1-14　例 2.1.5 用图

【**解**】　对图 2-1-14(a)所示的三角波进行求导，得出图 2-1-14(b)所示的周期方波 $f'(t)$，然后再求导一次得图 2-1-14(c)中的 $f''(t)$，它是由冲激信号所构成的。

$$f''(t)=\frac{2E}{T}\delta\left(t+\frac{T}{2}\right)-\frac{4E}{T}\delta(t)+\frac{2E}{T}\delta\left(t-\frac{T}{2}\right)$$

现求 $f''(t)$的复振幅为

$$\begin{aligned}\frac{1}{T}\int_{-\frac{T}{2}}^{\frac{T}{2}}f''(t)\mathrm{e}^{-\mathrm{j}n\omega_1 t}\mathrm{d}t&=\frac{1}{T}\int_{-\frac{T}{2}}^{\frac{T}{2}}\left[\frac{2E}{T}\delta\left(t+\frac{T}{2}\right)-\frac{4E}{T}\delta(t)\right.\\&\quad\left.+\frac{2E}{T}\delta\left(t-\frac{T}{2}\right)\right]\mathrm{e}^{-\mathrm{j}n\omega_1 t}\mathrm{d}t\\&=\frac{1}{T}\left[\frac{2E}{T}\mathrm{e}^{-\mathrm{j}n\omega_1\frac{T}{2}}-\frac{4E}{T}+\frac{2E}{T}\mathrm{e}^{\mathrm{j}n\omega_1\frac{T}{2}}\right]\\&=\frac{4E}{T^2}[\cos n\pi-1]\end{aligned}$$

根据微分性质得

$$(\mathrm{j}n\omega_1)^2F(n\omega_1)=\frac{4E}{T^2}[\cos n\pi-1]$$

故有

$$F(n\omega_1)=\frac{\frac{4E}{T^2}[\cos n\pi-1]}{n^2\left(\frac{2\pi}{T}\right)^2}=\frac{E}{n^2\pi^2}[1-\cos n\pi]=\frac{E}{n^2\pi^2},\quad n\text{ 为奇数}\qquad(2.1.24)$$

从图 2-1-14(a)可以看出，傅里叶级数展开式中肯定存在直流分量，但不能从 $F(n\omega_1)$ 的表达式中直接求出直流分量，所以还得根据直流分量的原式定义来计算，由于直流分量等于函数在一个周期内积分的平均值，即函数在一个周期内与横轴所形成的面积的平均值。所以直流分量

$$A_0=a_0=\frac{1}{T}\cdot\frac{1}{2}ET=\frac{E}{2}$$

例 2.1.6 求图 2-1-15 所示半波整流信号的傅里叶级数展开式。

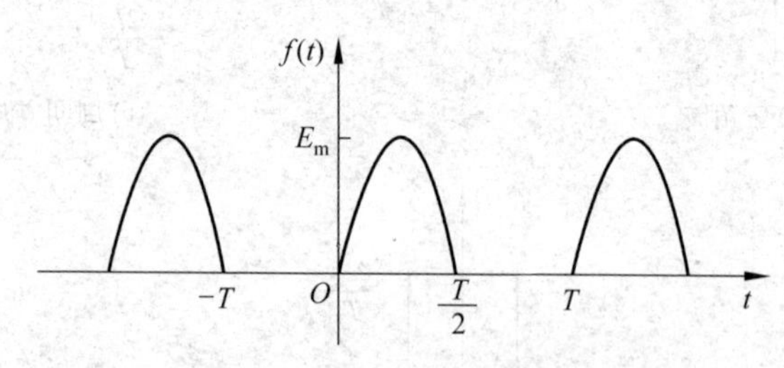

图 2-1-15 例 2.1.6 用图

【解】 $f(t)=E_\mathrm{m}\sin\omega_1 t\left[u(t)-u\left(t-\frac{T}{2}\right)\right]$

所以

$$f'(t)=\omega_1E_\mathrm{m}\cos\omega_1 t\left[u(t)-u\left(t-\frac{T}{2}\right)\right]+E_\mathrm{m}\sin\omega_1 t\left[\delta(t)-\delta\left(t-\frac{T}{2}\right)\right]$$

根据 δ 函数抽样特性可知，第二个方括号内的值应为 0，所以看

$$f''(t)=-E_\mathrm{m}\omega_1^2\sin\omega_1 t\left[u(t)-u\left(t-\frac{T}{2}\right)\right]+E_\mathrm{m}\omega_1\cos\omega_1 t\left[\delta(t)-\delta\left(t-\frac{T}{2}\right)\right]$$

$$= -E_m\omega_1^2\sin\omega_1 t\left[u(t)-u\left(t-\frac{T}{2}\right)\right]+E_m\omega_1\left[\delta(t)-\delta\left(t-\frac{T}{2}\right)\right]$$

$$= -\omega_1^2 f(t)+E_m\omega_1\left[\delta(t)+\delta\left[t-\frac{T}{2}\right)\right]$$

在2阶导数中出现了冲激函数和原波形的函数，因此不必再向下求3阶导数了，于是有

$$(\mathrm{j}n\omega_1)^2F(n\omega_1) = -\omega_1^2F(n\omega_1)+E_{m\omega_1}\left[\frac{1}{T}+\frac{1}{T}\mathrm{e}^{-\mathrm{j}n\omega_1\frac{T}{2}}\right]$$

得到

$$F(n\omega_1)=\frac{E_m[1+\mathrm{e}^{\mathrm{j}n\pi}]}{2\pi(1-n^2)} \tag{2.1.25}$$

$f(t)$既不是偶函数也不是奇函数，所以 $F(n\omega_1)$是 n 的复函数。

$$F(n\omega_1)=\frac{E_m}{\pi(1-n^2)}\quad n=0,\pm2,\pm4,\pm6,\cdots$$

当 $n=1$ 时，对于式(2.1.25)采用罗必塔法则，得到

$$F(n\omega_1)\big|_{n=1}=-\mathrm{j}\frac{E_m}{4}=\frac{E_m}{4}\mathrm{e}^{-\mathrm{j}\frac{\pi}{2}}$$

傅里叶级数三角表达式中的系数

$$b_1=-2\frac{E_m}{4}\sin\left(-\frac{T}{2}\right)=\frac{E_m}{2}$$

于是可得傅里叶级数的三角形式为

$$f(t)=\frac{E_m}{\pi}+\frac{E_m}{2}\sin\omega_1 t-\frac{2E_m}{\pi}\left[\frac{1}{3}\cos2\omega_1 t+\frac{1}{15}\cos4\omega_1 t+\cdots\right]$$

在表2-1-2中给出了若干个常用周期信号的傅里叶级数展开式，以供读者查阅。表中指明了各周期信号的对称特点、傅里叶级数的系数及其所含谐波成分。

表 2-1-2 常用周期信号的傅里叶级数

级数	性质
1	一般周期信号 $f(t)$，若无对称关系，则 $a_0=\frac{1}{T}\int_0^T f(t)\mathrm{d}t$；$a_n=\frac{2}{T}\int_0^T f(t)\cos n\omega_1 t\mathrm{d}t$；$b_n=\frac{2}{T}\int_0^T f(t)\sin n\omega_1 t\mathrm{d}t$，含所有 $n\omega_1$ 谐波成分
2	周期矩形信号 $f(t)=E,\ \lvert t\rvert=\frac{\tau}{2}$；偶函数；$a_0=\frac{E\tau}{T}$；$a_n=\frac{E\tau\omega_1}{\pi}\mathrm{Sa}\left(\frac{n\omega_1\tau}{2}\right)$；$b_n=0$；含直流及 $n\omega_1$ 各次余弦项
3	周期对称方波 $f(t)=\frac{E}{2}\left(\lvert t\rvert<\frac{T}{4}\right)$，$f(t)=-\frac{E}{2}\left(\frac{T}{4}<\lvert t\rvert<\frac{T}{2}\right)$；偶函数，奇谐函数；$a_0=\mathrm{j}$，$a_n=\frac{2E}{n\pi}\sin\left(\frac{n\pi}{2}\right)$；$b_n=0$；含基波和奇次谐波的余弦波
4	周期对称方波 $f(t)=\frac{E}{2}\left(0<t<\frac{T}{2}\right)$，$f(t)=-\frac{E}{2}\left(-\frac{T}{2}<t<0\right)$；奇函数，奇谐函数；$a_0=0$，$a_n=0$；$b_n=\frac{2E}{n\pi}\sin^2\left(\frac{n\pi}{2}\right)$；含基波和奇次谐波的余弦波
5	周期半波余弦信号 $f(t)=E\cos\omega t\left(\lvert t\rvert<\frac{T}{4}\right)$；偶函数；$a_0=\frac{E}{\pi}$，$a_n=\frac{2E}{(1-n^2)\pi}\cos\frac{n\pi}{2}$；$b_n=0$；含直流、基波和偶次余弦波

续表

级数	性质
6	周期全波余弦信号 $f(t)=E\cos\omega t\left(\|t\|<\frac{T}{2}\right)$；偶函数；$a_n=(-1)^{n+1}\frac{4E}{(4n^2-1)\pi}$；$a_0=\frac{2E}{\pi}$，$b_n=0$；含直流量和各次谐波的余弦波
7	周期锯齿波函数 $f(t)=\frac{E}{T}t\left(\|t\|<\frac{T}{2}\right)$；奇函数；$a_0=0$；$a_n=0$；$b_n=(-1)^{n+1}\frac{E}{n\pi}$；含各次正弦项
8	周期锯齿波函数 $f(t)=\frac{-E}{T}(t-T)$；去直流后为奇函数；$a_0=\frac{E}{2}$
9	周期三角波 $f(t)=\frac{-2E}{T}\left(t-\frac{T}{2}\right)\left(0<t<\frac{T}{2}\right)$，$f(t)=\frac{2E}{T}\left(t+\frac{T}{2}\right)\left(-\frac{T}{2}<t<0\right)$；偶函数，去直流后为奇函数；$a_0=\frac{E}{2}$，$a_n=\frac{4E}{(n\pi)^2}\sin^2\left(\frac{n\pi}{2}\right)$；$b_0=0$；含直流、基波和奇次余弦项
10	周期三角波 $f(t)=\frac{E}{T}t\left(-\frac{T}{4}<t<\frac{T}{4}\right)$；奇函数，奇谐函数；$a_0=0$；$a_n=0$；$b_n=\frac{4E}{(n\pi)^2}\sin\left(\frac{n\pi}{2}\right)$；含基波和奇次正弦项

2.2 周期非正弦信号作用下电路的稳态分析

周期信号存在于时间域的$-\infty\sim\infty$的区间内，这样的信号作用于电路或系统时，初始状态（出现在$t=-\infty$时接入）引起的随时间衰减的相应部分已消逝，因此说明系统进入了稳态，在周期信号作用下，系统只存在稳态响应。

非正弦周期信号作用于线性系统时的响应基于叠加原理来进行分析。因为任何非正弦周期信号，均可分解为一系列不同频率的正弦信号，因此只要分别计算出每个正弦信号单独产生的响应，然后把它们叠加起来，就得到了非正弦周期信号所产生的总响应。

计算周期信号作用下线性电路的响应，大体上按照以下几个步骤来进行：

(1) 将给定的周期非正弦信号，利用傅里叶级数将其分解为直流分量和一系列的谐波分量，研究取到几次谐波，要根据实际问题的要求来确定。在这一步工作中，要注意信号的对称情况，充分利用对称的特点，会减少许多不必要的工作量。

(2) 分别计算各次谐波分量（直流分量可认为是零次谐波分量）单独作用下的系统响应。由前已知，这次响应均为稳态响应，因此对直流分量响应的计算与稳态直流电路的计算完全相同；而对各次谐波分量响应的计算与稳态正弦电路的计算方法完全相同。在计算各次谐波分量的响应时，可以采用早已熟悉的向量法（即复数法）。值得注意的是，电感与电容对各次谐波分量所呈现的感抗和容抗是不同的。若谐波的次数为n，基波角频率为ω_1，则感抗表示为$X_{nL}=n\omega_1 L$；容量表示为$X_{nC}=\frac{1}{n\omega_1 C}$。即感抗与谐波次数$n$成正比；而容抗与谐波次数成反比。对于直流分量来说，$n=0$，则$X_{0L}=0$，说明电感对于直流分量相当于短路；而$X_{0C}=\infty$，说明电容对于直流分量相当于开路。

(3) 将各次谐波（包括直流分量）单独产生的响应（如电压或电流）相加，则得到周期非正弦信号作用下电路的总响应。因为各次谐波的频率各不相同，将它们各自的响应相加，不能用复数相加，也不能用有效值相加，只能用瞬时值相加。

例 2.2.1 振幅为 200V，周期为 1ms 的方波，作用于图 2-2-1(b)所示电路。已知 $R=50\Omega$，$L=25\text{mH}$，试求电感电压 $u_L(t)$。

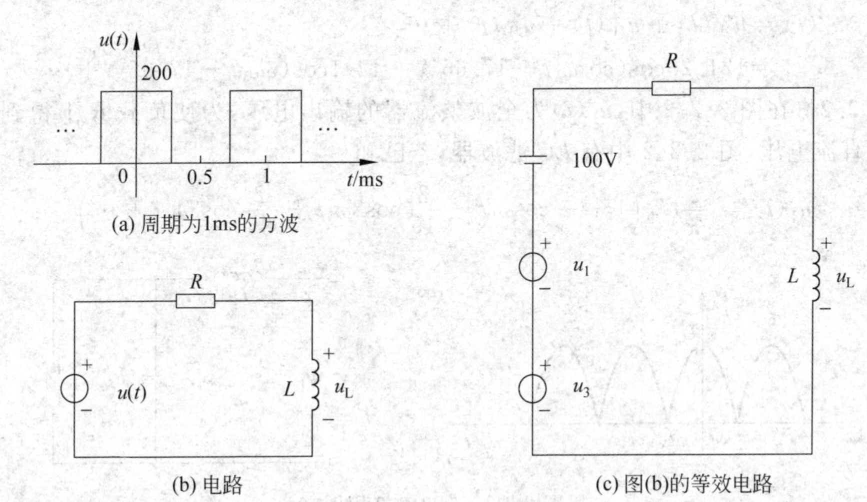

(a) 周期为1ms的方波

(b) 电路

(c) 图(b)的等效电路

图 2-2-1 例 2.2.1 用图

假设 $u(t)=100+\frac{400}{\pi}\left(\cos\omega_1 t-\frac{1}{3}\cos3\cos\omega_1 t+\frac{1}{5}\cos5\omega_1 t-\cdots\right)\text{V}$。

【解】 题中已给出了周期方波的傅里叶级数展开式，根据需要，若只考虑直流分量、基波和 3 次谐波。图 2-2-1(b)所示的等效电路如图 2-2-1(c)所示。

直流分量单独作用时，因为 $\omega=0$，电感相当于短路，所以 $U_{0L}=0$。其次再考虑基波 $\frac{400}{\pi}\cos\omega_1 t$ 单独作用时。可用相量法进行计算，$\omega_1=\frac{2\pi}{T}=2\pi\times10^3\text{rad/s}$，$\dot{U}_{1m}=\frac{400}{\pi}\text{V}$，所以

$$\begin{aligned}\dot{U}_{1Lm}&=\frac{\dot{U}_{1m}}{R+j\omega_1 L}j\omega_1 L\\&=\frac{400}{\pi(50+j2\pi\times10^3\times25\times10^{-3})}\times2j\pi\times10^3\times25\times10^{-3}\\&=121.28\underline{/17.66^\circ}(\text{V})\end{aligned}$$

输出电压中基波分量的瞬时值为

$$u_{1L}(t)=121.28\cos(\omega_1 t+17.66^\circ)\text{V}$$

然后再求 3 次谐波作用下系统的响应，输入电压 3 次谐波为 $-\frac{400}{3\pi}\cos3\omega_1 t\text{V}$，$\omega=3\omega_1=3\times2\pi\times10^3\text{rad/s}$，所以有 $\dot{U}_{3m}=-\frac{400}{3\pi}\angle0^\circ\text{V}=42.4\underline{/-180^\circ}\text{ V}$，输出电压

$$\begin{aligned}\dot{U}_{3Lm}&=\frac{\dot{U}_{3m}}{R+j3\omega_1 L}\times j3\omega_1 L=42.4\underline{/-180^\circ}\times\frac{j3\omega_1 L}{R+j3\omega_1 L}\\&=42.4\underline{/-180^\circ}\times0.993\underline{/6.05^\circ}\\&=42.1\underline{/173.95^\circ}(\text{V})\end{aligned}$$

输出电压中 3 次谐波的瞬时值为

$$u_{3L}(t)=42.1\cos(3\omega_1 t-173.95^\circ)\text{V}$$

最后，将输出电压中的各次谐波的瞬时值相加，则得到输出电压的瞬时值为

$$\begin{aligned}u_L(t)&=u_{0L}(t)+u_{1L}(t)+u_{3L}(t)+\cdots\\&=121.28\cos(\cos\omega_1 t+17.66^\circ)+42.1\cos(3\omega_1 t-17.95^\circ)+\cdots\end{aligned}$$

例 2.2.2 在图 2-2-2 中，$u_1(t)$为全波整流器的输出电压，为使负载 R 上得到波纹较小而接近直流电压，图 2-2-2 中有 LC 滤波器，若已知

$$u_1(t)=\frac{2}{\pi}U_m\left(1+\frac{2}{3}\cos\omega_1 t-\frac{2}{15}\cos2\omega_1 t+\frac{2}{35}\cos3\omega_1 t+\cdots\right)$$

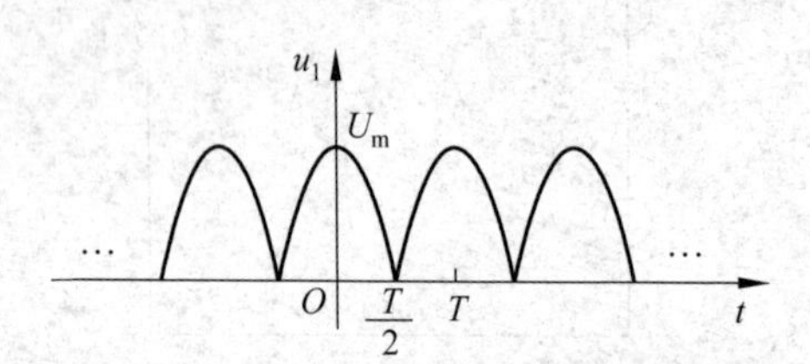

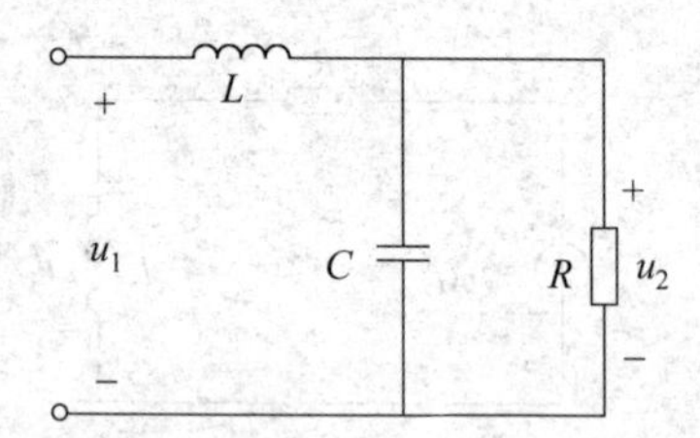

图 2-2-2 例 2.2.2 用图

其中 $\omega_1=2\times314=628\text{rad/s}$，并知 $R=3\text{k}\Omega, L=10\text{H}, C=10\times10^{-6}\text{F}$，求输出电压中的直流分量、基波与 2 次谐波。

【解】 该电路的传输电压比为

$$A_u=\frac{\dot{U}_2}{\dot{U}_1}=\frac{R\left\|\left(\frac{1}{j\omega C}\right)\right.}{j\omega L+\left[R\left\|\left(\frac{1}{j\omega C}\right)\right.\right]}=\frac{3\times10^3}{3\times10^3(1-10^{-4}\omega^2)+j10\omega}$$

对于直流分量，因为 $\omega=0$，所以 $A_u(j0)=1$，所以输出电压中的直流分量与输入电压中的直流分量相同，仍为$\frac{2}{\pi}U_m$。

对于基波而言，$\omega=628\text{rad/s}$，所以 $A_u=(j628)=0.025\underline{/-176.9^\circ}$。

所以输出电压中基波分量为：$0.025\times\frac{2}{\pi}U_m\times\frac{2}{3}\underline{/-176.9^\circ}$。

对于 2 次谐波，$\omega=2\times628\text{rad/s}=1256\text{rad/s}$，$A_u(j1256)=0.0064\underline{/-178.5^\circ}$。

输出电压为各谐波分量(包括直流分量)之和则有

$$u_2(t)=\frac{2}{\pi}U_m[1+0.017\cos(628t-176.9^\circ)-0.000\,83\cos(1256t-178.5^\circ]$$

可以看出，输出电压中基波分量是其输入基波分量的 2.5%；2 次谐波分量为输入 2 次谐波分量的 0.64%，可见，输出电压的波纹减小了，更接近于直流电压。

2.3 周期非正弦信号的有效值和功率

在学习正弦稳态电路时，对于正弦信号的有效值已下过定义，即正弦信号的有效值等于该正弦信号瞬时值表达式的方均根值。因为有效值是从做功等效的概念定义出来的，所以

按照方均根来计算周期信号的有效值，不仅适用于周期正弦波，也适用于周期非正弦波。设有周期非正弦电流 $i(t)$，则其有效值为

$$I=\sqrt{\frac{2}{T}\int_0^T i^2(t)\mathrm{d}t} \tag{2.3.1}$$

因为周期非正弦电流

$$\begin{aligned}i=&I_0+I_{1\mathrm{m}}\cos(\omega_1 t+\varphi_{\mathrm{i}1})+I_{2\mathrm{m}}\cos(\omega_1 t+\varphi_{\mathrm{i}2})\\&+I_{3\mathrm{m}}\cos(\omega_1 t+\varphi_{\mathrm{i}3})+\cdots\end{aligned} \tag{2.3.2}$$

将式(2.3.2)代入式(2.3.1)中，考虑到正弦信号的正交性，即两个不同频率的谐波乘积，在一个周期内的积分必然为零，只有两个同频率的谐波相乘，在一个周期内的积分才不为零。可以得到周期非正弦电流 $i(t)$ 的有效值为

$$I=\sqrt{I_0^2+\frac{1}{2}I_{1\mathrm{m}}^2+\frac{1}{2}I_{2\mathrm{m}}^2+\frac{1}{2}I_{3\mathrm{m}}^2+\cdots}=\sqrt{I_0^2+I_1^2+I_2^2+I_3^2+\cdots} \tag{2.3.3}$$

式(2.3.3)说明，一个周期非正弦信号的有效值，等于各次谐波有效平方和的平方根，注意直流分量的有效值也即其本身。式(2.3.1)是计算有效值的准确公式，而式(2.3.3)是计算有效值的近似公式。当已知周期非正弦信号的波形或解析式时，利用前者来计算有效值较方便；当计算有效值近似值时，利用后者较方便。同理，周期性非正弦电压的有效值也可用上面两种形式来表示，即

$$U=\sqrt{\frac{1}{T}\int_0^T u^2(t)\mathrm{d}t} \tag{2.3.4}$$

$$U=\sqrt{U_0^2+U_1^2+U_2^2+U_3^2+\cdots} \tag{2.3.5}$$

在实际中，可用仪表测量出周期非正弦电流和电压的有效值。

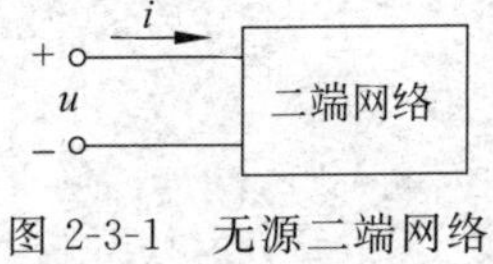

设作用于一个无源二端网络(见图 2-3-1)的周期非正弦电流、电压分别为

图 2-3-1 无源二端网络

$$i(t)=I_0+I_{1\mathrm{m}}\cos(\omega_1 t+\varphi_{\mathrm{i}1})+I_{2\mathrm{m}}\cos(2\omega_1 t+\varphi_{\mathrm{i}2})+\cdots$$

$$u(t)=U_0+U_{1\mathrm{m}}\cos(\omega_1 t+\varphi_{\mathrm{u}1})+U_{2\mathrm{m}}\cos(2\omega_1 t+\varphi_{\mathrm{u}2})+\cdots$$

根据平均功率定义

$$P=\frac{1}{T}\int_0^T p\mathrm{d}t=\frac{1}{T}\int_0^T u(t)i(t)\mathrm{d}t \tag{2.3.6}$$

由三角函数的正交性可知，不同频率的电压、电流的乘积，在一个周期内的积分必定为零，于是有

$$\begin{aligned}P&=U_0I_0+\frac{1}{2}U_{1\mathrm{m}}I_{1\mathrm{m}}\cos(\varphi_{\mathrm{u}1}-\varphi_{\mathrm{i}1})+\frac{1}{2}U_{2\mathrm{m}}I_{2\mathrm{m}}\cos(\varphi_{\mathrm{u}2}-\varphi_{\mathrm{i}2})+\cdots\\&=U_0I_0+U_1I_1\cos\varphi_1+U_2I_2\cos\varphi_2+\cdots\\&=P_0+\sum_{n=1}P_n\end{aligned} \tag{2.3.7}$$

式(2.3.7)说明，平均功率 P 等于同频率的电流和电压单独作用时产生的功率之和。

例 2.3.1 求图 2-3-2 所示周期锯齿波电压的有效值。

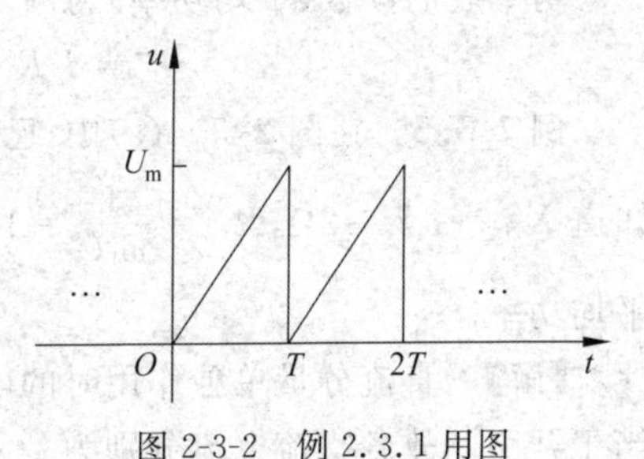

图 2-3-2 例 2.3.1 用图

【解】 根据有效值的定义

$$U=\sqrt{\frac{1}{T}\int_0^T u^2(t)\mathrm{d}t}$$

由图 2-3-2 可知

$$u(t)=\left(\frac{U_{\mathrm{m}}}{T}\right)\quad 0\leqslant t\leqslant T$$

所以

$$U=\sqrt{\frac{1}{T}\int_0^T u^2(\tau)\mathrm{d}t}=\sqrt{\frac{1}{T}\int_0^T\left(\frac{U_{\mathrm{m}}}{T}\right)^2 t^2\mathrm{d}t}=\sqrt{\frac{U_{\mathrm{m}}{}^2}{T^3}\frac{T^3}{3}}=\frac{U_{\mathrm{m}}}{\sqrt{3}}$$

例 2.3.2 在图 2-3-3 中，已知 $R=6\Omega,\omega_1 L=2\Omega,\dfrac{1}{\omega_1 C}=18\Omega$，

$u(t)=10+80\sin(\omega_1 t+30^\circ)+18\sin(3\omega_1 t+0^\circ)\,\mathrm{V}$，试求电压表、电流表的读数(有效值)及功率表的读数(平均功率)。

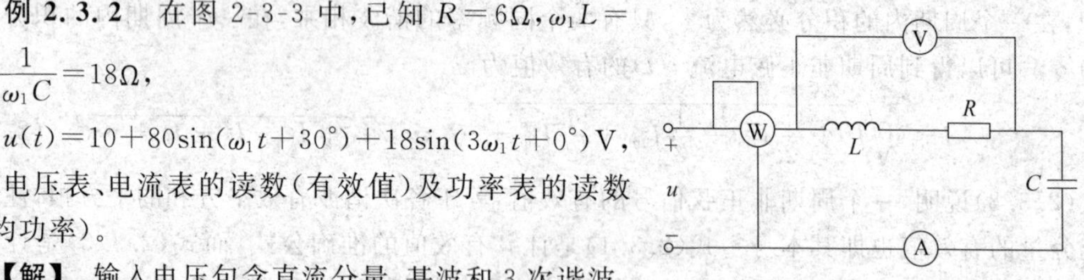

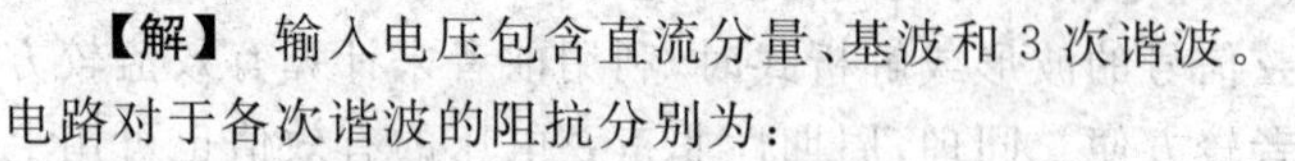

图 2-3-3 例 2.3.2 用图

【解】 输入电压包含直流分量、基波和 3 次谐波。电路对于各次谐波的阻抗分别为：

$$Z_0=\infty,\quad Z_1=6-\mathrm{j}(18-2)=17.09\angle{-69.44^\circ}(\Omega),\quad Z_3=6-\mathrm{j}(6-6)=6(\Omega)$$

各次谐波的电流分量分别为

$$I_0=0,\dot{I}_1=\frac{\dot{U}}{Z_1}=\frac{80\angle 30^\circ}{\sqrt{2}\times 17.09\angle{-69.44^\circ}}=\frac{4.86}{\sqrt{2}}\angle 99.44^\circ(\mathrm{A})$$

$$\dot{I}_3=\frac{\dot{U}_3}{Z_3}=\frac{18\angle 0^\circ}{\sqrt{2}\times 6\angle 0^\circ}=\frac{3}{\sqrt{2}}(\mathrm{A})$$

电流表的读数(有效值)为：$I=\sqrt{I_0^2+I_1^2+I_3^2}=3.93(\mathrm{A})$

各次谐波电压分别为

$$\dot{U}_1=\dot{I}_1 Z_1=\frac{4.86}{\sqrt{2}}\angle 99.44^\circ\times(6+\mathrm{j}2)=\frac{29.6}{\sqrt{2}}\angle 117.8^\circ(\mathrm{V})$$

$$\dot{U}_3=\dot{I}_3 Z_3=\frac{3}{\sqrt{2}}\angle 0^\circ\times(6+\mathrm{j}6)=\frac{25.455}{\sqrt{2}}\angle 45^\circ(\mathrm{V})$$

电压表的读数有效值为

$$U=\sqrt{U_0^2+U_1^2+U_3^2}=\sqrt{\left(\frac{29.6}{\sqrt{2}}\right)^2+\left(\frac{25.455}{\sqrt{2}}\right)^2}=27.6(\mathrm{V})$$

功率表的读数(平均功率)为

$$P=I^2R=(3.93)^2\times 6=92.67(\mathrm{W})$$

例 2.3.3 在图 2-3-4(a)中，已知 $e(t)=10+141.4\sin\omega_1 t+70.7\sin(3\omega_1 t+30^\circ)(\mathrm{V})$且知道 $X_{1\mathrm{L}}=\omega_1 L=2\Omega,X_{1\mathrm{C}}=\dfrac{1}{\omega_1 C}=15\Omega,R_1=5\Omega,R_2=10\Omega$，求各支路电流和 R_1 支路吸收的平均功率。

【解】 直流分量单独作用时的电路如图 2-3-4(b)所示。此时电感相当于短路，电容相当于开路。故各支流电流分别为

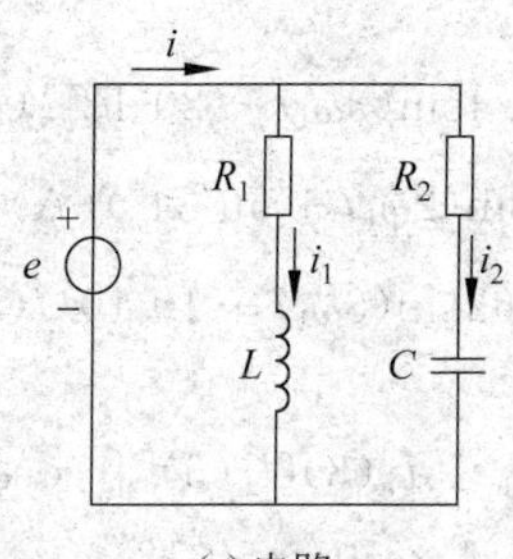

(a) 电路

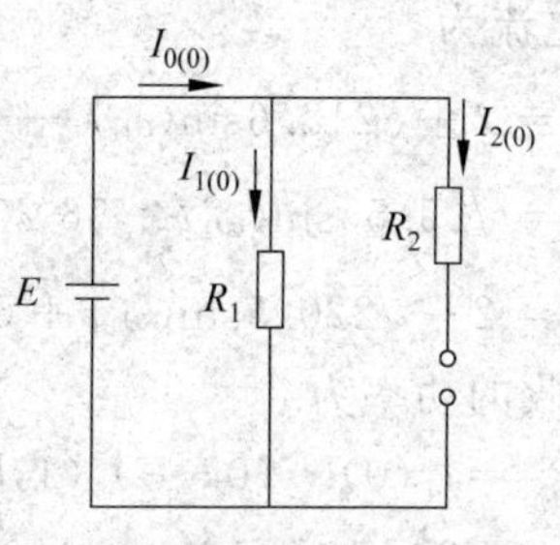

(b) 直流分量单独作用时的电路

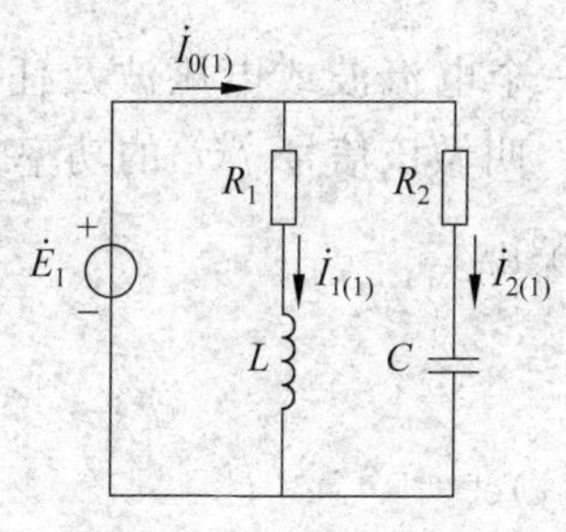

(c) 基波单独作用的电路

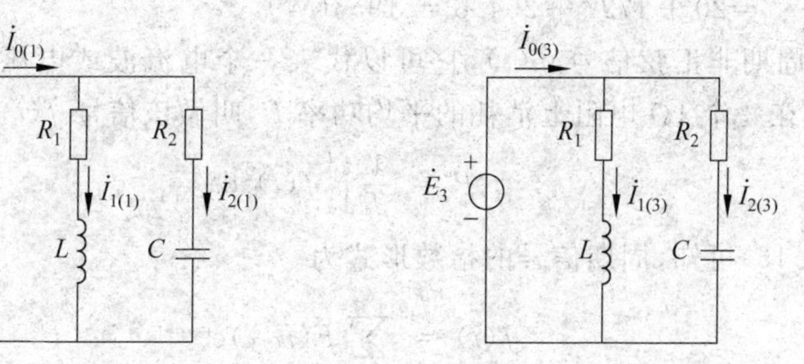

(d) 3次谐波单独作用的电路

图 2-3-4 例 2.3.3 用图

$$I_1(0)=\frac{E}{R_1}=2\text{A},\quad I_2(0)=0,\quad I_2(0)=0,\quad I_0(0)=I_1(0)=2(\text{A})$$

基波单独作用的电路如图 2-3-4(c)所示，$\dot{E}_1=\dfrac{141.4}{\sqrt{2}}\underline{/0^\circ}=100\underline{/0^\circ}(\text{V})$。

$$\dot{I}_1(1)=\frac{\dot{E}_1}{R_1+\text{j}X_{\text{L}(1)}}=\frac{100\underline{/0^\circ}}{5+\text{j}2}=\frac{100\underline{/0^\circ}}{5.38\underline{/21^\circ48'}}=18.6\underline{/-21^\circ48'}(\text{A})$$

$$\dot{I}_2(1)=\frac{\dot{E}_1}{R_1-\text{j}X_{\text{C}(1)}}=\frac{100\underline{/0^\circ}}{10-\text{j}15}=\frac{100\underline{/0^\circ}}{18.03\underline{/-56^\circ20'}}=5.55\underline{/56^\circ20'}(\text{A})$$

$$\begin{aligned}\dot{I}_0(1)&=\dot{I}_1+\dot{I}_2=18.6\underline{/-21^\circ48'}+5.55\underline{/56^\circ20'}\\&=17.3-\text{j}6.91+3.08+\text{j}4.62\\&=20.38-\text{j}2.29=20.5\underline{/-6^\circ25'}(\text{A})\end{aligned}$$

3 次谐波单独作用的电路如图 2-3-4(d)所示。注意此时 $\omega=3\omega_1$。

$$\dot{E}_3=\frac{70.7}{\sqrt{2}}\underline{/30^\circ}=50\underline{/30^\circ}(\text{V})$$

$$X_{\text{L}(3)}=3X_{\text{L}(1)}=60\Omega,\quad X_{\text{C}(3)}=\frac{1}{3}X_{\text{C}(1)}=50\Omega$$

$$\dot{I}_1(3)=\frac{\dot{E}_3}{R_1+\text{j}X_{\text{L}(3)}}=\frac{50\underline{/30^\circ}}{5+\text{j}6}=6.4\underline{/-20^\circ12'}(\text{A})$$

$$\dot{I}_2(3)=\frac{\dot{E}_3}{R_1+\text{j}X_{\text{L}(3)}}=\frac{50\underline{/30^\circ}}{10-\text{j}5}=4.47\underline{/56^\circ34'}(\text{A})$$

$$\dot{I}_0(3)=\dot{I}_1(3)+\dot{I}_2(3)=8.62\underline{/10^\circ10'}(\text{A})$$

各个支路电流为

$$i_1 = 2+\sqrt{2}18.6\sin(\omega_1 t-21°48')+\sqrt{2}6.4\sin(3\omega_1 t-20°12')(\mathrm{A})$$

$$i_2 = \sqrt{2}5.55\sin(\omega_1 t+56°20')+\sqrt{2}4.48\sin(2\omega_1 t+56°34')(\mathrm{A})$$

$$i_0 = 2+\sqrt{2}20.5\sin(\omega_1 t+6°25')+\sqrt{2}8.62\sin(3\omega_1 t+10°10')(\mathrm{A})$$

R_1 支路吸收的功率为

$$\begin{aligned}P_1 &= I_1(0)U_1(0)+I_1(1)U_1(1)+\cos\varphi_1+I_1(3)U_1(3)+\cos\varphi_3\\&=2\times10+18.6\times100\cos21°48'+6.4\times50\cos50°12'\\&=20+1727+204.8=1953(\mathrm{W})\end{aligned}$$

设有任意周期非正弦信号 $f(t)$，它可以代表一个电流波或电压波及任何一个物理信号。定义 $f(t)$在一个 1Ω 电阻上消耗的平均功率 P，叫做该信号 $f(t)$的功率。

$$P=\frac{1}{T}\int_0^T f(t)^2\,\mathrm{d}t \tag{2.3.8}$$

由式(2.1.16)可知，周期信号的指数形式为

$$f(t)=\sum_{n=-\infty}^{\infty}F(n\omega_1)\mathrm{e}^{\mathrm{j}n\omega_1 t} \tag{2.3.9}$$

将式(2.3.9)代入式(2.3.8)中可得

$$\begin{aligned}P&=\frac{1}{T}\int_0^T f(t)^2\,\mathrm{d}t=\frac{1}{T}\sum_{n=-\infty}^{\infty}F(n\omega_1)\mathrm{e}^{\mathrm{j}n\omega_1 t}\sum_{n=-\infty}^{\infty}F(-n\omega_1)\mathrm{e}^{-\mathrm{j}m\omega_1 t}\,\mathrm{d}t\\&=\frac{1}{T}\sum_{n=-\infty}^{\infty}F(n\omega_1)\sum_{m=-\infty}^{\infty}F(-m\omega_1)\int_0^T\mathrm{e}^{\mathrm{j}\omega_1(n-m)t}\,\mathrm{d}t\end{aligned}$$

其中积分

$$\int_0^T\mathrm{e}^{\mathrm{j}\omega_1(n-m)t}=\begin{cases}0 & m\neq n\\ T & m=n\end{cases}$$

故得到

$$\begin{aligned}P&=\frac{1}{T}\int_0^T f^2(t)\,\mathrm{d}t=\frac{1}{T}\sum_{n=-\infty}^{\infty}F(n\omega_1)F(-n\omega_1)T\\&=\sum_{n=-\infty}^{\infty}|F(n\omega_1)|^2\end{aligned} \tag{2.3.10}$$

式(2.3.10)称为周期信号的功率谱。

2.4 非周期性信号的频谱——傅里叶变换

在讨论周期方波信号的频谱时，曾谈到频谱线间的距离为 $\omega_1\left(\omega_1=\frac{2\pi}{T}\right)$，当 $T\to\infty$时，周期信号变成非周期信号，此时 $\omega_1\to0$，说明非周期信号的谱线之间的距离减小为零，非周期信号的频谱变成连续频谱。另外，由式(2.1.19)可知，当 $T\to\infty$时，信号频谱的幅度将趋近于零。这个特点不仅适用于方波，也适用于任意波形的信号。由此可以得出一个重要的普遍的结论，即非周期信号的频谱是连续频谱，非周期信号的幅度谱为无穷小。

由于非周期信号的幅度频谱为无穷小，失去了定量分析的实际意义，但是也从式(2.1.19)

看出，若将该式乘以 T，则变为有限的确定值了，它虽不能表示非周期信号频谱幅度的真实值，但反映各频谱成分的幅度的相当大小，为非周期信号频谱的定量分析提供了依据。有了这样的概念之后，就可以进一步进行普遍的、深入的数学分析了。

周期信号的复数振幅为

$$F(n\omega_1)=\frac{1}{T}\int_0^T f(t)\mathrm{e}^{-\mathrm{j}n\omega_1 t}\mathrm{d}t=\frac{1}{T}\int_{-\frac{T}{2}}^{\frac{T}{2}} f(t)\mathrm{e}^{-\mathrm{j}n\omega_1 t}\mathrm{d}t$$

周期信号的傅里叶级数的指数形式为

$$f(t)=\sum_{n=-\infty}^{\infty}F(n\omega_1)\mathrm{e}^{\mathrm{j}n\omega_1 t}$$

现在以上面两个公式为基础，导出非周期信号的频谱。令 $T\to\infty$，则周期信号变成非周期信号。此时 $F(n\omega_1)\to\infty$，将 $F(n\omega_1)$乘以 T，得

$$TF(n\omega_1)=\int_{-\frac{T}{2}}^{\frac{T}{2}} f(t)\mathrm{e}^{-\mathrm{j}n\omega_1 t}\mathrm{d}t \tag{2.4.1}$$

因为 $T\to\infty$，重复频率 $\omega_1\to 0$，谱线间距离 $\Delta(n\omega_1)=\mathrm{d}\omega$，离散函数 $n\omega_1$ 变成连续频谱 ω，在这种情况下，$F(n\omega_1)\to 0$，而 $TF(n\omega_1)=\dfrac{2\pi F(n\omega_1)}{\omega_1}$，可为非零的有限值。于是定义

$$F(\omega)=\lim_{\omega_1\to 0}\frac{2\pi F(n\omega_1)}{\omega_1}=\lim_{T\to\infty}F(n\omega_1)T \tag{2.4.2}$$

式中，$\dfrac{F(n\omega_1)}{\omega_1}$反映了单位频带的频谱值，即频谱密度的概念。通常把 $F(\omega)$称为原函数 $f(t)$的频谱密度函数，或者称为频谱函数，有的书刊中以 $F(\mathrm{j}\omega)$表示。

在非周期信号的情况下，因为 $T\to\infty$同时考虑到式(2.4.1)和式(2.4.2)，可得到

$$F(\omega)=\int_{-\infty}^{\infty}f(t)\mathrm{e}^{-\mathrm{j}\omega t}\mathrm{d}t \tag{2.4.3}$$

指数形式的傅里叶级数为

$$f(t)=\sum_{n=-\infty}^{\infty}F(n\omega_1)\mathrm{e}^{\mathrm{j}n\omega_1 t}$$

在周期信号情况下，频谱间隔 $\Delta(n\omega_1)=\omega_1$，上式表示成

$$f(t)=\sum_{n\omega_1=-\infty}^{\infty}\frac{F(n\omega_1)}{\omega_1}\mathrm{e}^{\mathrm{j}n\omega_1 t}\Delta(n\omega_1)$$

在 $T\to\infty$非周期信号情况下，将上式有关各量加以修正。

此时 $n\omega_1\to\omega$，即离散频率变成连续频率，$\Delta(n\omega_1)\to\mathrm{d}\omega$，即谱线间隔变成无穷小，$\dfrac{F(n\omega_1)}{\omega_1}\to\dfrac{F(\omega)}{2\pi)}$，$\sum\limits_{n\omega_1=-\infty}^{\infty}\to\int_{-\infty}^{\infty}$，即离散和变成连续和(积分)。

于是傅里叶级数变成傅里叶积分，即

$$f(t)=\frac{1}{2\pi}\int_{-\infty}^{\infty}F(\omega)\mathrm{e}^{\mathrm{j}\omega t}\mathrm{d}\omega \tag{2.4.4}$$

式(2.4.3)是傅里叶正变换，由时间函数 $f(t)$求相应的频谱函数 $F(\omega)$。式(2.4.4)是傅里叶反变换，由频谱函数 $F(\omega)$求时间函数 $f(t)$。在下面的内容中，重点讨论傅里叶正变换，即求非周期信号的频谱函数。$F(\omega)$是一个复数，可写为 $F(\omega)=|F(\omega)|\mathrm{e}^{\mathrm{j}\varphi(\omega)}$，$|F(\omega)|$是 $F(\omega)$的模，表示大小，$\varphi(\omega)$是 $F(\omega)$的相位函数，表示成分之间的相位关系。幅度频谱是频率

的偶函数，相位频谱是频率的奇函数。由频谱函数的推导过程可知，非周期信号的频谱与其相应的周期信号的频谱有着一定的关系，前者是后者的包络线。

为了突出交换的概念，用一定的符号来表示傅里叶正变换和反变换，即

正变换

$$F(\omega)=\mathscr{F}[f(t)]=\int_{-\infty}^{\infty}f(t)\mathrm{e}^{-\mathrm{j}\omega t}\mathrm{d}t \tag{2.4.5}$$

反变换

$$f(t)=\mathscr{F}^{-1}[F(\omega)]=\frac{1}{2\pi}\int_{-\infty}^{\infty}F(\omega)\mathrm{e}^{\mathrm{j}\omega t}\mathrm{d}\omega \tag{2.4.6}$$

或者用双箭头表示上式的关系

$$f(t)\leftrightarrow F(\omega) \tag{2.4.7}$$

现在来讨论傅里叶反变换的物理意义。

因为

$$\begin{aligned}f(t)&=\frac{1}{2\pi}\int_{-\infty}^{\infty}F(\omega)\mathrm{d}\omega=\frac{1}{2\pi}\int_{-\infty}^{\infty}|F(\omega)|\mathrm{e}^{\mathrm{j}(\mathrm{j}\omega+\varphi(\omega))}\mathrm{d}\omega\\&=\frac{1}{2\pi}\int_{-\infty}^{\infty}|F(\omega)|\cos[\omega t+\varphi(\omega)]\mathrm{d}\omega\\&\quad+\mathrm{j}\frac{1}{2\pi}\int_{-\infty}^{\infty}|F(\omega)|\sin[\omega t+\varphi(\omega)]\mathrm{d}\omega\end{aligned}$$

上式中第二项积分为零，因为被积函数是 ω 的奇函数。第一项积分的被积函数是 ω 的偶函数，所以

$$f(t)=\frac{1}{\pi}\int_{0}^{\infty}|F(\omega)|\cos[\omega t+\varphi(\omega)]\mathrm{d}\omega$$

该式说明，任何一个非周期信号，是由无穷多个频率不同的余弦分量组成的，包含零到无穷大的一切频率。各个频率分量的振幅为$\frac{|F(\omega)|\mathrm{d}\omega}{\pi}$，其值为无穷小。

傅里叶变换是一个广义积分，只有积分到收敛时才有意义。傅里叶积分存在的充分条件是在无限区间内函数 $f(t)$绝对可积，即

$$\int_{-\infty}^{\infty}|f(t)|\mathrm{d}t<\infty$$

但这仅是傅里叶积分存在的充分条件，而非必要条件。许多不满足绝对可积的函数，也可能得到傅里叶变换。

2.5 典型非周期信号的频谱

现在根据公式(2.4.3)来计算工程上几种常见信号的频谱，通过这些例子熟悉求解频谱的基本方法，并加深对连续频谱的理解。

2.5.1 单边指数信号

已知单边指数信号的表达式为

$$f(t)=\begin{cases}e^{-at} & t\geqslant 0\\ 0 & t<0\end{cases} \tag{2.5.1}$$

设指数 $a>0$,根据频谱的基本定义式(2.4.3)得

$$F(\omega)=\mathscr{F}[f(t)]=\int_{-\infty}^{\infty}f(t)e^{-j\omega t}dt=\int_{0}^{\infty}e^{-at}e^{-j\omega t}dt=\int_{0}^{\infty}e^{-(a+j\omega)}dt=\frac{1}{a+j\omega}$$

其幅度频谱和相位频谱分别为

$$\begin{cases}|F(\omega)|=\sqrt{\dfrac{1}{a^2+\omega^2}}\\ \varphi(\omega)=-\arctan\left(\dfrac{\omega}{a}\right)\end{cases} \tag{2.5.2}$$

单边指数信号的波形 $f(t)$ 及其频谱 $|F(\omega)|$ 和相位频谱如图 2-5-1 所示。

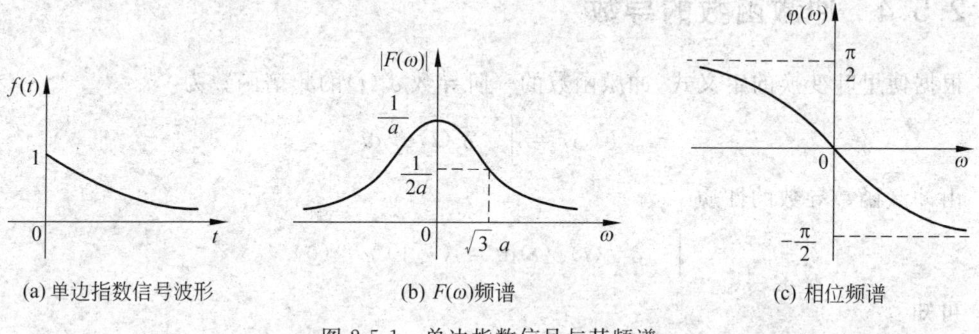

(a) 单边指数信号波形　(b) $F(\omega)$频谱　(c) 相位频谱

图 2-5-1　单边指数信号与其频谱

2.5.2　双边指数信号

双边指数信号的表达式为

$$f(t)=e^{-a|t|}\quad -\infty<t<+\infty$$

设 $a>0$,则有

$$F(\omega)=\int_{-\infty}^{\infty}f(t)e^{-j\omega t}dt=\frac{2a}{a^2+\omega^2}$$

所以

$$\left.\begin{aligned}|F(\omega)|&=\frac{2a}{a^2+\omega^2}\\ \varphi(\omega)&=0\end{aligned}\right\} \tag{2.5.3}$$

$f(t)$ 和 $|F(\omega)|$ 如图 2-5-2 所示。

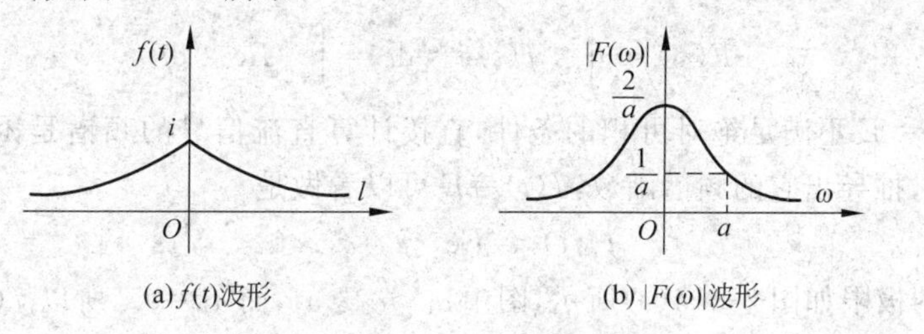

(a) $f(t)$波形　(b) $|F(\omega)|$波形

图 2-5-2　双边指数信号及其频谱

2.5.3 单位冲激信号

设 $f(t)=\delta(t)$，则 $\delta(t)$ 的频谱函数为

$$F(\omega)=\int_{-\infty}^{\infty}f(t)\mathrm{e}^{-\mathrm{j}\omega t}\,\mathrm{d}t=\int_{-\infty}^{\infty}\delta(t)\mathrm{e}^{-\mathrm{j}\omega t}\,\mathrm{d}t=1$$

即

$$\delta(t)\leftrightarrow 1 \tag{2.5.4}$$

单位冲激信号 $\delta(t)$ 的波形及其频谱如图 2-5-3 所示。说明单位冲激信号的频谱包含着所有的频谱成分，而且它们的幅度是相等的。

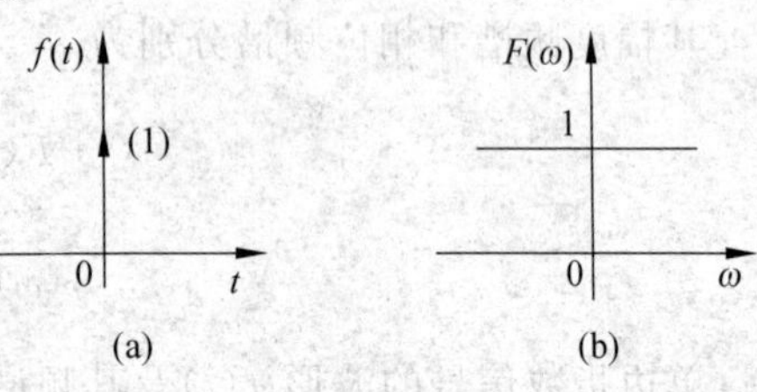

图 2-5-3 单位冲激及其频谱

2.5.4 冲激函数的导数

根据傅里叶变换的定义式，冲激函数的一阶导数 $\delta'(t)$ 的频谱函数为

$$F(\omega)=\int_{-\infty}^{\infty}\delta'(t)\mathrm{e}^{\mathrm{j}\omega t}\,\mathrm{d}t$$

由冲激函数导数的性质

$$\int_{-\infty}^{\infty}\delta^{(n)}(t)\varphi(t)\,\mathrm{d}t=(-1)^n\varphi^{(n)}(0)$$

可知

$$\int_{-\infty}^{\infty}\delta'(t)\mathrm{e}^{-\mathrm{j}\omega t}\,\mathrm{d}t=\frac{\mathrm{d}}{\mathrm{d}t}\mathrm{e}^{-\mathrm{j}\omega t}\Big|_{t=0}=\mathrm{j}\omega$$

即冲激函数的一阶导数 $\delta'(t)$ 的频谱函数为

$$F(\omega)=\mathrm{j}\omega$$

即

$$\delta'(t)\leftrightarrow \mathrm{j}\omega \tag{2.5.5}$$

同理，可得

$$\delta^{(n)}(t)\leftrightarrow(\mathrm{j}\omega)^n \tag{2.5.6}$$

2.5.5 直流信号

直流信号的表达式为

$$f(t)=E\quad -\infty<t<\infty$$

它的傅里叶变换为

$$F(\omega)=\int_{-\infty}^{\infty}f(t)\mathrm{e}^{-\mathrm{j}\omega t}\,\mathrm{d}t=\int_{-\infty}^{\infty}E\mathrm{e}^{-\mathrm{j}\omega t}\,\mathrm{d}t$$

由于 $f(t)=E$ 不满足绝对可积的条件，直接计算直流信号的频谱是困难的，但可以根据极限的概念，推导出它的频谱函数，$f(t)=E$ 可以看做是

$$f_1(t)=E\mathrm{e}^{-\alpha|t|}\quad \alpha>0$$

当 $\alpha\to 0$ 的极限如图 2-5-4(a)所示，图中 $\alpha_1>\alpha_2>\alpha_3$，而 $\alpha_4=0$。所以 $f(t)=E$ 的频谱函数应该是 $f_1(t)$ 的频谱当 $\alpha\to 0$ 时的极限。根据式(2.5.3)可知

$$F_1(\omega) = \frac{2\alpha E}{\alpha^2 + \omega^2}$$

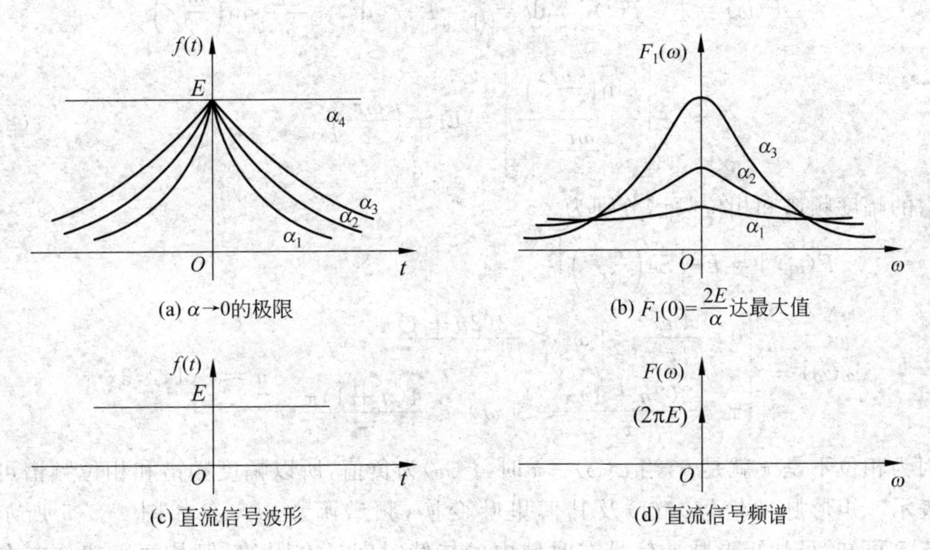

图 2-5-4　直流信号及其频谱

当 α 逐渐减小时，在 $\omega=0$ 处，$F_1(0)=\dfrac{2E}{\alpha}$ 达到最大值，而离开原点后 $F_1(\omega)$ 的值逐渐减小，如图 2-5-4(b)所示。当 $\alpha\to 0$ 时

$$\lim_{\alpha\to 0}\frac{2\alpha E}{\alpha^2+\omega^2}=\begin{cases}0 & \omega\neq 0\\ \infty & \omega=0\end{cases}$$

由该式可见，它是一个以 ω 为自变量的冲激函数。根据冲激函数的定义，该冲激函数的强度为

$$\lim_{\alpha\to 0}\int_{-\infty}^{\infty}\frac{2\alpha E}{\alpha^2+\omega^2}\mathrm{d}\omega=\lim_{\alpha\to 0}\int_{-\infty}^{\infty}\frac{2E}{1+\left(\dfrac{\omega}{\alpha}\right)^2}\mathrm{d}\left(\frac{\omega}{\alpha}\right)$$

$$=\lim_{\alpha\to 0}2E\arctan\frac{\omega}{\alpha}\bigg|_{-\infty}^{\infty}=2\pi E$$

所以得到

$$\lim_{\alpha\to 0}\frac{2\alpha}{\alpha^2+\omega^2}=2\pi E\delta(\omega),\quad 故\quad \mathscr{F}[E]=2\pi E\delta(\omega) \tag{2.5.7}$$

直流信号及其频谱如图 2-5-4(c)、(d)所示。直流信号在时域扩展到无限范围，而它的频谱函数只集中于 $\omega=0$ 一点。对比冲激信号与直流信号及其频谱，可以看出它们之间存在着一定的内在联系。

2.5.6　矩形脉冲信号

矩形脉冲信号的时域表达式为

$$f(t)=\begin{cases}E & |t|\leqslant\dfrac{\tau}{2}\\[2ex] 0 & |t|>\dfrac{\tau}{2}\end{cases}$$

相应地，傅里叶变换为

$$F(\omega)=\int_{-\infty}^{\infty}f(t)\mathrm{e}^{-\mathrm{j}\omega t}\,\mathrm{d}t=\int_{-\frac{\tau}{2}}^{\frac{\tau}{2}}E\mathrm{e}^{-\mathrm{j}\omega t}\,\mathrm{d}t=\frac{2E}{\omega}\sin\left(\frac{\omega\tau}{2}\right)$$

$$=E\tau\left[\frac{\sin\left(\frac{\omega\tau}{2}\right)}{\frac{\omega\tau}{2}}\right]=E\tau\mathrm{Sa}\left(\frac{\omega\tau}{2}\right) \tag{2.5.8}$$

它的幅度频谱和相位频谱分别为

$$|F(\omega)|=E\tau\left|\mathrm{Sa}\left(\frac{\omega\tau}{2}\right)\right|$$

$$\varphi(\omega)=\begin{cases}0 & \frac{4n\pi}{\tau}<|\omega|<\frac{2(2n+1)\pi}{\tau}\\ \pi & \frac{2(2n+1)\pi}{\tau}<|\omega|<\frac{4(n+1)\pi}{\tau}\end{cases}\quad n=0,1,2,3,\cdots$$

因为相位不是 π 就是 0，当 $\varphi(\omega)=\pi$ 时，$F(\omega)$ 为负值，所以幅度频谱和相位频谱可用一个图表示。矩形脉冲信号 $f(t)$ 及其傅里叶变换（频谱函数）$F(\omega)$ 如图 2-5-5 所示。由图 2-5-5 可知，虽然矩形脉冲信号在时域内的持续时间是有限的，但其频谱却分布在无限宽的频带内，而信号的能量主要集中在 $0\sim\frac{2\pi}{\tau}$ 范围内，所以通常把 $0\sim\frac{2\pi}{\tau}$ 称为矩形脉冲信号的有效频带宽度。

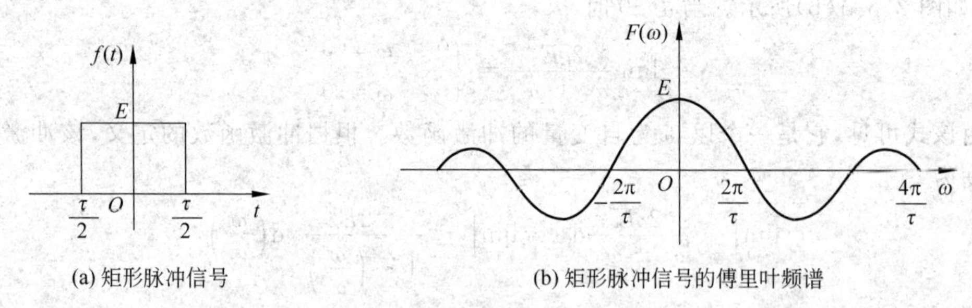

(a) 矩形脉冲信号　　(b) 矩形脉冲信号的傅里叶频谱

图 2-5-5　矩形脉冲信号及频谱

2.5.7 单位阶跃信号

它的定义为

$$u(t)=\begin{cases}1 & t>0\\ 0 & t<0\end{cases}$$

显然，它不满足绝对可积条件，但其傅里叶变换存在。它可以看做单边指数衰减信号 $\mathrm{e}^{-at}u(t)$ 当 $a\to 0$ 时的极限，即

$$u(t)=\begin{cases}\lim\limits_{\alpha\to 0}\mathrm{e}^{-at} & t>0\\ 0 & t<0\end{cases}$$

由上节可知

$$\mathrm{e}^{-at}u(t)\leftrightarrow\frac{1}{\alpha+\mathrm{j}\omega}=\frac{1}{\alpha^2+\omega^2}-\frac{\mathrm{j}\omega}{\alpha^2+\omega^2}$$

所以

$$F(\omega)=\lim_{\alpha\to 0}\frac{\alpha}{\alpha^2+\omega^2}+\lim_{\alpha\to 0}\frac{-\mathrm{j}\omega}{a^2+\omega^2}$$

其中,第一项由前面求解直流信号傅里叶变换可知

$$\lim_{\alpha\to 0}\frac{\alpha}{\alpha^2+\omega^2}=\pi\delta(\omega)$$

又由于

$$\lim_{\alpha\to 0}\frac{-\mathrm{j}\omega}{a^2+\omega^2}=\begin{cases}0 & \omega=0\\ \dfrac{1}{\mathrm{j}\omega} & \omega\neq 0\end{cases}$$

最后得

$$u(t)\leftrightarrow\pi\delta(\omega)+\frac{1}{\mathrm{j}\omega} \tag{2.5.9}$$

其频谱如图 2-5-6 所示。由式(2.5.9)可见,对于不满足绝对可积条件的时域信号,若存在傅里叶变换时,其频谱中可能出现冲激分量。

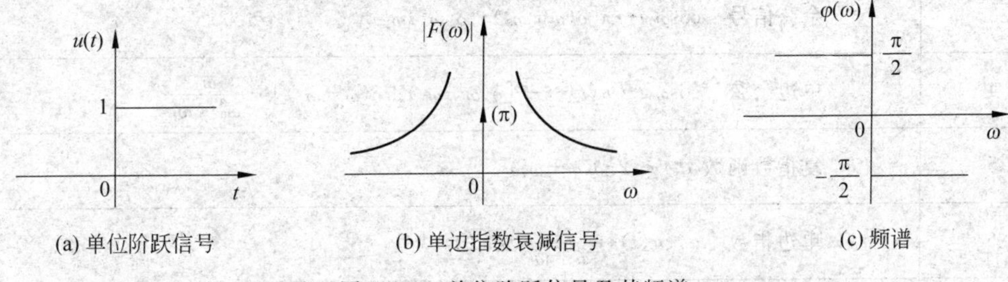

图 2-5-6　单位阶跃信号及其频谱

2.5.8　符号函数

符号函数记为 sgn(t),它的定义为

$$\mathrm{sgn}(t)=\begin{cases}-1 & t<0\\ 0 & t=0\\ 1 & t>0\end{cases}$$

其波形如图 2-5-7(a)所示,显然,该函数也不满足绝对可积条件。它可以看成两个单边指数函数且 a 趋于零的极限情况的和,即

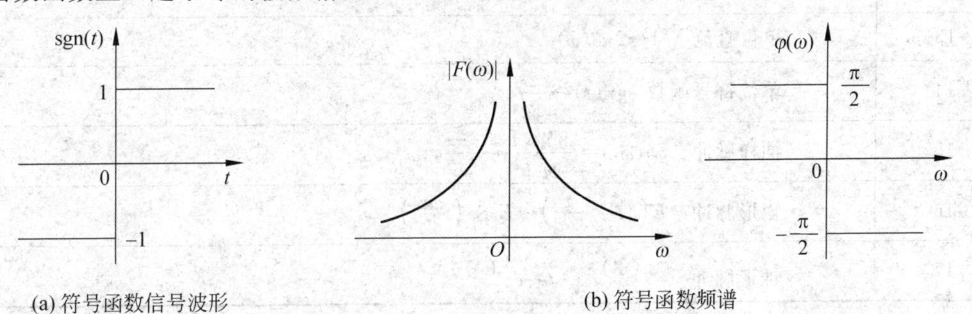

图 2-5-7　符号函数及其频谱

$$\mathrm{sgn}(t)=\lim_{\alpha\to 0}[\mathrm{e}^{-\alpha t}u(t)-\mathrm{e}^{\alpha t}u(-t)]$$

因此

$$F(\omega)=\lim_{\alpha\to 0}f[\mathrm{e}^{-\alpha t}u(t)-\mathrm{e}^{\alpha t}u(-t)]=\lim_{\alpha\to 0}\left(\frac{1}{\alpha+\mathrm{j}\omega}-\frac{1}{\alpha-\mathrm{j}\omega}\right)=\frac{2}{\mathrm{j}\omega}$$

即

$$\mathrm{sgn}(t)\leftrightarrow\frac{2}{\mathrm{j}\omega}\tag{2.5.10}$$

其频谱如图 2-5-7(b)所示。

现将一些常见信号的频谱函数列在表 2-5-1 中。

表 2-5-1 常见信号的频谱函数

序号	频谱函数
1	正弦函数 $\sin\omega_0 t\leftrightarrow \mathrm{j}\pi[\delta(\omega+\omega_0)-\delta(\omega-\omega_0)]$
2	单边函数 $\sin\omega_0 t\cdot u(\mathrm{t})\leftrightarrow\frac{\pi}{2\mathrm{j}}[\delta(\omega-\omega_0)-\delta(\omega+\omega_0)]+\frac{\omega_0}{\omega_0^2-\omega^2}$
3	余弦信号 $\cos\omega_0 t\leftrightarrow\pi[\delta(\omega+\omega_0)+\delta(\omega-\omega_0)]$
4	单边余弦 $\cos\omega_0 t\cdot u(t)\leftrightarrow\frac{\pi}{2}[\delta(\omega+\omega_0)+\delta(\omega-\omega_0)]+\frac{\omega_0}{\omega_0^2-\omega^2}$
5	复指数函数 $\mathrm{e}^{\mathrm{j}\omega_0 t}\leftrightarrow 2\pi\delta(\omega-\omega_0)$
6	单边指数 $\mathrm{e}^{-\alpha t}u(t)\leftrightarrow\frac{1}{\alpha+\mathrm{j}\omega}(\alpha>0)$
7	双边指数 $\mathrm{e}^{-\alpha\lvert t\rvert}\leftrightarrow\frac{2\alpha}{\alpha^2+\omega^2}(\alpha>0)$
8	单位冲激序列 $\delta_{\mathrm{T}}(t)=\sum_{n=-\infty}^{\infty}\delta(t-nT_1)\leftrightarrow\sum_{n=-\infty}^{\infty}\delta(\omega-n\omega_1)$(其中 $\omega_1 T=2\pi$)
9	单位斜变信号 $t\cdot u(t)\leftrightarrow \mathrm{j}\pi\delta'(\omega)-\frac{1}{\omega^2}$
10	单边衰减余弦 $\mathrm{e}^{-\alpha t}\cos\omega_0 t\cdot u(t)\leftrightarrow\frac{\alpha+\mathrm{j}\omega}{(\alpha+\mathrm{j}\omega)^2+\omega_0^2}(\alpha>0)$
11	单位阶跃函数 $u(t)\leftrightarrow\frac{1}{\mathrm{j}\omega}+\pi\delta(\omega)$
12	单位冲激函数 $\delta(t)\leftrightarrow 1$
13	单位直流 $1\leftrightarrow 2\pi\delta(\omega)$
14	单位符号函数 $\mathrm{sgn}(t)\leftrightarrow\frac{2}{\mathrm{j}\omega}$
15	抽样脉冲 $\mathrm{Sa}(\omega_0)=\frac{\sin\omega_0 t}{\omega_0 t}\leftrightarrow\frac{\pi}{\omega_0},\lvert\omega\rvert<\omega_0$
16	矩形脉冲 $E\left(\lvert t\rvert<\frac{\tau}{2}\right)\leftrightarrow E\tau\mathrm{Sa}\left(\frac{\omega\tau}{2}\right)$
17	钟形脉冲 $\mathrm{e}^{-\left(\frac{t}{\tau}\right)^2}\leftrightarrow\sqrt{\pi}\tau\mathrm{e}^{-\left(\frac{\pi\tau}{2}\right)^2}$

续表

序号	频谱函数
18	三角脉冲 $1-\frac{2\|t\|}{\tau}\leftrightarrow\frac{\tau}{2}\mathrm{Sa}^2\left(\frac{\omega\tau}{4}\right),\|t\|<\frac{\tau}{2}$
19	余弦脉冲 $\cos\frac{\pi t}{\tau}\leftrightarrow\frac{2\tau}{\pi}\frac{\cos\frac{\omega\tau}{2}}{1-\left(\frac{\omega\tau}{\pi}\right)^2},\|t\|<\frac{\tau}{2}$
20	升余弦脉冲 $\frac{1}{2}\left(1+\cos\frac{2\pi t}{\tau}\right)\leftrightarrow\frac{\tau}{2}\frac{\mathrm{Sa}\left(\frac{\omega\tau}{2}\right)}{1-\left(\frac{\omega\tau}{2\pi}\right)^2},\|t\|<\frac{\tau}{2}$
21	锯齿波脉冲 $\frac{1}{\alpha}(t+\alpha)\leftrightarrow\frac{1}{\alpha\omega^2}(1+j\omega\alpha-\mathrm{e}^{j\omega\alpha}),-\alpha<t<0$

2.6　傅里叶变换的性质

前面已经讨论过了傅里叶正交变换和反变换，式(2.4.3)和式(2.4.4)是傅里叶正变换和反变换的基本定义式。在上节中重点讨论了如何利用式(2.4.3)进行频谱分析——傅里叶正变换的常见的例子。本节将要进一步讨论傅里叶变换的基本性质，加深对傅里叶变换的理解，同时在某些情况下，可以简化对傅里叶变化的计算，还可导出一些重要的结论。

2.6.1　线性特性

若

$$\mathscr{F}[f_1(t)]=F_1(\omega),\quad \mathscr{F}[f_2(t)]=F_2(\omega)$$

设 $f(t)=f_1(t)+f_2(t)$，则 $f(t)$ 的频谱函数——傅里叶变换为

$$F(\omega)=\mathscr{F}[f(t)]=\int_{-\infty}^{\infty}f(t)\mathrm{e}^{-\mathrm{j}\omega t}\,\mathrm{d}t=\int_{-\infty}^{\infty}f_1(t)\mathrm{e}^{-\mathrm{j}\omega t}\,\mathrm{d}t+\int_{-\infty}^{\infty}f_2(t)\mathrm{e}^{-\mathrm{j}\omega t}\,\mathrm{d}t$$

$$=F_1(\omega)+F_2(\omega)$$

这说明几个信号之和的频谱等于各个信号的频谱之和，即时域的叠加与频域的叠加相对应。

同理，设 α_1 和 α_2 为两个任意常数，若

$$f_1(t)\leftrightarrow F_1(\omega),\quad f_2(t)\leftrightarrow F_2(\omega)$$

则

$$\alpha_1 f_1(t)+\alpha_2 f_2(t)\leftrightarrow\alpha_1 F_1(\omega)+\alpha_2 F_2(\omega)\tag{2.6.1}$$

傅里叶变换满足线性特性，这是因为傅里叶积分是一种线性运算的必然结果。

2.6.2　奇偶性

在实际中经常遇到实信号，即 $f(t)$ 是 t 的实函数。现在研究在 $f(t)$ 为实信号情况下，$F(\omega)$ 的奇偶虚实关系。

因为 $f(t)$ 是 t 的实函数，故有

$$\mathrm{e}^{-\mathrm{j}\omega t}=\cos\omega t-\mathrm{j}\sin\omega t$$

代入 $F(\omega)$的积分式中得

$$\begin{aligned}F(\omega)&=\int_{-\infty}^{\infty}f(t)\mathrm{e}^{-\mathrm{j}\omega t}\mathrm{d}t=\int_{-\infty}^{\infty}f(t)\cos\omega t\,\mathrm{d}t-\mathrm{j}\int_{-\infty}^{\infty}f(t)\sin\omega t\,\mathrm{d}t\\&=R(\omega)+\mathrm{j}X(\omega)=|F(\omega)|\mathrm{e}^{\mathrm{j}\varphi(\omega)}\end{aligned}\tag{2.6.2}$$

$F(\omega)$的实部和虚部分别为

$$\left.\begin{aligned}R(\omega)&=\int_{-\infty}^{\infty}f(t)\cos\omega t\,\mathrm{d}t\\X(\omega)&=-\int_{-\infty}^{\infty}f(t)\sin\omega t\,\mathrm{d}t\end{aligned}\right\}\tag{2.6.3}$$

$F(\omega)$模和相角分别为

$$\left.\begin{aligned}|F(\omega)|&=\sqrt{R(\omega)^2+X(\omega)^2}\\\varphi(\omega)&=\arctan\frac{X(\omega)}{R(\omega)}\end{aligned}\right\}\tag{2.6.4}$$

因为 $\cos(-\omega)t=\cos\omega t$ 是 ω 的偶函数，而 $\sin(-\omega)t=-\sin\omega t$ 是 ω 的奇函数，由式(2.3.6)可知，$R(\omega)$是 ω 的偶函数，$X(\omega)$是 ω 的奇函数。再由式(2.6.4)可知，$|F(\omega)|$是 ω 的偶函数，$\varphi(\omega)$是 ω 的奇函数。

当 $f(t)$是 t 的实函数且为 t 的偶函数时，由式(2.6.3)两个积分式可知，因为 $f(t)\sin\omega t$ 是 t 的奇函数。$f(t)\cos\omega t$ 是 t 的偶函数，故有 $X(\omega)=0$，而

$$F(\omega)=R(\omega)=\int_{-\infty}^{\infty}f(t)\cos\omega t\,\mathrm{d}t=2\int_{0}^{\infty}f(t)\cos\omega t\,\mathrm{d}t$$

这时 $F(\omega)$就等于 $R(\omega)$，并是 ω 的偶函数。

如果 $f(t)$是 t 的实函数又是 t 的奇函数，则 $f(t)\cos\omega t$ 是 t 的奇函数，而 $f(t)\sin\omega t$ 是 t 的偶函数，因而 $R(\omega)=0$，于是

$$F(\omega)=\mathrm{j}X(\omega)=-\mathrm{j}\int_{-\infty}^{\infty}f(t)\sin\omega t\,\mathrm{d}t=-2\mathrm{j}\int_{0}^{\infty}f(t)\sin\omega t\,\mathrm{d}t$$

这时 $F(\omega)=\mathrm{j}X(\omega)$，并是 ω 的奇函数。

根据傅里叶变换式 $f(-t)$的正变换为

$$\mathscr{F}[f(-t)]=\int_{-\infty}^{\infty}f(-t)\mathrm{e}^{-\mathrm{j}\omega t}\mathrm{d}t$$

令 $x=-t$ 代入得

$$\mathscr{F}[f(-t)]=\int_{-\infty}^{\infty}f(x)\mathrm{e}^{-\mathrm{j}\omega x}\mathrm{d}(-x)=\int_{-\infty}^{\infty}f(x)\mathrm{e}^{-\mathrm{j}(-\omega)x}\mathrm{d}(-x)=F(-\omega)$$

由于 $R(\omega)$是 ω 的偶函数，$X(\omega)$是 ω 的奇函数，则有

$$F(-\omega)=R(-\omega)+\mathrm{j}X(-\omega)=R(\omega)-\mathrm{j}X(\omega)=F^{*}(\omega)$$

其中 $F^{*}(\omega)$为 $F(\omega)$的共轭。故有

$$f(-t)\leftrightarrow F(-\omega)=F^{*}(\omega)$$

将上面的讨论小结如下：

若 $f(t)$是 t 的实函数，并设

$$f(t)\leftrightarrow F(\omega)=|F(\omega)|\mathrm{e}^{\mathrm{j}\varphi(\omega)}=F(\omega)+\mathrm{j}X(\omega)$$

则有

$$\left.\begin{array}{l}R(\omega)=R(-\omega),\quad X(\omega)=-X(\omega)\\ |F(\omega)|=|F(-\omega)|,\quad \varphi(\omega)=-\varphi(\omega)\\ f(-t)\leftrightarrow F(\omega)=F^{*}(\omega)\\ \text{若 } f(t)=f(-t),\quad \text{则}\quad X(\omega)=0,\quad F(\omega)=R(\omega)\\ \text{若 } f(t)=-f(-t),\quad \text{则}\quad R(\omega)=0,\quad F(\omega)=\mathrm{j}X(\omega)\end{array}\right\}\tag{2.6.5}$$

若 $f(t)$是 t 的虚函数,则有

$$\left.\begin{array}{l}R(\omega)=-R(-\omega),\quad X(\omega)=-X(\omega)\\ |F(\omega)|=|F(-\omega)|,\quad \varphi(\omega)=-\varphi(\omega)\\ f(-t)\leftrightarrow F(-\omega)=-F^{*}(-\omega)\end{array}\right\}$$

2.6.3 时移特性

若 $\mathscr{F}[f(t)]=F(\omega)$,则

$$\mathscr{F}[f(t-t_0)]=F(\omega)\mathrm{e}^{-\mathrm{j}\omega t_0}$$

说明信号 $f(t)$在时域中沿时间轴右移 t_0 等效于频谱乘以 $\mathrm{e}^{-\mathrm{j}\omega t_0}$,或者说时域中信号右移 t_0(延迟 t_0),其频谱函数的幅度不变,而各频率分量的相位比原 $f(t)$各频率分量的相位滞后 ωt_0。

证明:$\mathscr{F}[f(t-t_0)]=\int_{-\infty}^{\infty}f(t-t_0)\mathrm{e}^{-\mathrm{j}\omega t}\mathrm{d}t$

令

$$x=t-t_0$$

$$\mathscr{F}[f(t-t_0)]=\mathscr{F}[f(x)]=\int_{-\infty}^{\infty}f(x)\mathrm{e}^{-\mathrm{j}\omega(x+t_0)}\mathrm{d}x$$

$$=\mathrm{e}^{-\mathrm{j}\omega t_0}\int_{-\infty}^{\infty}f(x)\mathrm{e}^{-\mathrm{j}\omega x}\mathrm{d}x=\mathrm{e}^{-\mathrm{j}\omega t_0}F(\omega)$$

同理,得

$$\mathscr{F}[f(t+t_0)]=\mathrm{e}^{\mathrm{j}\omega t_0}F(\omega)$$

于是时移特性的全部内容为

若

$$\mathscr{F}[f(t)]=F(\omega)$$

则

$$\mathscr{F}[f(t\pm t_0)]=\mathrm{e}^{\pm\mathrm{j}\omega t_0}F(w)\tag{2.6.6}$$

例 2.6.1　求图 2-6-1(a)中 3 个矩形脉冲信号的频谱。

【解】　设 $f_0(t)$表示单个矩形脉冲信号,由式(2.5.8)可知

$$F_0(\omega)=E\tau\cdot\mathrm{Sa}\left(\frac{\omega\tau}{2}\right)$$

因为

$$f(t)=f_0(t)+f_0(t+T)+f_0(t-T)$$

由时移特性可知,$f(t)$的频谱函数为

$$F(\omega)=F_0(\omega)(1+\mathrm{e}^{\mathrm{j}\omega T}+\mathrm{e}^{-\mathrm{j}\omega T})=E\tau\cdot\mathrm{Sa}\left(\frac{\omega\tau}{2}\right)(1+2\cos\omega T)$$

其频谱如图 2-6-1(c)所示。

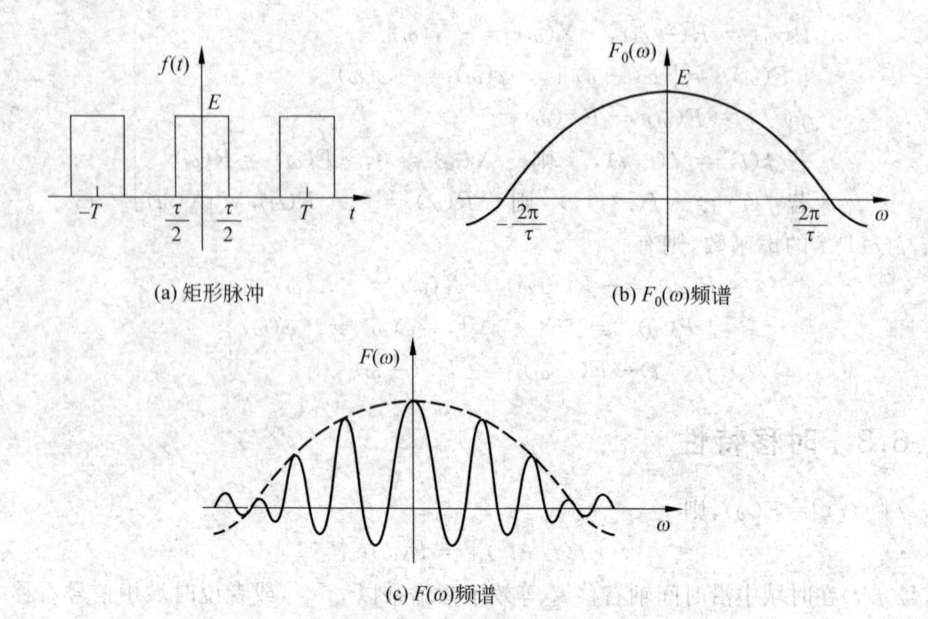

图 2-6-1 例 2.6.1 用图

2.6.4 频移特性

若 $\mathscr{F}[f(t)]=F(\omega)$，则

$$\mathscr{F}[f(t)\mathrm{e}^{\mathrm{j}\omega_{\mathrm{C}}t}]=F(\omega-\omega_{\mathrm{C}})$$

证明：$\mathscr{F}[f(t)\mathrm{e}^{\mathrm{j}\omega_{\mathrm{C}}t}]=\int_{-\infty}^{\infty}f(t)\mathrm{e}^{\mathrm{j}\omega_{\mathrm{C}}t}\mathrm{e}^{-\mathrm{j}\omega t}\mathrm{d}t=\int_{-\infty}^{\infty}f(t)\mathrm{e}^{\mathrm{j}(\omega-\omega_{\mathrm{C}})t}\mathrm{d}t$

所以

$$\mathscr{F}[f(t)\mathrm{e}^{\mathrm{j}\omega_{\mathrm{C}}t}]=F(\omega-\omega_{\mathrm{C}})$$

同理

$$\mathscr{F}[f(t)\mathrm{e}^{-\mathrm{j}\omega_{\mathrm{C}}t}]=F(\omega+\omega_{\mathrm{C}})$$

完整地表示为

若

$$f(t)\leftrightarrow F(\omega)$$

则

$$f(t)\mathrm{e}^{\pm\mathrm{j}\omega_{\mathrm{C}}t}\leftrightarrow F(\omega\mp\omega_{\mathrm{C}})\tag{2.6.7}$$

式(2.6.7)说明，若时间函数乘以指数因子 $\mathrm{e}^{\mathrm{j}\omega_{\mathrm{C}}t}$，则在频域中对应于频谱函数的 $F(\omega)$ 函数规律不变，但要沿着频率轴向右移 ω_{C}，所以这个特性也叫做频率搬移特性。同理，若时间信号乘以指数因子 $\mathrm{e}^{-\mathrm{j}\omega_{\mathrm{C}}t}$，则对应于频谱函数 $F(\omega)$ 沿频率轴向左移动 ω_{C}。

虽然在实际中一般遇不到 $f(t)\mathrm{e}^{\mathrm{j}\omega_0 t}$ 这样的复信号，但频移性质在实际中仍有着广泛的应用。特别是在无线电领域中，诸如调制、混频、同步解调等都需要进行频变的搬移。频谱搬移的原理是将信号 $f(t)$ 乘以载频信号 $\cos\omega_0 t$ 或 $\sin\omega_0 t$，从而得到 $f(t)\cos\omega_0 t$ 或 $f(t)\sin\omega_0 t$ 的信号。因为

$$\cos\omega_0 t = \frac{1}{2}(\mathrm{e}^{\mathrm{j}\omega_0 t} + \mathrm{e}^{-\mathrm{j}\omega_0 t})$$

$$\sin\omega_0 t = \frac{1}{2\mathrm{j}}(\mathrm{e}^{\mathrm{j}\omega_0 t} - \mathrm{e}^{-\mathrm{j}\omega_0 t})$$

依据频移性质，可以导出

$$f(t)\cos\omega_0 t \leftrightarrow \frac{1}{2}[F(\omega-\omega_0+F(\omega+\omega_0)] \tag{2.6.8}$$

$$f(t)\sin\omega_0 t \leftrightarrow \frac{1}{2\mathrm{j}}[F(\omega-\omega_0-F(\omega+\omega_0)]$$

式(2.6.8)的关系式也称为调制定理。

例 2.6.2　求高频脉冲信号 $f(t)$[见图 2-6-2(a)]的频谱。

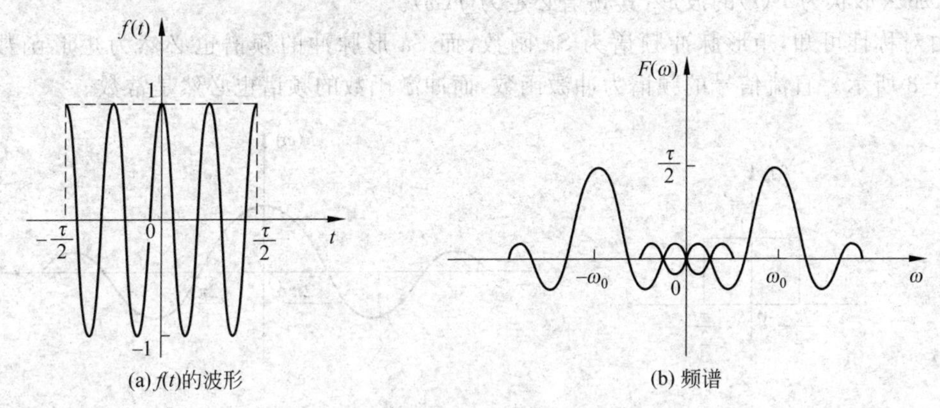

(a) f(t)的波形　　(b) 频谱

图 2-6-2　高频脉冲信号及其频谱

【解】　图 2-6-2(a)所示高频脉冲信号 $f(t)$ 可以表述为门函数 $g_\tau(t)$ 与 $\cos\omega_0 t$ 相乘，即

$$f(t) = g_\tau(t)\cos\omega_0 t$$

因为

$$g_\tau(t) \leftrightarrow \tau \mathrm{Sa}\left(\frac{\omega\tau}{2}\right)$$

根据调制定理有

$$\mathscr{F}[f(t)] = \frac{\tau}{2}\left[\mathrm{Sa}\left(\frac{(\omega-\omega_0)\tau}{2}\right) + \mathrm{Sa}\left(\frac{(\omega+\omega_0)\tau}{2}\right)\right]$$

$f(t)$ 的频谱为将图 2-5-5(b)所示频谱左、右各移 ω_0，如图 2-6-2(b)所示。

2.6.5　对称性

在上节中已经知道，矩形脉冲的频谱为抽样函数，而抽样函数的频谱是矩形脉冲的形状，这说明傅里叶正变换与逆变换有着对称关系，现在证明这一关系。

若已知

$$F(\omega) = \mathscr{F}[f(t)]$$

则存在

$$\mathscr{F}[f(t)] = 2\pi f(-\omega)$$

证明：$f(t) = \dfrac{1}{2\pi}\displaystyle\int_{-\infty}^{\infty} F(\omega)\mathrm{e}^{\mathrm{j}\omega t}\,\mathrm{d}t$

显然有

$$f(-t) = \frac{1}{2\pi}\int_{-\infty}^{\infty} F(\omega)\mathrm{e}^{-\mathrm{j}\omega t}\,\mathrm{d}t$$

将变量 t 与 ω 互换，可得

$$2\pi f(-\omega) = \int_{-\infty}^{\infty} F(t)\mathrm{e}^{-\mathrm{j}\omega t}\,\mathrm{d}t$$

所以

$$\mathscr{F}[F(t)] = 2\pi f(-\omega) \tag{2.6.9}$$

若 $f(t)$是偶函数，则有 $\mathscr{F}[F(t)]=2\pi f(\omega)$。

上式表明，当 $f(t)$为偶函数时，时域函数与频域函数的对称关系，即 $f(t)$的频谱为 $F(\omega)$，那么形状为 $F(t)$的波形，其频谱必定为 $f(\omega)$。

由对称性可知，矩形脉冲频谱为 Sa 函数，而 Sa 形脉冲的频谱也必然为矩形函数，如图 2-6-3 所示。直流信号的频谱为冲激函数，而冲激函数的频谱也必然是常数。

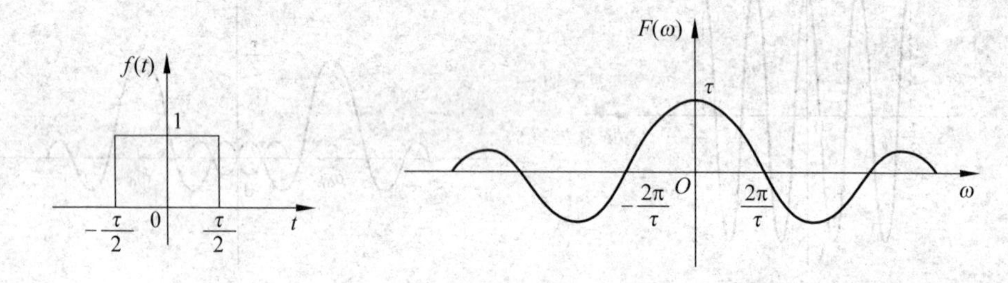

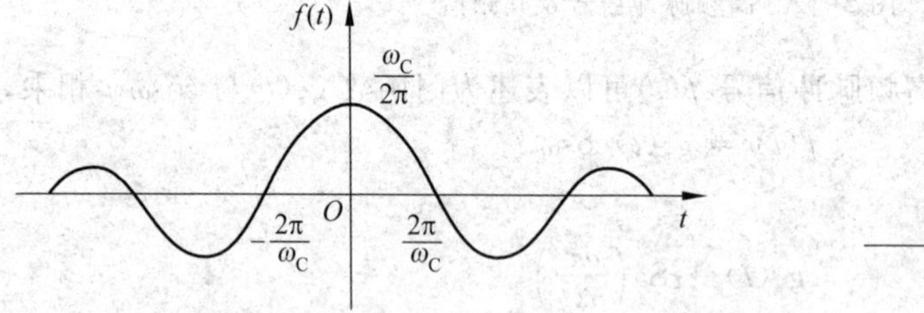

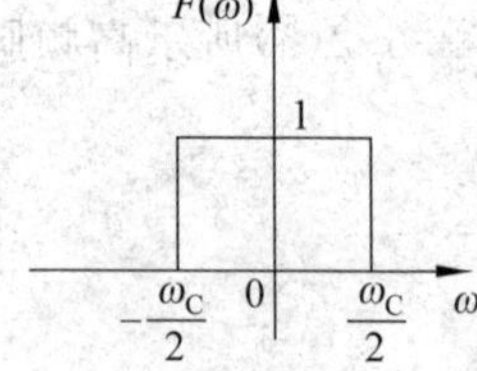

图 2-6-3 对称性

2.6.6 尺度变换特性

若 $f(t)\leftrightarrow F(\omega)$，$\alpha$ 为常实数($\alpha\neq 0$)，则

$$f(\alpha t)\leftrightarrow \frac{1}{|\alpha|}F\left(\frac{\omega}{\alpha}\right) \tag{2.6.10}$$

证明：将 $f(\alpha t)$代入傅里叶正变换的定义式，有

$$\mathscr{F}[f(\alpha t)] = \int_{-\infty}^{\infty} f(\alpha t)\mathrm{e}^{-\mathrm{j}\omega t}\,\mathrm{d}t$$

令 $x=\alpha t$，则 $t=x/\alpha$，$\mathrm{d}x=\alpha\mathrm{d}t$，因而可得

当 $\alpha>0$ 时，有

$$\mathscr{F}[f(\alpha t)] = \int_{-\infty}^{\infty} f(x)\mathrm{e}^{-\mathrm{j}\frac{\omega}{\alpha}t}\cdot\frac{1}{\alpha}\mathrm{d}x = \frac{1}{\alpha}\int_{-\infty}^{\infty} f(x)\mathrm{e}^{-\mathrm{j}\frac{\omega}{\alpha}t}\,\mathrm{d}x = \frac{1}{\alpha}F\left(\frac{\omega}{\alpha}\right)$$

当 $\alpha<0$ 时，有

$$\mathscr{F}[f(\alpha t)]=\int_{\infty}^{-\infty} f(x)\mathrm{e}^{-\mathrm{j}\frac{\omega}{\alpha}x}\cdot\frac{1}{\alpha}\mathrm{d}x=-\frac{1}{\alpha}\int_{-\infty}^{\infty} f(x)\mathrm{e}^{-\mathrm{j}\frac{\omega}{\alpha}x}\mathrm{d}x=\frac{1}{-\alpha}F\left(\frac{\omega}{\alpha}\right)$$

由以上两种情况可知

$$f(\alpha t)\leftrightarrow\frac{1}{|\alpha|}F\left(\frac{\omega}{\alpha}\right)$$

此性质表明，将信号 $f(t)$ 在时间轴上压缩至 $\frac{1}{\alpha}$，则其对应的频谱在 ω 轴上要扩展 α 倍，同时频谱的幅度也减小到原来的 $\frac{1}{\alpha}$。

现在以图 2-6-4 中的 $f_1(t)$、$f_2(t)$ 为例，讨论信号的尺度变换。

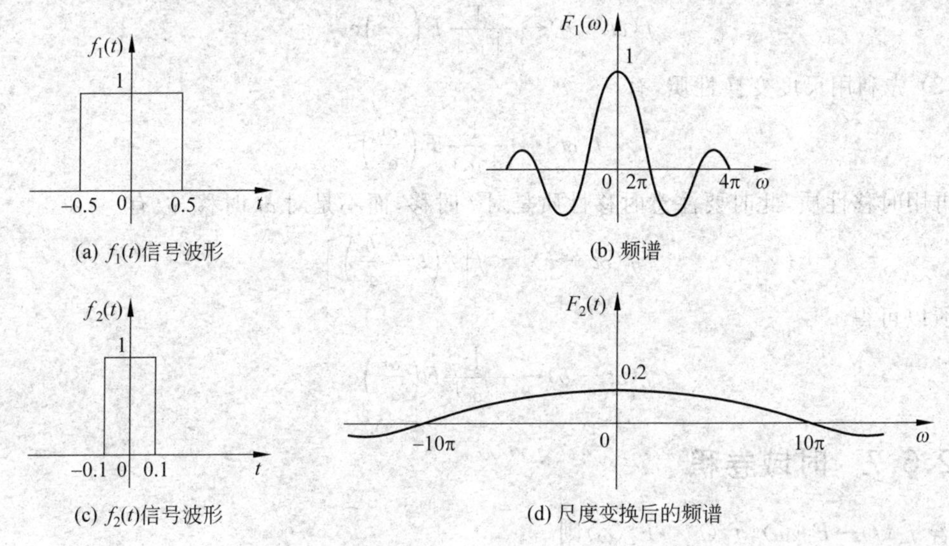

图 2-6-4　信号的尺度变换

图 2-6-4(a)所示的信号 $f_1(t)$，可写成宽度 τ 等于 1 的门函数，即

$$f_1(t)=\begin{cases}1 & -0.5<t<0.5\\0 & 其余\end{cases}$$

由式(2.5.8)可得

$$f_1(t)\leftrightarrow\mathrm{Sa}\left(\frac{\omega}{2}\right)$$

其频谱示于图 2-6-4(b)中。

图 2-6-4 中的另一信号 $f_2(t)=f_1(5t)$，则 $f_2(t)$ 可表述为

$$F_2(t)=\begin{cases}1 & -0.1<t<0.1\\0 & 其余\end{cases}$$

显然，$f_2(t)$ 的图形为将 $f_1(t)$ 图形在时间轴上压缩至 1/5，将其示于图 2-6-4(c)中，根据尺度变换性质，有

$$\mathscr{F}[f_2(t)]=\frac{1}{5}\mathrm{Sa}\left(\frac{\omega/5}{2}\right)=0.2\mathrm{Sa}\left(\frac{\omega}{10}\right)$$

将其画于图 2-6-4(d)。显然，其频谱在 ω 轴扩展了 5 倍，而幅度也下降为原来的 1/5。

尺度变换性质表明，信号的持续时间与其频谱宽度成反比。在通信系统中，为了快速传输信号，对信号进行压缩，将以扩展频带为代价，故在实际应用中要权衡利弊。

在尺度变换性质中，当 $\alpha=-1$ 时，有

$$f(-t)\leftrightarrow F(-\omega) \tag{2.6.11}$$

式(2.6.11)也称为时间倒置定理。

例 2.6.3 若已知 $f(t)\leftrightarrow F(\omega)$，试求 $f(\alpha t-b)$ 的频谱函数。

【解】 此题可用不同的方法来求解。

(1) 先利用时移性质，有

$$f(t-b)\leftrightarrow F(\omega)\mathrm{e}^{-\mathrm{j}\omega b}$$

而用尺度变换，得

$$f(\alpha t-b)\leftrightarrow\frac{1}{|\alpha|}F\left(\frac{\omega}{\alpha}\right)\mathrm{e}^{-\mathrm{j}\frac{\omega}{\alpha}b}$$

(2) 先利用尺度变换性质，有

$$f(\alpha t)\leftrightarrow\frac{1}{|\alpha|}F\left(\frac{\omega}{\alpha}\right)$$

再用时移性质，此时要注意时移性质是对 t 时移，而不是对 αt 时移，故有

$$f(\alpha t-b)=f\left[\alpha\left(t-\frac{b}{\alpha}\right)\right]$$

所以可得

$$f(\alpha t-b)\leftrightarrow\frac{1}{|\alpha|}F\left(\frac{\omega}{\alpha}\right)\mathrm{e}^{-\mathrm{j}\frac{b}{\alpha}\omega}$$

2.6.7 时域卷积

若 $f_1(t)\leftrightarrow F_1(\omega)$，$f_2(t)\leftrightarrow F_2(\omega)$则

$$f_1(t)*f_2(t)\leftrightarrow F_1(\omega)\cdot F_2(\omega) \tag{2.6.12}$$

下面对此定理进行证明。依据卷积积分的定义

$$f_1(t)*f_2(t)=\int_{-\infty}^{\infty}f_1(\tau)f_1(t-\tau)\mathrm{d}\tau$$

将其代入傅里叶正变换的定义式得

$$\begin{aligned}\mathscr{F}[f_1(t)*f_2(t)]&=\int_{-\infty}^{\infty}\left[\int_{-\infty}^{\infty}f_1(\tau)f_1(t-\tau)\mathrm{d}\tau\right]\mathrm{e}^{-\mathrm{j}\omega t}\mathrm{d}t\\&=\int_{-\infty}^{\infty}f_1(\tau)\left[\int_{-\infty}^{\infty}f_2(t-\tau)\mathrm{e}^{-\mathrm{j}\omega t}\mathrm{d}t\right]\mathrm{d}\tau\end{aligned}$$

由时移性质知

$$\int_{-\infty}^{\infty}f_2(t-\tau)\mathrm{e}^{-\mathrm{j}\omega t}\mathrm{d}t=F_2(\omega)\mathrm{e}^{-\mathrm{j}\omega\tau}$$

从而有

$$\mathscr{F}[f_1(t)*f_2(t)]=F_2(\omega)\int_{-\infty}^{\infty}f_1(\tau)\mathrm{e}^{-\mathrm{j}\omega\tau}\mathrm{d}\tau=F_1(\omega)\cdot F_2(\omega)$$

在信号与系统分析中卷积性质占有重要地位，它将系统分析中的时域方法与频域方法紧密联系在一起。在时域分析中，求某线性系统的零状态响应时，若已知外加信号 $f(t)$及

系统的单位冲激响应 $h(t)$，有

$$y_f(t) = f(t) * h(t)$$

在时域分析中，若知道 $F(\omega)=\mathscr{F}[f(t)]$，$H(\omega)=\mathscr{F}[h(t)]$，则根据卷积性质可知

$$\mathscr{F}[y_f(t)] = F(\omega) \cdot H(\omega)$$

将此式进行傅里叶反变换，就可得到系统的零状态响应 $y_f(t)$。由此可知卷积性质的重要作用。

2.6.8　频域卷积

若 $f_1(t) \leftrightarrow F_1(\omega)$，$f_2(t) \leftrightarrow F_2(\omega)$则

$$f_1(t) \cdot f_2(t) \leftrightarrow \frac{1}{2\pi}[F_1(\omega) * F_2(\omega)] \tag{2.6.13}$$

应注意，式(2.6.13)中的卷积是对变量 ω 进行的，即

$$F_1(\omega) * F_2(\omega) = \int_{-\infty}^{\infty} F_1(\eta) F_2(\omega - \eta) \mathrm{d}\eta$$

此性质可证明如下：根据傅里叶反变换的定义式有

$$\begin{aligned}
\mathscr{F}^{-1}\left[\frac{1}{2\pi}[F_1(\omega) * F_2(\omega)]\right] &= \frac{1}{2\pi}\int_{-\infty}^{\infty}\left[\frac{1}{2\pi}\int_{-\infty}^{\infty} F_1(\eta) F_2(\omega-\eta)\mathrm{d}\eta\right]\mathrm{e}^{\mathrm{j}\omega t}\mathrm{d}\omega \\
&= \frac{1}{2\pi}\int_{-\infty}^{\infty} F_1(\eta)\left[\frac{1}{2\pi}\int_{-\infty}^{\infty} F_2(\omega-\eta)\mathrm{e}^{\mathrm{j}\omega t}\mathrm{d}\omega\right]\mathrm{d}\eta
\end{aligned}$$

应用频移性质，知

$$\frac{1}{2\pi}\int_{-\infty}^{\infty} F_2(\omega-\eta)\mathrm{e}^{\mathrm{j}\omega t}\mathrm{d}\omega = f_2(t)\mathrm{e}^{\mathrm{j}\eta t}$$

所以有

$$\begin{aligned}
\mathscr{F}^{-1}\left[\frac{1}{2\pi}[F_1(\omega) * F_2(\omega)]\right] &= \frac{1}{2\pi}\int_{-\infty}^{\infty} F_1(\eta) f_2(t)\mathrm{e}^{\mathrm{j}\eta t}\mathrm{d}\eta \\
&= f_2(t) \cdot \frac{1}{2\pi}\int_{-\infty}^{\infty} F_1(\eta)\mathrm{e}^{\mathrm{j}\eta t}\mathrm{d}\eta \\
&= f_2(t) \cdot f_1(t)
\end{aligned}$$

故此频域卷积性质得证。频域卷积性质有时也称为时域相乘性质。

说明两个时间函数的乘积对应于这两个函数的频域的卷积，也即两时间函数乘积的傅里叶变换等于它们的各自的傅里叶变换的卷积再除以 2π。可以看出，时域卷积定理与频域卷积定理在形式上有对称关系，这是傅里叶变换对称的必然结果。

例 2.6.4　若已知 $f(t) \leftrightarrow F(\omega)$，试求调幅波 $u(t)=A[1+\alpha f(t)\cos\omega_0 t]$的频谱。

【解】　对 $u(t)=A\cos\omega_0 t+\alpha A f(t)\cos\omega_0 t$ 取傅里叶变换，得

$$\begin{aligned}
U(\omega) &= A\pi[\delta(\omega+\omega_0)+\delta(\omega-\omega_0)] + \pi\alpha A\{F(\omega) * [\delta(\omega+\omega_0)+\delta(\omega-\omega_0)]\} \div 2\pi \\
&= A\pi[\delta(\omega+\omega_0)+\delta(\omega-\omega_0)] + \alpha A[F(\omega+\omega_0)+F(\omega-\omega_0)] \div 2
\end{aligned}$$

得出频谱如图 2-6-5 所示。

例 2.6.5　利用卷积定理求三角形脉冲的频谱，已知

$$f(t) = \begin{cases} E\left(1-\dfrac{2|t|}{\tau}\right) & |t| \leqslant \dfrac{\tau}{2} \\ 0 & |t| > \dfrac{\tau}{2} \end{cases}$$

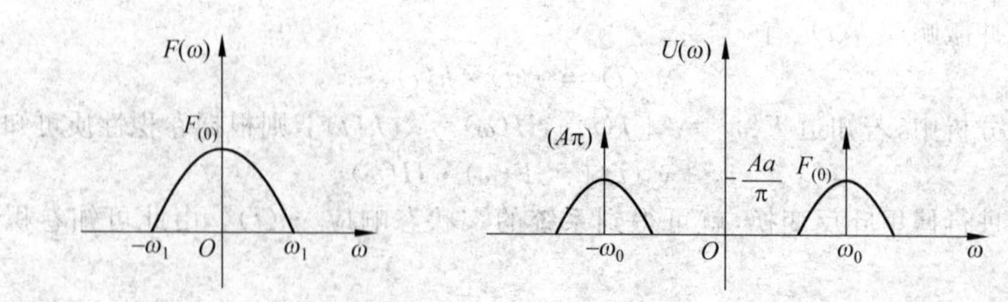

图 2-6-5 例 2.6.4 解图

【解】 可以把三角形脉冲看成是两个同样的矩形脉冲的卷积，而矩形脉冲的幅度、宽度可由卷积的定义直接得出，分别为$\sqrt{\dfrac{2E}{\tau}}$和$\dfrac{\tau}{2}$。根据时域卷积定理，可以很简单地求出三角形脉冲的频谱 $F(\omega)$。

因为

$$f(t)=G(t)*G(t),\quad G(\omega)=\sqrt{\frac{2E}{\tau}}\cdot\frac{\tau}{2}\mathrm{Sa}\left(\frac{\omega\tau}{4}\right)$$

所以

$$F(\omega)=\left[\sqrt{\frac{2E}{\tau}}\cdot\frac{\tau}{2}\mathrm{Sa}\left(\frac{\omega\tau}{4}\right)\right]^2=\frac{E\tau}{2}\mathrm{Sa}^2\left(\frac{\omega\tau}{4}\right)$$

其波形及频谱如图 2-6-6 所示。

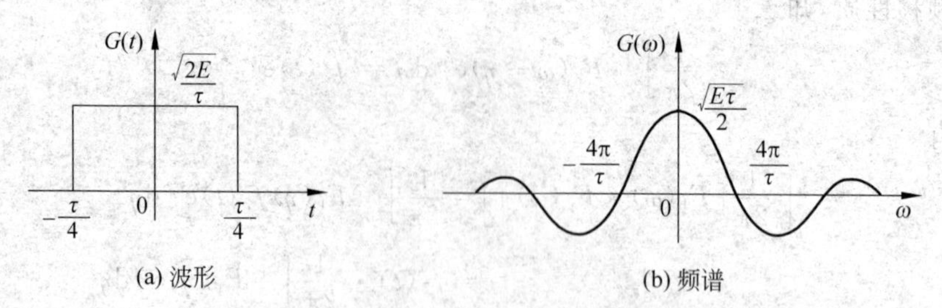

图 2-6-6 例 2.6.5 解图

2.6.9 微分特性

若 $\mathscr{F}[f(t)]=F(\omega)$

则

$$\mathscr{F}\left[\frac{\mathrm{d}f(t)}{\mathrm{d}t}\right]=\mathrm{j}\omega F(\omega);\quad \mathscr{F}\left[\frac{\mathrm{d}^n f(t)}{\mathrm{d}t^n}\right]=(\mathrm{j}\omega)^n F(\omega)$$

证明：$f(t)=\dfrac{1}{2\pi}\displaystyle\int_{-\infty}^{\infty}F(\omega)\mathrm{e}^{\mathrm{j}\omega t}\mathrm{d}\omega$

对 t 求导得

$$\frac{\mathrm{d}f(t)}{\mathrm{d}t}=\frac{1}{2\pi}\int_{-\infty}^{\infty}[\mathrm{j}\omega F(\omega)]\mathrm{e}^{\mathrm{j}\omega t}\mathrm{d}\omega$$

所以

$$\mathscr{F}\left[\frac{\mathrm{d}f(t)}{\mathrm{d}t}\right]=\mathrm{j}\omega F(\omega) \tag{2.6.14}$$

同理，可得

$$\mathscr{F}\left[\frac{\mathrm{d}^n f(t)}{\mathrm{d}t^n}\right]=(\mathrm{j}\omega)^n F(\omega) \tag{2.6.15}$$

微分特性表明，在时域中对 $f(t)$ 求 n 阶导数，对应于频谱函数乘以 $(\mathrm{j}\omega)^n$。

例如，知道 $\delta'(t)\leftrightarrow 1$，利用时域微分性质显然有 $\delta'(t)=\mathrm{j}\omega$。

如果应用此性质对微分方程两端求傅里叶变换，即可将微分方程变换成代数方程。从理论上讲，这就为微分方程的求解找到了一种新的方法。利用微分特性在求某些分段性信号的频谱时可以带来很大的方便。

例 2.6.6　求三角形脉冲信号频谱 $F(\omega)$。

【解】　$f(t)\begin{cases} E\left(1-\dfrac{2}{\tau}\mid t\mid\right) & \mid t\mid\leqslant\dfrac{\tau}{2} \\ 0 & \mid t\mid>\dfrac{\tau}{2}\end{cases}$

$$\frac{\mathrm{d}f(t)}{\mathrm{d}t}=\begin{cases}\dfrac{2E}{\tau} & -\dfrac{\tau}{2}<t<0 \\ -\dfrac{2E}{\tau} & 0<t<\dfrac{\tau}{2} \\ 0 & \mid t\mid>\dfrac{\tau}{2}\end{cases}$$

$\dfrac{\mathrm{d}^2 f(t)}{\mathrm{d}^2 t}=\dfrac{2E}{\tau}\left[\delta\left(t+\dfrac{\tau}{2}\right)+\delta\left(t-\dfrac{\tau}{2}\right)-2\delta(t)\right]$，将它们画在图 2-6-7 中。

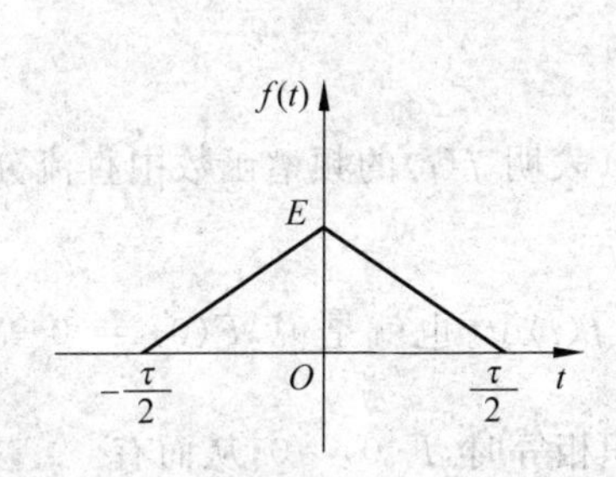

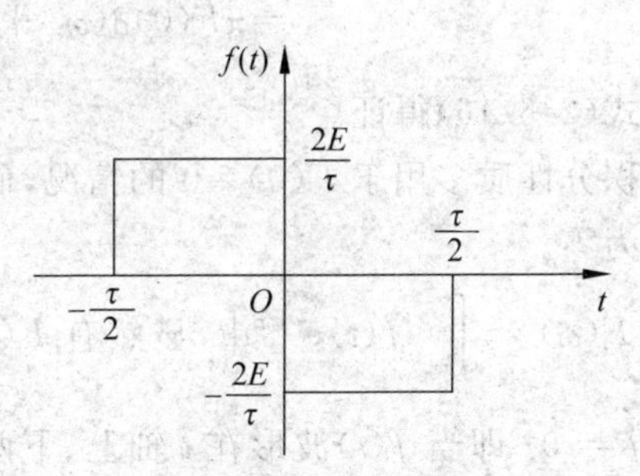

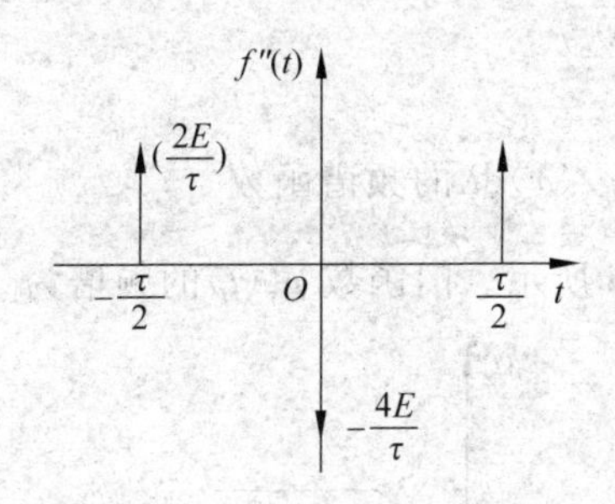

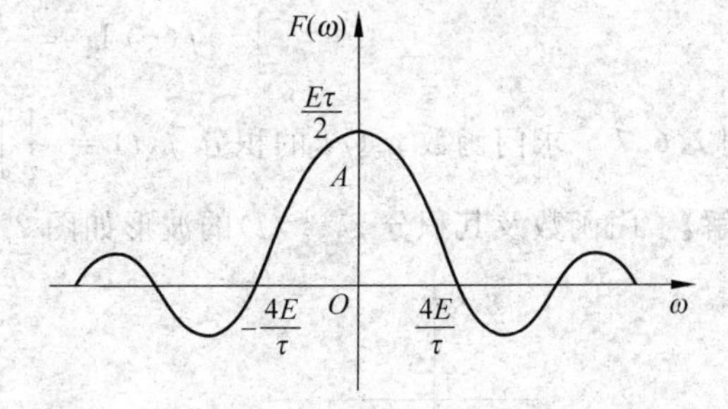

图 2-6-7　例 2.6.6 解图

将上式的两边进行傅里叶变换，再根据微分特性，可得

$$(\mathrm{j}\omega)^2 F(\omega)=\frac{2E}{\tau}\left(\mathrm{e}^{\mathrm{j}\omega\frac{\tau}{2}}+\mathrm{e}^{-\mathrm{j}\omega\frac{\tau}{2}}-2\right)$$

简化得

$$(\mathrm{j}\omega)^2F(\omega) = -\frac{8E}{\tau}\sin^2\left(\frac{\omega\tau}{4}\right) = -\frac{\omega^2E\tau}{2}\mathrm{Sa}^2\left(\frac{\omega\tau}{4}\right)$$

$$F(\omega) = \frac{E\tau}{2}\mathrm{Sa}^2\left(\frac{\omega\tau}{4}\right)$$

信号频谱 $F(\omega)$一同画在图 2-6-7 中。

2.6.10 时域积分

若 $f(t)\leftrightarrow F(\omega)$,则

$$\int_{-\infty}^{t} f(x)\mathrm{d}x \leftrightarrow \pi F(0)\delta(\omega) + \frac{F(\omega)}{\mathrm{j}\omega} \tag{2.6.16}$$

如果有 $F(0)=0$,则有

$$\int_{-\infty}^{t} f(x)\mathrm{d}x \leftrightarrow \frac{F(\omega)}{\mathrm{j}\omega} \tag{2.6.17}$$

证明:由于 $f(t) * u(t) = \int_{-\infty}^{\infty} f(\tau)u(t-\tau) = \int_{-\infty}^{t} f(\tau)\mathrm{d}\tau$, 即

$$\int_{-\infty}^{t} f(x)\mathrm{d}x = f(t) * u(t)$$

应用时域卷积性质,有

$$\mathscr{F}\left[\int_{-\infty}^{t} f(t)\mathrm{d}t\right] = \mathscr{F}[F(t)]\cdot\mathscr{F}[u(t)] = F(\omega)\cdot\left[\pi\delta(\omega) + \frac{1}{\mathrm{j}\omega}\right]$$

$$= \pi F(0)\delta(\omega) + \frac{F(\omega)}{\mathrm{j}\omega}$$

从而式(2.6.16)得证。

时域积分性质多用于 $F(0)=0$ 的情况,而 $F(0)=0$ 表明 $f(t)$的频谱函数中直流分量的频谱密度为零。

由于 $F(\omega) = \int_{-\infty}^{\infty} f(t)\mathrm{e}^{-\mathrm{j}\omega t}\mathrm{d}t$,显然有 $F(0) = \int_{-\infty}^{\infty} f(t)\mathrm{d}t$。也就是说,$F(0) = 0$ 等效于 $\int_{-\infty}^{\infty} f(t)\mathrm{d}t = 0$。即当 $f(t)$波形在 t 轴上、下两部分面积相等时,$F(0)=0$,从而有

$$\int_{-\infty}^{t} f(x)\mathrm{d}x = \frac{F(\omega)}{\mathrm{j}\omega}$$

例 2.6.7 求门函数 $g_\tau(t)$ 的积分 $f(t) = \frac{1}{\tau}\int_{-\infty}^{\infty} g_\tau(x)\mathrm{d}t$ 的频谱函数。

【解】 门函数及其积分 $g_\tau^{(-1)}(t)$的波形如图 2-6-8 所示。门函数 $g_\tau(t)$的频谱为

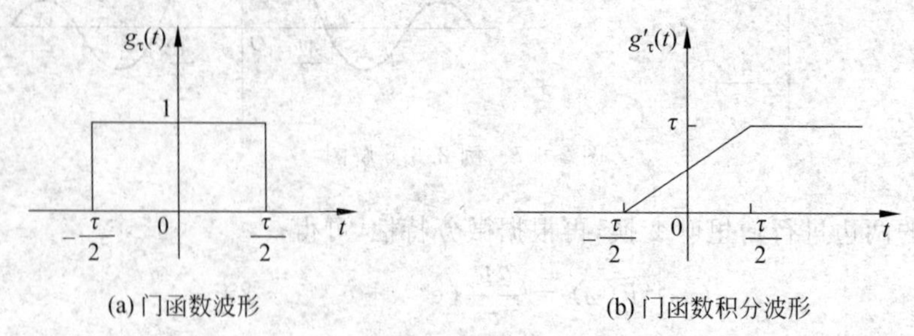

图 2-6-8 例 2.6.7 用图

$$\mathscr{F}[g_\tau(t)]=\tau\mathrm{Sa}\left(\frac{\omega\tau}{2}\right)$$

由于 $\mathrm{Sa}(0)=1$，故 $F(0)\neq 0$，由式(2.6.16)可得 $f(t)$ 的频谱为

$$\mathscr{F}[g_\tau(t)]=\mathscr{F}\left[\frac{1}{\tau}g_\tau^{(-1)}(t)\right]=\pi\mathrm{Sa}\left(\frac{\omega\tau}{2}\right)\bigg|_{\omega=0}\delta(\omega)+\frac{1}{\mathrm{j}\omega}\mathrm{Sa}\left(\frac{\omega\tau}{2}\right)$$

$$=\pi\delta(\omega)+\frac{1}{\mathrm{j}\omega}\mathrm{Sa}\left(\frac{\omega\tau}{2}\right)$$

例 2.6.8　求图 2-6-9(a)所示梯形信号 $f(t)$ 的频谱函数。

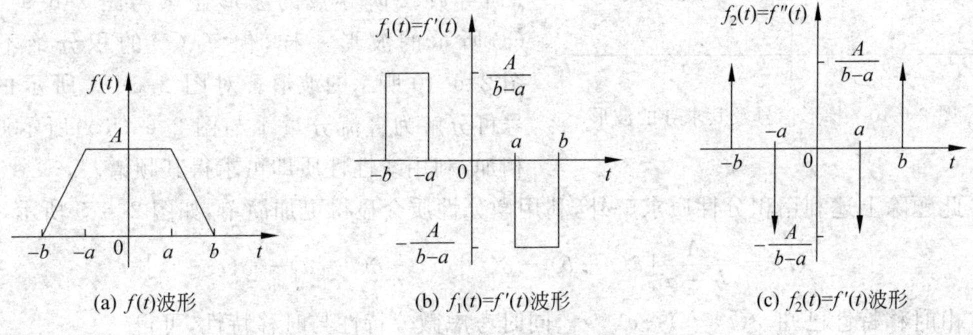

(a) $f(t)$波形　　(b) $f_1(t)=f'(t)$波形　　(c) $f_2(t)=f'(t)$波形

图 2-6-9　梯形信号及其求导的波形

【解】　若直接按定义求图示信号的频谱，会遇到形如 $te^{-\mathrm{j}\omega t}$ 的繁复积分求解问题。而利用时域积分性质，则很容易求解。

将 $f(t)$ 求导，得到图 2-6-9(b)所示的波形 $f_1(t)$，将 $f_1(t)$ 再求导，得到图 2-6-9(c)所示 $f_2(t)$ 波形，显然有

$$f_2(t)=f_1'(t)=f''(t)=\frac{A}{b-a}[\delta(t+b)-\delta(t+a)-\delta(t-a)+\delta(t-b)]$$

根据时移性质有

$$f_2(t)\leftrightarrow F_2(\omega)=\frac{A}{b-\alpha}[\mathrm{e}^{\mathrm{j}\omega b}-\mathrm{e}^{\mathrm{j}\omega a}-\mathrm{e}^{-\mathrm{j}\omega a}+\mathrm{e}^{-\mathrm{j}\omega b}]=\frac{A}{b-\alpha}[\cos\omega b-\cos\omega a]$$

而 $f_1(t)=\int_{-\infty}^{t}f_2(x)\mathrm{d}x$，又从 $f_2(t)$ 的波形可以看出

$$\int_{-\infty}^{\infty}f_2(t)\mathrm{d}t=0,\quad 即\quad F_2(0)=0$$

应用时域积分性质，有

$$f_1(t)\leftrightarrow F_1(\omega)=\frac{F_2(\omega)}{\mathrm{j}\omega}=\frac{2A}{\mathrm{j}\omega(b-a)}[\cos\omega b-\cos\omega a]$$

而 $f_1(t)=\int_{-\infty}^{t}f_1(x)\mathrm{d}x$。同样从 $f_1(t)$ 的波形可以看出

$$\int_{-\infty}^{\infty}f_1(t)\mathrm{d}t=0,\quad 即\quad F_1(0)=0$$

因而可以按求 $F_1(\omega)\leftrightarrow F_2(\omega)\leftrightarrow F(\omega)$ 的次序，求得梯形脉冲 $f(t)$ 的频谱的 $F(\omega)$。

$$f(t)\leftrightarrow F(\omega)=\frac{F_1(\omega)}{\mathrm{j}\omega}=\frac{2A}{b-a}\left(\frac{\cos\omega b-\cos\omega a}{\omega^2}\right)$$

在应用性质 $\int_{-\infty}^{t}f(x)\mathrm{d}x\leftrightarrow\frac{F(\omega)}{\mathrm{j}\omega}$ 时，应特别注意 $F(0)=0$ 这个前提条件。例如，知道

$\delta(t)\leftrightarrow 1$，而 $u(t)=\int_{-\infty}^{t}\delta(x)\mathrm{d}x$，但 $u(t)$ 的频谱函数绝不是 $\frac{1}{\mathrm{j}\omega}$。由 $F(0)=\int_{-\infty}^{\infty}\delta(t)\mathrm{d}t=1$，因而有 $u(t)\leftrightarrow\pi F(0)\delta(\omega)+\frac{F(\omega)}{\mathrm{j}\omega}=\pi\delta(\omega)+\frac{1}{\mathrm{j}\omega}$。

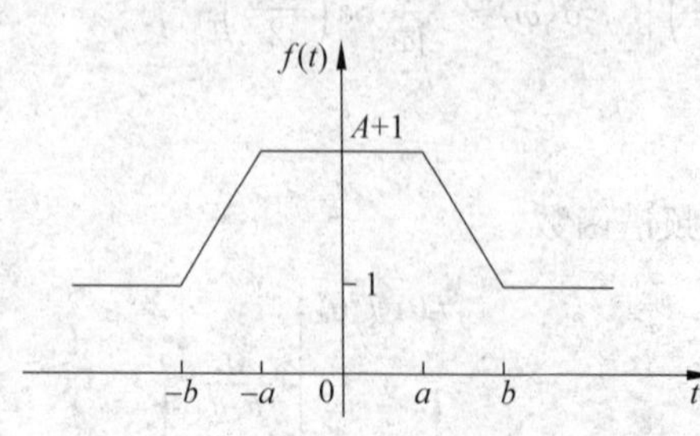

图 2-6-10 梯形信号及其求导的波形

此外还应注意，有些信号 $f(t)$ 的导数为 $f'(t)$，但 $f'(t)$ 的积分并不是 $f(t)$，即 $\int_{-\infty}^{t}f'(x)\mathrm{d}x\neq f(t)$。如图 2-6-10 所示波形，其 1 阶导数、2 阶导数的波形显然与图 2-6-9(b)、(c) 所示的波形一样，但 $f_1(t)$ 的积分绝不是图 2-6-10 所示的波形。对图 2-6-10 所示的信号可分解为直流分量 1 与图 2-6-9(a) 所示波形相加，利用线性性质即可求得其频谱。

此题除上述利用积分性质求解外，利用微分性质会显得更加简单，如图 2-6-9 所示。

$$f''(t)=\frac{A}{b-a}[\delta(t+b)-\delta(t+a)-\delta(t-a)+\delta(t-b)]$$

由时移特性已知，$\delta(t-t_0)\leftrightarrow \mathrm{e}^{-\mathrm{j}\omega t_0}$。同时考虑微分特性与时移特性，可得

$$(\mathrm{j}\omega)^2F(\omega)=\frac{A}{b-a}[\mathrm{e}^{\mathrm{j}\omega b}-\mathrm{e}^{\mathrm{j}\omega a}-\mathrm{e}^{-\mathrm{j}\omega a}+\mathrm{e}^{-\mathrm{j}\omega b}]$$

所以

$$F(\omega)=\frac{A}{b-a}\left(\frac{\cos a\omega-\cos b\omega}{\omega^2}\right)$$

与时域微分、时域积分性质对应，还有频域微分、频谱积分性质。这些性质的分析及证明与时域性质相似，这里不再详细讨论。下面将这两个性质列出，证明和分析留给读者自己完成。

2.6.11 频域微分

若 $f(t)\leftrightarrow F(\omega)$，则

$$(-\mathrm{j}t)^n f(t)\leftrightarrow F^n(\omega) \tag{2.6.18}$$

式中，$F^n(\omega)$ 为 $F(\omega)$ 对 ω 的 n 阶导数。

读者试用此性质求 $tu(t)$ 的频谱函数。

2.6.12 频域积分

若 $f(t)\leftrightarrow F(\omega)$，则

$$\pi f(0)\delta(t)+\frac{f(t)}{-\mathrm{j}t}\leftrightarrow\int_{-\infty}^{\omega}F(\eta)\mathrm{d}\eta \tag{2.6.19}$$

如果 $f(0)=0$，则有

$$\frac{f(t)}{-\mathrm{j}t}\leftrightarrow\int_{-\infty}^{\omega}F(\eta)\mathrm{d}\eta \tag{2.6.20}$$

读者试利用此性质求信号 $\frac{\sin t}{t}$ 的频谱函数。

表 2-6-1 中列出了傅里叶变换的主要性质。

表 2-6-1　傅里叶变换的主要性质

性　质	时域 $f(t)$	频域 $F(\omega)$
线性	$\sum_{n=1}^{N} a_n f_n(t)$	$\sum_{n=1}^{N} a_n F_n(\omega)$
对称性	$F(t)$	$2\pi f(-\omega)$
尺度变换	$f(at)$	$\frac{1}{\|a\|} F\left(\frac{\omega}{a}\right)$
时移	$f(t \pm t_0)$	$F(\omega) e^{\pm j\omega t_0}$
频移	$f(t) e^{j\omega t_0}$ $f(t) \cos\omega_0 t$	$F(\omega - \omega_0)$ $\frac{1}{2}[F(\omega + \omega_0) + F(\omega - \omega_0)]$
时域微分	$f'(t)$ $f^{(n)}(t)$	$j\omega F(\omega)$ $(j\omega)^n F(\omega)$
频域微分	$-jtf(t)$ $(-jt)^n f(t)$	$\frac{dF(\omega)}{d\omega}$ $\frac{d^n F(\omega)}{d\omega}$
时域积分	$\int_{-\infty}^{t} f(\tau) d\tau$	$\frac{1}{j\omega} F(\omega) + \pi F(0) \delta(\omega)$
时域卷积	$f_1(t) * f_2(t)$	$F_1(\omega) \cdot F_2(\omega)$
频域卷积	$f_1(t) f_2(t)$	$\frac{1}{2\pi} F_1(\omega) * F_2(\omega)$
时域抽样	$\sum_{n=-\infty}^{\infty} f(t) \delta(t - nT_s)$	$\frac{1}{T_s} \sum_{n=-\infty}^{\infty} F\left(\omega - \frac{2\pi n}{T_s}\right)$

2.7　周期信号的傅里叶变换

由周期信号的傅里叶级数及非周期信号的傅里叶变换的讨论，得到了周期信号的频谱为离散的振幅谱，而非周期信号的频谱是连续的密度谱的结论。在频域分析中，如果对周期性信号用傅里叶级数，对非周期性信号用傅里叶变换，显然给频域分析带来很多不便，那么，能否统一起来。现在就来讨论周期性信号的傅里叶变换。周期性信号不满足傅里叶变换存在的充分条件是绝对可积，因而直接用傅里叶变换的定义式是无法求解的，然而引入奇异函数之后就可以了。例如，前面讨论的直流信号 $f(t)$ 及阶跃函数 $u(t)$ 等。由于周期信号的傅里叶级数为离散幅度谱，而傅里叶变换为密度谱，可以断言，周期性信号的傅里叶变换应为一系列的冲激函数组成。

下面先讨论几种常见的周期信号的傅里叶变换，然后讨论一般周期信号的傅里叶变换。

2.7.1 正弦和余弦信号的傅里叶变换

因为正、余弦信号均可分解为指数函数，所以首先讨论指数函数的傅里叶变换。

设有指数函数 $e^{\pm j\omega_0 t}(-\infty<t<+\infty)$，因为 $1\leftrightarrow 2\pi\delta(\omega)$，根据频移特性，有

$$1\cdot e^{j\omega_0 t}=e^{j\omega_0 t}\leftrightarrow 2\pi\delta(\omega-\omega_0)$$

$$1\cdot e^{-j\omega_0 t}=e^{-j\omega_0 t}\leftrightarrow 2\pi\delta(\omega+\omega_0)$$

根据尤拉公式有

$$\cos\omega_0 t=\frac{1}{2}\left[e^{j\omega_0 t}+e^{-j\omega_0 t}\right]$$

所以

$$\cos\omega_0\leftrightarrow\pi[\delta(\omega+\omega_0)+\delta(\omega-\omega_0)] \tag{2.7.1}$$

余弦函数的波形及其频谱如图 2-7-1 所示。可见余弦函数的频谱是强度为 π，位于一个 $-\omega_0$ 和 $+\omega_0$ 的两个脉冲函数。

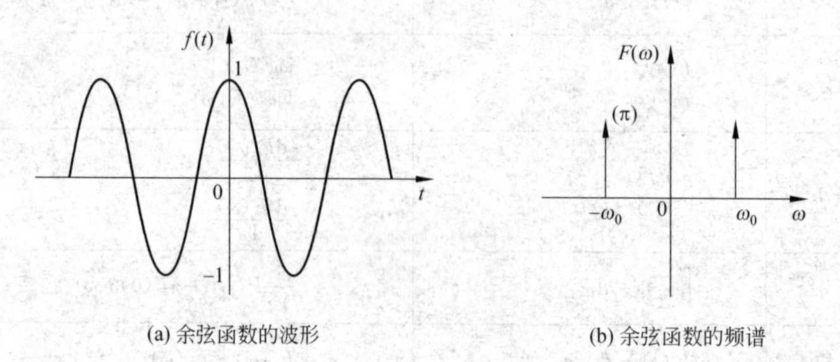

(a) 余弦函数的波形　　(b) 余弦函数的频谱

图 2-7-1　余弦函数波形及其频谱

正弦函数

$$\sin\omega_0 t=\frac{1}{2j}\left[e^{j\omega_0 t}-e^{-j\omega_0 t}\right]$$

$$\sin\omega_0 t\leftrightarrow j\pi[\delta(\omega+\omega_0)-\delta(\omega-\omega_0)] \tag{2.7.2}$$

正弦函数的波形及其频谱请读者自行画出。

2.7.2 单位冲激序列的傅里叶变换

设有一周期为 T 的周期冲激序列，冲激强度均为 1，称为单位冲激序列，用 $\delta_T(t)$ 表示，即

$$\begin{aligned}\delta_T(t)&=\delta(t)+\delta(t-T)+\delta(t-2T)+\cdots+\delta(t-nT)+\cdots\\&\quad+\delta(t+T)+\delta(t+2T)+\cdots+\delta(t+nT)+\cdots\\&=\sum_{-\infty}^{+\infty}\delta(t-nT)\end{aligned}$$

将周期冲激序列表示为傅里叶级数

$$\delta_T(t) = \sum_{n=-\infty}^{\infty} F(n\omega_1)e^{jn\omega_1 t}, \quad \omega_1 = \frac{2\pi}{T}$$

其中

$$F(n\omega_1) = \frac{1}{T}\int_{-\frac{T}{2}}^{\frac{T}{2}} \delta_T(t)e^{-jn\omega_1}\,dt = \frac{1}{T}\int_{-\frac{T}{2}}^{\frac{T}{2}} \delta(t)e^{-jn\omega_1}\,dt = \frac{1}{T}$$

所以 $\delta_T(t) = \frac{1}{T}\sum\limits_{n=-\infty}^{\infty} e^{jn\omega_1 t}$，将该式进行傅里叶变换，可得

$$\mathscr{F}[\delta_T(t)] = \frac{2\pi}{T}\sum_{n=-\infty}^{\infty}\delta(\omega - n\omega_1) = \omega_1\sum_{n=-\infty}^{\infty}\delta(\omega - n\omega_1) \tag{2.7.3}$$

该式表明单位冲激序列的傅里叶变换仍是一个冲激序列，其强度为 ω_1，冲激序列之间的间隔也为 ω_1。

在图 2-7-2 中画出了单位冲激序列及其傅里叶变换的图形。

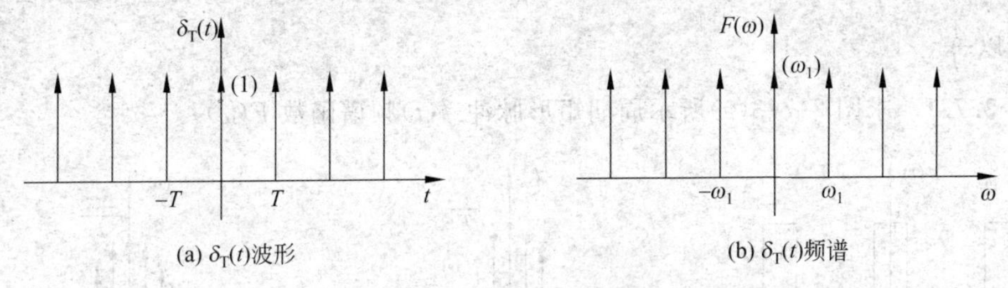

(a) $\delta_T(t)$波形　　(b) $\delta_T(t)$频谱

图 2-7-2　$\delta_T(t)$及其频谱

2.7.3　一般周期信号的傅里叶变换

设有一周期信号 $f(t)$，周期为 T，用傅里叶级数的指数形式来表示这一周期信号，有

$$f(t) = \sum_{-\infty}^{+\infty} F(n\omega_1)e^{j\omega_1 t}, \quad \omega_1 = \frac{2\pi}{T}$$

对上式进行傅里叶变换，得

$$F(\omega) = 2\pi\sum_{n=-\infty}^{\infty} F(n\omega_1)\delta(\omega - n\omega_1) \tag{2.7.4}$$

其中，

$$F(n\omega_1) = \frac{1}{T}\int_{-\frac{\pi}{2}}^{\frac{\pi}{2}} f(t)e^{-j\omega_1 t}\,dt$$

由式(2.7.4)可知，周期信号的傅里叶变换是由一系列冲激函数组成的，各冲激函数位于 $0, \pm\omega_1, \pm 2\omega_1, \cdots$ 谐波频率处，每个冲激函数的强度分别对应于各次谐波的复振幅 $F(n\omega_1)$乘以 2π，周期信号的频谱为离散频谱，各次谐波的幅度为有限值，而现在要用连续频谱(频谱密度)来表示周期信号的离散频谱，所以这里出现了冲激函数。

从上面的分析还可以看出，引入冲激函数之后，对周期信号也能进行傅里叶变换，从而对周期信号和非周期信号统一处理，这给信号与系统的频域分析带来很大方便。

现在来讨论周期脉冲序列的傅里叶级数与单个脉冲的傅里叶变换的关系。已知周期信号 $f(t)$的傅里叶级数为

$$f(t)=\sum_{n=-\infty}^{\infty}F(n\omega_1)\mathrm{e}^{\mathrm{j}n\omega_1 t}$$

其中

$$F(n\omega_1)=\frac{1}{T}\int_{-\frac{\pi}{2}}^{\frac{\pi}{2}}f(t)\mathrm{e}^{-\mathrm{j}n\omega_1 t}\mathrm{d}t$$

从周期性脉冲序列 $f(t)$ 中取出一个周期，得到单个脉冲信号。单个脉冲信号的傅里叶变换为

$$F_0(\omega)=\int_{-\frac{T}{2}}^{\frac{T}{2}}f(t)\mathrm{e}^{-\mathrm{j}n\omega_1 t}\mathrm{d}t$$

将前面两个公式进行比较，可得

$$F(n\omega_1)=\frac{1}{T}F_0(\omega)\bigg|_{\omega=n\omega_1}$$

该式说明，周期脉冲序列傅里叶级数的系数 $F(n\omega_1)$ 等于单个脉冲傅里叶变换在 $n\omega_1$ 处的值乘以 $\frac{1}{T}$。

例 2.7.1 求图 2-7-3(a)所示周期矩形脉冲 $f(t)$ 频谱函数 $F(\omega)$。

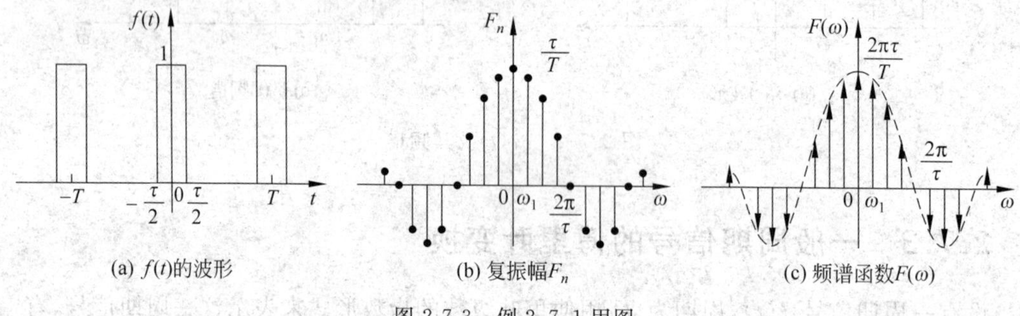

(a) $f(t)$的波形　(b) 复振幅F_n　(c) 频谱函数$F(\omega)$

图 2-7-3　例 2.7.1 用图

【解】 周期矩形脉冲 $f(t)$ 的复振幅 F_n 为

$$F_n=\frac{1}{T}\int_{-\frac{T}{2}}^{\frac{T}{2}}f(t)\mathrm{e}^{-\mathrm{j}n\omega_1 t}\mathrm{d}t=\frac{1}{T}\int_{-\frac{\tau}{2}}^{\frac{\tau}{2}}1\cdot\mathrm{e}^{-\mathrm{j}n\omega_1 t}\mathrm{d}t$$

$$=\frac{\tau}{T}\mathrm{Sa}\left(\frac{n\omega_1\tau}{2}\right)\quad n=0,\pm1,\pm2,\pm3,\cdots$$

$f(t)$ 的傅里叶级数频谱画于图 2-7-3(b)中。

由求周期信号频谱函数的关系式(2.7.4)可得

$$\mathscr{F}[f(t)]=2\pi\sum_{n=-\infty}^{\infty}F_n\delta(\omega-n\omega_1)=\frac{2\pi t}{T}\sum_{n=-\infty}^{+\infty}\mathrm{Sa}\left(\frac{n\omega_1 t}{2}\right)\delta(\omega-n\omega_1)$$

$$n=0,\pm1,\pm2,\cdots$$

$f(t)$ 的频谱函数如图 2-7-3(c)所示。

2.8 调制与解调原理

在通信和控制系统中，为了能在一个信道中同时传输多路信号而不相互干扰。在受信端把信号分离出来，必须采用调制与解调技术。利用卷积定理来阐明调制与解调的基本原理。

正如在讲述频移特性时所述，调制系统的时域数学模型可以用一个乘法器来表示，现重画于图 2-8-1 中，其中 $f(t)$为调制信号机传输信号。$C(t)=\cos\omega_0(t)$为载波信号，ω_0 为载波频率。调制器的输出信号 $y(t)=f(t)\cdot C(t)$。

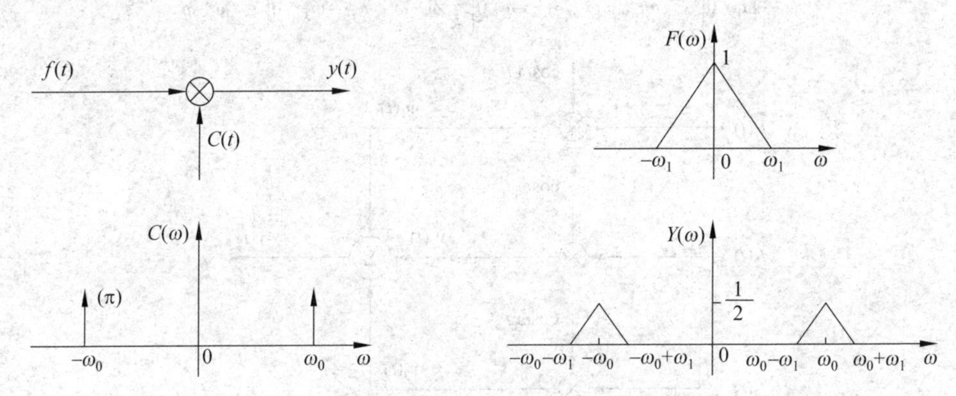

图 2-8-1　调制系统

假设 $f(t)\leftrightarrow F(\omega)$，$C(t)\leftrightarrow C(\omega)$，$y(t)\leftrightarrow Y(\omega)$。根据频率卷积定理可知，输出信号 $y(t)$的频谱为

$$Y(\omega)=\mathscr{F}[f(t)C(t)]=\frac{1}{2\pi}F(\omega)*C(\omega)$$

因为载波信号为等幅余弦波，其频谱为

$$C(\omega)=\pi[\delta(\omega-\omega_0)+\delta(\omega+\omega_0)]$$

是两个冲激函数，而冲激函数与任一个函数的卷积的图形仍与该函数具有相同的形状，所以

$$Y(\omega)=\frac{1}{2}[F(\omega-\omega_0)+F(\omega+\omega_0)] \tag{2.8.1}$$

将 $F(\omega)$、$C(\omega)$、$Y(\omega)$同画在图 2-8-1 中。可见经调制后，使原信号的频谱发生移动但其形状不变，或者说将原来的信号搬移到高频的载波信号上以便于通过线路进行有线传输或通过发射机进行无线传输。

由于经过调制产生的频谱搬移后才有可能进行频分制的多路通信(如有线载波通信和无线通信)。在图 2-8-2 中，表示对 3 路信号进行调制的框图。假若将 3 路调制信号 $f_1(t)$、$f_2(t)$、$f_3(t)$同时输送到一条线路上，由于这 3 个信号的频带相互重叠，致使各路信号之间相互干扰，到达受信端后也无法把它们分离出来，达不到通信的目的，这种现象叫做频谱混叠。当对 3 路信号同 3 个不同频率 ω_a、ω_b、ω_c 的载波信号调制后，各路信号的频谱都要根据载波频率的高低产生不同的搬移，使搬移后的频带相互错开不致重叠，这些信号同时在一个信道中传输时不致产生相互干扰，到受信端后才有可能把各路信号分离出来，恢复原来信号的频谱，实现无失真(畸变)的多路通信。各路信号频率搬移的示意图如图 2-8-3 所示。

已经调制的信号到受信端后，必须经过解调(反调制)的过程恢复成原来的信号。图 2-8-4 表示解调过程的原理框图。设 $y_1(t)$表示其中一路已调制的信号，$C(t)=\cos\omega_c t$ 为本地载波信号，它与发射端的载波信号同频率同相位(即保持同步)，已调制(现为调幅)信号经过再调制后，得到

$$g(t)=y_{1(t)}C(t)=f_1(t)\cos^2\omega_a t=\frac{1}{2}[f_1(t)+f_1(t)\cos2\omega_a t]$$

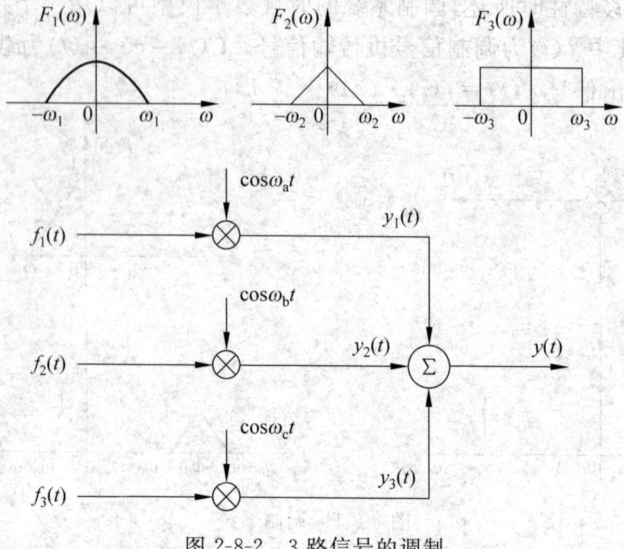

图 2-8-2　3 路信号的调制

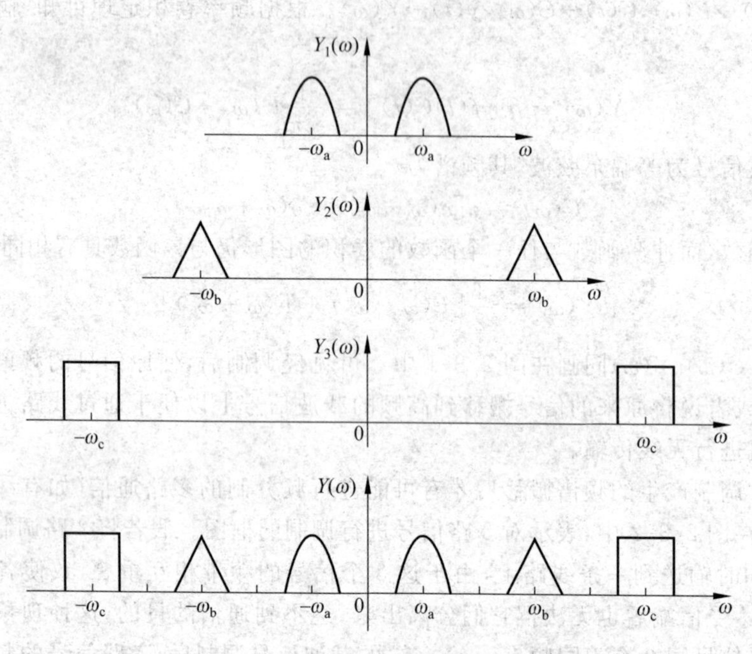

图 2-8-3　3 路信号频谱搬移示意图

取傅里叶变换得

$$G(\omega)=\frac{1}{2}F_1(\omega)+\frac{1}{4}[F_1(\omega+2\omega_a)+F_1(\omega)(\omega-2\omega_a)]$$

可见在经解调后的信号中，包含原来的信号频谱 $F_1(\omega)$（或 $f_1(t)$）。理想低通滤波器的频率特性如图 2-8-4(b)的虚线所示。

在实现频分多路通信时，受信端将各路信号分离出来的示意图见图 2-8-5。接收到的信号先经过带通滤波器，从而得到 $f_1(t)$、$f_2(t)$、$f_3(t)$，各路已调制的信号再经过各路的解调器进行解调，使频谱再次进行搬移，从而得到原信号的频谱 $F_1(\omega)$、$F_2(\omega)$和 $F_3(\omega)$的成

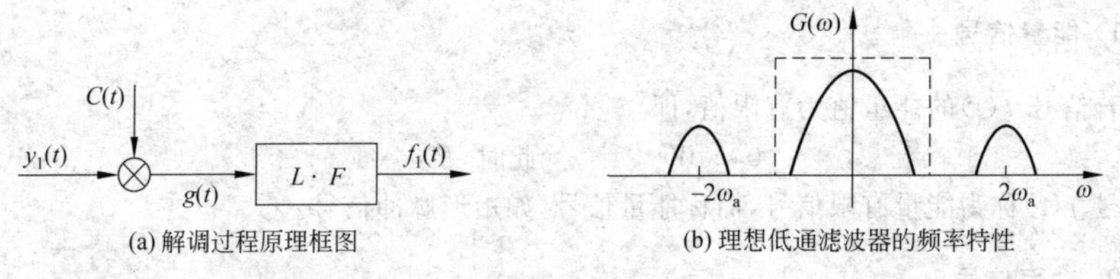

(a) 解调过程原理框图　　(b) 理想低通滤波器的频率特性

图 2-8-4　解调

分，最后经低通滤波器滤除无用信号从而恢复原信号。

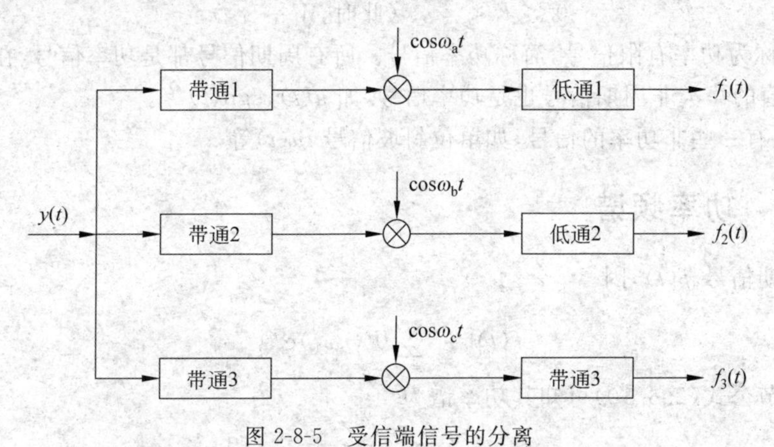

图 2-8-5　受信端信号的分离

2.9　功率谱和能量谱

2.9.1　能量信号和功率信号

为了知道信号能量或功率的特性，常常研究信号（电流或电压）以单位电阻所消耗的能量或功率。信号 $f(t)$ 在一单位电阻上的瞬时功率为 $[f(t)]^2$，在区间 $-T<t<T$ 内能量为

$$\int_{-T}^{T} |f(t)|^2 \mathrm{d}t$$

在区间 $\left(-\frac{T}{2},\frac{T}{2}\right)$ 内的平均功率为

$$\frac{1}{T}\int_{-T/2}^{T/2} |f(t)|^2 \mathrm{d}t$$

信号的能量定义为在时间区间 $(-\infty,\infty)$ 内信号 $f(t)$ 的能量，记为

$$W=\lim_{T\to\infty}\int_{-T}^{T} |f(t)|^2 \mathrm{d}t \tag{2.9.1}$$

信号的功率定义为在时间区间 $(-\infty,\infty)$ 内信号 $f(t)$ 的平均功率，记为

$$P=\lim_{T\to\infty}\frac{1}{T}\int_{-T/2}^{T/2} |f(t)|^2 \mathrm{d}t$$

1. 能量信号

若信号 $f(t)$ 的能量值为有限值，即

$$0 < W < \infty \quad (\text{此时}, P = 0)$$

则信号 $f(t)$ 称为能量有限信号，简称能量信号，如矩形脉冲信号。

2. 功率信号

若信号 $f(t)$ 的功率为有限值，即

$$0 < P < \infty \quad (\text{此时}, W \to \infty)$$

则信号 $f(t)$ 称为功率有限信号，简称功率信号。所有周期信号都是功率信号，在 $|t|\to\infty$ 时，P 仍为有限值的一类非周期信号也是功率信号，如 $u(t)$、$\mathrm{sgn}(t)$ 等。

此外，还有一些非功率的信号，如单位斜坡信号 $tu(t)$ 等。

2.9.2 功率频谱

对于周期信号 $f(t)$，因

$$f(t) = \sum_{n=-\infty}^{\infty} F(n\omega_1)\mathrm{e}^{\mathrm{j}n\omega_1 t}$$

由 2.3 节公式(2.3.10)可知其功率谱为

$$P = \sum_{-\infty}^{\infty} |F(n\omega_1)|^2$$

考虑到 $|F(n\omega_1)|$ 为偶函数，且 $|F(n\omega_1)| = \frac{1}{2}A_n$，则上式可改写为

$$P = |F(0)|^2 + 2\sum_{n=1}^{\infty} |F(n\omega_1)|^2 = \left(\frac{1}{2}A_0\right)^2 + \sum_{n=1}^{\infty}\left(\frac{1}{2}A_n\right)^2 \tag{2.9.2}$$

式中，A_n 为各正弦分量的振幅，而各正弦分量的有效值为 $\frac{An}{\sqrt{2}}$。因而式(2.9.2)右端第一项为直流分量的功率，第二项为各次谐波分量功率之和。式(2.9.2)表明，周期信号 $f(t)$ 的功率等于其傅里叶级数展开式中各分量功率之和。而周期信号可以用功率振幅频谱描述其功率的特性。

式(2.9.2)称为帕萨瓦尔恒等式。

2.9.3 能量频谱

对于能量信号，引入能量密度函数来表示信号能量在各频率点的分布情况，即定义单位频率内的信号能量为能量密度函数 $E(\omega)$，又叫能量谱。

现在来讨论信号能量与频谱函数的关系，根据定义有

$$W = \int_{-\infty}^{\infty} f^2(t)\mathrm{d}t = \int_{-\infty}^{\infty} f(t)\cdot f(t)\mathrm{d}t$$

因为

$$f(t) = \frac{1}{2\pi}\int_{-\infty}^{\infty} F(\omega)\mathrm{e}^{\mathrm{j}\omega t}\mathrm{d}\omega$$

代入上式得

$$W=\int_{-\infty}^{\infty} f(t)\left[\frac{1}{2\pi}\int_{-\infty}^{\infty} F(\omega)\mathrm{e}^{\mathrm{j}\omega t}\mathrm{d}\omega\right]\mathrm{d}t=\frac{1}{2\pi}\int_{-\infty}^{\infty} F(\omega)\left[\int_{-\infty}^{\infty} F(t)\mathrm{e}^{\mathrm{j}\omega t}\mathrm{d}t\right]\mathrm{d}\omega$$

$$=\frac{1}{2\pi}\int_{-\infty}^{\infty} F(\omega)F(-\omega)\mathrm{d}\omega$$

由于

$$F(-\omega)=F^{*}(\omega)$$

所以

$$W=\int_{-\infty}^{\infty} f^{2}(t)\mathrm{d}t=\frac{1}{2\pi}\int_{-\infty}^{\infty}\mid F(\omega)\mid^{2}\mathrm{d}\omega=\frac{1}{\pi}\int_{0}^{\infty}\mid F(\omega)\mid^{2}\mathrm{d}\omega\,\mathrm{d}\omega \tag{2.9.3}$$

式(2.9.3)即为信号能量的计算公式，它指出了有时域和频域计算信号能量的方法。该式也叫做帕萨瓦尔能量等式。

能量密度谱表示单位频率的能量，由式(2.3.3)可以看出能量密度谱为

$$E(\omega)=\frac{1}{\pi}\mid F(\omega)\mid^{2} \tag{2.9.4}$$

此据可画出信号的能量频谱。

由式(2.9.4)可知，能量谱 $E(\omega)$ 只与信号的 $|F(\omega)|$ 有关，而与相位无关，单位为 J/Hz。

由式(2.9.3)可知，信号的功率密度或能量在时域内求得，也可以在频域内求得。它反映能量守恒定理在信号分析中的体现，也是信号的是与特性与频率特性的一个重要关系。

例 2.9.1　求信号 $f(t)=2\cos 997t\times\frac{\sin 5t}{\pi t}$ 的能量。

【解】　对于单位矩形脉冲信号的频谱为

$$F(\omega)=\tau\mathrm{Sa}\left(\frac{\omega\tau}{2}\right)$$

当 $\tau=10$ 时，$F(\omega)=10\mathrm{Sa}(5\omega)=10\,\frac{\sin 5\omega}{5\omega}$。

根据傅里叶变换的对称性，有

$$10\,\frac{\sin 5\omega}{5\omega}\leftrightarrow 2\pi F_{10}(\omega)$$

有

$$\frac{2\sin 5t}{\pi t}\leftrightarrow 2F_{10}(\omega)$$

又

$$\cos 997t\leftrightarrow\pi\delta(\omega+997)+\pi\delta(\omega-997)$$

所以，利用频域卷积定理，得

$$2\cos 997t\times\frac{\sin 5t}{\pi t}\leftrightarrow\frac{1}{2\pi}[2F_{10}(\omega)*(\pi\delta(\omega+997)+\pi\delta(\omega-997))]$$

$$=F_{10}(\omega+997)+F_{10}(\omega-997)$$

故信号的能量

$$E(\omega)=\int_{-\infty}^{\infty}|f(t)|^2\mathrm{d}t=\frac{1}{2\pi}\int_{-\infty}^{\infty}|F(\omega)|^2\mathrm{d}\omega=\frac{10}{\pi}(\mathrm{J})$$

2.10 非周期信号作用下系统的频域分析

2.10.1 频域分析法

现在来研究线性非时变系统的响应，图 2-10-1 中 $f(t)$ 为输入信号，$y(t)$ 为输出信号，它们的频谱函数分别为 $F(\omega)$ 和 $Y(\omega)$。若已知 $f(t)$ 和系统的冲激响应 $h(t)$，求输出 $y(t)$。

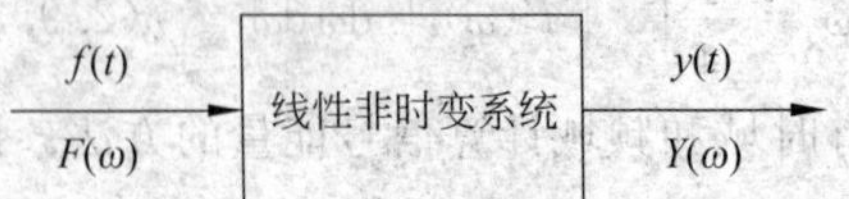

图 2-10-1 线性非时变系统的响应

根据卷积定理，有

$$Y(\omega)=F(\omega)H(\omega)$$

式中，$H(\omega)=\mathscr{F}[h(t)]$，为系统的传输函数（输入阻抗、转移阻抗、电压比、电流比），$H(\omega)$ 为 $h(t)$ 的傅里叶变换。实际中可以用简单的方法计算 $H(\omega)$，如果系统结构与参数是已知的，那么可以利用稳态正弦电路的计算方法，求出系统的传输函数。$H(\omega)=Y/F$，式中 F 为输入正弦信号的复数表示。可以根据输入与输出是什么物理量来具体确定 $H(\omega)$ 为什么类型的传输函数，$H(\omega)$ 可以是输入阻抗、转移阻抗、传输电压比、传输电流比等。

一般情况下，传输函数 $H(\omega)$ 是以 ω 为变量的分子多项式与分母多项式之比。使分子多项式为零的 ω 值叫做 $H(\omega)$ 的零点，使分母多项式为零的 ω 值叫做 $H(\omega)$ 的极点。

在已知输入信号的情况下，输出信号的频谱函数为 $Y(\omega)=F(\omega)H(\omega)$，输出信号的时间函数为

$$y(t)=\frac{1}{2\pi}\int_{-\infty}^{\infty}Y(\omega)\mathrm{e}^{\mathrm{j}\omega t}\mathrm{d}\omega=\frac{1}{2\pi}\int_{-\infty}^{\infty}H(\omega)F(\omega)\mathrm{e}^{\mathrm{j}\omega t}\mathrm{d}\omega$$

上述分析法叫做频域分析法，包括两个主要的步骤，第一步算出输出信号的频谱 $Y(\omega)$，第二步算出输出信号的时间函数 $y(t)$。在实际中，第一步比较容易，但也是极其重要的，因为根据输出信号的频谱，可以对系统的特性，如是否存在失真、系统的通带等，进行全面的了解，或者根据要求输出的频谱设计合适的系统。第二步是较困难的，因为进行傅里叶变换是麻烦的，往往只是用频谱分析法进行第一步，而第二步即求输出时间函数的任务由拉普拉斯变换去解决。

例 2.10.1 图 2-10-2 所示为 RC 电路，若输入电压 $u_s(t)=u(t)$（单位阶跃函数），试求电压 $u_c(t)$ 的零状态响应。

【解】 系统的传输函数

$$H(\omega)=\frac{\dot{U}_c}{\dot{U}_s}=\frac{\dfrac{1}{\mathrm{j}\omega C}}{R+\dfrac{1}{\mathrm{j}\omega C}}=\frac{\dfrac{1}{RC}}{\mathrm{j}\omega+\dfrac{1}{RC}}=\frac{a}{a+\mathrm{j}\omega}$$

式中，$a=\dfrac{1}{RC}$。单位阶跃函数的傅里叶变换为 $u(t)\leftrightarrow\pi\delta(\omega)+\dfrac{1}{\mathrm{j}\omega}$。

系统输出响应的频谱函数为

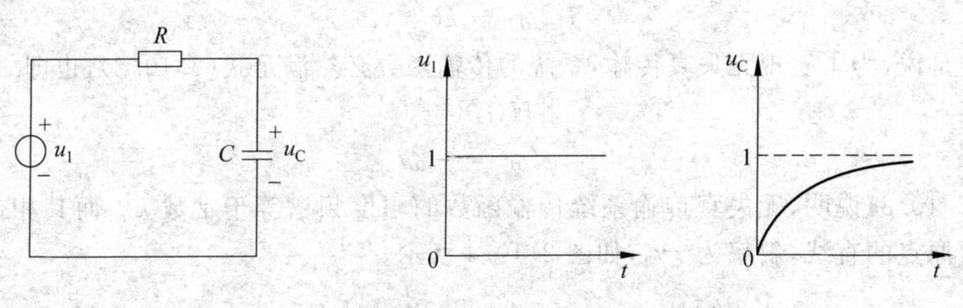

图 2-10-2　例 2.10.1 用图

$$Y(\omega)=F(\omega)H(\omega)=\frac{a}{a+\mathrm{j}\omega}\left[\pi\delta(\omega)+\frac{1}{\mathrm{j}\omega}\right]$$

$$=\frac{a\pi}{a+\mathrm{j}\omega}\delta(\omega)+\frac{a}{\mathrm{j}\omega(a+\mathrm{j}\omega)}$$

考虑到冲激函数的取样性质，并将第二项展开成部分分式，得

$$Y(\omega)=\pi\delta(\omega)+\frac{1}{\mathrm{j}\omega}-\frac{a}{a+\mathrm{j}\omega}$$

因为 $\mathscr{F}^{-1}[\pi\delta(\omega)]=\frac{1}{2}$，$\mathscr{F}^{-1}\left[\frac{1}{\mathrm{j}\omega}\right]=\frac{1}{2}\mathrm{sgn}(t)$，$\mathscr{F}^{-1}\left[\frac{a}{a+\mathrm{j}\omega}\right]=\mathrm{e}^{-at}u(t)$

因此输出信号的时间函数为

$$y(t)=\mathscr{F}^{-1}[Y(\omega)]=\mathscr{F}^{-1}\left[\pi\delta(\omega)+\frac{1}{\mathrm{j}\omega}-\frac{1}{a+\mathrm{j}\omega}\right]$$

$$=\frac{1}{2}+\frac{1}{2}\mathrm{sgn}(t)-\mathrm{e}^{-at}u(t)=(1-\mathrm{e}^{-at})u(t)$$

2.10.2　无失真传输的条件

由于线性系统中存在着储能元件，系统响应的波形与激励波形可能不一致，就说信号通过系统后产生了失真(畸变)，有时利用某个系统产生波形变换，这时就要求系统存在失真。然后多数场合下，希望信号通过系统后不产生失真或失真较小，如对通信系统、广播系统就是这样要求的。

无失真传输是指响应信号的波形是激励信号波形精确的再现，即响应信号的波形与激励信号的波形完全相同，但它们的大小可以是不同的。如图 2-10-3 所示，激励为 $e(t)$，响应为 $r(t)$，在无失真传输条件下响应为

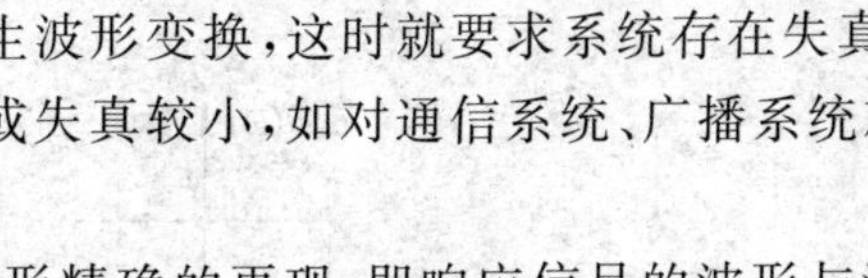

$$r(t)=ke(t-t_0)\qquad(2.10.1)$$

+ e(t) − 线性系统 r(t) + −

图 2-10-3　线性系统

式中，k 和 t_0 均为常数，它表明响应 $r(t)$ 与激励 $e(t)$ 波形相同，但它们大小相差 k 倍，而且响应比激励延时 t_0。

对式(2.10.1)进行傅里叶变换得

$$R(\omega)=kE(\omega)\mathrm{e}^{-\mathrm{j}\omega t_0}$$

考虑到

$$R(\omega)=H(\omega)E(\omega)=k\mathrm{e}^{-\mathrm{j}\omega t_0}E(\omega)$$

可见

$$H(\omega)=k\mathrm{e}^{-\mathrm{j}\omega t_0} \tag{2.10.2}$$

也就是说，为了实现无失真传输，系统的传输函数必然满足式(2.10.2)，也即

$$\begin{cases}|H(\omega)|=k\\ \varphi(\omega)=-\omega t_0\end{cases} \tag{2.10.3}$$

式(2.10.3)说明，无失真传输系统传输函数的幅度频谱等于常数 k。而其相位频谱是一条通过原点的直线，斜率为 $-t_0$，如图 2-10-4 所示。

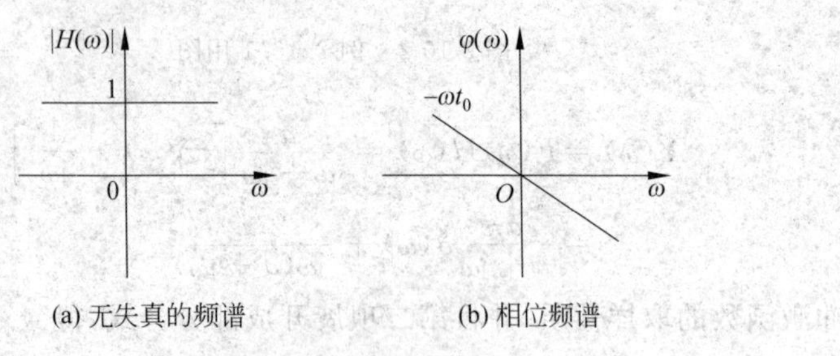

(a) 无失真的频谱　(b) 相位频谱

图 2-10-4　无失真传输的条件

一个实际系统是不可能实现图 2-10-4 的要求的，但这个理想的条件，可以给分析和设计实际系统提供一个理论依据。

2.10.3　理想低通滤波器

理想低通滤波器的幅度频率特性与相位频率特性如图 2-10-5 所示。ω_c 称为截止角频率，使角频率高于 ω_c 的信号不能通过滤波器，而角频率低于 ω_c 的信号可以毫无失真地通过滤波器。理想低通滤波器的截止频率为 ω_c。设滤波器的延迟时间为 t_d，则理想低通滤波器的传输函数表示为

$$H(\omega)=\begin{cases}\mathrm{e}^{-\mathrm{j}\omega t_d}, & |\omega|<\omega_c\\ 0, & |\omega|>\omega_c\end{cases} \tag{2.10.4}$$

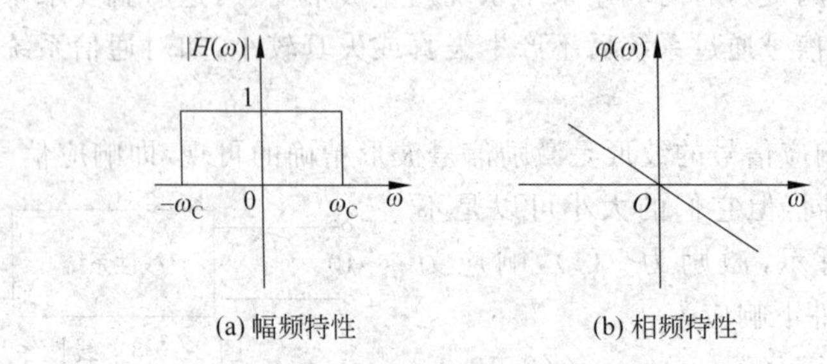

(a) 幅频特性　(b) 相频特性

图 2-10-5　理想低通滤波器的频率特征

因为系统的单位冲激响应与传输函数之间的关系为

$$h(t)\leftrightarrow H(\omega)$$

所以理想低通滤波器的单位冲激响应为

$$h(t)=\mathscr{F}^{-1}[H(\omega)]$$

因为 $H(\omega)$ 为一矩形脉冲函数，根据傅里叶变换的对称性，可知理想低通滤波器的冲激响应 $h(t)$ 应具有抽样函数的形式，即

$$h(t)=\mathscr{F}^{-1}[H(\omega)]=\frac{1}{2\pi}\int_{-\infty}^{\infty}H(\omega)\mathrm{e}^{\mathrm{j}\omega t}\mathrm{d}\omega=\frac{1}{2\pi}\int_{-\omega_C}^{\omega_C}\mathrm{e}^{-\mathrm{j}\omega t_d}\mathrm{e}^{\mathrm{j}\omega t'}\mathrm{d}\omega$$

$$=\frac{1}{2\pi}\frac{\mathrm{e}^{\mathrm{j}\omega(t-t_d)}}{\mathrm{j}(t-t_d)}\Bigg|_{-\omega_C}^{\omega_C}=\frac{\omega_C}{\pi}\frac{\sin\omega_C(t-t_d)}{\omega_C(t-t_d)} \tag{2.10.5}$$

这是一个峰值出现在 t_d 处的 $\mathrm{Sa}(t)$ 函数。理想低通滤波器的冲激响应特性如图 2-10-6 所示。由图 2-10-6 可见，$\delta(t)$出现在 $t=0$ 瞬间，而它的响应在 $t<0$ 时出现，这种响应超前于激励的系统，叫做非因果系统，实际上不可能构成具有这样理想特性的低通滤波器。但是掌握理想低通滤波器的条件后，尽力去实现接近理想特性的实际网络或系统。

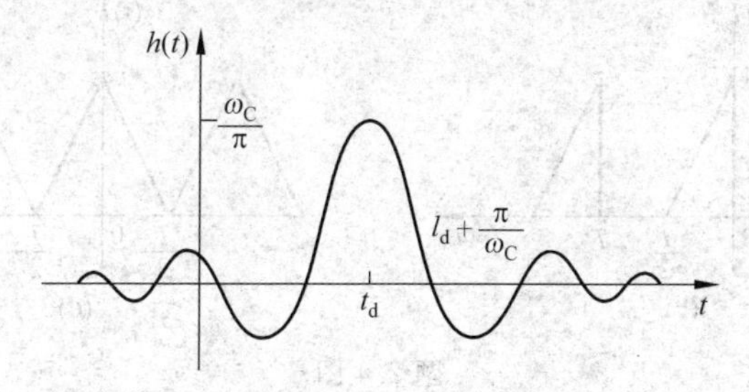

图 2-10-6　理想低通滤波器的冲激响应特性

习题 2

2.1　对于题 2.1 图所示的两个周期性方波 $f_1(t)$和 $f_2(t)$，试求其傅里叶级数的三角形式。

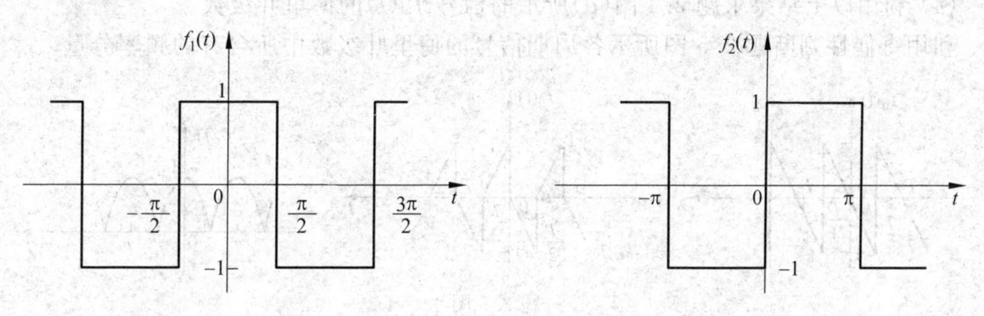

题 2.1 图

2.2　周期矩形信号如题 2.2 图所示，若重复频率 $f=5\mathrm{kHz}$，脉宽 $\tau=10\mu\mathrm{s}^{-1}$，幅度 $E=10\mathrm{V}$，求直流分量大小及基波 2 次谐波和 3 次谐波的有效值。

2.3　如题 2.3 图所示周期三角信号的傅里叶级数，并画出幅度频谱。

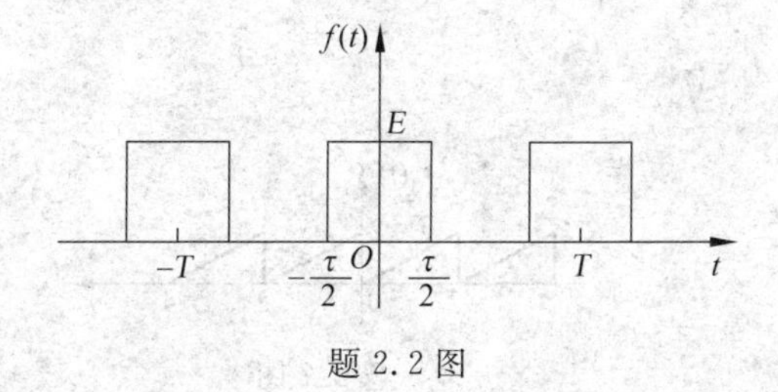

题 2.2 图

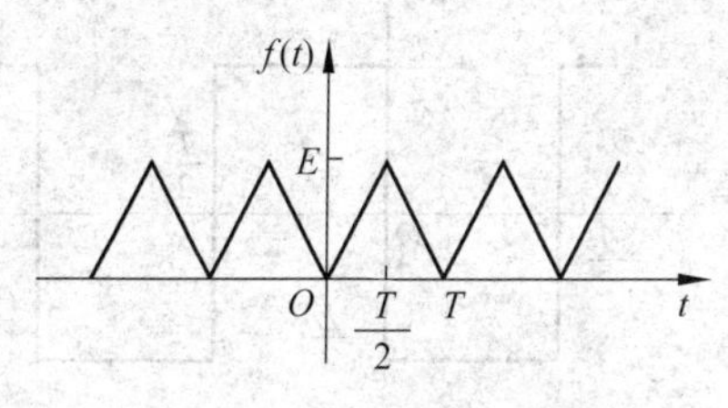

题 2.3 图

2.4 如题 2.4 图所示有 4 个周期信号。

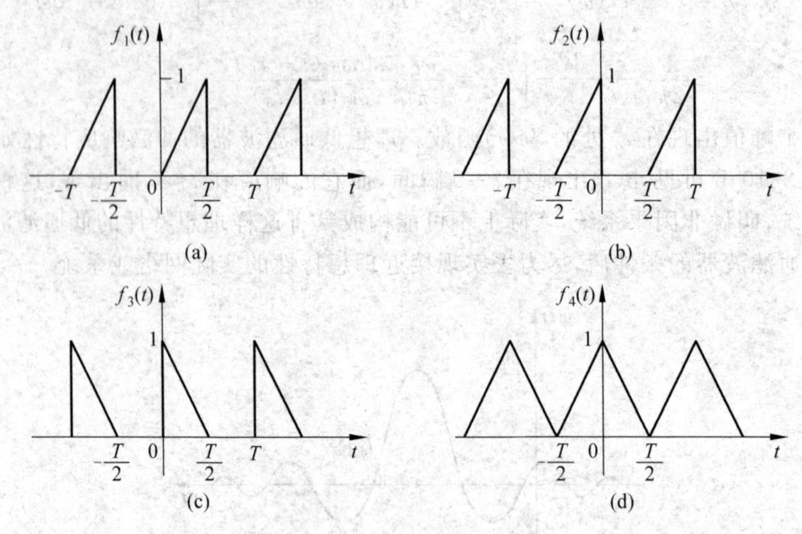

题 2.4 图

(1) 直接求出题 2.4 图(a)所示信号的傅里叶级数(三角形式)。

(2) 将题 2.4 图(a)所示的函数 $f_1(t)$左(或右)移$\frac{T}{2}$,就得到题 2.4 图(b)所示的函数 $f_2(t)$,利用(1)的结果求 $f_2(t)$的傅里叶级数。

(3) 利用以上结果求题 2.4 图(c)所示的函数 $f_3(t)$的傅里叶级数。

(4) 利用以上结果求题 2.4 图(d)所示的信号 $f_4(t)$的傅里叶级数。

2.5 利用奇偶性判断题 2.5 图所示各周期信号的傅里叶级数中所含有的频率分量。

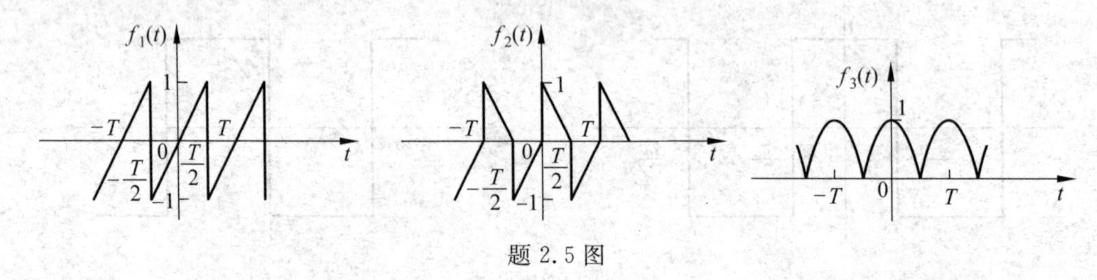

题 2.5 图

2.6 求题 2.6 图所示周期信号的平均功率、有效值(方均根值)及基波、2 次谐波、3 次谐波的有效值。

2.7 将题 2.7 图所示的周期信号展开为指数形式的傅里叶级数。

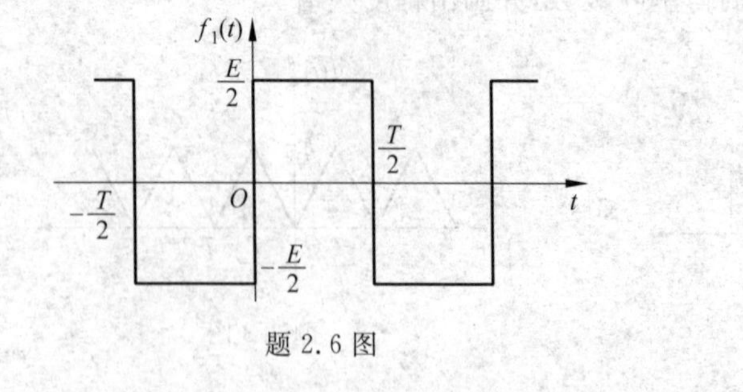

题 2.6 图

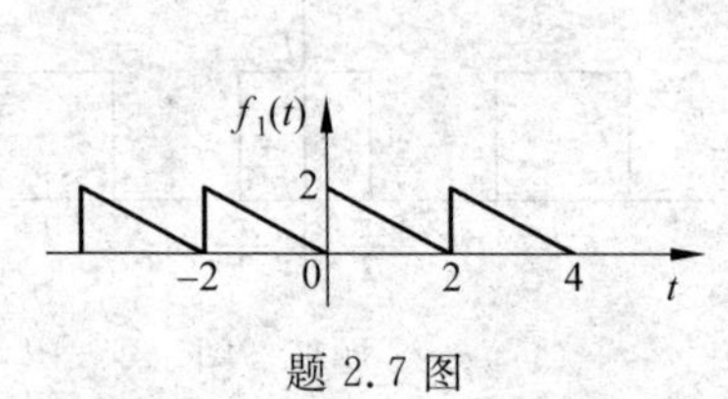

题 2.7 图

2.8　将题2.8图所示周期性冲激信号展开为指数形式的傅里叶级数。

2.9　题2.9图所示 $f_0(t)$ 是周期信号的第一个半周内的波形，试根据以下要求，画出周期信号的完整波形：

(1) 只包含正弦分量。

(2) 只包含直流和余弦分量。

(3) 只包含奇次谐波分量。

(4) 只包含偶次谐波分量。

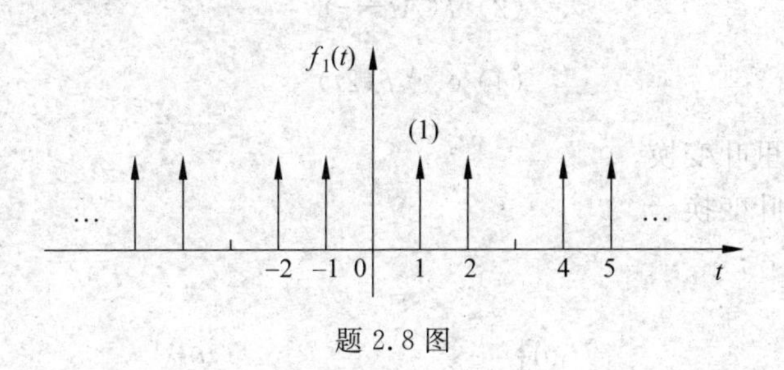

题2.8图

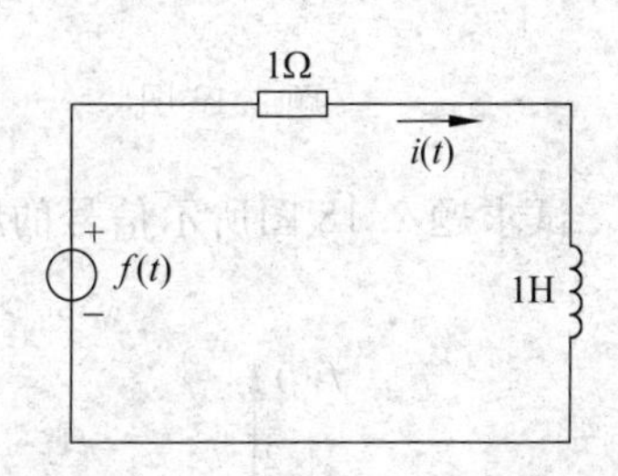

题2.9图

2.10　如题2.10图所示，周期矩形信号施加于 RL 串联电路，试求响应 $i(t)$，展开为傅里叶级数的前3项。

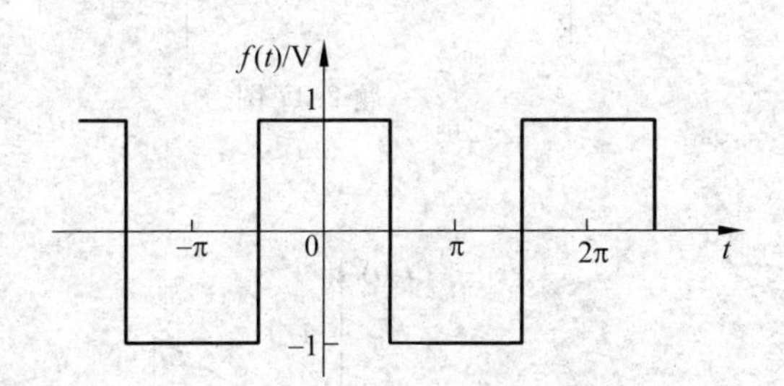

题2.10图

2.11　求题2.11图所示信号的有效值与平均值。

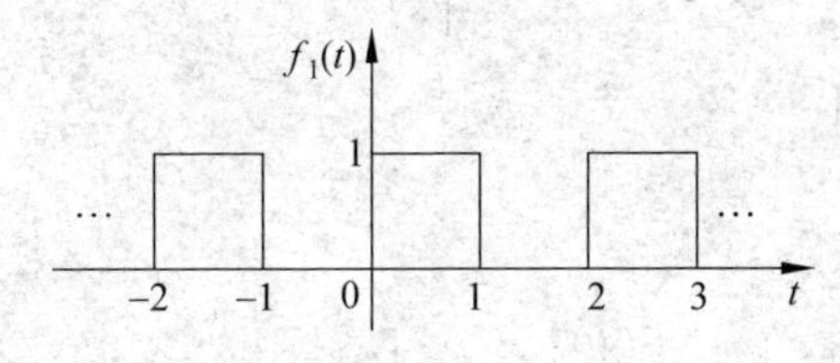

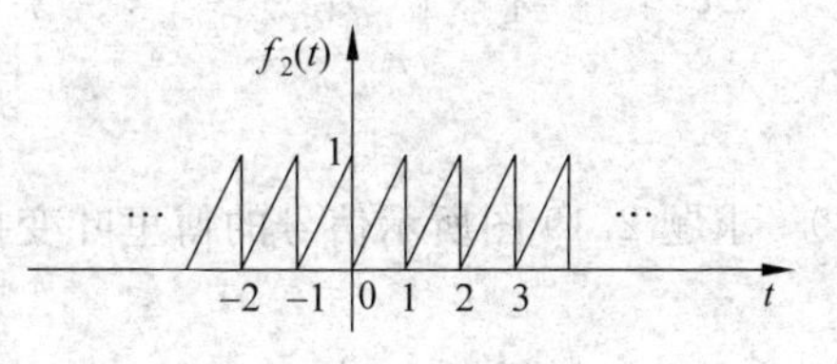

题2.11图

2.12　无源二端网络输入电压和电流分别为

$$i = 10\cos t + 5\cos(2t - 45^\circ)$$

$$u = 2\cos(t + 45^\circ) + \cos(2t + 45^\circ) + \cos(3t - 60^\circ)$$

(1) 试求网络吸收的平均功率。

(2) 画出单边功率频谱(即网络吸收的各次谐波功率与 $n\omega_1$ 的关系)。

2.13　试求下列函数的傅里叶变换。

(1) $y_1(t)=5\delta(t-3)$　　(2) $y_2(t)=\dfrac{\mathrm{d}^2}{\mathrm{d}t^2}u(t)$

(3) $y_3(t)=\mathrm{e}^{\mathrm{j}\omega_0 t}u(t)$　　(4) $y_4(t)=\mathrm{e}^{\mathrm{j}\omega_0 t}\cos\omega_0 t$

2.14　试求下列函数的傅里叶变换：

(1) $y_1(t)=tu(t-t_0)$　　(2) $y_2(t)=\cos tu(t)$

(3) $y_3(t)=2\mathrm{Sa}(t)$　　(4) $y_4(t)=t\mathrm{e}^{-t}u(t)$

2.15　设 $F(\omega)$已知，求下列函数的傅里叶变换：

(1) $f[A(t-\tau)]$　　(2) $f(At-\tau)$

(3) $f\left(At-\dfrac{\tau}{A}\right)$　　(4) $\mathrm{e}^{-\mathrm{j}At}f(2t)$

2.16　试求题 2.16 图所示信号的傅里叶变换。

2.17　求题 2.17 图所示信号的傅里叶变换。

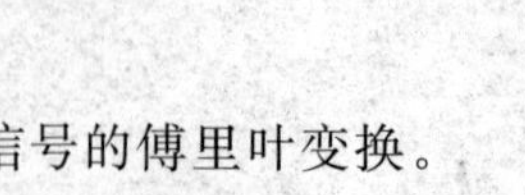

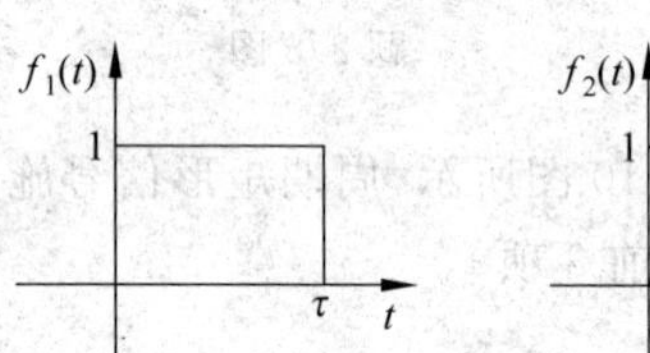

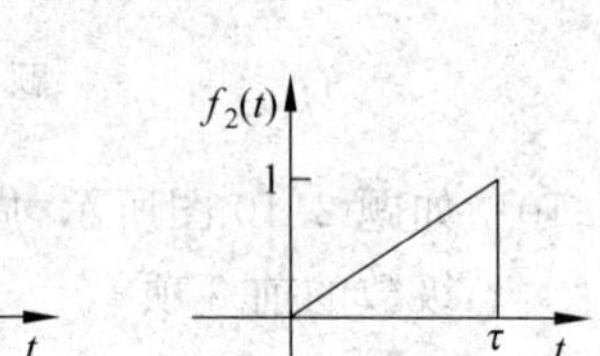

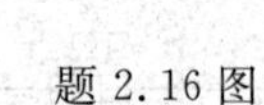

题 2.16 图　　题 2.17 图

2.18　试求题 2.18 图所示信号的频谱。

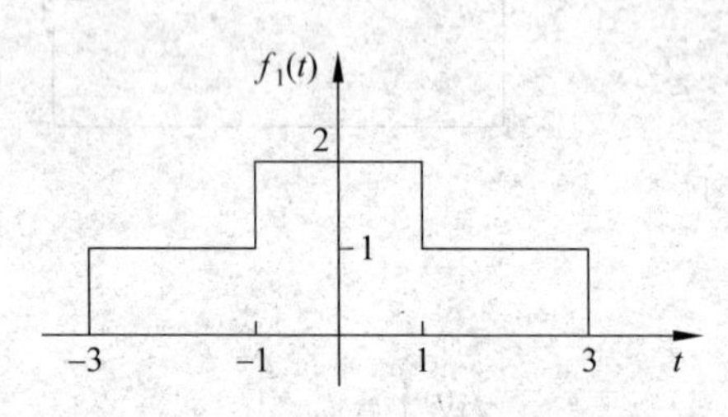

题 2.18 图

2.19　求题 2.19 图所示信号的傅里叶变换。

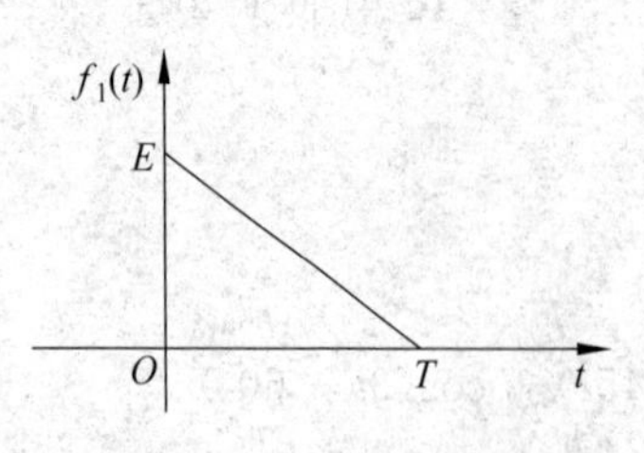

题 2.19 图

2.20　已知 $f(t)\leftrightarrow F(\omega)$试求下列函数的频谱。

(1) $tf(2t)$　　(2) $(t-2)f(t)$

(3) $t\dfrac{\mathrm{d}f(t)}{\mathrm{d}t}$　　(4) $f(1-t)$

(5) $(1-t)f(1-t)$　　(6) $f(2t-5)$

2.21　$f(t)$为矩形脉冲，如题 2.21 图所示，要求分别用下列方法求傅里叶变换：

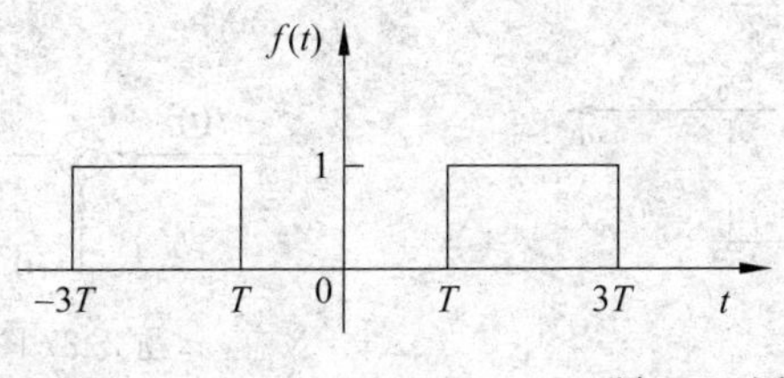

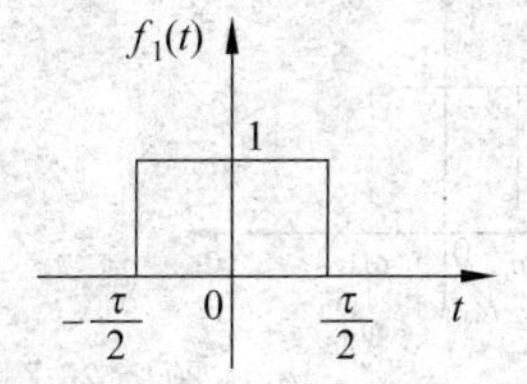

题 2.21 图

(1) 用傅里叶变换定义式。

(2) 用微分性质。

(3) 已知 $f_1(t)\leftrightarrow F_1(\omega)=T\dfrac{\sin\left(\dfrac{\omega T}{2}\right)}{\dfrac{\omega T}{2}}$，利用标度变换、时移和线性性质求 $F(\omega)$。

2.22　对题 2.22 图所示波形，若已知 $f_1(t)\leftrightarrow F(\omega)$，利用傅里叶变换性质求 $f_1(t)$以$\dfrac{t_0}{2}$为轴反褶后所得 $f_2(t)$的傅里叶变换。

2.23　如题 2.23 图所示调幅系统，当输入 $f(t)$和 $s(t)$加到乘法器后，其输出 $y(t)=f(t)\cdot S(t)$，如 $S(t)=\cos 200t$，$f(t)=5+2\cos 10t+3\cos 20t$，画出输出 $y(t)$的频谱图。

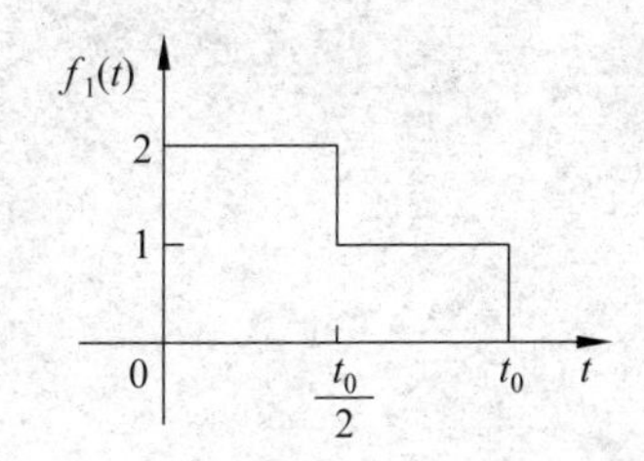

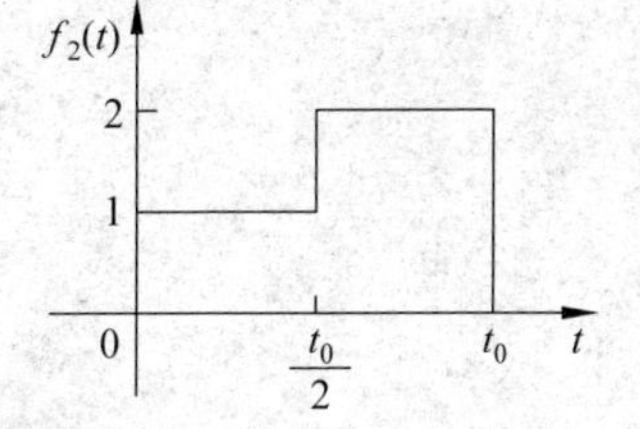

题 2.22 图

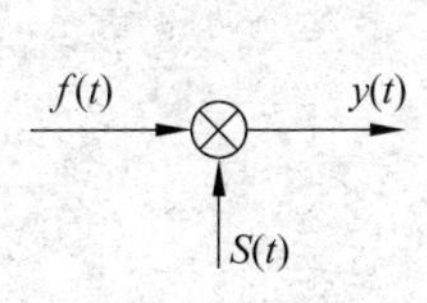

题 2.23 图

2.24　试求下列信号的频谱函数。

(1) $f_1(t)=u(-t)$　　(2) $f_2(t)=\mathrm{e}^{t}u(-t)$

(3) $f_3(t)=\dfrac{1}{2}\mathrm{sgn}(-t)$　　(4) $f_4(t)=\mathrm{e}^{\mathrm{j}2t}u(t)$

(5) $f_5(t)=u(t-3)$

2.25　已知系统的频域系统函数为

$$H(\omega)=\frac{1-\mathrm{j}\omega}{1+\mathrm{j}\omega}$$

试求：(1) 单位阶跃响应；(2) 激励 $f(t)\mathrm{e}^{-2t}u(t)$的零状态的响应。

2.26　某系统幅频特性$|H(\omega)|$和相频特性 $\varphi(\omega)$如题 2.26 图所示，试求其冲激响应 $h(t)$。

2.27　如题 2.27 图所示系统，已知 $f(t)=\sin 300t+2\cos 1000t+\cos 2000t$，$x(t)=\cos 5000t$，试求响应 $y(t)=f(t)x(t)$ 的频谱函数，并画出频谱图。

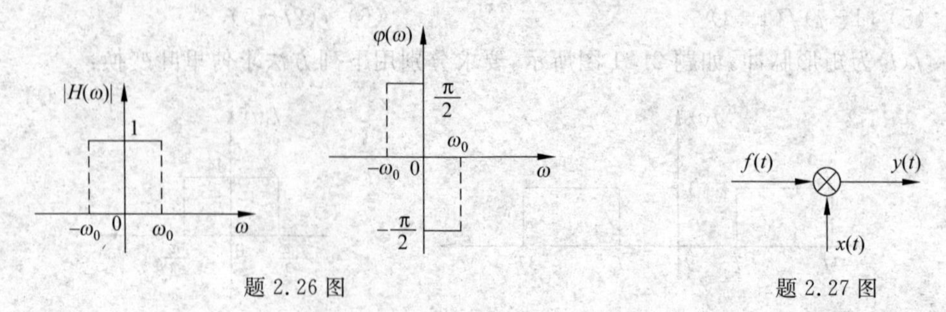

题 2.26 图

题 2.27 图

第3章 连续时间系统的复频域分析

第2章所讨论的连续时间信号与系统的频域分析，是以虚指数函数 $e^{j\omega t}$ 为基本信号，将任意输入信号分解为不同频率的指数分量的叠加；系统的响应(零状态响应)是各频率的输入分量响应的叠加。所涉及的是傅里叶级数和傅里叶变换问题。这种以傅里叶变换为基础的频域分析法通常要求信号 $f(t)$ 满足绝对可积条件。然而有些重要的信号，如周期信号、阶跃信号、单边指数信号 $e^{at}u(t)(a>0)$ 等，不满足绝对可积条件，不能直接利用式(2.4.3)进行傅里叶变换。

本章将要讨论的复频域分析法，是以复指数函数 e^{st}($s=\sigma+j\omega$，为复变量，称为复频率)为基本信号对任意输入信号进行分解，系统的响应也是同复频率的复指数信号，其输入和输出之间由系统函数 $H(s)$ 相联系。所涉及的是拉普拉斯变换和其反变换问题。拉普拉斯变换可以看作是傅里叶变换的进一步推广，对那些不能进行傅里叶变换的信号，可进行拉普拉斯变换。拉普拉斯变换法又称为复频域分析法(s 域分析法)，是分析连续线性非时变系统的强有力的工具。其突出优点是：可自动引入初始状态，求出系统的全响应；可将微积分运算转换为乘除的代数运算；可将时域的卷积运算转化为复频域的乘积运算，为求时域卷积提供一种新的方法。

本章着重研究：单边拉普拉斯变换的定义、性质；求拉普拉斯反变换的方法；系统响应的复频域分析。

3.1 拉普拉斯变换

3.1.1 拉普拉斯变换的定义

从第2章可知，当信号 $f(t)$ 满足绝对可积条件时，可以进行以下傅里叶变换和反变换，即

$$F(\omega)=\int_{-\infty}^{\infty}f(t)e^{-j\omega t}\,dt \tag{3.1.1}$$

$$f(t)=\frac{1}{2\pi}\int_{-\infty}^{\infty}F(\omega)e^{j\omega t}\,d\omega \tag{3.1.2}$$

但有些信号不满足绝对可积条件，不能用式(3.1.1)和式(3.1.2)进行傅里叶变换。这些信号不满足绝对可积条件的原因是由于衰减太慢或者不衰减。例如，单位阶跃信号 $f(t)=u(t)$，$t\to\infty$，$f(t)=1$ 不衰减。为了克服以上困难，可用一个收敛因子 $e^{-\sigma t}$ 与 $f(t)$ 相

乘，只要 σ 值选择合适，就能保证 $f(t)e^{-\sigma t}$ 满足绝对可积条件，从而求出 $f(t)e^{-\sigma t}$ 的傅里叶变换，即

$$\mathscr{F}[f(t)e^{-\sigma t}]=\int_{-\infty}^{\infty}[f(t)e^{-\sigma t}e^{-j\omega t}]dt=\int_{-\infty}^{\infty}[f(t)e^{-(\sigma+j\omega)t}]dt \tag{3.1.3}$$

将式(3.1.3)与傅里叶变换定义式比较，可写为

$$\mathscr{F}[f(t)e^{-\sigma t}]=F(\sigma+j\omega)$$

取傅里叶反变换，即

$$\mathscr{F}^{-1}[F(\sigma+j\omega)]=f(t)e^{-\sigma t}=\frac{1}{2\pi}\int_{-\infty}^{\infty}F(\sigma+j\omega)e^{j\omega t}d\omega$$

上式两边同除以 $e^{-\sigma t}$，有

$$f(t)=\frac{1}{2\pi}\int_{-\infty}^{\infty}F(\sigma+j\omega)e^{(\sigma+j\omega)}d\omega \tag{3.1.4}$$

令 $s=\sigma+j\omega$，其中 σ 是常数，则 $d\omega=\frac{1}{j}ds$，于是式(3.1.3)、式(3.1.4)可以写为

$$F(s)=\int_{-\infty}^{\infty}f(t)e^{-st}dt \tag{3.1.5}$$

$$f(t)=\frac{1}{2\pi j}\int_{\sigma-j\omega}^{\sigma+j\sigma}F(s)e^{st}ds \tag{3.1.6}$$

式(3.1.5)称为 $f(t)$ 的双边拉普拉斯变换，它是一个含参量 s 的积分，把关于时间 t 为变量的函数变换为关于 s 为变量的函数 $F(s)$，称 $F(s)$ 为 $f(t)$ 的像函数。式(3.1.6)称为 $F(s)$ 的拉普拉斯反变换，称 $f(t)$ 为 $F(s)$ 的原函数。以上两式构成一变换时，可简记为

$$\begin{aligned}&F(s)=\mathscr{L}[f(t)]\\&f(t)=\mathscr{L}^{-1}[F(s)]\\&f(t)\leftrightarrow F(s)\end{aligned} \tag{3.1.7}$$

在实际运用中，时间信号大多为有始信号，即 $f(t)=f(t)u(t)$，则式(3.1.5)可写为

$$F(s)=\int_{0_-}^{\infty}f(t)e^{-st}dt \tag{3.1.8}$$

式(3.1.8)称为单边拉普拉斯变换。式中积分下限取 0_-，是考虑到 $f(t)$ 中可能包含冲激函数及其各阶导数。一般情况下，认为 0 和 0_- 是等同的。本章主要讨论单边拉普拉斯变换，如不特别指出，书中的拉普拉斯变换都是指单边的。

$F(s)$ 的拉普拉斯反变换(原函数)可写为

$$f(t)=\begin{cases}0, & t<0\\ \dfrac{1}{2\pi j}\displaystyle\int_{\sigma-j\omega}^{\sigma+j\omega}F(s)e^{st}ds & t\geqslant 0\end{cases} \tag{3.1.9}$$

为简便起见，常只写式(3.1.9) $t\geqslant 0$ 的部分。

3.1.2 拉普拉斯变换的收敛域

由上面的讨论可知，$F(s)$ 存在的条件是被积函数为收敛函数，即

$$\int_{0_-}^{\infty}|f(t)e^{-st}|dt<\infty \tag{3.1.10}$$

式(3.1.10)的存在取决于 s 值的选择，也就是 σ 值的选择。要求满足条件

$$\lim_{t\to\infty} f(t)e^{-\sigma t} = 0 \qquad (3.1.11)$$

式(3.1.11)是拉普拉斯变换存在的充分条件。满足式(3.1.10)的 s 值的范围(即 σ 的取值集合)称为拉普拉斯变换的收敛域。

在 s 平面(以 σ 为横轴,$j\omega$ 为纵轴的复平面上)上,收敛域是一个区域,它是由收敛坐标 σ_c 决定的,σ_c 的取值与信号 $f(t)$ 有关。过 σ_c 平行于虚轴的一条直线称为收敛轴或收敛边界。对有始信号 $f(t)$,若满足以下条件,即

$$\lim_{t\to\infty} f(t)e^{-\sigma t} = 0 \quad \sigma > \sigma_c \qquad (3.1.12)$$

则收敛条件为 $\sigma>\sigma_c$,在 s 平面的收敛域如图 3-1-1 所示。

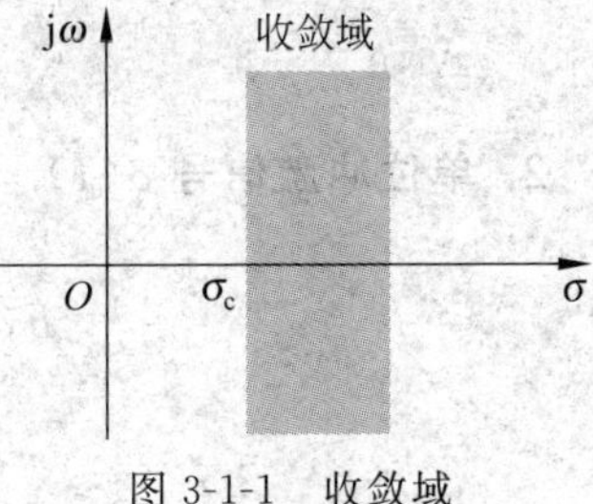

图 3-1-1　收敛域

凡是满足式(3.1.12)的信号均称为指数阶函数信号,意思是可借助于指数函数的衰减作用将 $f(t)$ 可能存在的发散性压下去,使之成为收敛函数。因此,它的收敛域都位于收敛轴的右侧。

下面讨论几种典型信号的拉普拉斯变换收敛域。

(1) $f_1(t)=e^{-at}u(t)\quad (a>0)$,有

$$\lim_{t\to\infty} e^{-at}e^{-\sigma t} = \lim_{t\to\infty} e^{-(a+\sigma)t} = 0 \quad a+\sigma>0$$

其收敛域为 $\sigma>-a$,$\sigma_c=-a$。

(2) $f_2(t)=u(t)$,有

$$\lim_{t\to\infty} u(t)\cdot e^{-\sigma t} = 0 \quad \sigma>0$$

此时 $\sigma_c=0$,收敛域为 $\sigma>0$,即 s 平面的右半面为收敛域。

(3) $f_3(t)=Au(t)-Au(t-\tau)$,是一个有限时域信号(时域信号),即

$$\lim_{t\to\infty} 0\cdot e^{-\sigma t} = 0 \quad \sigma>-\infty$$

或

$$\int_{0_-}^{\infty} A[u(t)-u(t-\tau)]e^{-\sigma t}\,dt = \int_0^{\tau} Ae^{-\sigma t}\,dt$$

积分是有界的,对 σ_c 没有要求,即全平面收敛。一般而言,对于任何有界的非周期信号,其能量有限,都为无条件收敛。

(4) $f_4(t)=e^{at}u(t)(a>0)$,为增长的单边指数信号

$$\lim_{t\to\infty} e^{at}e^{-\sigma t} = \lim_{t\to\infty} e^{-(\sigma-a)t} = 0 \quad \sigma-a>0$$

其收敛域为 $\sigma>a$,$\sigma_c=a$。

由上例可以看出,对一些增长很快的信号如 e^{t^2}、t^t 等,无法找到合适的 σ 值使其收敛,所以不存在拉普拉斯变换。但实际中遇到的一般都是指数阶函数信号,式(3.1.12)总能满足。也就是说,其单边拉普拉斯变换总是存在,所以用拉普拉斯变换分析信号系统时,一般不再注明收敛域。

3.1.3　常用信号的拉普拉斯变换

下面根据拉普拉斯变换的定义式,求一些常用信号的拉普拉斯变换。

1．单位阶跃信号 $u(t)$

$$F(s)=\mathscr{L}[u(t)]=\int_{0-}^{\infty}\mathrm{e}^{-st}\,\mathrm{d}t=-\frac{\mathrm{e}^{-st}}{s}\Big|_{0-}^{\infty}=\frac{1}{s}$$

即

$$u(t)\leftrightarrow\frac{1}{s}$$

2．单位冲激信号 $\delta(t)$

$$F(s)=\mathscr{L}[\delta(t)]=\int_{0-}^{\infty}\delta(t)\mathrm{e}^{-st}\,\mathrm{d}t=1$$

即

$$\delta(t)\leftrightarrow 1$$

3．指数信号函数 $\mathrm{e}^{at}u(t)$

$$F(s)=\mathscr{L}[\mathrm{e}^{at}u(t)]=\int_{0-}^{\infty}\mathrm{e}^{at}\,\mathrm{e}^{-st}\,\mathrm{d}t=\frac{1}{s-a}$$

即

$$\mathrm{e}^{at}\leftrightarrow\frac{1}{s-a}$$

4．正弦信号 $\sin\omega_0 t\cdot u(t)$

$$\begin{aligned}F(s)&=\mathscr{L}[\sin\omega_0 t\cdot u(t)]=\int_{0-}^{\infty}\sin\omega_0 t\cdot\mathrm{e}^{-st}\,\mathrm{d}t\\&=\int_{0}^{\infty}\frac{\mathrm{e}^{\mathrm{j}\omega_0 t}-\mathrm{e}^{-\mathrm{j}\omega_0 t}}{2\mathrm{j}}\mathrm{e}^{-st}\,\mathrm{d}t\\&=\frac{1}{2\mathrm{j}}\left[\frac{1}{s-\mathrm{j}\omega_0}-\frac{1}{s+\mathrm{j}\omega_0}\right]\\&=\frac{\omega_0}{s^2+\omega_0^2}\end{aligned}$$

即

$$\sin\omega_0 t\cdot u(t)\leftrightarrow\frac{\omega_0}{s^2+\omega_0^2}$$

同理可得

$$\cos\omega_0 t\cdot u(t)\leftrightarrow\frac{s}{s^2+\omega_0^2}$$

5．t 的正幂信号 $t^n u(t)$

$$F(s)=\mathscr{L}[t^n u(t)]=\int_{0-}^{\infty}t^n\,\mathrm{e}^{-st}\,\mathrm{d}t$$

使用分部积分，有

$$\int_0^\infty t^n e^{-st} dt = -\frac{1}{s} t^n e^{-st} \Big|_0^\infty + \frac{n}{s}\int_0^\infty t^{n-1} e^{-st} dt = \frac{n!}{s^{n+1}}$$

即 $t^n \leftrightarrow \frac{n!}{s^{n+1}}$。当 $n=1$ 时，$t \leftrightarrow \frac{1}{s^2}$。

为计算时查找方便，现在将一些常用函数的拉普拉斯变换列于表 3-1-1 中。

表 3-1-1　常用函数拉普拉斯变换

序号	$f(t)(t\geqslant 0)$	$F(s)=\mathscr{L}[f(t)]$	序号	$f(t)(t\geqslant 0)$	$F(s)=\mathscr{L}[f(t)]$
1	$\delta(t)$	1	10	$\sin\omega t$	$\frac{\omega}{(s^2+\omega^2)}$
2	$\delta^n(t)$	s^n	11	$\cos\omega t$	$\frac{s}{(s^2+\omega^2)}$
3	$u(t)$	$\frac{1}{s}$	12	$e^{-at}\sin\omega t$	$\frac{\omega}{[(s+a)^2+\omega^2]}$
4	t^n	$\frac{n!}{s^{n+1}}$	13	$e^{-at}\cos\omega t$	$\frac{(s+a)}{[(s+a)^2+\omega^2]}$
5	$e^{\mp at}(a>0)$	$\frac{1}{(s+a)}$	14	$t\cos\omega t$	$\frac{(s^2-\omega^2)}{(s^2+\omega^2)^2}$
6	te^{-at}	$\frac{1}{(s+a)^2}$	15	$t\sin\omega t$	$\frac{2\omega s}{(s^2+\omega^2)^2}$
7	$(1-at)e^{-at}$	$\frac{s}{(s+a)^2}$	16	$\mathrm{Sh}\omega t$	$\frac{\omega}{(s^2-\omega^2)}$
8	$t^n e^{-at}$	$\frac{n!}{(s+a)^{n+1}}$	17	$\mathrm{Ch}\omega t$	$\frac{s}{(s^2-\omega^2)}$
9	$e^{j\omega t}$	$\frac{1}{(s-j\omega)}$			

3.2　拉普拉斯变换的性质

拉普拉斯变换有一些基本性质，这些性质反映了信号的时域特性和复频域特性的关系。掌握这些性质对求一些复杂信号的拉普拉斯变换和拉普拉斯反变换带来方便，这些性质与傅里叶变换的性质在很多情况下是相似的。

1. 线性特性

若

$$f_1(t)\leftrightarrow F_1(s),\quad \sigma>\sigma_1$$
$$f_2(t)\leftrightarrow F_2(s),\quad \sigma>\sigma_2$$

则

$$a_1 f_1(t)+a_2 f_2(t)\leftrightarrow a_1 F_1(s)+a_2 F_2(s) \tag{3.2.1}$$

式中，a_1、a_2 为任意常数，收敛域为两函数收敛域的重叠部分。

2. 右移（延时）特性

若

$$f(t)\leftrightarrow F(s),\quad \sigma>\sigma_c$$

则

$$f(t-t_0)u(t-t_0)\leftrightarrow F(s)\mathrm{e}^{-st_0},\quad \sigma>\sigma_c \tag{3.2.2}$$

式中 $t_0>0$

证明：$\mathscr{L}[f(t-t_0)u(t-t_0)]=\int_{t_0}^{\infty}f(t-t_0)\mathrm{e}^{-st}\mathrm{d}t$

令 $x=t-t_0$，$\mathrm{d}x=\mathrm{d}t$

于是有

$$\mathscr{L}[f(t-t_0)u(t-t_0)]=\int_{0-}^{\infty}f(x)\mathrm{e}^{-sx}\mathrm{e}^{-st_0}\mathrm{d}t=\mathrm{e}^{-st_0}\int_{0-}^{\infty}f(x)\mathrm{e}^{-sx}\mathrm{d}x$$
$$=\mathrm{e}^{-st_0}\cdot F(s)$$

例 3.2.1 求矩阵脉冲信号

$$f(t)=\begin{cases}1 & 0<t<\tau\\ 0 & 其他\end{cases}$$

的拉普拉斯变换。

【解】 由于 $f(t)=u(t)-u(t-\tau)$

所以

$$F(s)=\mathscr{L}[f(t)]=\mathscr{L}[u(t)]-\mathscr{L}[u(t-\tau)]=\frac{1}{s}-\frac{1}{s}\mathrm{e}^{-s\tau}=\frac{1-\mathrm{e}^{-s\tau}}{s}$$

在应用时移特性时，需要注意信号的几种时移情况。例如，$f(t-t_0)$，$f(t-t_0)u(t)$，$f(t)u(t-t_0)$，$f(t-t_0)u(t-t_0)$。设 $f(t)=\sin\omega t$，则 $\sin\omega(t-t_0)$、$\sin\omega(t-t_0)u(t)$、$\sin\omega t\cdot u(t-t_0)$、$\sin\omega(t-t_0)u(t-t_0)$这几种时移信号如图 3-2-1 所示。

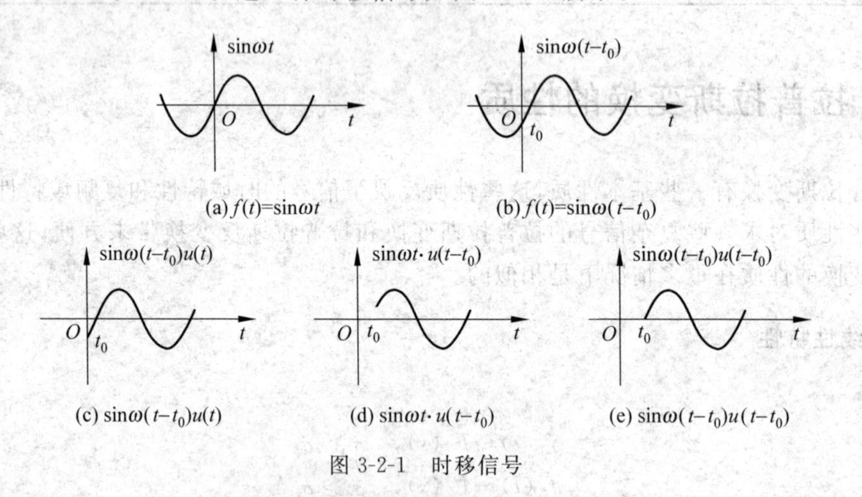

图 3-2-1 时移信号

时移特性只适用于求 $f(t-t_0)u(t-t_0)$的拉普拉斯变换，即图 3-2-1(e)所示的时移信号。运用时移特性还可以方便地求出周期信号的拉普拉斯变换。

例 3.2.2 求图 3-2-2 所示矩形脉冲信号序列的拉普拉斯变换。

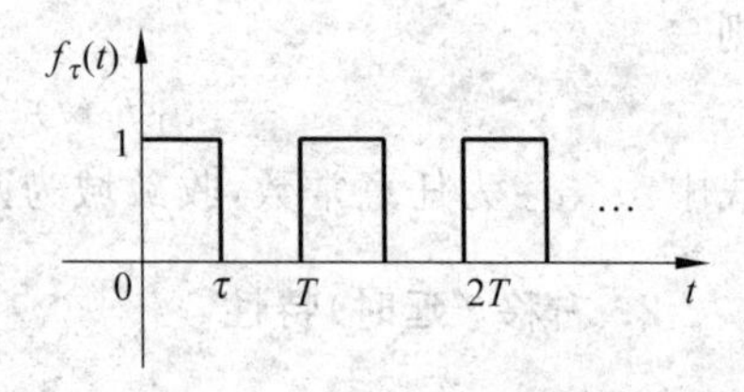

图 3-2-2 例 3.2.2 用图

【解】 该周期信号可写为

$$f_\tau(t)=\sum_{n=0}^{\infty}f_0(t-nT)\cdot u(t-nT)$$

其中 $f_0=u(t)-u(t-\tau)$ 为单个矩形脉冲，其拉普拉斯变换 $F_0(s)$ 已经在例 3.2.1 中求出，即

$$F_0(s)=\frac{1-e^{-s\tau}}{s}$$

利用时移特性可有

$$\begin{aligned}\mathscr{L}[f_\tau(t)]&=\mathscr{L}[\sum_{n=0}^{\infty}f_0(t-nT)u(t-nT)]\\&=F_0(s)[1+e^{-sT}+e^{-2sT}+\cdots+e^{-nsT}+\cdots]\\&=F_0(s)\frac{1}{1-e^{-sT}}=\frac{1-e^{-s\tau}}{s(1-e^{-sT})}\end{aligned}$$

3. 复频移特性

若

$$f(t)\leftrightarrow F(s)\quad \delta>\delta_c$$

则

$$f(t)e^{s_0t}\leftrightarrow F(s-s_0)\quad \delta-\delta_0>\delta_c \tag{3.2.3}$$

式中，$s_0=\delta_0+j\omega_0$ 为复常数。

证明：

$$\mathscr{L}[f(t)e^{s_0t}]=\int_{0_-}^{\infty}f(t)e^{s_0t}e^{-st}\cdot dt=\int_{0_-}^{\infty}f(t)e^{-(s-s_0)t}\cdot dt=F(s-s_0)$$

例 3.2.3　求 $e^{-at}\sin\omega_0tu(t)$ 的拉普拉斯变换。

【解】　因为 $\sin\omega_0tu(t)\leftrightarrow\dfrac{\omega_0}{s^2+\omega_0^2}$，所以 $e^{-at}\sin\omega_0tu(t)\leftrightarrow\dfrac{\omega_0}{(s+a)^2+\omega_0^2}$

4. 尺度变换特性

若

$$f(t)\leftrightarrow F(s)\quad \delta>\delta_c$$

则

$$f(at)\leftrightarrow\frac{1}{a}F\left(\frac{s}{a}\right)\quad \delta>\delta_c,a>0 \tag{3.2.4}$$

证明：

$$\mathscr{L}[f(at)]=\int_{0_-}^{\infty}f(at)e^{-st}dt$$

$$x=at,\quad dx=adt$$

所以

$$\mathscr{L}[f(at)]=\int_{0_-}^{\infty}f(x)e^{-\frac{s}{a}x}\frac{1}{a}dx=\frac{1}{a}\int_{0_-}^{\infty}f(x)e^{-\frac{s}{a}x}dx=\frac{1}{a}F\left(\frac{s}{a}\right)$$

如果信号函数既时移又变换时间尺度，其拉普拉斯变换结果具有普遍意义，即

若

$$f(t)\leftrightarrow F(s)\quad \delta>\delta_c$$

则

$$f(at-t_0)u(at-t_0)\leftrightarrow \frac{1}{a}F\left(\frac{s}{a}\right)\mathrm{e}^{-\frac{s}{a}t_0} \quad \delta > \delta_c \tag{3.2.5}$$

证明：方法一：按定义式求

$$\mathscr{L}[f(at-t_0)u(at-t_0)] = \int_{0_-}^{\infty} f(at-t_0)u(at-t_0)\mathrm{e}^{-st}\,\mathrm{d}t$$

$$= \int_{\frac{t_0}{a}}^{\infty} f(at-t_0)\mathrm{e}^{-st}\,\mathrm{d}t$$

令

$$at-t_0=x,\quad \mathrm{d}x=a\mathrm{d}t$$

则

$$\mathscr{L}[f(at-t_0)u(at-t_0)] = \int_0^{\infty} f(x)\mathrm{e}^{-\frac{sx}{a}}\mathrm{d}x\,\frac{1}{a}\mathrm{e}^{-s\frac{t_0}{a}} = \frac{1}{a}F\left(\frac{s}{a}\right)\mathrm{e}^{-\frac{s}{a}t_0}$$

方法二：

$$f(at-t_0)u(at-t_0) = f\left[a\left(t-\frac{t_0}{a}\right)\right]u\left[a\left(t-\frac{t_0}{a}\right)\right]$$

由尺度变换特性有

$$f(at)u(at)\leftrightarrow \frac{1}{a}F\left(\frac{s}{a}\right)$$

由时移特性有

$$f\left[a\left(t-\frac{t_0}{a}\right)\right]u\left[a\left(t-\frac{t_0}{a}\right)\right]\leftrightarrow \frac{1}{a}F\left(\frac{s}{a}\right)\mathrm{e}^{-s\frac{t_0}{a}}$$

如果信号函数既时移又有复频移，其结果也具有一般性，即

若

$$f(t)\leftrightarrow F(s) \quad \sigma > \sigma_c$$

则

$$\mathrm{e}^{-t_0(t-t_0)}f(t-t_0)u(t-t_0)\leftrightarrow \mathrm{e}^{-st_0}F(s+s_0) \quad \sigma+\sigma_0 > \sigma_c \tag{3.2.6}$$

证明：

$$\mathscr{L}[\mathrm{e}^{-s_0(t-t_0)}f(t-t_0)u(t-t_0)] = \int_{t_0}^{\infty} \mathrm{e}^{-s_0(t-t_0)}f(t-t_0)\mathrm{e}^{-st}\,\mathrm{d}t$$

令

$$x=t-t_0,\quad \mathrm{d}x=\mathrm{d}t$$

所以有

$$\mathscr{L}[\mathrm{e}^{-s_0(t-t_0)}f(t-t_0)u(t-t_0)] = \int_{0_-}^{\infty} \mathrm{e}^{-s_0x}f(x)\mathrm{e}^{-sx}\cdot \mathrm{e}^{-st_0}\cdot \mathrm{d}x$$

$$= \mathrm{e}^{-st_0}\int_{0_-}^{\infty} f(x)\mathrm{e}^{-(s+s_0)x}\,\mathrm{d}x$$

$$= \mathrm{e}^{-st_0}F(s+s_0)$$

5. 时域微分定理

若

$$f(t)\leftrightarrow F(s),\sigma > \sigma_c,\quad 且\frac{\mathrm{d}f(t)}{\mathrm{d}t}存在$$

$$\frac{\mathrm{d}f(t)}{\mathrm{d}t} \leftrightarrow sF(s) - f(0_-) \tag{3.2.7}$$

证明：$\mathscr{L}\left[\frac{\mathrm{d}f(t)}{\mathrm{d}t}\right] = \int_{0_-}^{\infty} \frac{\mathrm{d}f(t)}{\mathrm{d}t} \mathrm{e}^{-st}\mathrm{d}t = f(t)\mathrm{e}^{-st}\Big|_{0_-}^{\infty} + s\int_{0_-}^{\infty} f(t)\mathrm{e}^{-st}\mathrm{d}t$

因为 $f(t)$是指数阶信号，在收敛域内有$\lim\limits_{t\to\infty} f(t)\mathrm{e}^{-st} = 0$

所以

$$\mathscr{L}\left[\frac{\mathrm{d}f(t)}{\mathrm{d}t}\right] = sF(s) - f(0_-)$$

同理，可以推证

$$\frac{\mathrm{d}^n f(t)}{\mathrm{d}t^n} \leftrightarrow s^n F(s) - s^{n-1} f(0_-) - s^{n-2} f'(0_-) - \cdots - f^{n-1}(0_-) \tag{3.2.8}$$

例 3.2.4 已知 $f(t) = \mathrm{e}^{-at}u(t)$，求$\frac{\mathrm{d}f(t)}{\mathrm{d}t}$的拉普拉斯变换。

【解】 可用两种方法求解。

解法一：由基本定义式求。

因为

$$\frac{\mathrm{d}f(t)}{\mathrm{d}t} = \frac{\mathrm{d}}{\mathrm{d}t}[\mathrm{e}^{-at}u(t)] = \delta(t) - a\mathrm{e}^{-at}u(t)$$

所以

$$\mathscr{L}\left[\frac{\mathrm{d}f(t)}{\mathrm{d}t}\right] = \mathscr{L}[\delta(t)] - \mathscr{L}[a\mathrm{e}^{-at}u(t)] = 1 - \frac{a}{s+a} = \frac{s}{s+a}$$

解法二：由微分性质求。

已知

$$f(t) \leftrightarrow F(s) = \frac{1}{s+a}, \quad f(0_-) = 0$$

则

$$\mathscr{L}\left[\frac{\mathrm{d}f(t)}{\mathrm{d}t}\right] = sF(s) = \frac{s}{s+a}$$

6. 时域积分定理

若

$$f(t) \leftrightarrow F(s) \quad \sigma > \sigma_c$$

则

$$\mathscr{L}\left[\int_{-\infty}^{t} f(x)\mathrm{d}x\right] = \frac{F(s)}{s} + \frac{1}{s} f^{(-1)}(0_-) \tag{3.2.9}$$

其中

$$f^{(-1)}(0_-) = \int_{-\infty}^{0_-} f(t)\mathrm{d}t$$

为 $f(t)$积分的初始值。

证明：因为

$$\int_{-\infty}^{t} f(x)\mathrm{d}x = \int_{-\infty}^{0_-} f(x)\mathrm{d}x + \int_{0_-}^{t} f(x)\mathrm{d}x$$

所以

$$\mathscr{L}\left[\int_{-\infty}^{t} f(x)\,\mathrm{d}x\right]=\mathscr{L}\left[\int_{-\infty}^{0_-} f(x)\,\mathrm{d}x\right]+\mathscr{L}\left[\int_{0_-}^{t} f(x)\,\mathrm{d}x\right]$$

其中右端第一项积分为常数,即

$$\mathscr{L}\left[\int_{-\infty}^{0_-} f(x)\,\mathrm{d}x\right]=\frac{1}{s}f^{(-1)}(0_-)$$

第二项积分由分部积分,可得

$$\begin{aligned}\mathscr{L}\left[\int_{0}^{t} f(x)\,\mathrm{d}x\right]&=\int_{0_-}^{\infty}\left[\int_{0_-}^{t} f(x)\,\mathrm{d}x\right]\mathrm{e}^{-st}\,\mathrm{d}t\\&=\left[-\frac{\mathrm{e}^{-st}}{s}\int_{0}^{t} f(x)\,\mathrm{d}x\right]_{0_-}^{\infty}+\frac{1}{s}\int_{0_-}^{\infty} f(t)\mathrm{e}^{-st}\,\mathrm{d}t\\&=0+\frac{1}{s}F(s)\end{aligned}$$

所以有

$$\mathscr{L}\left[\int_{-\infty}^{t} f(x)\,\mathrm{d}x\right]=\frac{1}{s}F(s)+\frac{1}{s}f^{(-1)}(0_-)$$

如果函数积分区间从零开始,则有

$$\mathscr{L}\left[\int_{0}^{t} f(x)\,\mathrm{d}x\right]=\frac{1}{s}F(s) \tag{3.2.10}$$

同理,可推证

$$\underbrace{\int_{0}^{t}\int_{0}^{t_1}\cdots\int_{0}^{t_{n-1}}}_{n个} f(x)\,\mathrm{d}x\mathrm{d}t_{n-1}\cdots\mathrm{d}t_1\leftrightarrow\frac{1}{s^n}F(s) \tag{3.2.11}$$

例 3.2.5 求 $f(t)=t^2u(t)$ 的拉普拉斯变换。

【解】 因为

$$tu(t)=\int_{0}^{t}u(x)\,\mathrm{d}x,\ u(t)\leftrightarrow\frac{1}{s}$$

$$\frac{1}{2}t^2u(t)=\int_{0}^{t}\left[\int_{0}^{t_1}u(x)\,\mathrm{d}x\right]\mathrm{d}t_1$$

应用积分定理可得

$$\mathscr{L}[t^2u(t)]=\frac{2}{s^3}$$

7. s 域微分定理

若

$$f(t)\leftrightarrow F(s)\quad \sigma>\sigma_c$$

则

$$-tf(t)\leftrightarrow\frac{\mathrm{d}f(s)}{\mathrm{d}s} \tag{3.2.12}$$

$$(-t)^n f(t)\leftrightarrow\frac{\mathrm{d}^n F(s)}{\mathrm{d}s^n} \tag{3.2.13}$$

证明:根据定义 $F(s)=\int_{0_-}^{\infty}f(t)\mathrm{e}^{-st}\,\mathrm{d}t$

所以

$$\frac{\mathrm{d}F(s)}{\mathrm{d}s}=\frac{\mathrm{d}}{\mathrm{d}s}\int_{0_-}^{\infty}f(t)\mathrm{e}^{-st}\mathrm{d}t=\int_{0_-}^{\infty}f(t)\frac{\mathrm{d}}{\mathrm{d}s}\mathrm{e}^{-st}\mathrm{d}t$$

$$=\int_{0_-}^{\infty}[-tf(t)]\mathrm{e}^{-st}\mathrm{d}t=\mathscr{L}[-tf(t)]$$

同理可推出

$$\frac{\mathrm{d}^nF(s)}{\mathrm{d}s^n}=\int_{0}^{\infty}(-t)^nf(t)\mathrm{e}^{-st}\mathrm{d}t=\mathscr{L}[(-t)^nf(t)]$$

例 3.2.6　求 $f(t)=t\mathrm{e}^{-at}u(t)$的拉普拉斯变换。

【解】　因为 $\mathrm{e}^{-at}u(t)\leftrightarrow\frac{1}{s+a}$

根据式(3.2.12)可以直接写出

$$t\mathrm{e}^{-at}u(t)\leftrightarrow-\frac{\mathrm{d}}{\mathrm{d}s}\left(\frac{1}{s+a}\right)=\frac{1}{(s+a)^2}$$

即

$$\mathscr{L}[t\mathrm{e}^{-at}u(t)]=\frac{1}{(s+a)^2}$$

8. s 域积分定理

若

$$f(t)\leftrightarrow F(s)\quad \sigma>\sigma_c$$

则

$$\frac{f(t)}{t}\leftrightarrow\int_{s}^{\infty}F(s_1)\mathrm{d}s_1 \tag{3.2.14}$$

证明：

$$\int_{s}^{\infty}F(s_1)\mathrm{d}s_1=\int_{s}^{\infty}\left[\int_{0_-}^{\infty}f(t)\mathrm{e}^{-s_1t}\mathrm{d}t\right]\mathrm{d}s_1=\int_{0}^{\infty}f(t)\left[\int_{t}^{\infty}\mathrm{e}^{-s_1t}\mathrm{d}s_1\right]\mathrm{d}t$$

$$=\int_{0_-}^{\infty}f(t)\frac{1}{t}\mathrm{e}^{-st}\mathrm{d}t=\mathscr{L}\left[\frac{f(t)}{t}\right]$$

例 3.2.7　求 $f(t)=\frac{\sin t}{t}u(t)$的拉普拉斯变换。

【解】　因为 $\sin u(t)\leftrightarrow\frac{1}{s^2+1}$

所以

$$\mathscr{L}\left[\frac{\sin t}{t}u(t)\right]=\int_{s}^{\infty}\frac{1}{s_1^2+1}\mathrm{d}s_1=\arctan s_1\Big|_{s}^{\infty}=\frac{\pi}{2}-\arctan s$$

9. 初值定理

若

$$f(t)\leftrightarrow F(s)\quad \sigma>\sigma_c\text{，且 }f(t)\text{ 连续可导}$$

则

$$f(0_+)=\lim_{t\to0_+}f(t)=\lim_{s\to\infty}sF(s) \tag{3.2.15}$$

证明：由时域微分定理可知

$$sF(s)-f(0_-)=\int_{0_-}^{\infty}\frac{\mathrm{d}f(t)}{\mathrm{d}t}\mathrm{e}^{-st}\mathrm{d}t$$

$$\int_{0_-}^{0_+}\frac{\mathrm{d}f(t)}{\mathrm{d}t}\mathrm{e}^{-st}\mathrm{d}t+\int_{0_+}^{\infty}\frac{\mathrm{d}f(t)}{\mathrm{d}t}\mathrm{e}^{-st}\mathrm{d}t$$

因为在区间$(0_-,0_+)$，$t=0$，$\mathrm{e}^{-st}\Big|_{t=0}=1$

所以

$$sF(s)-f(0_-)=f(t)\Big|_{0_-}^{0_+}+\int_{0_+}^{\infty}\frac{\mathrm{d}f(t)}{\mathrm{d}t}\mathrm{e}^{-st}\mathrm{d}t$$

$$=f(0_+)-f(0_-)+\int_{0_+}^{\infty}\frac{\mathrm{d}f(t)}{\mathrm{d}t}\mathrm{e}^{-st}\mathrm{d}t$$

令 $s\to\infty$，对上式两边取极限，有

$$f(0_+)=\lim_{t\to\infty}\cdot F(s)$$

10. 终值定理

若

$$f(t)\leftrightarrow F(s)\quad \sigma>\sigma_c$$

则

$$\lim_{s\to\infty}f(t)=f(\infty)=\lim_{s\to 0}s\cdot F(s)\tag{3.2.16}$$

证明：由时域微分定理，有

$$sF(s)-f(0_-)=\int_{0_-}^{\infty}\frac{\mathrm{d}f(t)}{\mathrm{d}t}\mathrm{e}^{-st}\mathrm{d}t$$

令 $s\to 0$，对上式取极限

$$\lim_{s\to 0}sF(s)-f(0_-)=\int_{0_-}^{\infty}\frac{\mathrm{d}f(t)}{\mathrm{d}t}\mathrm{e}^{-st}\mathrm{d}t$$

$$=f(\infty)-f(0_-)$$

所以，有

$$f(\infty)=\lim_{s\to 0}s\cdot F(s)$$

11. 卷积定理

若

$$f_1(t)\leftrightarrow F_1(s)\quad \sigma>\sigma_1$$

$$f_2(t)\leftrightarrow F_2(s)\quad \sigma>\sigma_2$$

则

$$f_1(t)*f_2(t)\leftrightarrow F_1(s)\cdot F_2(s)\tag{3.2.17}$$

其收敛至少是 $F_1(s)$和 $F_2(s)$收敛域的重叠部分。

证明：

$$\mathscr{L}[f_1(t)*f_2(t)]=\int_0^{\infty}\left[\int_0^{\infty}f_1(\tau)f_2(t-\tau)\mathrm{d}\tau\right]\mathrm{e}^{-st}\mathrm{d}t$$

因为 $t-\tau<0$，$t<\tau$ 时 $f_2(t-\tau)=0$

令

$$t-\tau=x,\quad dx=dt$$

则

$$\mathscr{L}[f_1(t)*f_2(t)]=\int_0^{\infty}f_1(\tau)e^{-s\tau}d\tau\cdot\int_0^{\infty}f_2(x)e^{-sx}dx=F_1(s)\cdot F_2(s)$$

例 3.2.8　已知 $f_1(t)=e^{-\lambda t}u(t)$，$f_2(t)=u(t)$，求 $f_1(t)*f_2(t)$。

【解】　$f_1(t)\leftrightarrow\dfrac{1}{s+\lambda}=F_1(s)$，$f_2(t)\leftrightarrow\dfrac{1}{s}=F_2(s)$

而

$$F_1(s)\cdot F_2(s)=\frac{1}{s+\lambda}\cdot\frac{1}{s}=\frac{1}{\lambda}\left(\frac{1}{s}-\frac{1}{s+\lambda}\right)$$

所以

$$f_1(t)*f_2(t)=\mathscr{L}^{-1}[F_1(s)\cdot F_2(s)]=\frac{1}{\lambda}[1-e^{-\lambda t}]u(t)$$

表 3-2-1 列出了拉普拉斯变换的基本性质。

表 3-2-1　拉普拉斯变换的基本性质

性　　质	表　达　式
线性特征	$\mathscr{L}[a_1f_1(t)+a_2f_2(t)]=a_1F_1(s)+a_2F_2(s)$
时域微分特性	$\mathscr{L}\left[\dfrac{df}{dt}\right]=sF(s)-f(0_-)$
	$\mathscr{L}\left[\dfrac{d^nf(t)}{dt^n}\right]=s^nF(s)-s^{n-1}f(0_-)\cdots-s^{n-2}f^{(1)}(0_-)\cdots-f^{(n-1)}(0_-)$
时域积分特性	$\mathscr{L}\left[\int_{0_-}^{t}f(\tau)d\tau\right]=\dfrac{F(s)}{s}$
	$\mathscr{L}\left[\int_{-\infty}^{t}f(\tau)d\tau\right]=\dfrac{F(s)}{s}+\dfrac{\int_{-\infty}^{0}f(\tau)d\tau}{s}$
尺度变换特性	$\mathscr{L}[f(at)]=\dfrac{1}{a}F\left(\dfrac{s}{a}\right),a>0$
延迟特性	$\mathscr{L}[f(t-t_0)u(t-t_0)]=F(s)e^{-st_0}$
复频域搬移特性	$\mathscr{L}[f(t)e^{\mp at}]=F(s\pm a)$
复频域的微分特性	$\mathscr{L}[-tf(t)]=\dfrac{dF(s)}{ds}$
	$\mathscr{L}[(-1)^nt^nf(t)]=\dfrac{d^n}{ds^n}F(s)$
复频域的积分特性	$\mathscr{L}\left[\dfrac{f(t)}{t}\right]=\int_t^{\infty}F(s)ds$
时域卷积定理	$\mathscr{L}[f_1(t)*f_2(t)]=F_1(s)\cdot F_2(s)$
复频域卷积定理	$\mathscr{L}[f_1(t)f_2(t)]=\dfrac{1}{2\pi j}[F_1(s)*F_2(s)]$
初值定理	$f(0_+)=\lim\limits_{s\to\infty}sF(s)$
终值定理	$f(\infty)=\lim\limits_{s\to 0}sF(s)$

3.3 拉普拉斯反变换

在系统复频域分析中，会经常遇到求拉普拉斯反变换的问题。对于单边拉普拉斯变换，像函数 $F(s)$ 的拉普拉斯反变换为

$$f(t)=\begin{cases}0 & t<0\\ \dfrac{1}{2\pi \mathrm{j}}\displaystyle\int_{\sigma-\mathrm{j}\omega}^{\sigma+\mathrm{j}\omega}F(s)\mathrm{e}^{st}\mathrm{d}s & t\geqslant 0\end{cases}\tag{3.3.1}$$

这是一个复变函数积分，直接积分比较困难。下面介绍对实用中常遇到的 $F(s)$ 求拉普拉斯反变换的几种一般性方法。

1. 逆变换表法

如果 $F(s)$ 是一些比较简单的函数，可利用常见信号的拉普拉斯变换表，查出对应的原函数信号，或者借助拉普拉斯变换若干性质，配合查表，求出原时间信号。

例 3.3.1 已知 $F(s)=2+\dfrac{s+2}{(s+2)^2+2^2}$，求其拉普拉斯反变换 $f(t)$。

【解】 由变换表可知

$$2\leftrightarrow 2\delta(t)$$

$$\frac{s+2}{(s+2)^2+2^2}\leftrightarrow \mathrm{e}^{-2t}\cos 2tu(t)$$

所以

$$f(t)=\mathscr{L}^{-1}[F(s)]=2\delta(t)+\mathrm{e}^{-2t}\cos 2tu(t)$$

例 3.3.2 求 $F(s)=\frac{1}{s^3}(1-\mathrm{e}^{-st_0}$ 的拉普拉斯反变换。

解：$F(s)=\frac{1}{s^2}\frac{1}{s}(1-\mathrm{e}^{-st_0})$

其中

$$\frac{1}{s^2}\leftrightarrow tu(t)\quad \frac{1}{s}(1-\mathrm{e}^{-st_0})\leftrightarrow u(t)-u(t-t_0)$$

由卷积定理可知

$$\begin{aligned}f(t)&=\mathscr{L}^{-1}[F(s)]=[tu(t)]*[u(t)-u(t-t_0)]\\&=\left[\int_0^t xu(x)\mathrm{d}x\right]*[\delta(t)-\delta(t-t_0)]\\&=\frac{1}{2}t^2u(t)-\frac{1}{2}(t-t_0)^2u(t-t_0)\end{aligned}$$

2. 部分分式展开法

分析线性非时变系统时，常常遇到的像函数 $F(s)$ 是 s 的有理分式，可以用长除法把 $F(s)$ 分解为关于 s 的有理多项式与真分式之和。有理真分式是 s 的两个多项式只比，可以写成

$$F_1(s)=\frac{A(s)}{B(s)}=\frac{a_m s^m+a_{m-1}s^{m-1}+\cdots+a_1 s+a_0}{s^n+b_{n-1}s^{n-1}+\cdots b_1 s+b_0} \tag{3.3.2}$$

式中，$m<n$，各系数 $a_i(i=0,1,2,\cdots,m)$，$b_j(j=0,1,\cdots,n-1)$都是实数。

求 $F(s)$的反变换归结为求有理真分式 $F_1(s)$的反变换，可用将有理真分式展开成部分分式的方法来求。下面讨论这种方法求反变换问题。

首先要求出 $B(s)=0$ 的 n 个根（称为 F_1 的极点），它有几种情况：

(1) $B(s)=0$ 的根都是单根，即 n 个根 $s_k(k=1,\cdots,n)$都互不相等，则 $F_1(s)$可以展开成以下部分公式，即

$$F_1(s)=\frac{A(s)}{B(s)}=\frac{A(s)}{(s-s_1)(s-s_2)\cdots(s-s_n)}=\sum_{i=1}^{n}\frac{K_i}{s-s_i} \tag{3.3.3}$$

式中，K_i 为特定系数。

$$K_i=(s-s_i)F_1(s)\Big|_{s=s_i}=(s-s_i)\frac{A(s)}{B(s)}\Big|_{s=s_i} \tag{3.3.4}$$

或

$$K_i=\lim_{s\to s_i}\frac{A(s)}{B'(s)}=\frac{A(s_i)}{B(s_i)} \tag{3.3.5}$$

将 K_i 代入式(3.3.3)得

$$F_1(s)=\sum_{i=1}^{n}\frac{A(s_i)}{B'(s_i)}\frac{1}{s-s_i} \tag{3.3.6}$$

则有

$$f_1(t)=\sum_{i=1}^{n}\frac{A(s_i)}{B'(s_i)}e^{s_i t}\quad t\geqslant 0 \tag{3.3.7}$$

例 3.3.3　求 $F(s)=\dfrac{2s^2+3s+3}{s^3+6s^2+11s+6}$的拉普拉斯反变换 $f(t)$。

【解】　$B(s)=s^3+6s^2+11s+6=(s+3)(s+2)(s+1)$

所以

$$F(s)=\frac{K_1}{s+3}+\frac{K_2}{s+2}+\frac{K_3}{s+1}$$

$$K_1=(s+3)F(s)\mid_{s=-3}=6$$

$$K_2=(s+2)F(s)\mid_{s=-2}=-5$$

$$K_3=(s+1)F(s)\mid_{s=-1}=1$$

因此

$$f(t)=(6e^{-3t}-5e^{-2t}+e^{-t})u(t)$$

例 3.3.4　求 $F(s)=\dfrac{3s^3+8s^2+7s+1}{s^2+3s+2}$的拉普拉斯反变换 $f(t)$。

【解】　因为 $m>n$，$F(s)$不是真分式，应先用长除法将其化为真分式，即

$$F(s)=3s-1+\frac{4s+3}{s^2+3s+2}=3s-1+\frac{4s+3}{(s+2)(s+1)}$$

$$=3s-1+F_1(s)$$

$$F_1(s)=\frac{K_1}{s+2}+\frac{K_2}{s+1}$$

$$K_1=(s+2)F_1(s)\Big|_{s=-2}=5$$

$$K_2=(s+1)F_1(s)\Big|_{s=-1}=-1$$

因为

$$\mathscr{L}^{-1}[3s]=3\delta'(t),\quad \mathscr{L}^{-1}[-1]=-\delta(t)$$

所以

$$f(t)=3\delta'(t)-\delta(t)+5\mathrm{e}^{-2t}u(t)-\mathrm{e}^{-t}u(t)$$

(2) $B(s)=0$ 有重根。设 $B(s)=0$ 有一个 p 阶重根 s_1，$(n-p)$ 个单值根 $s_i(i=2,3,\cdots,n-p+1)$，则 $F_1(s)$ 可写成

$$F_1(s)=\frac{A(s)}{B(s)}=\frac{A(s)}{(s-s_1)^pB_2(s)} \tag{3.3.8}$$

其中，$B_2(s)=(s-s_2)(s-s_3)\cdots(s-s_{n-p+1})$。

令 $F_2(s)=\sum_{i=2}^{n-p+1}\frac{K_i}{s-s_i}$，其原函数求法同前单根值相同。

这时 $F_1(s)$ 可分解成

$$F_1(s)=\frac{K_{11}}{(s-s_1)^p}+\frac{K_{12}}{(s-s_1)^{p-1}}+\cdots+\frac{K_{1p}}{(s-s_1)}+F_2(s) \tag{3.3.9}$$

系数 $K_{1j}(j=1,2,\cdots,p)$ 的求法为

$$K_{11}=(s-s_1)^pF_1(s)\,|_{s=s_1} \tag{3.3.10}$$

$$K_{12}=\frac{\mathrm{d}}{\mathrm{d}s}[(s-s_1)^pF_1(s)]_{s=s_1} \tag{3.3.11}$$

$$\vdots$$

$$K_{1i}=\frac{1}{(i-1)!}\frac{\mathrm{d}^{i-1}}{\mathrm{d}s^{i-1}}[(s-s_1)^pF_1(s)]_{s=s_1} \tag{3.3.12}$$

$$i=1,2,\cdots,p$$

因为 $\mathscr{L}\,[t^nu(t)]=\frac{n!}{s^{n+1}}$，利用复频移特性可得函数

$$f(t)=\mathscr{L}^{-1}\left[\sum_{i=1}^{p}\frac{K_{1i}}{(s-s_1)^{p+1-i}}\right]+\mathscr{L}^{-1}[F_1(s)]$$

$$=\mathrm{e}^{s_1t}\sum_{i=1}^{n}\frac{K_{1i}}{(p-i)!}t^{p-i}+\mathscr{L}^{-1}[F_2(s)]t\geqslant 0 \tag{3.3.13}$$

例 3.3.5 求 $F(s)=\frac{2s^2+3s+3}{(s+1)(s+3)^3}$ 的拉普拉斯反变换 $f(t)$。

【解】 $F(s)=\frac{K_{11}}{(s+3)^3}+\frac{K_{12}}{(s+3)^2}+\frac{K_{13}}{s+3}+\frac{K_2}{s+1}$

$K_{11}=(s+3)^3F(s)|_{s=-3}=6$

$K_{12}=\frac{\mathrm{d}}{\mathrm{d}s}[(s+3)^3F(s)]_{s=-3}=\frac{3}{2}$

$K_{13}=\frac{1}{2}\frac{\mathrm{d}^2}{\mathrm{d}s^2}[(s+3)^3F(s)]_{s=-3}=-\frac{1}{4}$

$K_2=[(s+1)F(s)]_{s=-1}=\frac{1}{4}$

即

$$f(t)=\left[\left(\frac{6}{2}t^2+\frac{3}{2}t-\frac{1}{4}\right)e^{-3t}+\frac{1}{4}e^{-t}\right]u(t)$$

(3) $B(s)=0$ 含有复根。因为 $F(s)$ 为有理式，当出现复根时，必共轭成对。这时原函数将出现正弦或余弦项。把 $B(s)$ 作为一个整体来考虑，可使求解过程简化。

例 3.3.6　求 $F(s)=\dfrac{3s+5}{s^2+2s+2}$ 的拉普拉斯反变换 $f(t)$。

【解】　因为 $B(s)=s^2+2s+2$ 有一对共轭复根 $s_{1,2}=-1\pm j1$。

把分母多项式统一处理，即

$$F(s)=\frac{3s+5}{s^2+2s+1+1}=\frac{3(s+1)}{(s+1)^2+1}+\frac{2}{(s+1)^2+1}$$

即

$$f(t)=(3\cos t+2\sin t)e^{-t}u(t)$$

3. 留数法(反演积分)

留数法就是直接计算式(3.3.1)的积分，现将该式重写为

$$f(t)=\frac{1}{2\pi j}\int_{\sigma-j\omega}^{\sigma+j\omega}F(s)e^{st}ds\quad t\geqslant 0\tag{3.3.14}$$

这是复变函数积分问题。根据复变函数理论中的留数定理知，若函数 $f(z)$ 在区域 D 内除有限个奇点外处处解析，c 为 D 内包围诸奇点的一条正向简单闭合曲线，则有

$$\oint_c f(z)dz=2\pi j\sum \mathrm{Re}\,s[f(z),z_i]\tag{3.3.15}$$

为了能用留数定理计算式(3.3.14)的积分，可从 $\sigma-j\infty\sim\sigma+j\infty$ 补足一条积分路径，构成一闭合围线积分，如图 3-3-1 所示。补足的这条路径 c，是半径为∞的圆弧。可以证明，沿该圆弧的积分应为零，即 $\int_c F(s)e^{st}ds=0$。这样上面的积分就可用留数定理求出，它等于围线中被积函数 $F(s)e^{st}$ 所有极点的留数和，即

$$f(t)=\mathscr{L}^{-1}[F(s)]=\sum_{\text{极点}}[F(s)e^{st}\text{ 的留数}]\tag{3.3.16}$$

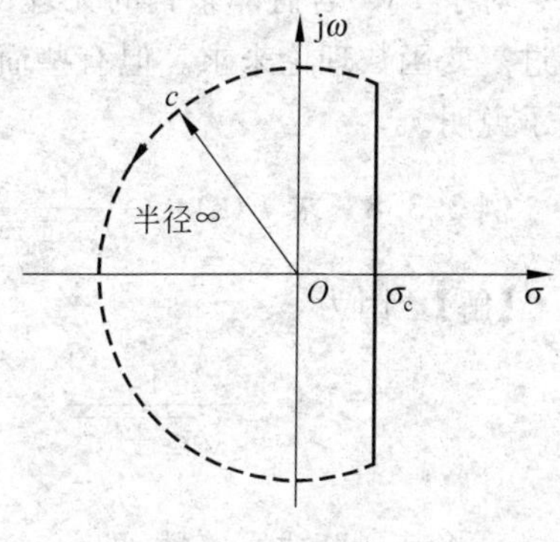

图 3-3-1　留数法

下面给出用留数法求拉普拉斯反变换的公式。

(1) $F(s)=\dfrac{A(s)}{B(s)}$ 为有理真分式，且只有 n 个单极点，即

$$f(t)=\sum_{k=1}^{n}\mathrm{Re}\,s[F(s)e^{st};s_k]=\sum_{k=1}^{n}[(s-s_k)F(s)e^{st}]_{s=s_k}\tag{3.3.17}$$

或

$$f(t)=\sum_{k=1}^{n}\frac{A(s_k)}{B'(s_k)}e^{s_kt}\tag{3.3.18}$$

(2) $F(s)=\dfrac{A(s)}{B(s)}$为n阶有理真分式，且有p阶重极点s'及$(n-p)$阶单值极点，即

$$f(t)=\frac{1}{(p-1)!}\lim_{s\to s'}\frac{\mathrm{d}^{p-1}}{\mathrm{d}s^{p-1}}\left[(s-s')^{p}\frac{A(s)}{B(s)}\mathrm{e}^{st}\right]+\sum_{k=n-p}^{n}\left[(s-s_k)F(s)\mathrm{e}^{st}\right]_{s=s_k} \tag{3.3.19}$$

例 3.3.7 求 $F(s)=\dfrac{s+2}{s(s+3)(s+1)^2}$的拉普拉斯反变换 $f(t)$。

【解】 $F(s)$有两个单值极点 $s_1=0$、$s_2=-3$ 和一个二重极点 $s_3=-1$，它们的留数分别为

$$\mathrm{Res}s_1=\left[(s-s_1)F(s)\mathrm{e}^{st}\right]_{s=s_1}=\left.\frac{(s+2)\mathrm{e}^{st}}{(s+3)(s+1)^2}\right|_{s=0}=\frac{2}{3}$$

$$\mathrm{Res}s_2=\left[(s-s_2)F(s)\mathrm{e}^{st}\right]_{s=s_2}=\left.\frac{(s+2)}{s(s+1)^2}\mathrm{e}^{st}\right|_{s=-3}=\frac{1}{12}\mathrm{e}^{-3t}$$

$$\mathrm{Res}s_3=\frac{1}{1}\left.\frac{\mathrm{d}}{\mathrm{d}s}\left[(s+1)^2\frac{(s+2)}{s(s+3)(s+1)^2}\mathrm{e}^{st}\right]\right|_{s=-1}=\left(-\frac{t}{2}-\frac{3}{4}\right)\mathrm{e}^{-t}$$

所以

$$f(t)=\left[\frac{2}{3}+\frac{1}{12}\mathrm{e}^{-3t}-\left(\frac{t}{2}+\frac{3}{4}\right)\mathrm{e}^{-t}\right]u(t)$$

当像函数 $F(s)$为有理真分式时，用留数法求拉普拉斯反变换并无突出的优点，但当 $F(s)$不能展开为部分分式时，就只能用留数法了。

4. 级数展开法

对于 $F(s)$含有非整幂的无理函数，不能展开成简单的部分分式。欲求其反变换，必须通过复变函数理论来求。但有些简单的无理函数的反变换可用级数展开式求出。以下通过例子说明。

例 3.3.8 求 $F(s)=\dfrac{1}{\sqrt{s^2+a^2}}$的拉普拉斯反变换 $f(t)$。

【解】 因为

$$\frac{1}{\sqrt{s^2+a^2}}=\frac{1}{s\sqrt{1+\left(\dfrac{a}{s}\right)^2}}=\frac{1}{s}\left[1+\left(\frac{a}{s}\right)^2\right]^{-\frac{1}{2}}$$

可将其展开成幂级数，即

$$\frac{1}{s}\left[1+\left(\frac{a}{s}\right)^2\right]^{-\frac{1}{2}}=\frac{1}{s}-\frac{a^2}{2s^3}+\frac{3a^4}{2!2^2s^5}-\frac{3\cdot 5a^6}{3!2^3s^7}+\cdots$$

因为

$$t^n u(t)=\frac{n!}{s^{n+1}}$$

所以

$$\mathscr{L}^{-1}\left[\frac{1}{\sqrt{s^2+a^2}}\right]=1-\frac{1}{2^2}(at)^2+\frac{1}{2^2 4^4}(at)^4-\frac{1}{2^2 4^2 6^2}(at)^6+\cdots$$

$$=\sum_{k=0}^{\infty}\frac{(-1)^k}{(k!)^2}\left(\frac{at}{2}\right)^{2k}=J_0(at)$$

式中，J_0 为零阶的第一类贝塞尔函数。

3.4 系统的复频域分析

3.4.1 微分方程的变换解

描述线性非时变连续系统的是常系数线性微分方程，已知激励求响应的计算过程就是求解此微分方程。而拉普拉斯变换是求解线性微分方程的有力工具。其主要特点有：可将微分方程变换为代数方程，求解方便；初始状态已自然地包含在变换后的代数方程中，可直接得出系统的全响应解；求解步骤简明且有规律。现举例说明。

例 3.4.1 求 $\frac{d^2y(t)}{dt^2}+3\frac{dy(t)}{dt}+2y(t)=f(t)$ 的全响应。

已知 $f(t)=e^{-3t}$，$y(0_-)=1$，$y'(0_-)=1$。

【解】 对原微分方程两边取拉普拉斯变换，可得

$$s^2Y(s)-sy(0_-)-y'(0_-)+3sY(s)-3y(0_-)+2Y(s)=F(s)$$

现将 $Y(0_-)=1$，$y'(0_-)=1$，$F(s)=\mathscr{L}[e^{-3t}]=\frac{1}{s+3}$，代入上式，得

$$(s^2+3s+2)Y(s)=\frac{1}{s+3}+s+4$$

$$Y(s)=\frac{s^2+7s+13}{(s+3)(s^2+3s+2)}=\frac{K_1}{s+1}+\frac{K_2}{s+2}+\frac{K_3}{s+3}$$

解得

$$K_1=\frac{7}{2},\quad K_2=-3,\quad K_3=\frac{1}{2}$$

所以

$$y(t)=\left(\frac{7}{2}e^{-t}-3e^{-2t}+\frac{1}{2}e^{-3t}\right)u(t)$$

当给定一个电路时，首先根据电路的结构和激励，按照电路定律建立响应与激励之间的微分方程，然后再按上述过程求全响应。

例 3.4.2 图 3-4-1 所示 RLC 电路，输入激励电压 $u(t)$，求响应电流 $i(t)$。设初始状态为 $i_L(0_-)$、$u_C(0_-)$。

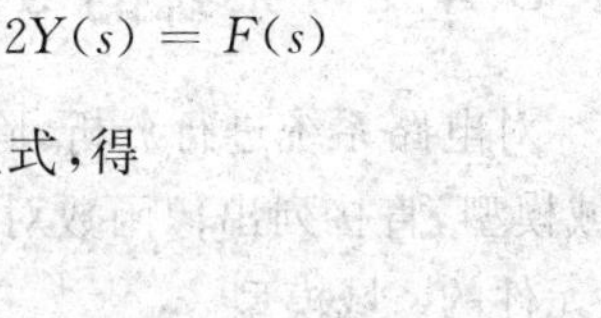

$i_L(0_-)$　$i(t)$　L　$u(t)$　C　$u_C(0_-)$　R

图 3-4-1　例 3.4.2 用图

【解】 根据基尔霍夫定律有

$$L\frac{di(t)}{dt}+Ri(t)+\frac{1}{C}\int_{-\infty}^{t}i(\tau)d\tau=u(t)$$

将上式两边进行拉普拉斯变换，并利用微积分性质，可得

$$LsI(s)-Li_L(0_-)+RI(s)+\frac{1}{Cs}I(s)+\frac{u_C(0_-)}{s}=u(s)$$

所以

$$I(s)=\frac{U(s)+Li_{\mathrm{L}}(0_{-})-\frac{u_{\mathrm{C}}(0_{-})}{s}}{Ls+R+\frac{1}{Cs}}$$

$$=\frac{U(s)}{Ls+R+\frac{1}{Cs}}+\frac{Li_{\mathrm{L}}(0_{-})-\frac{1}{s}u_{\mathrm{C}}(0_{-})}{Ls+R+\frac{1}{Cs}}$$

上式中第一项中只与激励 $U(s)$ 有关，是零状态响应的像函数，第二项只与初始状态 $i_{\mathrm{L}}(0_{-})$ 和 $u_{\mathrm{C}}(0_{-})$ 有关，是零输入响应的像函数。对 $I(s)$ 进行拉普拉斯反变换，即可求得系统的全响应。

$$i(t)=\mathscr{L}^{-1}[I(s)]$$

由上两例可见，用拉普拉斯变换求解微分方程有以下 3 步：

(1) 对微分方程逐项取拉普拉斯变换，利用微积分性质代入初始状态。

(2) 对拉普拉斯变换方程进行代数运算，求出响应的像函数。

(3) 对响应的像函数进行拉普拉斯反变换，得到全响应的时域表示。

3.4.2 系统的 s 域分析

对电路系统进行分析，除了用拉普拉斯反变换解微分方程求响应外，还可以利用元件的 s 域模型，直接列出像函数对应的代数方程求解。首先讨论基尔霍夫定理在 s 域的形式和电路元件的 s 域模型。

1. 基尔霍夫定律的 s 域形式(运算形式)

基尔霍夫电流定律(KCL)指出：对任意节点，在任一时刻流入(或流出)该节点电流的代数和恒等于零，即

$$\sum i(t)=0 \tag{3.4.1}$$

对式(3.4.1)进行拉普拉斯变换，可得

$$\sum I(s)=0 \tag{3.4.2}$$

式中，$I(s)$ 为各相应电流 $i(t)$ 的像函数。

同理，可得基尔霍夫电压定律(KVL)在 s 域的形式为

$$\sum U(s)=0 \tag{3.4.3}$$

式中，$U(s)$ 为各相应支路电压 $u(t)$ 的像函数。式(3-4-3)表明，沿任意闭合回路，各段电压像函数的代数和等于零。

2. R、L、C 的 s 域模型

(1) 电阻 R。根据时域元件的伏安关系有

$$u(t)=Ri(t) \tag{3.4.4}$$

对式(3.4.4)取拉普拉斯变换，得

$$U(s)=RI(s) \tag{3.4.5}$$

式(3.4.5)是电阻 R 上电压与电流在 s 域中的关系，称为 R 的 s 域模型。如图 3-4-2 所示，其元件的像电压(电压像函数)与像电流(电流像函数)之比定义为元件的运算阻抗。所以电阻 R 的运算阻抗可表示为

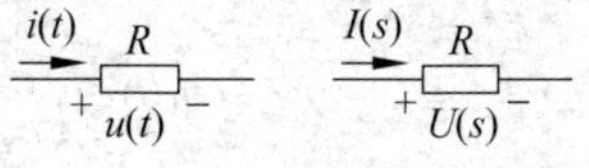

图 3-4-2 电阻及其 s 域模型

$$R=\frac{U(s)}{I(s)} \tag{3.4.6}$$

(2) 电阻 C。时域电容元件 C 的伏安关系为

$$u_{\mathrm{C}}(t)=\frac{1}{C}\int_{-\infty}^{t} i(\tau)\,\mathrm{d}\tau \tag{3.4.7}$$

由拉普拉斯变换积分性质可得

$$U_{\mathrm{C}}(s)=\frac{1}{SC}I(s)+\frac{1}{s}u_{\mathrm{C}}(0_{-}) \tag{3.4.8}$$

或

$$I(s)=SCU_{\mathrm{C}}(s)-Cu_{\mathrm{C}}(0_{-}) \tag{3.4.9}$$

式中，$u_{\mathrm{C}}(0_{-})$为电容中的初始电压。其 s 域模型如图 3-4-3 所示。

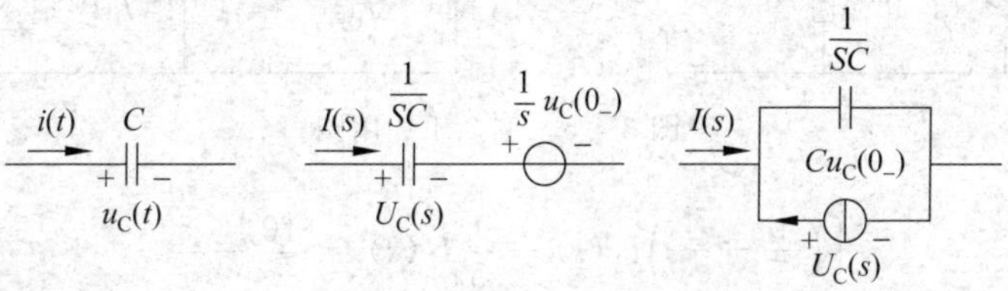

图 3-4-3 电容及其 s 域模型

式(3.4.8)表明，电容上像电压 $U_{\mathrm{C}}(s)$和像电流 $I(s)$的关系可以看做是由容抗(电容的运算阻抗)$\frac{1}{SC}$与内部像电压源$\frac{u_{\mathrm{C}}(0)}{s}$相串联组成。式(3.4.9)表明，该电容上像电压 $u_{\mathrm{C}}(s)$和像电流 $I(s)$的关系也可看作是容抗$\frac{1}{SC}$与电容像电路 $Cu_{\mathrm{C}}(0_{-})$相并联组成。

(3) 电感 L。时域电感元件 L 的伏安关系为

$$u(t)=L\,\frac{\mathrm{d}i_{\mathrm{L}}(t)}{\mathrm{d}t} \tag{3.4.10}$$

取拉普拉斯变换，由微分性质可得

$$U(s)=LSI_{\mathrm{L}}(s)-Li_{\mathrm{L}}(0_{-}) \tag{3.4.11}$$

或

$$I_{\mathrm{L}}(s)=\frac{1}{LS}U(s)+\frac{1}{s}i_{\mathrm{L}}(0_{-}) \tag{3.4.12}$$

式中，$i_{\mathrm{L}}(0_{-})$为电感的初始电流。其 s 域模型如图 3-4-4 所示。式中，Ls 为感抗(电感的运算阻抗)；$Li_{\mathrm{L}}(0_)$为内部像电压源$\frac{1}{s}i_{\mathrm{L}}(0_{-})$，称为内部像电流源。

利用 s 域模型求全响应是一种分析电路系统常用的方法。这种方法首先把电路中的元件用其 s 域模型来代替，然后利用基尔霍夫定律的 s 域形式，按电阻电路的分析方法列出电路方程，直接求出相应的像函数，再进行反变换就得全响应的时域形式。因为这种方法的拉

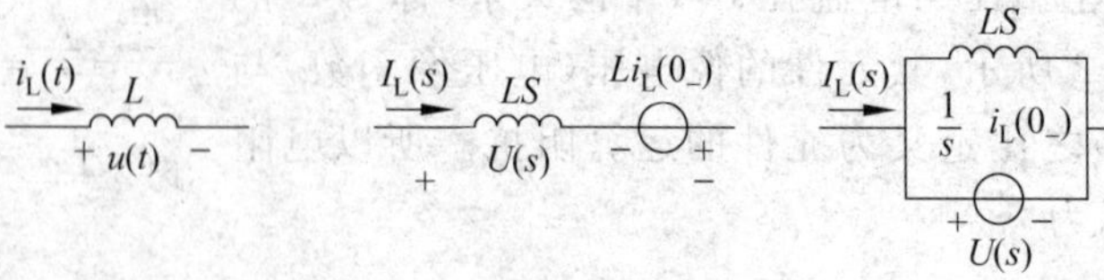

图 3-4-4　电感及其 s 域模型

普拉斯变换已体现在 s 域模型中，避免了在时域列写微分方程、积分方程的过程。

例 3.4.3　如图 3-4-5 所示电路，$C=1\text{F}$，$R_1=\dfrac{1}{5}\Omega$，$R_2=1\Omega$，$L=\dfrac{1}{2}\text{H}$，$u_C(0_-)=5\text{V}$，$i_L(0_-)=4\text{A}$。当 $f(t)=10\text{V}$，求全响应电流 $i_1(t)$。

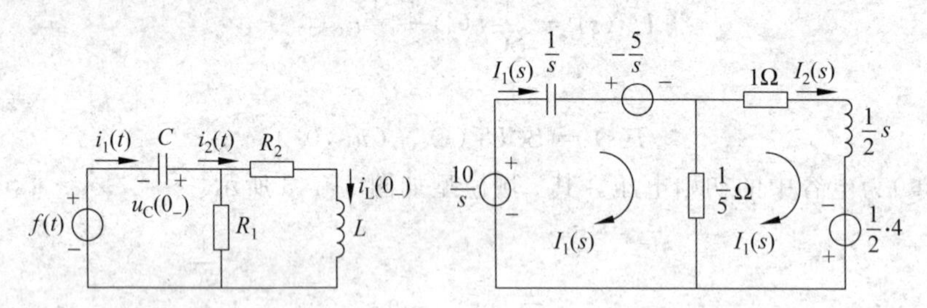

图 3-4-5　例 3.4.3 用图

$$\begin{cases}\left(\dfrac{1}{5}+\dfrac{1}{s}\right)I_1(s)-\dfrac{1}{5}I_2(s)=\dfrac{10}{s}+\dfrac{5}{s}\\-\dfrac{1}{5}I_1(s)+\left(\dfrac{1}{5}+1+\dfrac{1}{2}s\right)I_2(s)=2\end{cases}$$

消去 $I_2(s)$，经整理得

$$I_1(s)=-\frac{57}{s+3}+\frac{136}{s+4}$$

所以

$$i_1(t)=(-57\mathrm{e}^{-3t}+136\mathrm{e}^{-4t})u(t)$$

例 3.4.4　电路如图 3-4-6 所示，$u_C(t)$ 和 $f(t)$ 分别为输出和输入电压。(1)求系统的单位冲激响应；(2)为使系统的零输入响应等于冲激响应，试确定系统的初始状态 $i(0_-)$ 和 $u_C(0_-)$。

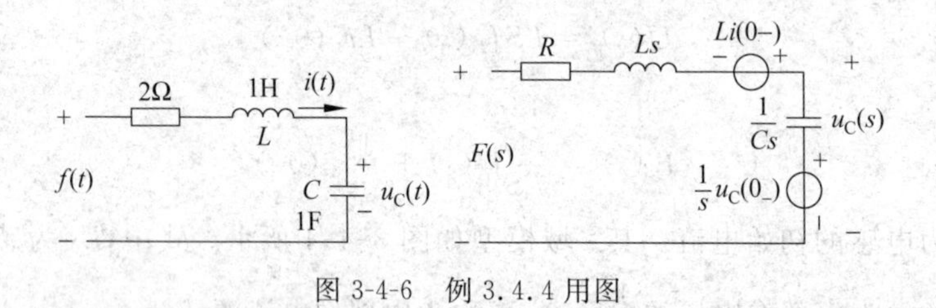

图 3-4-6　例 3.4.4 用图

【解】　(1) 求单位冲激响应 $h(t)$。

单位冲激响应为零状态响应。故等效电路中附加电压源为零，此时

$$F(s)=\mathscr{L}[\delta(t)]=1$$

$$H(s)=U_C(s)=\frac{\frac{1}{Cs}}{R+Ls+\frac{1}{Cs}}\quad F(s)=\frac{\frac{1}{Cs}}{R+Ls+\frac{1}{Cs}}$$

代入参数,整理得

$$H(s)=\frac{1}{(s+1)}$$

所以

$$h(t)=\mathscr{L}^{-1}[H(s)]=te^{-t}u(t)$$

(2) 考虑初始状态的作用,此时 $F(s)=0$,输入端相当于短路,可得

$$I(s)=\frac{Li(0_-)-\frac{1}{s}u_C(0_-)}{R+ls+\frac{1}{Cs}}$$

$$U_C=I(s)\frac{1}{Cs}+\frac{1}{s}U_C(0_-)=\frac{(s+2)u_C(0_-)+i(0_-)}{(s+2)^2}$$

根据要求

$$U_C(s)=H(s)=\frac{1}{(s+2)^2}$$

所以

$$(s+2)u_C(0_-)+i(0_-)=1$$

由于方程两端系数相等,可得初始状态为

$$i(0_-)=1,\quad u_C(0_-)=0$$

3.4.3　系统函数和零状态响应的 s 域分析

如前所述,线性非时变系统可用于线性常系数微分方程描述,写成一般形式为

$$\begin{aligned}&b_ny^{(n)}(t)+b_{n-1}y^{(n-1)}(t)+\cdots+b_1y^{(1)}(t)+b_0y(t)\\&=a_mf^{(m)}(t)+a_{m-1}f^{(m-1)}(t)+\cdots+a_1f^{(1)}(t)+a_0f(t)\end{aligned}\tag{3.4.13}$$

对上式两边同时取拉普拉斯变换,并设置初始状态为零,可得到零状态响应 $y_f(t)$的像函数为

$$Y_f(s)=\frac{A(s)}{B(s)}F(s)\tag{3.4.14}$$

式中,$F(s)$为激励 $f(t)$的像函数;$A(s)$、$B(s)$分别为

$$A(s)=a_ms^m+a_{m-1}s^{m-1}+\cdots+a_1s+a_0\tag{3.4.15}$$

$$B(s)=b_ns^n+b_{n-1}s^{n-1}+\cdots+b_1s+b_0\tag{3.4.16}$$

其中,$B(s)$称为微分方程(3.4.13)的特征多项式,$B(s)=0$ 称为特征方程,它的根称为特征根。

定义系统零状态响应的像函数 $Y_f(s)$与激励的像函数 $F(s)$之比,为系统函数(或者传递函数、网络函数),用 $H(s)$表示,即

$$H(s) \triangleq \frac{Y_f(s)}{F(s)} \tag{3.4.17}$$

由式(3.4.14)知，$H(s)$的一般形式是两个 s 的多项式之比，即

$$H(s) = \frac{A(s)}{B(s)} \tag{3.4.18}$$

式(3.4.18)所构成的有理式与外界激励无关，与系统内部的初始状态也无关(即系统处与零状态)，只是取决于输入和输出的系统本身，因此它决定了系统的特性。一旦系统的拓扑结构已经确定，$H(s)$就可以计算出来。

引入系统函数的概念以后，零状态响应的像函数可写成

$$Y_f(s) = H(s) \cdot F(s) \tag{3.4.19}$$

众所周知，当激励为单位冲激函数 $\delta(t)$时，其零状态响应称为单位冲激响应 $h(t)$。单位冲激响应 $h(t)$也是系统特性的一种表现形式。由式(3.4.19)可求得单位冲激响应，即

$$f(t) = \delta(t), \quad F(s) = 1$$

于是有

$$h(t) = \mathscr{L}^{-1}[H(s) \cdot F(s)] = \mathscr{L}^{-1}[H(s)]$$

或写成

$$H(s) = \mathscr{L}[h(t)]$$

上式说明，系统函数 $H(s)$就是单位冲激响应 $h(t)$的拉普拉斯变换。它们是一组拉普拉斯变换对。对式(3.4.19)取拉普拉斯变换，并利用时域卷积定理，得

$$\begin{aligned} y_f(t) &= \mathscr{L}^{-1}[H(s)F(s)] = \mathscr{L}^{-1}[H(s)] * \mathscr{L}^{-1}[F(s)] \\ &= h(t) * f(t) \end{aligned} \tag{3.4.20}$$

这正是时域分析中所得结论。可见拉普拉斯变换可以把时域中的卷积运算变换为 s 域中的乘积运算。因此有了求系统零状态响应的复频域分析法，其步骤如下：

(1) 计算 $H(s)$。实际上就是求响应 $Y_f(s)$与激励 $F(s)$之比，即

$$H(s) = \frac{Y_f(s)}{F(s)}$$

(2) 求激励 $f(t)$的像函数 $F(s)$。

(3) 按式(3.4.19)求出响应 $y_t(t)$的像函数 $Y_f(s)$。

(4) 对 $Y_f(s)$求拉普拉斯反变换即得时域响应 $y_f(t)$。

以上过程可用图 3-4-7 来描述。

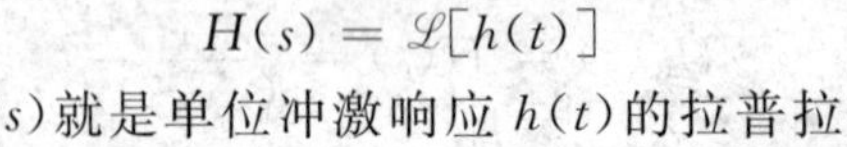

$f(t)$ → $\mathscr{L}^1$ → $F(s)$ → $H(s)$ → $H(s)F(s)$ → $\mathscr{L}^{-1}$ → $y_f(t)$

图 3-4-7 零状态响应 s 域分析法

例 3.4.5 设有 $f(t)=tu(t)$加到图 3-4-8 所示 RC 串联电路输入端，求电容上的电压 $u_C(t)$。

【解】 由运算等效电路模型可得

$$U_C(s) = \frac{\frac{1}{Cs}}{R + \frac{1}{Cs}} \cdot F(s)$$

所以

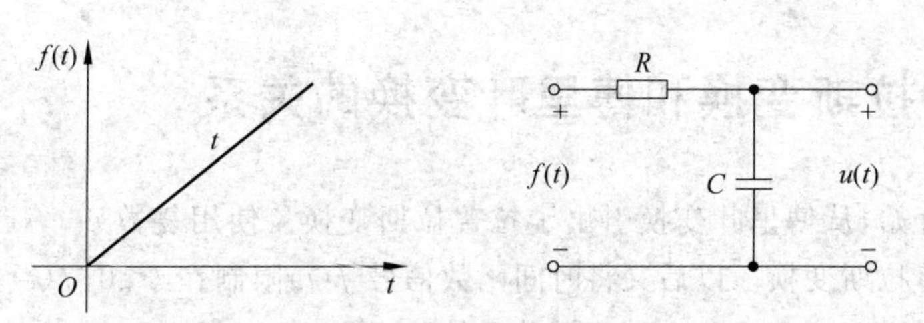

图 3-4-8 例 3.4.5 用图

$$H(s)=\frac{U_{\mathrm{C}}(s)}{F(s)}=\frac{\frac{1}{Cs}}{R+\frac{1}{Cs}}=\frac{1}{RC}\cdot\frac{1}{s+\frac{1}{RC}}$$

现

$$F(s)=\mathscr{L}[t\cdot u(t)]=\frac{1}{s^2}$$

则

$$U_{\mathrm{C}}(s)=H(s)\cdot F(s)=\frac{1}{RC\left(s+\frac{1}{RC}\right)s^2}=\frac{RC}{s+\frac{1}{RC}}+s^2-\frac{RC}{s}$$

所以

$$u_{\mathrm{C}}(t)=\mathscr{L}^{-1}[U_{\mathrm{C}}(s)]=[t-RC(1-\mathrm{e}^{-\frac{t}{RC}})]u(t)$$

一般在电路系统分析中,激励和响应可以是电压也可以是电流。对于二端口网络,其激励和响应可以在输入口,也可以在输出口,因而系统函数有各种类型。

如果激励和响应在同一端口,则

$$\frac{\text{响应 } U_i(s)}{\text{激励 } I_i(s)} \tag{3.4.21}$$

称为策动点阻抗。

$$\frac{\text{响应 } I_i(s)}{\text{激励 } U_i(s)} \tag{3.4.22}$$

称为策动点导纳。

如果激励和响应不在同一端口,则

$$\left.\begin{array}{ll}\dfrac{\text{响应 } U_i(s)}{\text{激励 } I_j(s)} & (i\neq j)\quad\text{称为转移阻抗}\\[2ex] \dfrac{\text{响应 } I_i(s)}{\text{激励 } U_j(s)} & (i\neq j)\quad\text{称为转移导纳}\\[2ex] \dfrac{\text{响应 } U_i(s)}{\text{激励 } U_j(s)} & (i\neq j)\quad\text{称为转移电压比(电压传输函数)}\\[2ex] \dfrac{\text{响应 } I_i(s)}{\text{激励 } I_j(s)} & (i\neq j)\quad\text{称为转移电流比(电流传输函数)}\end{array}\right\} \tag{3.4.23}$$

在电路分析系统中求系统函数,可用正弦稳态分析的所有方法。在一般系统分析中,系统的量纲是不确定的,含义是广泛的,常不区分各种名称,统称为系统函数。

3.5 拉普拉斯变换和傅里叶变换的关系

在本章的开始，从傅里叶变换引出了拉普拉斯变换。使用复数 e^{-s}，$s=\sigma+j\omega$ 置换 $e^{j\omega}$，而得到双边拉普拉斯变换。以后又将时间函数信号 $f(t)$ 限制在 $t<0$，$f(t)=0$，从而得到单位拉普拉斯变换。图 3-5-1 是它们之间关系的示意图。

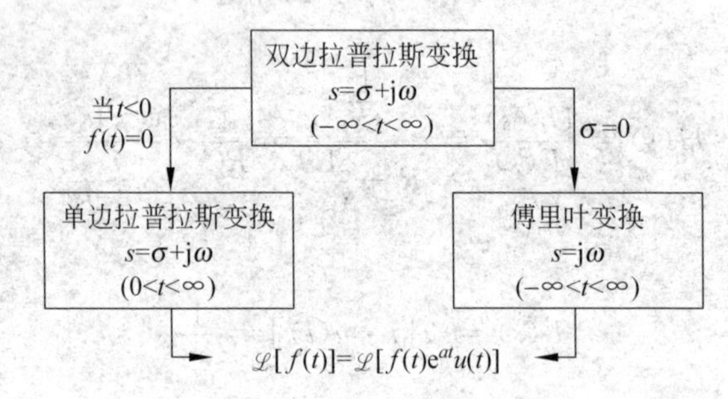

图 3-5-1 拉普拉斯变换与傅里叶变换的关系

下面研究单边拉普拉斯变换与傅里叶变换的关系。它们的定义分别为

$$F(s)=\int_0^{\infty} f(t)e^{-st}\,dt \quad \sigma>\sigma_c \tag{3.5.1}$$

$$F(\omega)=\int_{-\infty}^{\infty} f(t)e^{-j\omega t}\,dt \tag{3.5.2}$$

现在 $f(t)$ 是有始信号，即当 $t<0$ 时，$f(t)=0$，其拉普拉斯变换的收敛域分 3 种状况。

(1) $\sigma_c>0$。如果 $f(t)$ 的收敛坐标 $\sigma_c>0$，则其收敛轴在虚轴以右，因而在 $s=j\omega$ 处，即在虚轴上，式(3.5.1)不收敛。也就是说，函数 $f(t)$ 不存在傅里叶变换，但存在拉普拉斯变换。这时 $F(s)$ 与 $F(\omega)$ 不能互求。

例 3.5.1 已知 $f(t)=e^{at}u(t)(a>0)$，求其拉普拉斯变换和傅里叶变换。

【解】 $F(s)=\int_0^{\infty} e^{at}e^{-st}=\dfrac{1}{s-a} \quad \sigma>a,\sigma_c=a>0$

$$F(\omega)=\int_0^{\infty} e^{at}e^{-j\omega t}\,dt$$

此时，$f(t)$ 为指数增长函数，不存在傅里叶变换。

(2) $\sigma_c<0$。如果 $f(t)$ 的收敛坐标 $\sigma_c<0$，则其收敛轴在虚轴以左，这时收敛域也包含虚轴，即在虚轴上，式(3.5.1)收敛，因而令 $s=j\omega$ 也无妨，于是它就变为傅里叶变换。所以有

$$F(\omega)=F(s)\big|_{s=j\omega} \tag{3.5.3}$$

也就是说，这里 $F(s)$ 和 $F(\omega)$ 可互求。

例 3.5.2 已知 $f(t)=e^{-at}u(t)(a>0)$，求其拉普拉斯变换和傅里叶变换。

【解】 $F(s)=\int_0^{\infty} e^{-at}e^{-st}=\dfrac{1}{s+a} \quad \sigma>-a,\sigma_c=-a$

$$F(\omega)=F(s)\mid_{s=\mathrm{j}\omega}=\frac{1}{\mathrm{j}\omega+a}$$

(3) $\sigma_c=0$。如果 $f(t)$ 的收敛坐标 $\sigma_c=0$，则式(3.5.1)在虚轴上不收敛，因此不能利用(3.5.3)求其傅里叶变换。但这时信号 $f(t)$ 既存在拉普拉斯变换，又存在傅里叶变换，而且傅里叶变换中含有冲激函数和其各阶导数项。讨论如下：

当收敛坐标 $\sigma_c=0$ 时，则 $F(s)$ 必然在虚轴上有极点，即 $F(s)$ 的分母多项式 $B(s)=0$ 必然有虚根。

(1) 设 $F(s)$ 在 $\mathrm{j}\omega$ 轴上有单值极点，即

$$F(s)=\frac{A(s)}{B(s)}=F_a(s)+\sum_{i=1}^{N}\frac{K_i}{s-\mathrm{j}\omega i} \tag{3.5.4}$$

式中，$F_a(s)$ 为极点在左半平面的部分分式和，则有

$$\begin{aligned}f(t)&=\mathscr{L}^{-1}[F(s)]=\mathscr{L}^{-1}[F_a(s)]+\mathscr{L}^{-1}\left[\sum_{i=1}^{N}\frac{K}{s-\mathrm{j}\omega_i}\right]\\&=f_a(t)+\sum_{i=1}^{N}K_i\mathrm{e}^{\mathrm{j}\omega_i t}u(t)\end{aligned} \tag{3.5.5}$$

现求 $f(t)$ 的傅里叶变换。由于 $F_a(s)$ 的极点均在左半平面，因而它在虚轴收敛，则 $F_a(s)$ 和 $F_a(\omega)$ 可互求，即

$$F_a(\omega)=F_a(s)\mid s=\mathrm{j}\omega \tag{3.5.6}$$

式(3.5.5)右端第二项和式的傅里叶变换为

$$\mathscr{L}\left[\sum_{i=1}^{N}K_i\mathrm{e}^{\mathrm{j}\omega_1 t}u(t)\right]=\sum_{i=1}^{N}K_i\left[\pi\delta(\omega-\omega_i)+\frac{1}{\mathrm{j}\omega-\mathrm{j}\omega_i}\right] \tag{3.5.7}$$

所以

$$\begin{aligned}F(\omega)&=F_a(\omega)+\sum_{i=1}^{N}\frac{K_i}{\mathrm{j}\omega-\mathrm{j}\omega_i}+\pi\sum_{i=1}^{N}K_i\delta(\omega-\omega_i)\\&=F(s)\mid_{s=\mathrm{j}\omega}+\pi\sum_{i=1}^{N}K_i\delta(\omega-\omega_i)\end{aligned} \tag{3.5.8}$$

式(3.5.8)表明，这时由 $F(s)$ 求 $F(\omega)$ 时，除了将 $F(s)$ 中的 s 用 $\mathrm{j}\omega$ 代换外，还要另加一冲激项。

(2) 设 $F(s)$ 在 $\mathrm{j}\omega$ 轴上有多重极点，可用以上类似的方法处理。设

$$F(s)=F_a(s)+\sum_{i=1}^{p}\frac{K_i}{(s-\mathrm{j}\omega_0)^i} \tag{3.5.9}$$

则其傅里叶变换为

$$F(\omega)=F(s)\mid_{s=\mathrm{j}\omega}+\pi\sum_{i=1}^{p}\frac{K_i(\mathrm{j})^{i-1}}{(i-1)!}\delta^{(i-1)}(\omega-\omega_0) \tag{3.5.10}$$

例 3.5.3　已知 $F(s)=\mathscr{L}[\sin\omega_0 tu(t)]=\dfrac{\omega_0}{s^2+\omega_0^2}$，试由 $F(s)$ 求出 $F(\omega)$。

【解】　将 $F(s)$ 展开部分分式，得

$$F(s)=\frac{\omega_0}{s^2+\omega_0^2}=\frac{1}{2\mathrm{j}}\left(\frac{1}{s-\mathrm{j}\omega_0}-\frac{1}{s+\mathrm{j}\omega_0}\right)$$

式中有两个单极点 $s_1=\mathrm{j}\omega_0$，$s_2=-\mathrm{j}\omega_0$，则由式(3.5.8)可得

$$F(\omega) = \frac{\omega_0}{(\mathrm{j}\omega)^2 + \omega_0^2} + \frac{\pi}{2\mathrm{j}}[\delta(\omega - \omega_0) - \delta(\omega + \omega_0)]$$

由以上分析得知，任何有傅里叶变换的有始信号，必然存在拉普拉斯变换；相反，存在拉普拉斯变换的有始信号，不一定有傅里叶变换；拉普拉斯变换的近一步推广，也称为广义傅里叶变换。

3.6 传输函数的零、极点分析

由系统传输函数 $H(s)$来研究系统特性是系统分析理论的主要内容之一。现从传输函数的零、极点出发分析系统的特性。前面已多次提到系统的零、极点，下面对此做一次明确的讨论。

已知 $H(s)$为 s 的有理多项式，即

$$H(s) = \frac{A(s)}{B(s)} = \frac{a_m s^m + a_{m-1} s^{m-1} + \cdots + a_1 s + a_0}{b_n s^n + b_{n-1} s^{n-1} + \cdots + b_1 s + b_0} \tag{3.6.1}$$

将式(3.6.1)分子、分母多项式因式分解，则有

$$H(s) = H_0 \frac{(s - r_1)(s - r_2)\cdots(s - r_m)}{(s - \lambda_1(s - \lambda_2)\cdots(s - \lambda_n)} \tag{3.6.2}$$

式中，$H_0 = \frac{a_m}{b_n}$，为标量因数；$r_1 r_2 \cdots r_m$ 为分子 s 多项式 $A(s) = 0$ 时的根，在 s 平面上使 $H(s) = 0$ 的点，即当 $s = r_i, i = 1、2、\cdots、m$ 时，$H(s) = 0$，这些点称为 $H(s) = 0$ 的零点。$12\cdots m$ 是分母多项式 $B(s) = 0$ 时的极根，在 s 平面上使 $H(s) = \infty$的点，即 $s = \lambda_j, j = 1、2、\cdots、n$ 时，$H(s) = \infty$，这些点称为 $H(s)$的极点。

零点和极点可以是实数、虚数和复数。因为 $H(s)$式中所有系数皆为实数，所以零、极点若是虚数或复数，必定成对出现。$r_i \lambda_j$ 也可能是重根，这时它们称为重零点或重极点。由式(3.6.1)可看出，传输函数一般有 n 个有限的极点和 m 个有限的零点。如果是 $n > m$，则当 $s \to \infty$时，函数值$\lim\limits_{t \to \infty} H(s) = 0$，这说明在无穷远处有一个 $n - m$ 阶的重零点。如果 $n < m$，则当 $s \to \infty$ 函数值$\lim\limits_{t \to \infty} H(s) = \infty$，这说明在无穷远处有 $m - n$ 个的重极点。所以若将在无穷远处的零、极点算在内，则传输函数零、极点的数目是相等的。当传输函数的零点、极点 H_0 确定后，该传输函数也就完全确定了。H_0 只是一个常数，它对系统随变量 s 而变化的特性无实质性的影响，所以传输函数随变量 s 而变化的特性就完全由它的极点和零点来决定。为明显起见，常见系统的极点、零点画在 s 平面中，称为极点、零点分布图，简称极零图。传输函数

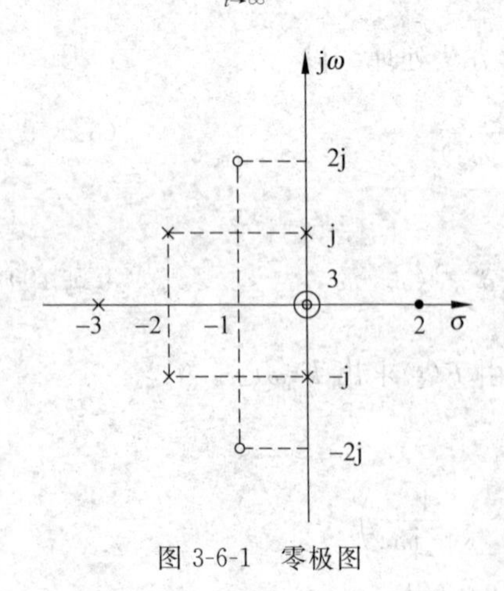

图 3-6-1 零极图

$$H(s) = \frac{s^2(s-2)(s+1+2)(s+1-2)}{(s+3)(s+\mathrm{j})(s-\mathrm{j})(s+2+\mathrm{j})(s+2-\mathrm{j})}$$

的极零图如图 3-6-1 所示。图中“×”表示极点，$\times^3$ 表示3 重极点，0 表示零点，0^3 表示 3 重零点。在零点处 $H(s)$为零，在极点处 $H(s) = \infty$。所以在零、极点处

$H(s)$的变化较大，在其他位置传输函数都有一确定的数值。下面根据 $H(s)$的零、极点分析系统的特性。

3.6.1 根据系统零、极点的分布判断系统的稳定性

系统的稳定性是指系统在能量有限信号的作用下，其相应该是有限的，这里的有限是指能量有限或功率有限，因此在一个无源有耗系统在能量有限的 $\delta(t)$信号作用下，其相应 $h(t)$的波形是随时间衰减的，此时系统是稳定的，否则系统就不稳定，系统的稳定性只取决于系统本身，而与输入信号无关。这就是说，根据 $h(t)$的波形可判定系统是否稳定，而 $h(t)$是 $H(s)$的拉普拉斯反变换形式，只要 $H(s)$已知，它的极零点分布图就可以画出，$h(t)$也可以求出，这样就可以找到 $H(s)$极零点与系统稳定性的关系。回忆由部分分式求原函数的形式由像函数极点的形式所决定，如单极点的部分分式对于原函数是随时间衰减或增减的指数函数、共轭复数极点的部分分式对应的原函数是等幅或变幅振荡等。由此可见，原函数的形式是由像函数的极点所决定的。部分分式的特定系数，即原函数的幅度与相位是由整个像函数，或者说是由像函数零点、极点位置共同决定的。由于 $h(t)$的波形是由 $H(s)$的极点确定的，所以说明 $H(s)$的极点与 $h(t)$波形的关系，根据 $h(t)$波形的变换规律把 $H(s)$的极点分为 3 部分进行分析。

1. s 左半平面上的极点与 $h(t)$的波形

1）负实轴上的极点

1 阶极点：如果 $H(s)$在负实轴上有 1 阶极点，如图 3-6-2 所示，这时有

$$H(s)=\frac{k}{s+a}\leftrightarrow h(t)=k\mathrm{e}^{-at}\quad a>0,t>0$$

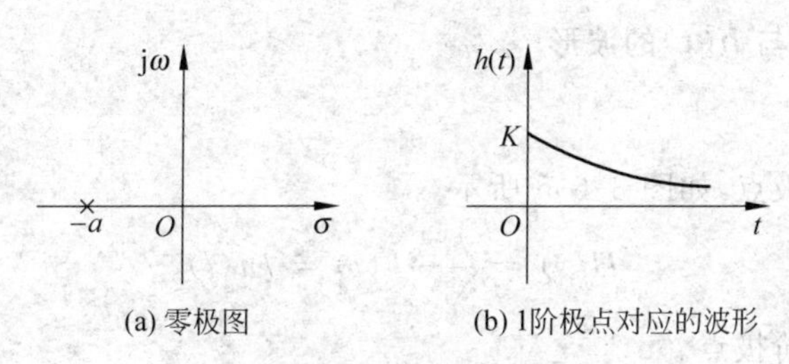

(a) 零极图　　(b) 1阶极点对应的波形

图 3-6-2　负实轴 1 阶极点

2 阶以上极点，有

$$H(s)=\frac{k}{(s+a)^{n}}\leftrightarrow h(t)=k\,\frac{t^{n-1}}{(n-1)!}\mathrm{e}^{-at}$$

应用罗必塔法则可知，$t\to\infty$时，$h(t)=0$，画出 $H(s)$在负实轴上有 2 阶单极点时对应的 $h(t)$的波形，如图 3-6-3(b)所示。

2）左半平面上的共轭极点

1 阶共轭极点，有

$$H(s)=\frac{k}{(s+a-\mathrm{j}\omega)(s+a+\mathrm{j}\omega)}=\frac{k\omega}{\omega[(s+a)^{2}+\omega^{2}]}=\frac{k}{\omega}\cdot\frac{\omega}{(s+a)^{2}+\omega^{2}}$$

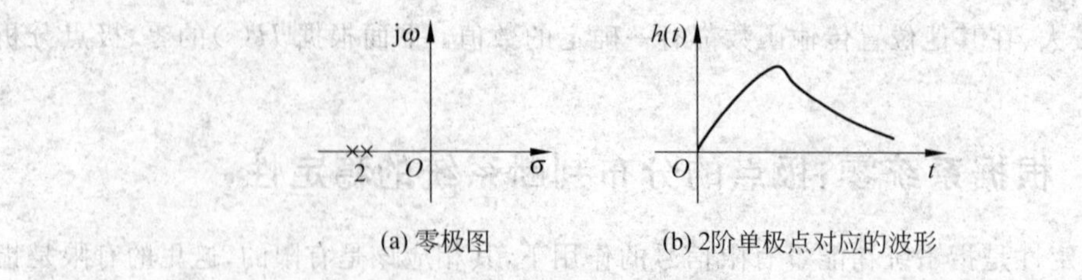

(a) 零极图　　(b) 2阶单极点对应的波形

图 3-6-3　负实轴 2 阶极点

$h(t)=\frac{k}{\omega}\mathrm{e}^{-\omega t}\sin\omega t, t\geqslant 0$,此时的极零图与 $h(t)$ 的波形如图 3-6-4(a)、(b)所示。2 阶以上的共轭极点:

$$H(s)=\frac{k}{[(s+a)^2+\omega^2]^n}\leftrightarrow h(t)=Pt^{n-1}\mathrm{e}^{-at}\sin\omega t$$

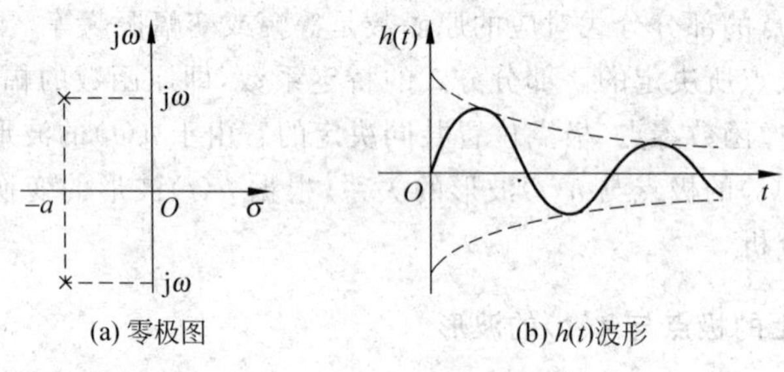

(a) 零极图　　(b) $h(t)$波形

图 3-6-4　左半平面共轭极点

式中,P 为不同于 k 的系数,当 $t\to\infty$ 时 $h(t)\to 0$,因此它是一个衰减的振荡波形。由上面分析可以看到在左半平面上的一切极点对应的时间函数的波形都是衰减的。

2. 虚轴上的极点与 $h(t)$ 的波形

1) 1 阶极点

(1) 原点的 1 阶极点,如图 3-6-5 所示。

$$H(s)=\frac{k}{s}\leftrightarrow h(t)=ku(t)$$

(2) 虚轴上的 1 阶极点。

$$H(s)=\frac{k}{(s+\mathrm{j}\omega)(s-\mathrm{j}\omega)}=\frac{k\omega}{\omega(s^2+\omega^2)}=\frac{k}{\omega}\cdot\frac{\omega}{(s^2+\omega^2)}$$

所以 $h(t)=\frac{k}{\omega}\sin\omega t$,根据上面两式画出它们的极零图和波形如图 3-6-6 所示。

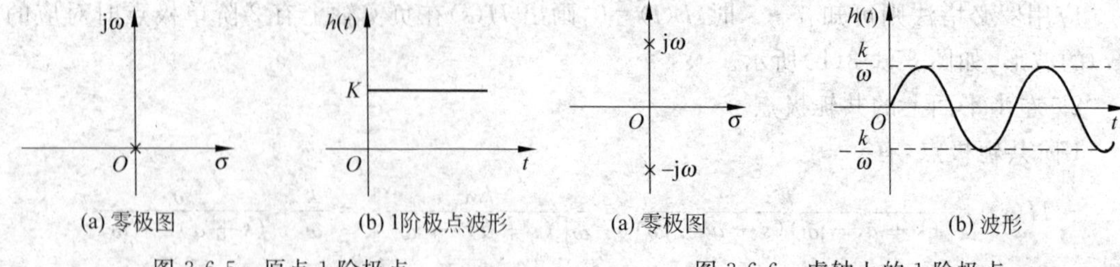

(a) 零极图　　(b) 1阶极点波形　　(a) 零极图　　(b) 波形

图 3-6-5　原点 1 阶极点　　图 3-6-6　虚轴上的 1 阶极点

2) 2 阶以上极点

(1) 原点 2 阶以上的极点如图 3-6-7 所示。

$$H(s)=\frac{k}{s^n}\leftrightarrow h(t)=\frac{t^{n-1}}{(n-1)!}u(t)$$

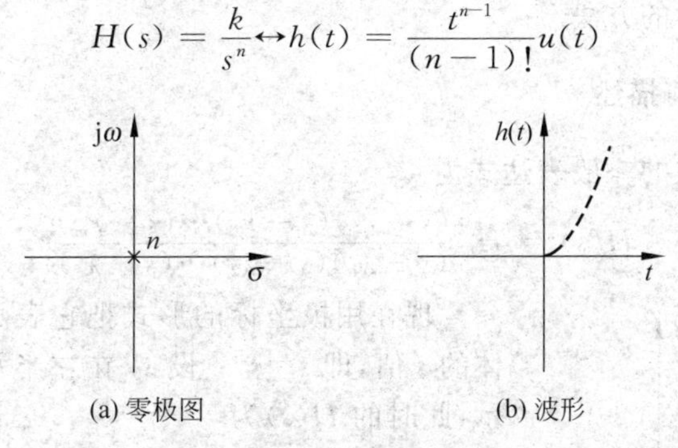

(a) 零极图　　(b) 波形

图 3-6-7　原点 2 阶以上极点

(2) 虚轴上 2 阶以上的极点。

此时传输函数为：$H(s)=\frac{k}{(s^2+\omega^2)^n}$，它所对应的时间函数 $h(t)=Pt^{n-1}\sin\omega t u(t)$，可以看出，它是随时间增长而发散的波形，如图 3-6-8(a)、(b)所示。

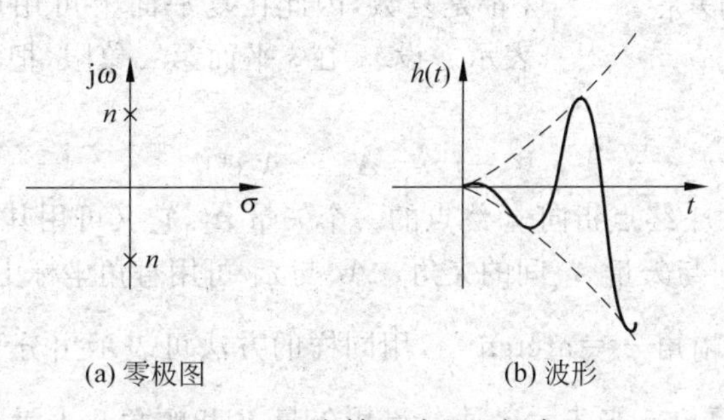

(a) 零极图　　(b) 波形

图 3-6-8　虚轴 2 阶以上极点

由上面分析可见 $H(s)$的极点，如果是虚轴上的 1 阶极点，则对应的 $h(t)$的波形是阶跃形或等幅振荡；如果是 2 阶以上的极点，对应的 $h(t)$的波形是随时间发散的振荡。

3. 右半平面上的极点

如果 $H(s)$的极点在右半平面上，$h(t)$的波形将随时间增大而增大。这里研究的是无源稳定系统，所以不再详细研究发散的 $h(t)$波形。

总结上面的分析可知，若无源线性系统传输函数的极点在 s 平面的左半平面上，则该系统称为稳定系统，因为系统的单位冲激响应 $h(t)$是随时间而衰减的函数。若系统传输函数的极点是 s 平面虚轴上的 1 阶极点，该系统称为临界稳定系统，因为此系统的单位冲激响应是阶跃函数或等幅振荡。若系统传输函数的极点在 s 平面的右半平面上，则该系统为不稳定系统。这样根据 $H(s)$极点的位置，就可以判断系统的稳定性了。

3.6.2　传输函数的零极点与频率响应特性

在第 2 章中研究信号通过线性系统不失真的条件时，已经看到了正弦传输函数 $H(\omega)$在传输过程中对信号的幅度和相角的影响。$H(\omega)$随 ω 变化的曲线称为频率响应特

性。$H(\omega)=|H(\omega)|e^{j\varphi(\omega)}$，$H(\omega)$随$\omega$变化的曲线称为幅频特性，而$\varphi(\omega)$随$\omega$变化的曲线称为相频特性。频响特性在系统分析中有着明显的物理意义。下面将通过$H(s)$零、极点的分析说明求系统频响特性的方法。

1. 传输函数的几何描述

已经知道传输函数的一般表达式为

$$H(s)=H_0\frac{(s-r_1)(s-r_2)\cdots(s-r_m)}{(s-\lambda_1)(s-\lambda_2)\cdots(s-\lambda_n)}$$

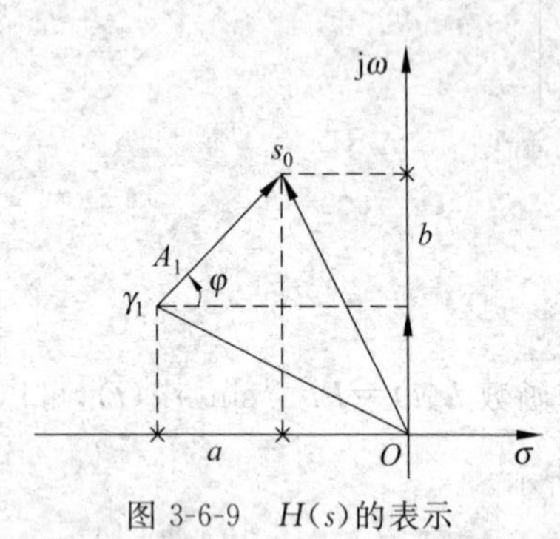

图 3-6-9 $H(s)$的表示

现在用极坐标的形式把它表示出来，为此给出一具体的s值，即$s=s_0$。设s_0在左半平面上，如图3-6-9所示，此时的$H(s)$为

$$H(s_0)=H_0\frac{(s_0-r_1)(s_0-r_2)\cdots(s_0-r_m)}{(s_0-\lambda_1)(s_0-\lambda_2)\cdots(s_0-\lambda_n)}$$

可以看到$H(s_0)$分子、分母中的各项具有相同的形式，因此只要能表示出一项，其他各项也就迎刃而解了。为此取出分子中的任一项(s_0-r_1)。一般情况下，s_0、r、λ都是复数，因此在复平面上可用原点到这一点的矢量表示。设r_1在s平面第二象限，把s_0和r_1都用矢量表示出来，这时有

$$s_0-r_1=\boldsymbol{A}_1=A_1e^{j\varphi_1}$$

即s_0-r_1是s平面上由r_1终点指向s_0终点的一个矢量$\boldsymbol{A}_1$，它又可用其模A_1和幅角φ_1表示。幅角φ_1是σ轴的正方向与矢量$\boldsymbol{A}_1$间的夹角。A_1与φ_1可用直角坐标中的a、b线段计算。

模$A_1=\sqrt{a^2+b^2}$，幅角$\varphi_1=\arctan\dfrac{b}{a}$，用同样的方法可表示出分子与分母中的各项，并且分子都用矢量$\boldsymbol{A}$和幅角φ来表示。而分母用矢量$\boldsymbol{B}$和幅角θ表示。于是，若$H(s_0)$有两个零点、3个极点，则

$$H(s_0)=H_0\frac{(s_0-r_1)(s_0-r_2)}{(s_0-\lambda_1)(s_0-\lambda_2)(s_0-\lambda_3)}=H_0\frac{A_1A_2}{B_1B_2B_3}$$

$$=H_0\frac{A_1A_2e^{j(\varphi_1+\varphi_2)}}{B_1B_2B_3e^{j(\theta_1+\theta_2+\theta_3)}}=H_0\frac{A_1A_2}{B_1B_2B_3}e^{j\varphi(s_0)} \tag{3.6.3}$$

其中：

$$|H(s_0)|=H_0\frac{A_1A_2}{B_1B_2B_3} \tag{3.6.4}$$

$$\varphi(s_0)=\varphi_1+\varphi_2-\theta_1-\theta_2-\theta_3 \tag{3.6.5}$$

用例题说明某给定点传输函数的模和幅角的求法。

例 3.6.1 已知某系统传输函数的极零图如图3-6-10所示。求$s=-1+j$时的$H(s)$值。

【解】 根据式(3.6.3)可分别求出$s=-1+j$时传输函数的模和幅角。

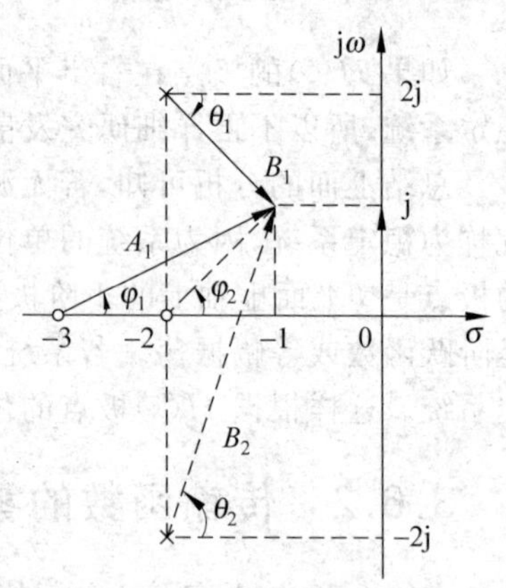

图 3-6-10 例 3.6.1 用图

$$|H(-1+\mathrm{j})| = H_0 \frac{A_1 A_2}{B_1 B_2} = H_0 \frac{\sqrt{2^2+1^2}\cdot\sqrt{1^2+1^2}}{\sqrt{1^2+1^2}\cdot\sqrt{1^2+3^2}}$$

$$= H_0\sqrt{\frac{1}{2}}\varphi(-1+\mathrm{j}) = \varphi_1+\varphi_2-\theta_1-\theta_2$$

$$= \arctan^{-1}\left(\frac{1}{2}\right)+\arctan^{-1}\left(\frac{1}{1}\right)-\arctan^{-1}\left(\frac{-1}{1}\right)-\arctan^{-1}\left(\frac{3}{1}\right)=45^\circ$$

所以

$$H(-1+\mathrm{j}) = H_0\sqrt{\frac{1}{2}}\mathrm{e}^{\mathrm{j}45^\circ}$$

由上面的分析可见，根据系统的传输函数 $H(s)$或任一响应 $Y(s)$的极零图，用作图法也可求出该系统的单位冲激响应 $h(t)$或任一响应 $y(t)$。以 $H(s)$为例，假定 $H(s)$有 n 个单极点，则它可分解为

$$H(s)=\frac{A(s)}{B(s)}=H_0\frac{(s-r_1)(s-r_2)\cdots(s-r_m)}{(s-\lambda_1)(s-\lambda_2)\cdots(s-\lambda_i)\cdots(s-\lambda_n)}$$

$$=\frac{k_1}{s-\lambda_1}+\frac{k_2}{s-\lambda_2}+\cdots+\frac{k_i}{s-\lambda_i}+\cdots+\frac{k_n}{s-\lambda_n}$$

其中

$$k_i=(s-\lambda_i)\frac{A(s)}{B(s)}=H_0\frac{(s-r_1)(s-r_2)\cdots(s-r_m)}{(s-\lambda_1)(s-\lambda_2)\cdots(s-\lambda_n)} \tag{3.6.6}$$

式(3.6.6)分母中$(s-\lambda_i)$项已被约掉。如果把其他各项用极坐标表示，就可求出系数 k_i，把各系数代入 $H(s)$的部分分式中，再进行反变换，即可求出 $h(t)$。

例 3.6.2 某系统极零图如图 3-6-11 所示，且常数 $H_0=5$，试用图解法求该系统的 $h(t)$。

【解】 根据极零图写出 $H(s)$的表达式，即

$$H(s)=H_0\frac{s}{(s+1)(s+3)}=\frac{5s}{(s+1)(s+3)}=\frac{k_1}{s+1}+\frac{k_1}{s+3}$$

由图 3-6-12(a)，根据式(3.6.6)求出系数 k_1，即

$$k_1=\frac{5A_1}{B}=\frac{5\mathrm{e}^{\mathrm{j}180^\circ}}{2\mathrm{e}^{\mathrm{j}0^\circ}}=-2.5$$

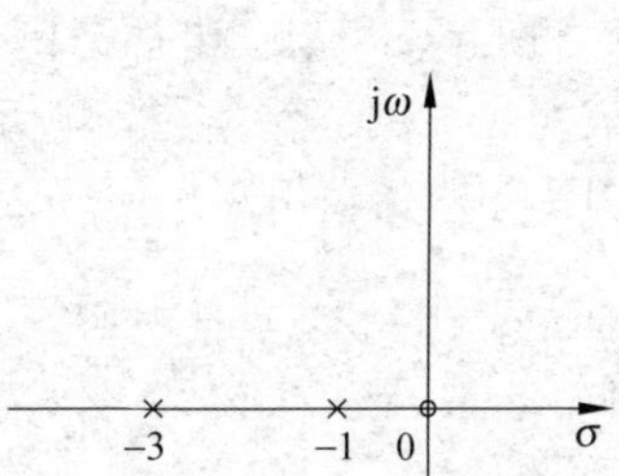

图 3-6-11 例 3.6.2 用图

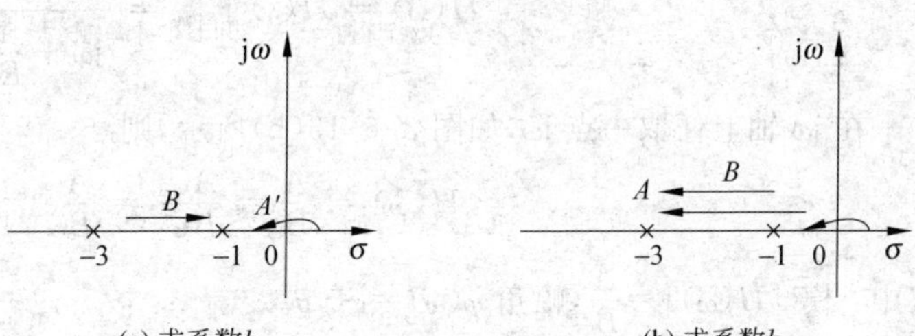

(a) 求系数k_1

(b) 求系数k_2

图 3-6-12 例 3.6.2 用图

同理，由图 3-6-12(b)可求出 k_2 为

$$k_2 = \frac{5A}{B} = \frac{5\times 3\mathrm{e}^{\mathrm{j}180^\circ}}{2\mathrm{e}^{\mathrm{j}180^\circ}} = 7.5$$

所以

$$H(s) = -\frac{2.5}{s+1} + \frac{7.5}{s+3}$$

$$h(t) = -2.5\mathrm{e}^{-t} + 7.5\mathrm{e}^{-3t} \quad t \geqslant 0$$

2. 由系统传输函数的极零图求系统的频率响应特性

上面的分析为求系统的频率响应特性做好了准备，在求系统的频率响应特性时需用 ω 代替 s，此时有

$$H(\omega) = H(s)\mid_{s=\mathrm{j}\omega}$$

用上面得到的作图法能很快地画出正弦传输函数 $H(\omega)$的模和幅角随 ω 的变化曲线，即幅频特性与相频特性。这一过程将通过例题进行说明。

例 3.6.3 求图 3-6-13 所示系统输出为 $U_{\mathrm{R}}(s)$的频响特性。

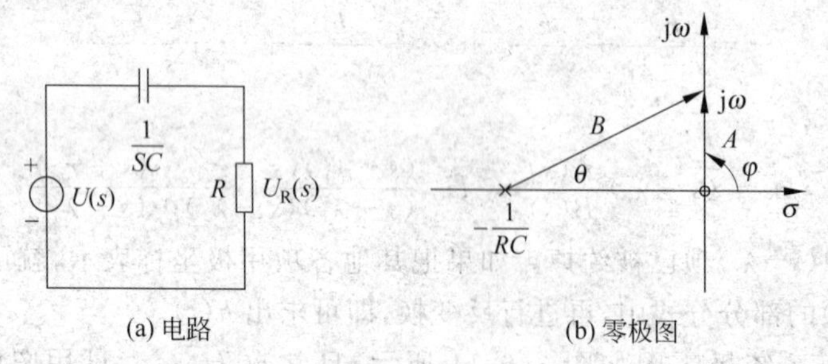

图 3-6-13 例 3.6.3 用图

【解】 系统传输函数为

$$H(s) = \frac{U_{\mathrm{R}}(s)}{U(s)} = \frac{R}{R+\frac{1}{sC}} = \frac{s}{s+\frac{1}{RC}}$$

它在原点有一零点，在$-\frac{1}{RC}$处有一极点，把 $H(s)$的极零图画于图 3-6-13(b)中。为求系统的频响特性，用 $\mathrm{j}\omega$ 代替 $H(s)$中的 s 有

$$H(\omega) = H(s)\mid_{s=\mathrm{j}\omega} = \frac{\mathrm{j}\omega}{\mathrm{j}\omega+\frac{1}{RC}}$$

在 $\mathrm{j}\omega$ 轴上任取一点 $\mathrm{j}\omega$，如图 3-6-13(b)所示，则

$$H(\omega) = \frac{A}{B} = \frac{A\mathrm{e}^{\mathrm{j}\varphi}}{B\mathrm{e}^{\mathrm{j}\theta}} = \frac{A}{B}\mathrm{e}^{\mathrm{j}(\varphi-\theta)}$$

其中：模 $|H(\omega)| = \frac{A}{B}$，幅角 $\varphi(\omega)=\varphi-\theta$。

为定性画出幅频和相频特性，取 ω 由 $0\to\infty$时的 3 个特殊点进行分析。

$\omega\to 0$ 时，$A\to 0$，$B\to\frac{1}{RC}$。$\varphi=\frac{\pi}{2}$，$\theta\to 0$，所以

$$\lim_{\omega\to 0}|H(\omega)| = 0,\quad \lim_{\omega\to 0}\varphi(\omega) \cong \frac{\pi}{2}$$

$\omega \to \infty$时，$A \approx B, \varphi = \dfrac{\pi}{2}, \theta \approx \dfrac{\pi}{2}$，所以

$$\lim_{\omega \to \infty} |H(\omega)| \approx 1, \quad \lim_{\omega \to \infty} \varphi(\omega) = 0$$

$$\omega = \frac{1}{RC}, A = \frac{1}{RC}, \quad B = \sqrt{\left(\frac{1}{RC}\right)^2 + \left(\frac{1}{RC}\right)^2} = \frac{\sqrt{2}}{RC}$$

$\varphi = \dfrac{\pi}{2}, \theta = \dfrac{\pi}{4}$，所以

$$H(\omega) = \frac{\frac{1}{RC}}{\frac{\sqrt{2}}{RC}} = \frac{1}{\sqrt{2}} \approx 0.7, \quad \varphi(\omega) = \frac{\pi}{2} - \frac{\pi}{4} = \frac{\pi}{4}$$

根据上面 $H(\omega)$-ω 的变化规律，在图 3-6-14 中画出它的幅频特性和相频特性。当 ω 达到某一值后，$H(\omega)$的模和相位都趋于稳定，一般高通滤波器具有这样的特性。

例 3.6.4 求图 3-6-15 中系统输出为 $U_C(s)$时的频响特性。

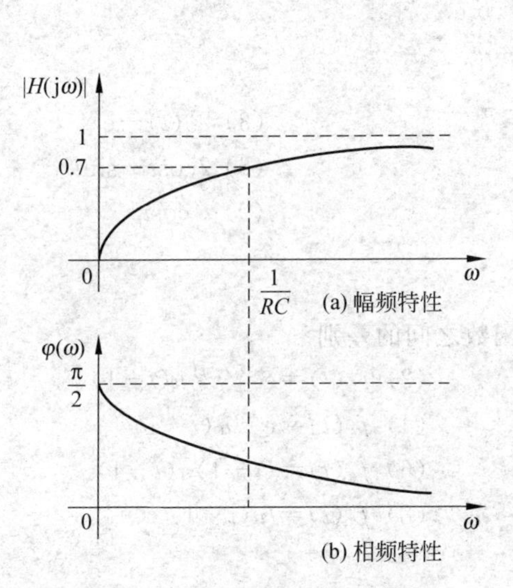

图 3-6-14 高通滤波器频响特性

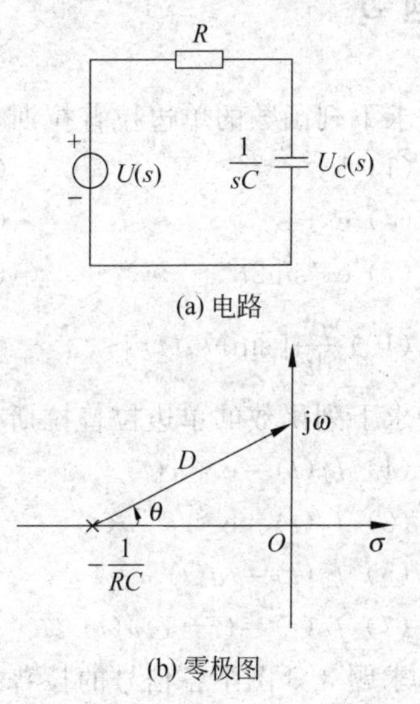

图 3-6-15 例 3.6.4 用图

【解】 了解到求频响特性的全过程后，可不通过 $H(s)$而直接定出 $H(\omega)$来，即

$$H(\omega) = \frac{U_C(\omega)}{U(\omega)} = \frac{\frac{1}{j\omega C}}{R + \frac{1}{j\omega C}} = \frac{1}{RC} \cdot \frac{1}{j\omega + \frac{1}{RC}}$$

可见传播函数无零点，在$-\dfrac{1}{RC}$处有一单极点。把它的极零图画于图 3-6-15 中，在 $j\omega$ 轴上任取一点 $j\omega$，此时 $H(\omega)$可用极坐标表示为

$$H(\omega) = \frac{1}{RC} \cdot \frac{1}{Be^{j\theta}}$$

其中，模$|H(\omega)| = \dfrac{\frac{1}{RC}}{B}$，幅角 $\varphi(\omega) = -\theta$。与上例相同，在 ω 由 $0 \to \infty$时，讨论下面 3 种

特殊情况。

$\omega\to 0$ 时：$\lim\limits_{\omega\to 0}|H(\omega)|=\dfrac{\frac{1}{RC}}{\frac{1}{RC}}=1,\lim\limits_{\omega\to 0}\varphi(\omega)=-\theta=0$

$\omega\to\infty$ 时：$\lim\limits_{\omega\to\infty}|H(\omega)|=\dfrac{\frac{1}{RC}}{\infty}=0,\lim\limits_{\omega\to\infty}\varphi(\omega)=-\dfrac{\pi}{2}$

$\omega=\dfrac{1}{RC}$ 时：$|H(\omega)|=\dfrac{1}{\sqrt{2}},\varphi(\omega)=-\dfrac{\pi}{4}$

根据上面 $H(\omega)$-ω 变化的规律，在图 3-6-16 中画出了 $H(\omega)$ 的幅频特性和相频特性。一般低通滤波器具有这样的特性。

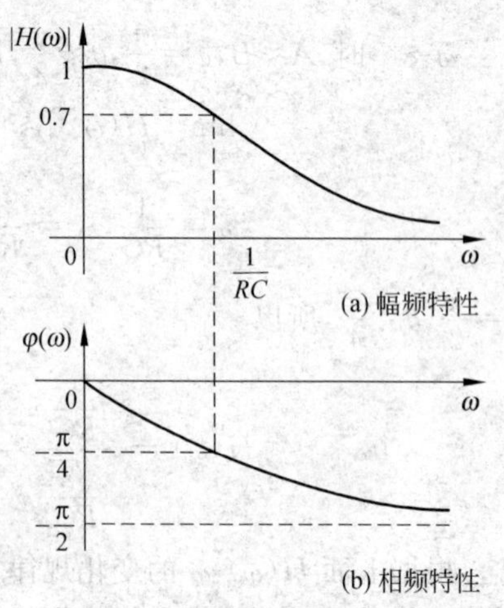

图 3-6-16 低通滤波器特性

习题 3

3.1 求下列函数的单边拉普拉斯变换。

(1) $1-e^{-2t}$　(2) $(1+t)e^{-2t}$　(3) $2\delta(t)-e^{-t}$

(4) $e^{t}+e^{-t}$　(5) $t^{2}e^{-2t}$　(6) $2\cos t+\sin t$

(7) $e^{-t}\sin 2t$　(8) $\cos^{2}t$　(9) $t^{2}\cos t$

(10) $\dfrac{d^{2}}{dt^{2}}[\sin\pi t u(t)]$

3.2 求下列函数的单边拉普拉斯变换，注意函数之间的差别。

(1) $f_1(t)=e^{-2t}u(t)$　(2) $f_2(t)=e^{-2(t-1)}u(t-1)$

(3) $f_3(t)=e^{-2(t-1)}u(t)$　(4) $f_4(t)=e^{-2t}u(t-1)$

(5) $f_5(t)=tu(t)$　(6) $f_6(t)=(t-1)u(t-1)$

(7) $f_7(t)=(t-1)u(t)$　(8) $f_8(t)=tu(t-1)$

3.3 求题 3.3 图中各信号的拉普拉斯变换。

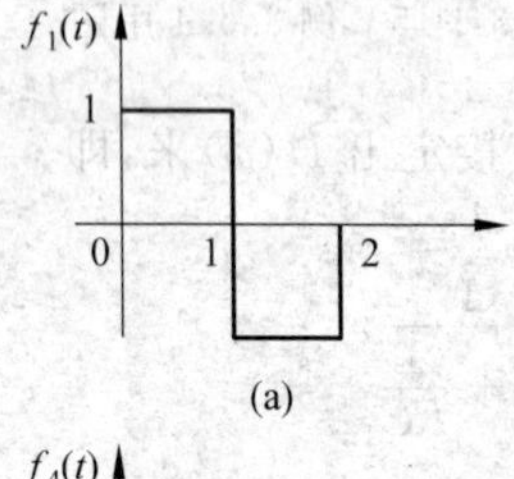

(a)

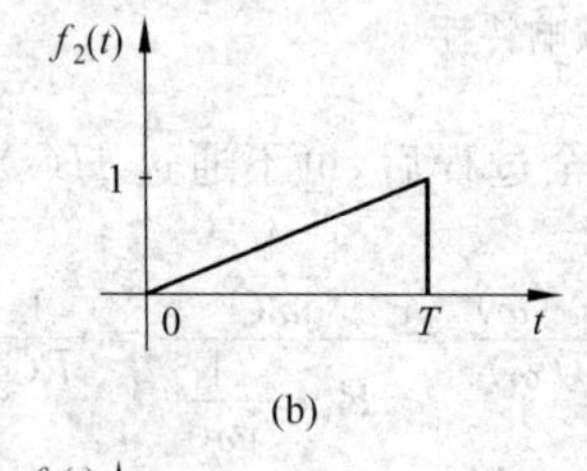

(b)

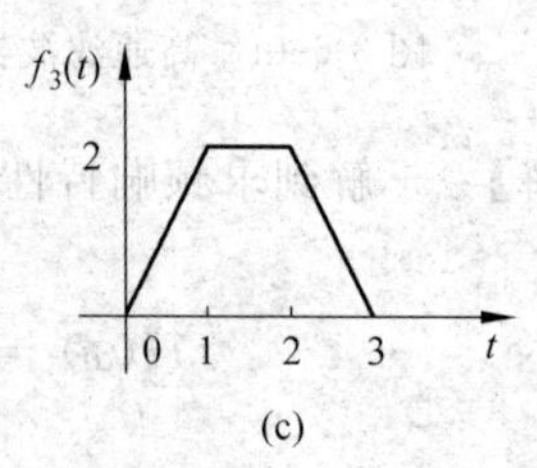

(c)

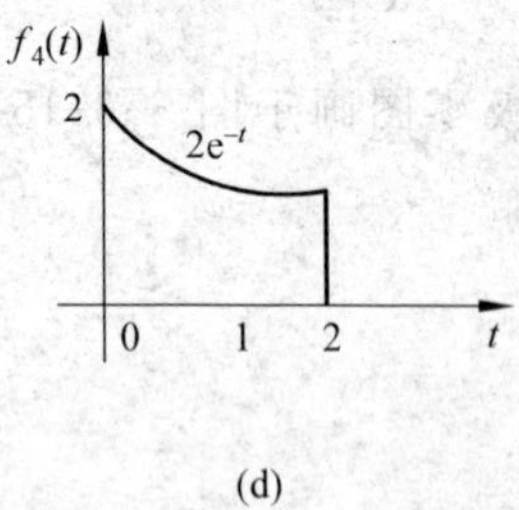

(d)

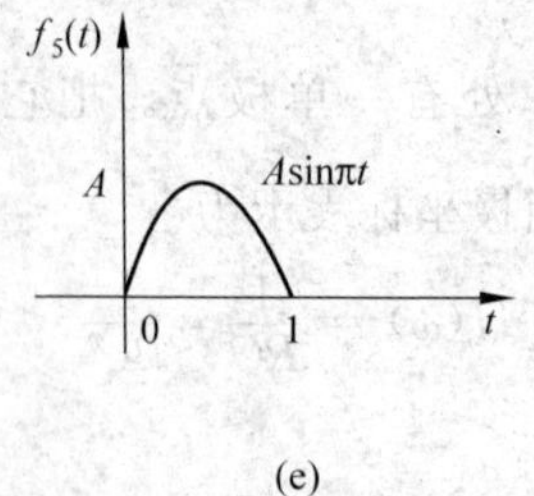

(e)

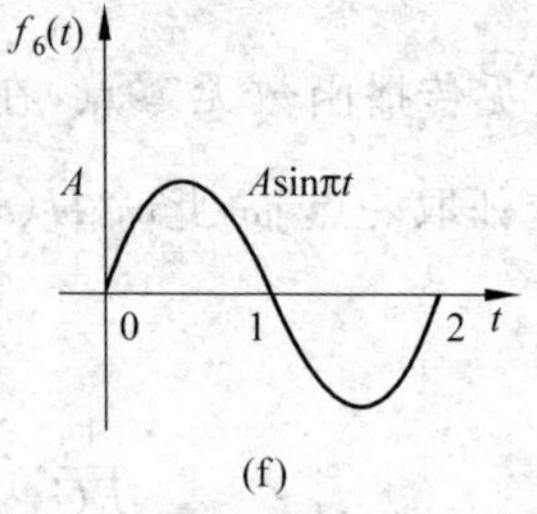

(f)

题 3.3 图

3.4　求题 3.4 图中各信号的拉普拉斯变换。

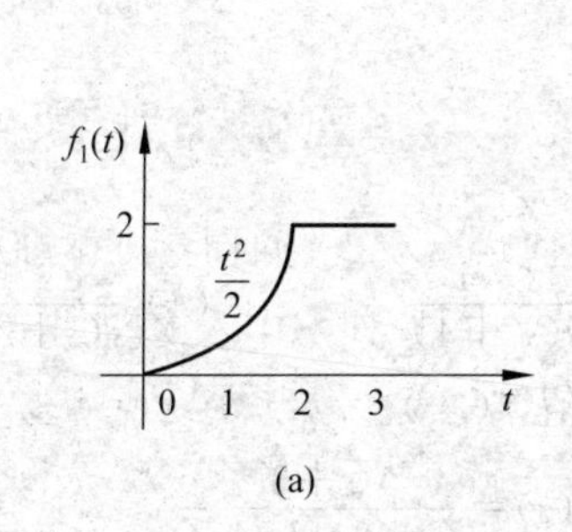

(a)

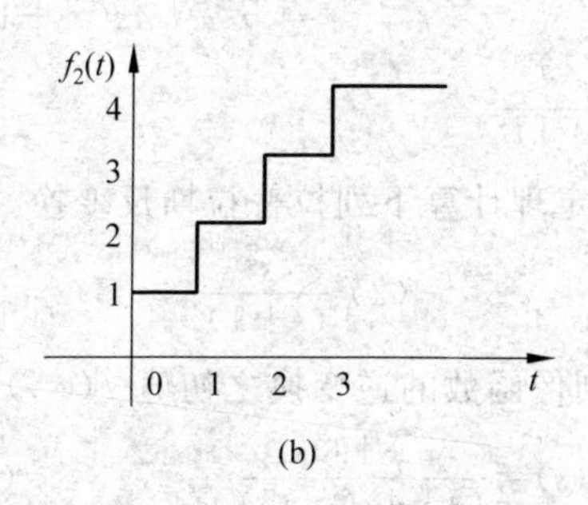

(b)

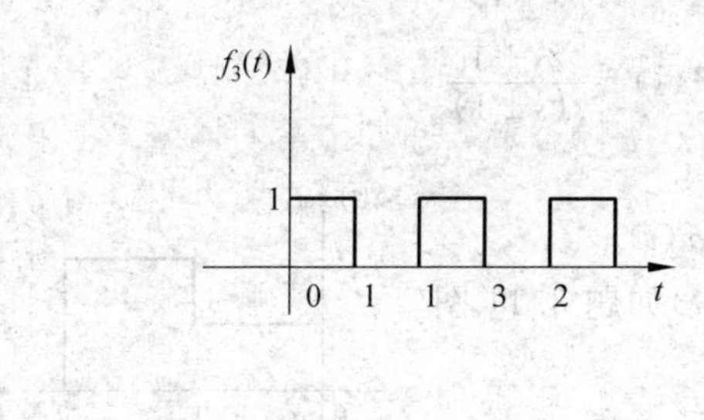

(c)

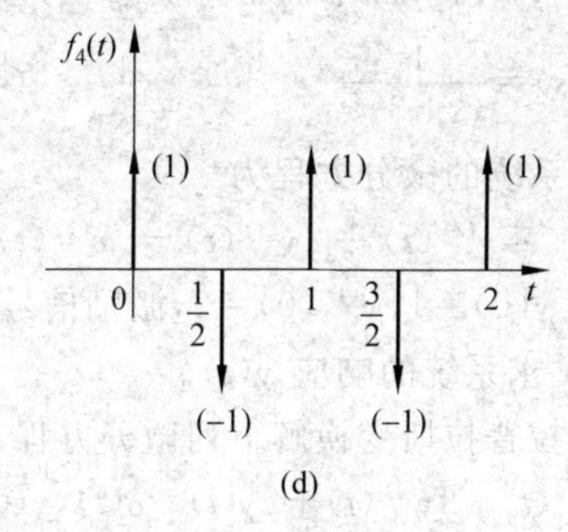

(d)

题 3.4 图

3.5　$f(t)$如题 3.5 图中所示，试求：

(1) $f(t)$的拉普拉斯变换。

(2) 利用拉普拉斯变换性质，求 $f\left(\frac{1}{2}t-1\right)$和 $f(2t-1)$的拉普拉斯变换。

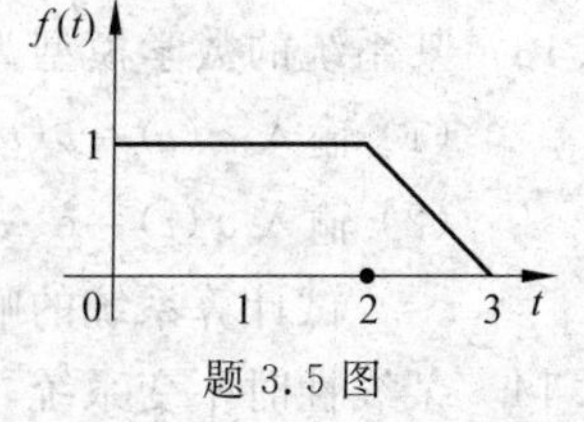

题 3.5 图

3.6　利用拉普拉斯变换性质，证明：

(1) $t\delta'(t)=-\delta(t)$　　(2) $t^2\delta^{(2)}(t)=2\delta(t)$

3.7　用部分分式展开法求下列像函数的拉普拉斯变换。

(1) $\dfrac{4}{2s+3}$　　(2) $\dfrac{4}{s(2s+3)}$　　(3) $\dfrac{s+3}{s^2+7s+10}$

(4) $\dfrac{2s+4}{s(s+1)(4s+2)}$　　(5) $\dfrac{1}{(s-5)^2(s-7)}$　　(6) $\dfrac{2s+4}{s(s^2+4)}$

(7) $\dfrac{1}{s(s-2)^2}$　　(8) $\dfrac{1}{s^2(s+1)}$　　(9) $\dfrac{s+5}{s(s^2+2s+5)}$

(10) $\dfrac{2}{(s^2+1)^2}$

3.8　求下列像函数的拉普拉斯变换。

(1) $\dfrac{s^2+2}{s^2+1}$　　(2) $\dfrac{s^2+4s+5}{s^2+3s+2}$　　(3) $\dfrac{s^2}{s+2}$

(4) $\dfrac{1-e^{-sT}}{s+1}$　　(5) $\dfrac{1-e^{-2s}}{s^2+3s}$　　(6) $\left(\dfrac{1-e^{-s}}{s}\right)^2$

(7) $\frac{(1-e^{-2s})^2}{s^3}$　　(8) $\frac{e^{-s}}{4s(s^2+1)}$　　(9) $\frac{s}{s^4+5s^2+4}$

(10) $\frac{e^{-sT}}{(s+1)^3}$

3.9 用卷积定理计算下列拉普拉斯反变换。

(1) $\frac{1}{s^3}$　　(2) $\frac{s^2}{(s+1)^2}$　　(3) $\frac{s+1}{s(s^2+4)}$　　(4) $\frac{e^{-2s}}{s(s+2)}$

3.10 求下列像函数的逆变换之初值 $f(0_+)$ 和终值 $f(\infty)$。

(1) $F(s)=\frac{s+6}{(s+4)(s+5)}$　　(2) $F(s)=\frac{s+3}{(s+1)^2(s+2)}$

(3) $F(s)=\frac{1}{(s+3)^2}$　　(4) $F(s)=\frac{2s+1}{s(s+1)}$

3.11 若描述系统的微分方程为

$$y^{(2)}(t)+2y^{(1)}(t)=x^{(1)}(t)+x(t)$$

并已知 $y(0)=1, y^{(1)}(0)=2$，激励信号 $x(t)$ 如题 3.11 图所示，试求系统的响应 $y(t)$。

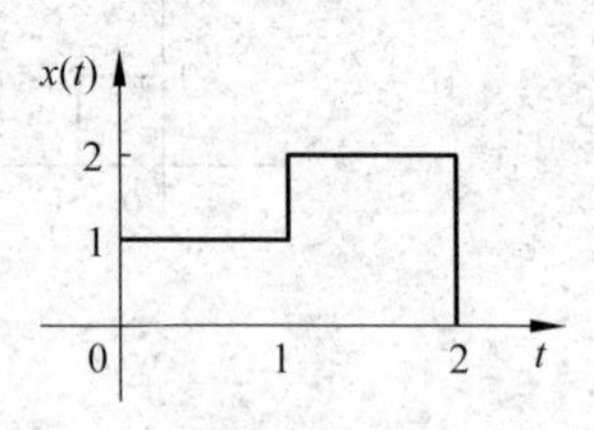

题 3.11 图

3.12 直接用拉普拉斯变换解下列微分方程。

(1) $y^{(2)}(t)+3y^{(1)}(t)+2y(t)=\delta(t), y(0_-)=y^{(1)}(0_-)=1$

(2) $y^{(2)}(t)-y(t)=2\delta(t)+3\delta^{(1)}(t), y(0_-)=y^{(1)}(0_-)=1$

(3) $y^{(2)}(t)+2y^{(1)}(t)+y(t)=\delta(t)+2\delta^{(1)}(t), y(0_-)=1, y^{(1)}(0_-)=2$

3.13 某系统的数学模型为 $y^{(2)}(t)+5y^{(1)}(t)+6y(t)=3x(t)$，若

(1) 输入 $x(t)=u(t)$，初始状态 $y(0_-)=1, y^{(1)}(0_-)=-1$

(2) 输入 $x(t)=e^{-t}u(t)$，初始状态 $y(0_-)=1, y^{(1)}(0_-)=1$

试计算系统的响应 $y(t)$。

3.14 某线性时不变系统，当输入 $x(t)=e^{-t}u(t)$ 时，其零状态响应

$y(t)=\left(\frac{1}{2}e^{-t}-e^{-2t}+e^{-3t}\right)u(t)$，试计算该系统的单位冲激响应 $h(t)$。

3.15 如有联立微分方程

$$\begin{cases} y_1^{(1)}(t)+y_1(t)-2y_2(t)=0 \\ y_2^{(1)}(t)-y_1(t)+2y_2(t)=0 \end{cases}$$

并已知 $y_1(0_-)=1, y_2(0_-)=2$，试求 $y_1(t)$ 和 $y_2(t)$。

3.16 对某线性非时变系统在非零状态条件下，系统对于激励为 $x_1(t)u(t)$ 时的响应为 $y_1(t)=2e^{-t}+\cos 2t(t\geqslant 0)$，而对于激励为 $2x_1(t)u(t)$ 时的响应为 $y_2(t)=e^{-t}+2\cos 2t$ $(t\geqslant 0)$，试计算当激励为 $4x_1(t)u(t)$ 时，系统的响应 $y_3(t)$。

3.17 假若某线性非时变系统的单位阶跃响应为 $2e^{-2t}u(t)+\delta(t)$，试计算系统对于激励信号 $3e^{-t}u(t)$ 的输出信号 $y(t)$。

3.18 某线性非时变系统在非零状态条件不变的情况下，有 3 种不同的激励信号作用于系统：

当输入 $x_1(t)=\delta(t)$ 时，系统有输出 $y_1(t)=\delta(t)+e^{-t}u(t)$。

当输入 $x_2(t)=u(t)$ 时，系统有输出 $y_2(t)=3e^{-t}u(t)$。

试求当输入信号为题 3.18 图中所示的矩形脉冲 $x_3(t)$ 时的系统响应 $y_3(t)$。

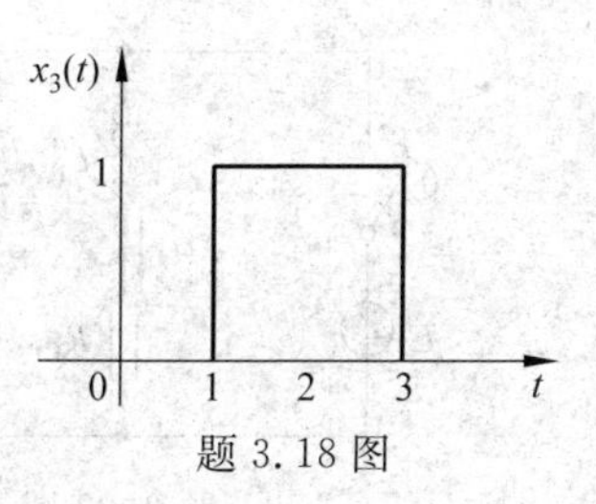

题 3.18 图

3.19 题 3.19 图所示电路在 $t=0$ 前已处于稳态；在 $t=0$ 时，开关 S 由①倒向②。求题 3.19 图(a)所示的 $u_C(t)$ 和题 3.19 图(b)所示的 $u_L(t)$，并粗略画出其波形图。

3.20 题 3.20 图中电路的激励均为单位阶跃信号，求电压 $y(t)$。

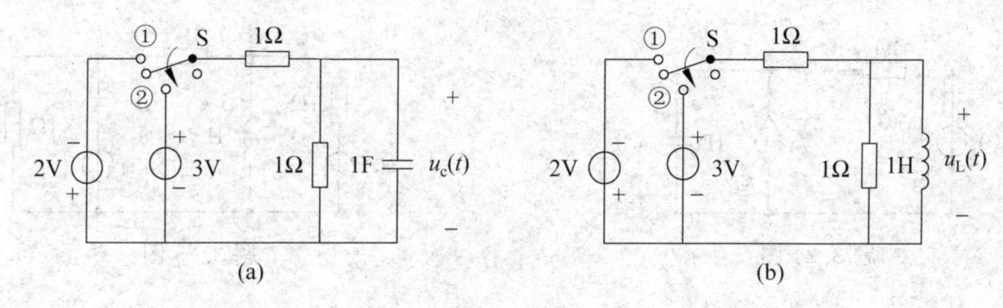

题 3.19 图

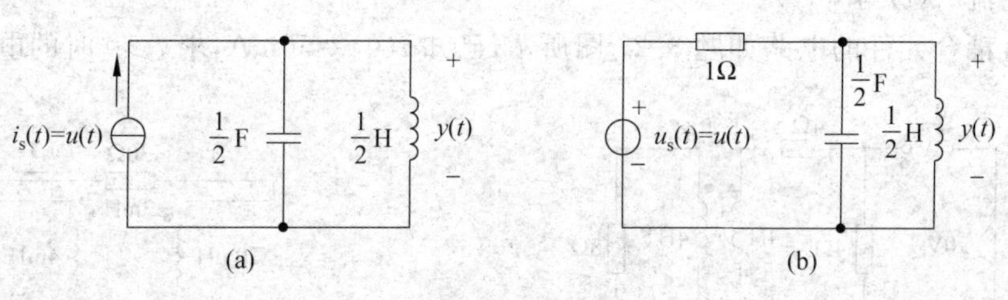

题 3.20 图

3.21 题 3.21 图中示出了电路及其激励信号 $u_s(t)$，在 $t=0$ 时开关 S 闭合，求 $t\geqslant0$ 时，电压 $u_C(t)$。

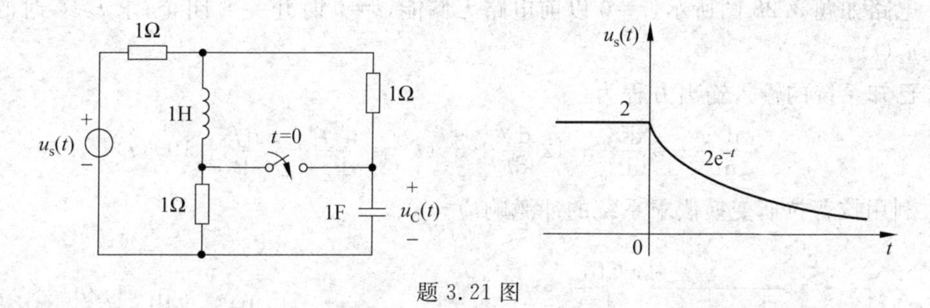

题 3.21 图

3.22 如题 3.22 图所示电路，原处于稳定状态，$t=0$ 时打开开关 S。试求电流 $i_1(t)$、$i_2(t)$ 和电压 $u(t)$。设 $L_1=L_2=1\text{H}$，$R_1=2\Omega$，$R_2=5\Omega$，$U=10\text{V}$。

3.23 如题 3.23 图所示电路，电容 C_1 的初始电压 $u_{C_1}(0_-)=E$，C_2 的初始电压为零，当 $t=0$ 闭合开关 S，求 $i(t)$ 和 $u(t)$。

3.24 如题 3.24 图所示含 CCCS 电路，试求 $t>0$ 时，电容电压 $u_C(t)$。设 $u_C(0_-)=0$，$K=5$，$u_s(t)=e^{-2t}u(t)$。

3.25 电路如题 3.25 图所示，试在复频域中用节点电位法计算电压 $u_①(t)$ 与 $u_②(t)$。

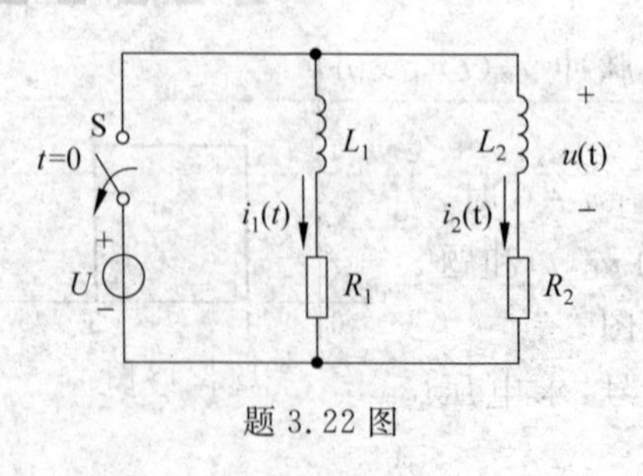

题 3.22 图

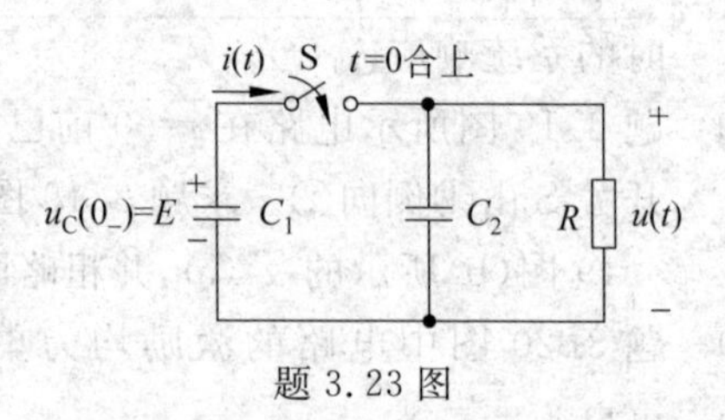

题 3.23 图

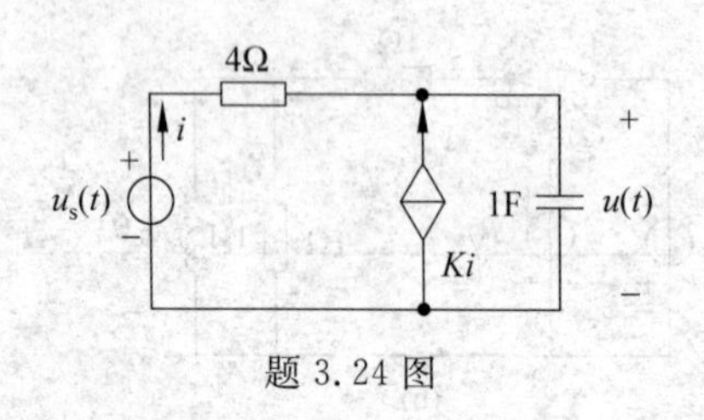

题 3.24 图

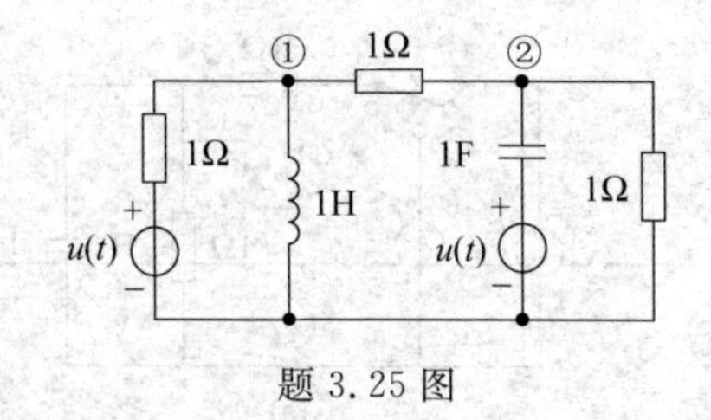

题 3.25 图

3.26 电路如题 3.26 图所示，开关 S 在 $t=0$ 时打开，打开前电路处于稳态，求 $t>0$ 的初、次级电流 $i_1(t)$ 与 $i_2(t)$。

3.27 含有耦合元件的电路如题 3.27 图所示，已知 $i(0)=50\text{mA}$，求 $t\geqslant 0$ 时的电流 $i(t)$。

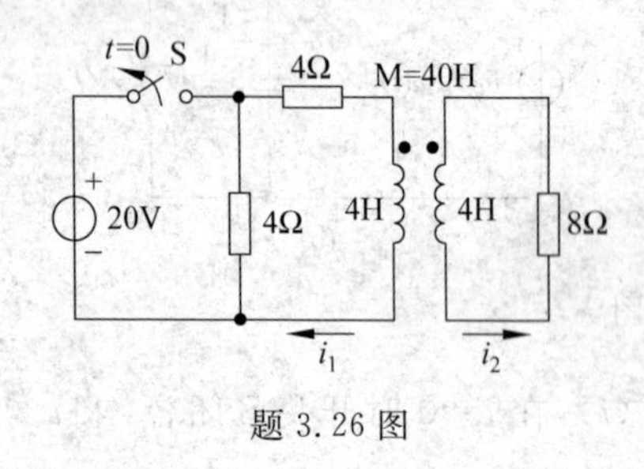

题 3.26 图

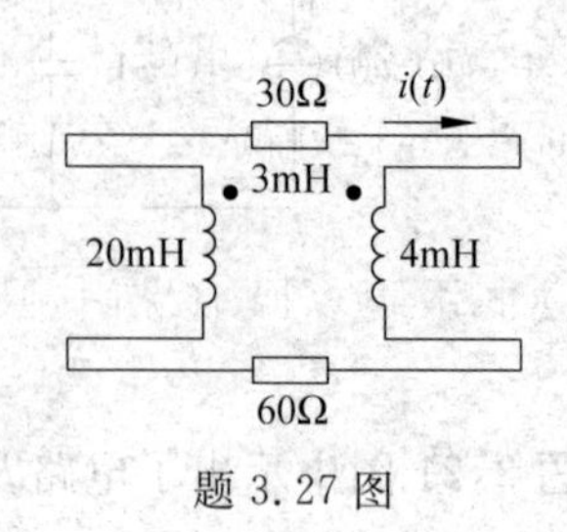

题 3.27 图

3.28 电路如题 3.28 图所示，$t=0$ 以前电路无储能，$t=0$ 时开关 S 闭合，求 $t\geqslant 0$ 时的电压 $u_2(t)$。

3.29 已知系统的输入输出方程为

$$\frac{\mathrm{d}^3 y}{\mathrm{d}t^3}+5\frac{\mathrm{d}^2 y}{\mathrm{d}t^2}+12\frac{\mathrm{d}y}{\mathrm{d}t}+8y(t)=\frac{\mathrm{d}^2 f}{\mathrm{d}t^2}+7\frac{\mathrm{d}f}{\mathrm{d}t}+10f(t)$$

利用拉普拉斯变换法求系统的冲激响应。

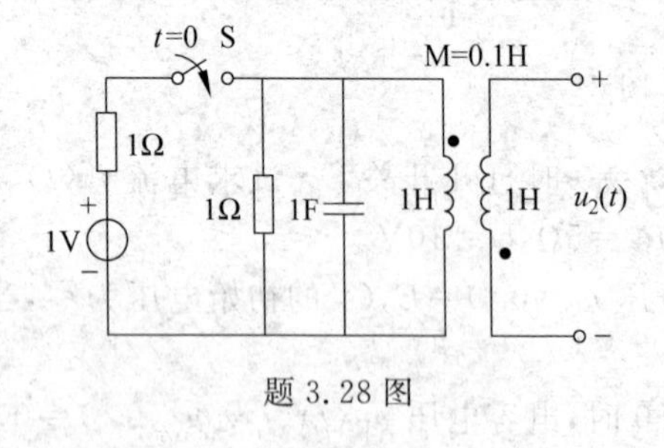

题 3.28 图

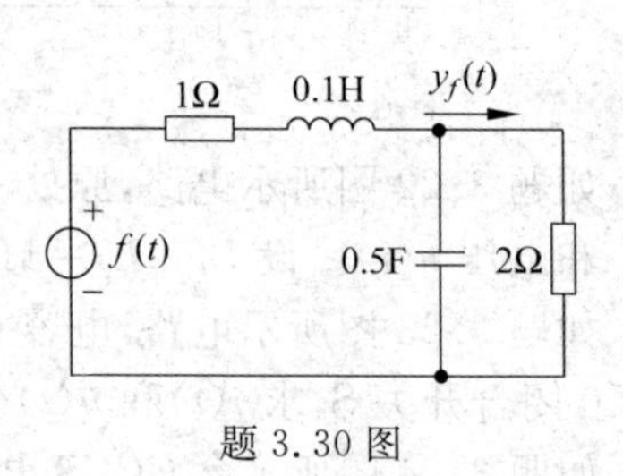

题 3.30 图

3.30 已知某系统如题 3.30 图所示，输入信号 $f(t)=\frac{1}{10}\mathrm{e}^{-5t}u(t)\text{V}$，试求零状态响应 $y_f(t)$。

3.31　题 3.31 图所示系统原处于稳态，开关 S 于 $t=0$ 时闭合，试用复频域分析法求 $i_2(t)$ 与 $u_2(t)$。

3.32　已知题 3.32 图所示系统进入稳态后，开关 S 于 $t=0$ 时闭合，试用复频域分析法求 $y(t)$。

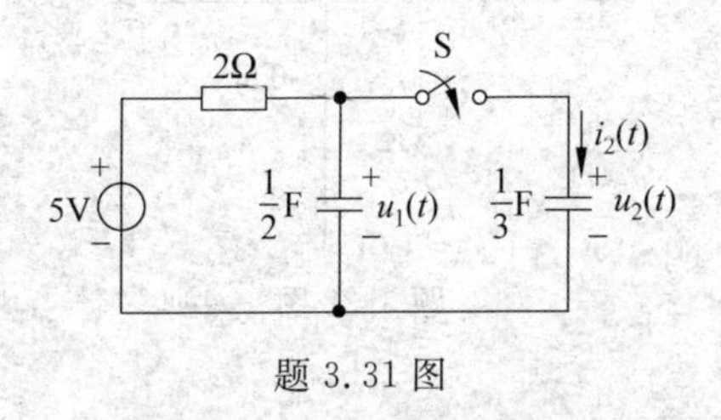

题 3.31 图

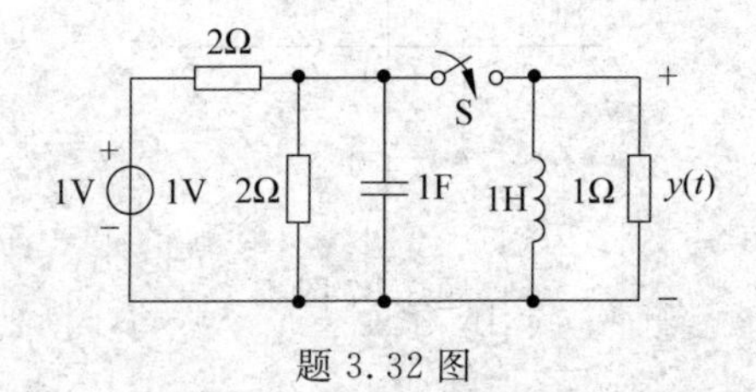

题 3.32 图

3.33　已知题 3.33 图所示系统原处于稳态，开关 S 于 $t=0$ 时闭合，试用复频域分析法求电流 $i(t)$。

3.34　已知题 3.34 图所示系统进入稳态后，开关 S 于 $t=0$ 时闭合，试求开关支路电流 $i_3(t)$。

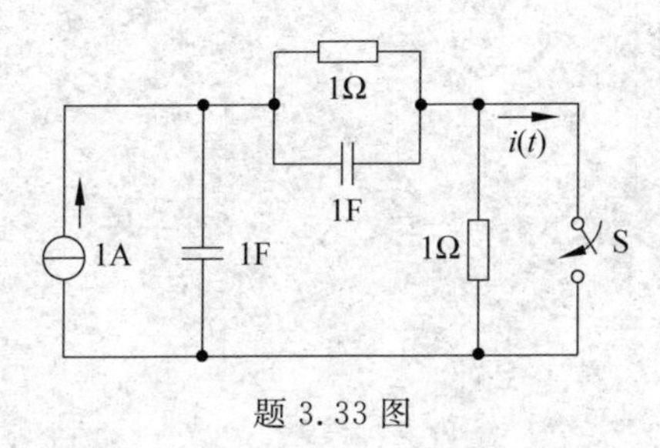

题 3.33 图

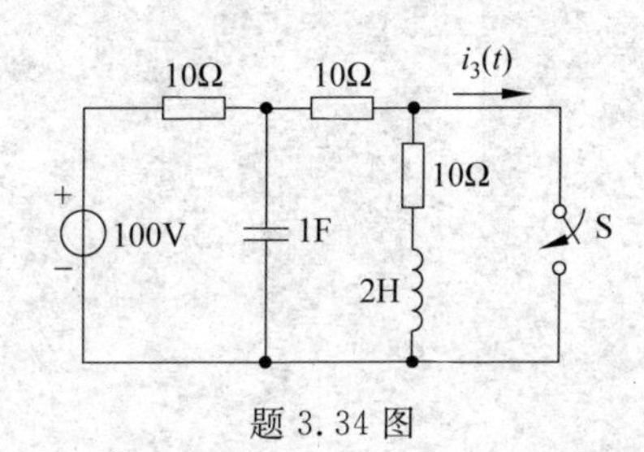

题 3.34 图

3.35　已知两个零态系统，当输入为 $f(t)$ 时，输出为 $y(t)$，试求该两系统的传输函数 $H(s)$。

(1) $f(t)=u(t)$，$y(t)=(2\mathrm{e}^{-t}+\sin 2t-1)u(t)$

(2) $f(t)=\mathrm{e}^{-t}u(t)$，$y(t)=(\mathrm{e}^{-t}\sin t-t)u(t)$

3.36　试求题 3.36 图所示各系统的转移阻抗。

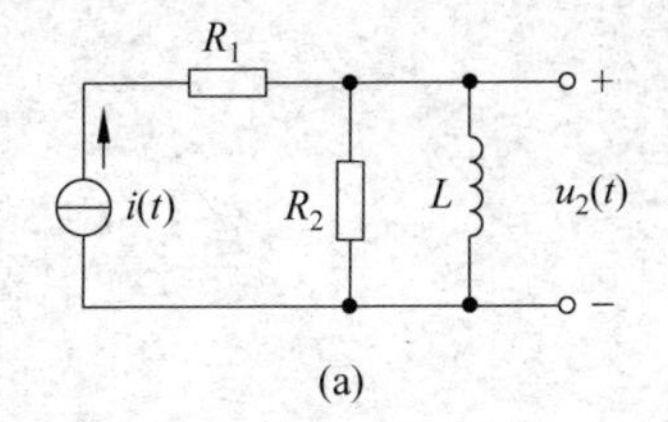

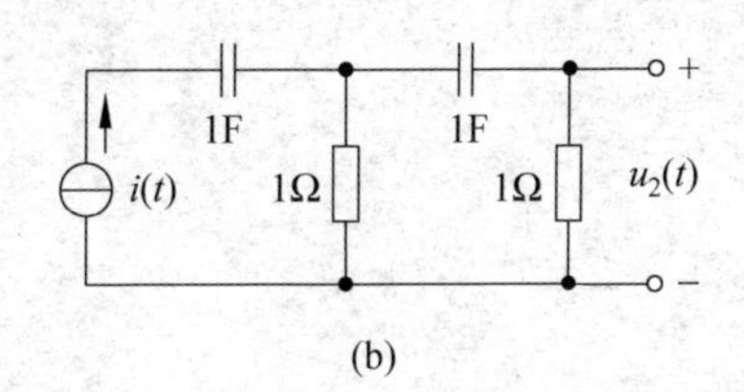

题 3.36 图

3.37　某系统传输函数 $H(s)$ 的零、极点分布如题 3.37 图所示，若已知 $|H(\mathrm{j}2)|=1$，试求 $|H(\mathrm{j}1)|$。

3.38　已知传输函数 $H(s)$ 的零、极点分布如题 3.38 图所示，并知 $H(\infty)=4$，试写出 $H(s)$ 的表达式。

3.39　某系统如题 3.39 图所示，已知输入为 $u_1(t)$，输出为 $u_2(t)$，求系统的传输函数 $H(s)$。画 $H(s)$ 零极点分布图，判断系统的稳定性。

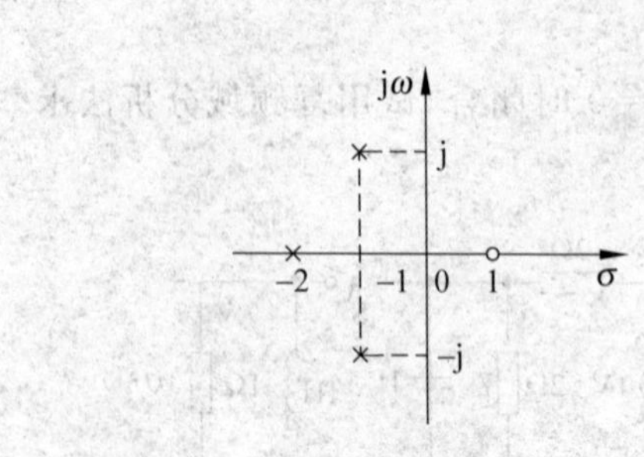

题 3.37 图

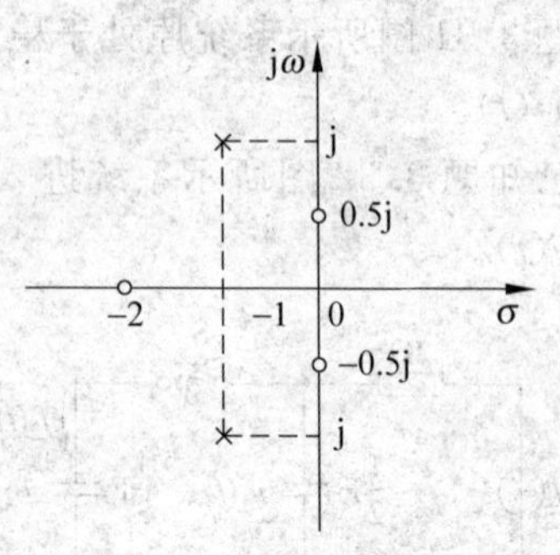

题 3.38 图

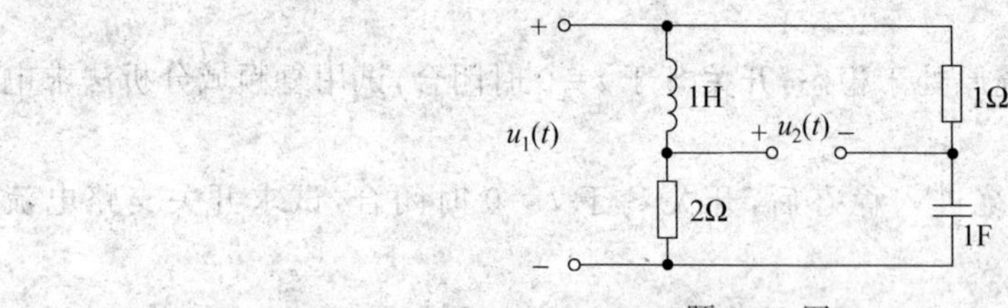

题 3.39 图

第4章 离散时间信号与系统的时域分析

前面各章研究的连续时间信号及系统，其激励和响应都是连续变量 t 的函数。这一章将要分析离散时间信号及系统，其激励和响应都是离散变量 n 的函数。对连续时间信号进行抽样得到的抽样信号，就是离散时间信号，因此离散时间信号及系统与连续时间信号及系统之间有着密切的联系，连续的模拟系统完成的某些功能也可以由离散的数字系统来实现。随着集成电路和高速数字计算机的发展，大大地促进了离散时间系统理论的研究。人们可以用数字的方法对信号与系统进行分析与综合，并已形成了一个学科的分支，即"数字信号处理"技术。它广泛地应用在图像传输、数字通信、生物医学、遥感和自动控制工程等众多方面。本书讲述的离散时间信号与系统的一些基本概念与分析方法，将为学习数字信号处理和数字通信等后续课程奠定基础。

4.1 离散时间信号

离散时间信号及系统与连续时间信号及系统的分析方法和研究思路有很多相似之处，已经熟知的连续系统的输入—输出之间关系是用微分方程来描述的，其求解方法有经典法、卷积积分法和 S 域变换法。离散系统的数字模型是差分方程，其求解方法同样有经典法、卷积积分法和 Z 域变换法。由于离散时间信号和系统有自己的独特性能，所以在学习过程中，一方面要与连续系统相比较，利用两者相似之处，加深对离散系统的理解；另一方面要掌握离散系统的特点，找出两者的不同之处。本章先介绍离散时间信号与系统在时域的基本分析方法。

4.1.1 离散时间信号的描述

在讨论信号的分类时，曾经讲到连续信号与离散信号。在前几章中只研究过连续信号，可用 $f(t)$ 或 $x(t)$ 表示，连续信号(如连续时间信号)是自变量 t 的连续函数，连续信号也叫做模拟信号，与连续时间信号相关的系统叫做连续时间系统。例如，语音信号，以及水位变化、温度变化、植物生长过程所构成的信号，都属于连续信号。

随着科学技术的发展，离散信号的应用范围逐渐广泛。例如，数字电子计算机系统及数字通信系统中使用的信号，就是典型的离散信号。离散信号(如离散时间信号)用 $f(t_k)$ 表示，其中 k 为任意正的或负的整数，即 $\cdots -3,-2,-1,0,1,2,3,\cdots$。离散信号仅仅在上述时刻有定义，而在 $t_1 \sim t_2$、$t_2 \sim t_3$ 等任何一段间隔内均没有定义。图 4-1-1 表示一个均匀的离散时间信号，从抽象意义上说，离散信号仅仅是一个数值的序列，它的函数图是在坐标上一系列的点。为了醒目起见，这些离散的函数值常常像离散频谱一样画成一条一条的垂直线，每条直线的端点才是实际的函数值。图 4-1-1 中各条相邻垂直线间的间隔是均匀的，均为 T，说明这个离散函数仅在…，$-3T,-2T,-T,0,T,2T,3T,\cdots$ 特定时间函数才有定义，而在其他时刻函数无定义。等间隔的离散信号叫做均匀离散信号，当然也可能出现非均匀的离散信号，为了分析简单起见，同时也针对工程实际情况，这里仅仅研究均匀的离散信号。如果离散信号的幅度不能任意取值，而只能取预先规定的几个值(如 8 个值、16 个值)，也即按照四舍五入的原则，用规定的几个值去取代离散信号的实际值，这个过程叫做量化。经过量化后并经过编码的离散信号，则叫做数字信号。在实际中，数字信号一般用二进制数的编码表示。为了分析简单起见，并不把离散信号与数字信号严格加以区分，都称为离散信号。$f(t_n)$是离散时间信号，其自变量 t_n 是离散时间，在实际中也会遇到自变量为离散距离、速度、温度等离散变量的离散函数。为了更一般化起见，将用 $f(n)$来代表离散函数，其中 $n=0,\pm1,\pm2,\pm3,\cdots$，而 $f(n)$可表示任何物理量的离散函数。例如，有离散时间信号

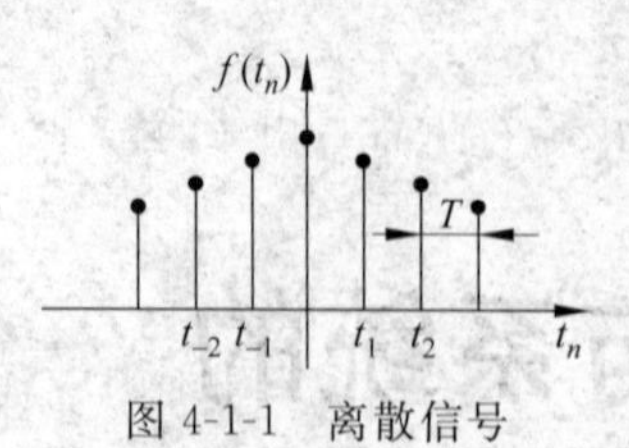

图 4-1-1 离散信号

$$f(n)=\left(\frac{1}{2}\right)^n \quad n\geqslant 0$$

这个函数式的序列形式为

$$\{f(n)\}=\left\{\left(\frac{1}{2}\right)^0,\left(\frac{1}{2}\right)^1,\left(\frac{1}{2}\right)^2,\cdots\right\}$$

即为

$$\{f(n)\}=\left\{\underset{n=0}{\underset{\uparrow}{1}},\frac{1}{2},\frac{1}{4},\cdots\right\}$$

因此，可画出离散时间信号 $f(n)$的图形，如图 4-1-2 所示。

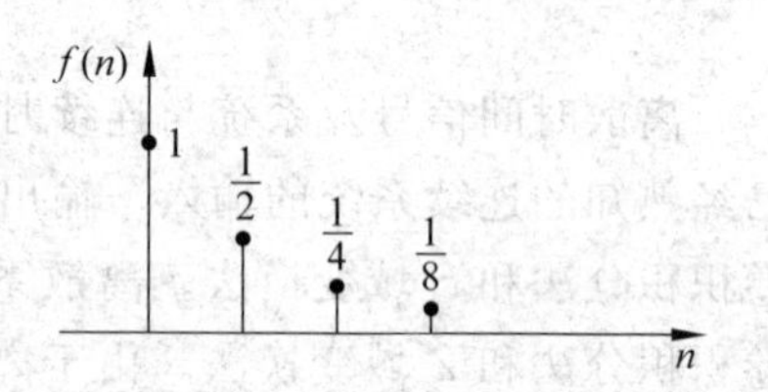

图 4-1-2 离散时间信号的图形表示

顺便指出，如果对离散时间信号 $f(n)$的幅度值只取有限个整数的离散值，且幅度是以最接近的那个离散量近似，则称为幅度量化。经过量化的离散时间信号称为数字信号，统称为离散信号。如果一个系统的输入信号和输出信号均为离散信号，则这个系统就叫做离散系统。

4.1.2 基本离散信号

1. $\delta(n)$序列(单位样值信号)

$\delta(n)$的定义式为

$$\delta(n)=\begin{cases}0, & n\neq 0\\ 1, & n=0\end{cases} \tag{4.1.1}$$

单位样值信号 $\delta(n)$也可称为单位脉冲或单位冲激序列，它与单位冲激信号 $\delta(t)$都发生在原点，但 $\delta(t)$是一种广义函数，而 $\delta(n)$却具有确定值，是可实现信号。如果信号发生在

$n=k$ 处(k 可正可负)，则有移位信号，有

$$\delta(n-k)=\begin{cases}0 & n\neq k\\1 & n=k\end{cases} \tag{4.1.2}$$

图 4-1-3 描述了式(4.1.1)和式(4.1.2)。

$\delta(n)$与$\delta(n-k)$统称δ序列，利用δ序列可以定义任何离散信号$f(n)$，写成移位、加权的δ序列之和。例如，图 4-1-4 所示的离散信号$f(n)$的图形，可以表示为

$$f(n)=2\delta(n+2)-\delta(n+1)+3\delta(n)+2\delta(n-1)-\delta(n-2)$$

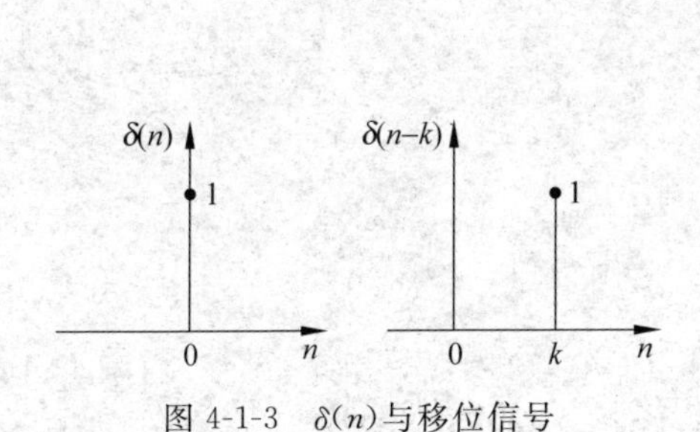

图 4-1-3　$\delta(n)$与移位信号

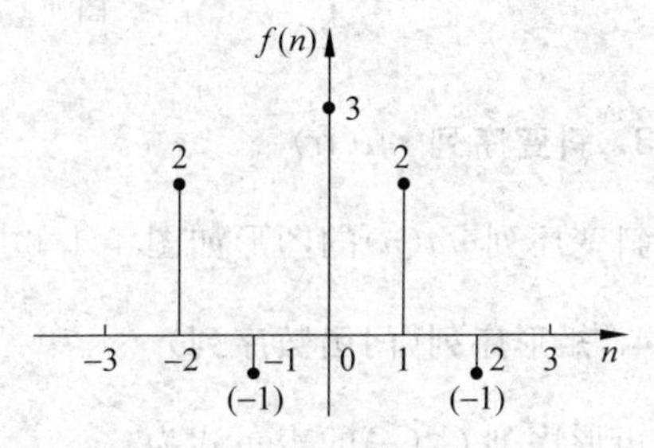

图 4-1-4　任意离散信号 $f(n)$

或者写为

$$\begin{aligned}f(n)=&f(-2)\delta(n+2)+f(-1)\delta(n+1)+f(0)\delta(n)\\&+f(1)\delta(n-1)+f(2)\delta(n-2)\end{aligned}$$

其中，$f(-2)=2$，$f(-1)=-1$，$f(0)=3$，$f(1)=2$，$f(2)=-1$。

任意信号$f(n)$的一般形式为

$$f(n)=\sum_{k=-\infty}^{\infty}f(k)\delta(n-k) \tag{4.1.3}$$

式(4.1.3)说明了任何序列$f(n)$可以用加权的δ序列之和来表示。而在连续系统中，任意信号$f(t)$是用加权的冲激信号$\delta(t)$积分来表示。

2. 单位阶跃序列 $u(n)$

$u(n)$的定义式为

$$u(n)=\begin{cases}0 & n<0\\1 & n\geqslant 0\end{cases} \tag{4.1.4}$$

其移位信号$u(n-k)$为

$$u(n-k)=\begin{cases}0 & n<k\\1 & n\geqslant k\end{cases} \tag{4.1.5}$$

式(4.1.4)和式(4.1.5)的图形绘于图 4-1-5 中。

观察$\delta(n)$序列与$u(n)$序列的定义式，可以看出两者之间的关系为

$$u(n)=\delta(n)+\delta(n-1)+\delta(n-2)+\cdots \tag{4.1.6}$$

$$\delta(n)=u(n)-u(n-1) \tag{4.1.7}$$

在连续时间系统中，单位冲激信号$\delta(t)$与单位阶跃信号$u(t)$之间的关系是用微分关系来描述的，而在离散系统中，单位样值信号$\delta(n)$与单位阶跃信号$u(n)$之间的关系是用差分关系来描述的。

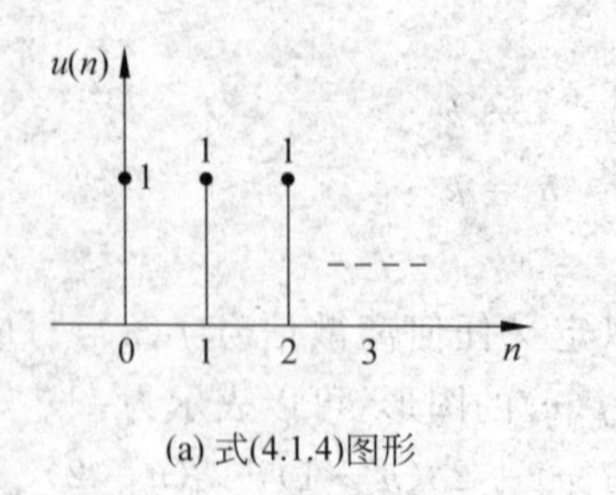

(a) 式(4.1.4)图形

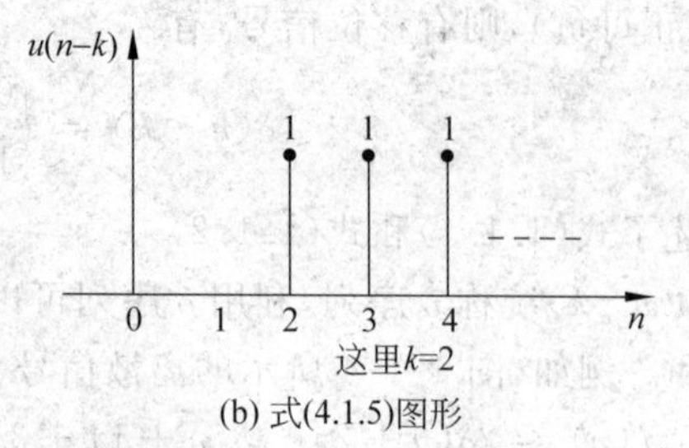

(b) 式(4.1.5)图形

图 4-1-5　$u(n)$与移位信号

3. 斜变序列 $nu(n)$

斜变序列 $nu(n)$的图形如图 4-1-6 所示。

4. 矩形序列(门函数序列)

矩形序列 $G_k(n)$的表示式为

$$G_k(n)=\begin{cases}1 & 0\leqslant n\leqslant k-1\\0 & \text{其他}\end{cases}\tag{4.1.8}$$

矩形序列 $G_k(n)$的图形如图 4-1-7 所示。

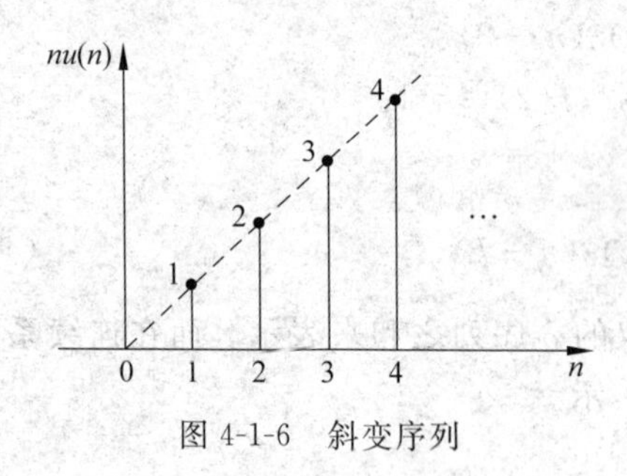

图 4-1-6　斜变序列

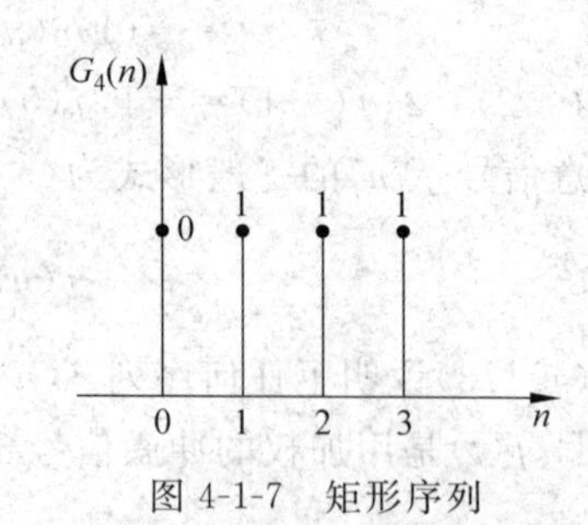

图 4-1-7　矩形序列

5. 因果指数序列

因果指数序列

$$f(n)=a^n u(n)\tag{4.1.9}$$

由于 a 的取值范围不同,所以指数序列的变化规律可分 4 种情况,如图 4-1-8 所示。

6. 正弦序列

正弦序列的表达式为

$$f(n)=\sin\Omega_0 n\tag{4.1.10a}$$

或

$$f(n)=\cos\Omega_0 n\tag{4.1.10b}$$

式中,Ω_0 为正弦序列的数字角频率,单位是弧度(rad),表示相邻两个样值之间的弧度。

连续时间信号的正弦函数 $\sin\omega_0 t$ 一定是周期信号,它的角频率为 ω_0,周期为 T,两者之间的关系为

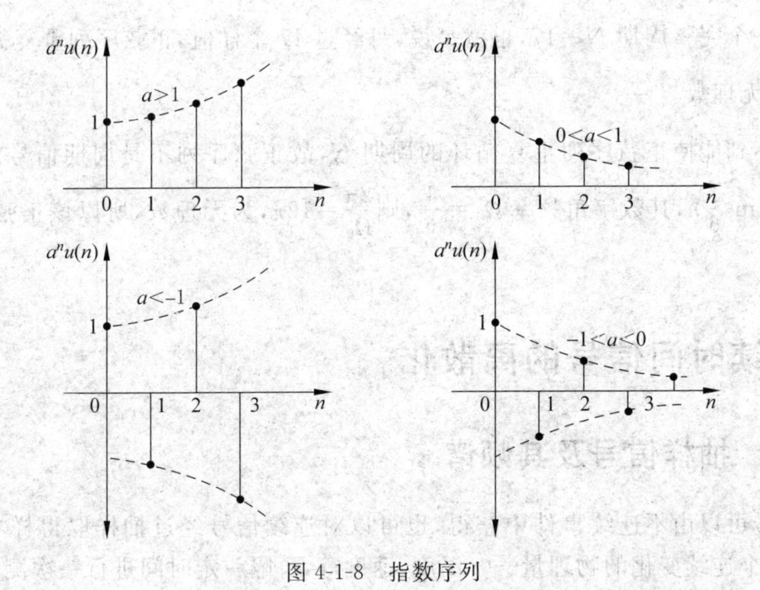

图 4-1-8　指数序列

$$\omega_0=\frac{2\pi}{T}\text{rad/s},\quad T=\frac{2\pi}{\omega_0}s$$

而正弦序列 $\sin\Omega_0 n$ 是否为周期信号，则取决于比值$\frac{2\pi}{\Omega_0}$，有以下几种情况：

1）$\frac{2\pi}{\Omega_0}$为有理整数

令$\frac{2\pi}{\Omega_0}=N$，此时 $\sin\Omega_0 n$ 是周期序列，N 为序列的周期，图 4-1-9 所示为正弦序列 $\sin\frac{\pi}{4}n$，其周期 $N=8$。

2）$\frac{2\pi}{\Omega_0}$为有理分数$\frac{N}{P}$且 N 与 P 为不可约整数

此时 $\sin\Omega_0 n$ 是周期序列，序列的周期为 $N=P\cdot\frac{2\pi}{\Omega_0}$。

图 4-1-10 所示为正弦序列 $\sin\frac{\pi}{4.25}$，其数字角频率 $\Omega_0=\frac{\pi}{4.25}$，则$\frac{2\pi}{\Omega_0}=\frac{17}{2}=\frac{N}{P}$，即序列的周期 $N=2\times\frac{2\pi}{\Omega_0}=17$。图 4-1-10 中表明，正弦包络中的两个周期含有 17 个样值，构成了

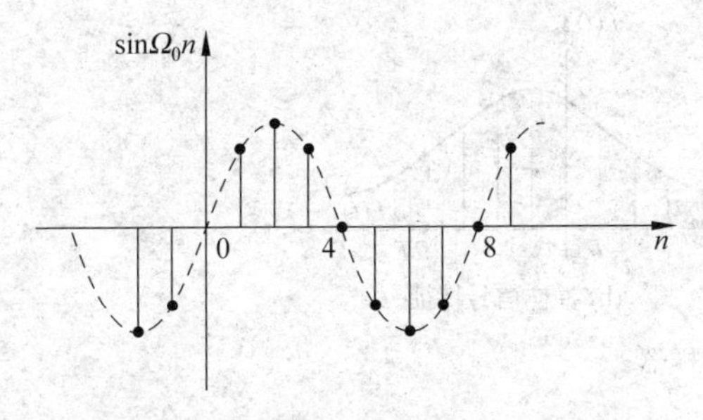

图 4-1-9　周期 $N=8$ 的正弦序列

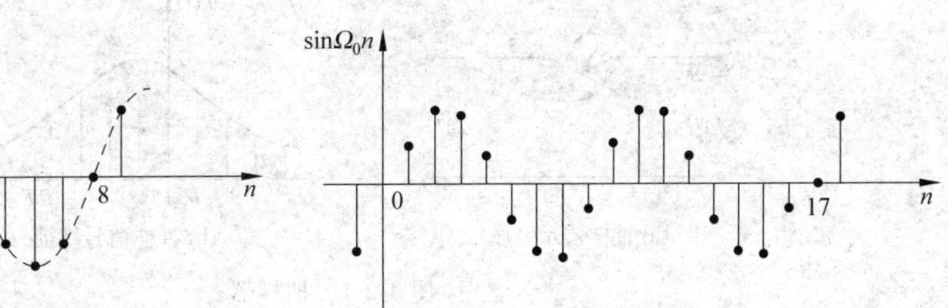

图 4-1-10　周期 $N=17$ 的正弦序列

正弦序列的一个完整周期 $N=17$，也就是说，每经过 17 个样值，正弦序列重复循环一次。

3) $\frac{2\pi}{\Omega_0}$为无理数

由于找不到能使正弦序列重复循环的周期 N，故正弦序列不是周期信号。例如，正弦序列 $f(n)=\sin\frac{1}{6}n$，其数字角频率 $\Omega_0=\frac{1}{6}$，则$\frac{2\pi}{\Omega_0}=12\pi$，为无理数，所以该正弦序列不是周期信号。

4.2 连续时间信号的离散化

4.2.1 抽样信号及其频谱

离散信号可以由不连续事件中获得，也可以对连续信号经过抽样取得样本值而实现。例如，对于一个连续变化的物理量——温度、速度等，每隔一定时间进行一次测量，则可得到一系列离散的数据，从而获得离散信号。这样一个离散信号在各个抽样点处反映了原连续信号的真实情况，但它毕竟与原来的连续信号不同。又如，语音信号是个连续信号（模拟信号），对它进行等间隔抽样后可得到相应的离散信号，显然这个离散信号端点连起来所构成的包络线才是原来的连续信号。此时自然会提出一个问题，经过抽样获得的离散信号，是否包含了原连续信号的全部信息呢？根据什么样的原则进行抽样才能由离散信号恢复成原来的连续信号呢？直观地看出，抽样点的数目越多恢复原来连续信号的可能性越大，那么最少要抽取多少点呢？这是要研究的中心问题。在做电路实验时，曾测量过电路的谐振特性曲线，用有限几个点就可以描绘出一条光滑的谐振曲线，当然点数不能太少，而是一定要有谐振点及其附近的几个点。

图 4-2-1(a)表示抽样器（斩波器）的示意图，开关 S 周期性地上下运动，设其周期为 T，当开关 S 与上面接点接通时，有信号输出。当开关 S 与下面的接点接通时，没有信号输出。设开关 S 与上面接点接通的时间间隔为 τ，那么输出信号 $f_s(t)$将是输入信号 $f(t)$的抽样值。或者说是从 $f(t)$中斩出来的，由许多脉冲组成，各个脉冲的宽度为 τ，其间的间隔或周期为 T，它们的包络线反映了原来连续信号的特征，如图 4-2-1(b)所示。抽样器实际上是一个电子开关电路。研究在什么条件下，$f_s(t)$才能与 $f(t)$具有相同的频谱成分，才有可能从 $f_s(t)$恢复 $f(t)$。

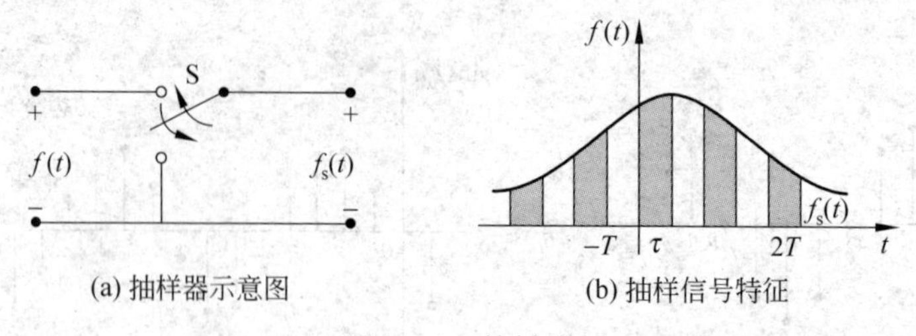

(a) 抽样器示意图　　(b) 抽样信号特征

图 4-2-1　抽样器

上述抽样过程可用一个乘法器的数学模型来描述，如图 4-2-2(a)所示。其实 $s(t)$为开关函数，是一个周期为 T、脉冲宽为 τ 的脉冲序列，如图 4-2-2(b)所示。

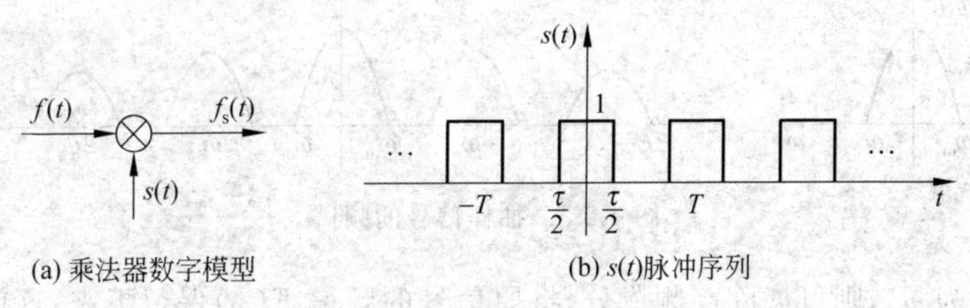

(a) 乘法器数字模型　　(b) $s(t)$脉冲序列

图 4-2-2　开关函数

输出抽样信号 $f_s(t)$等于输入信号 $f(t)$与开关函数 $s(t)$之积，即

$$f_s(t) = f(t)s(t) \tag{4.2.1}$$

设 $f(t)\to F(\omega)$，$s(t)\to S(\omega)$，$f_s(t)\to F_s(\omega)$。这里的 ω 仍是模拟角频率，根据频域卷积定理，有

$$F_s(\omega) = \frac{1}{2\pi}[F(\omega) * S(\omega)] \tag{4.2.2}$$

根据第 2 章可知，周期性矩形函数的傅里叶变换为 $S(\omega)=2\pi\sum\limits_{k=-\infty}^{\infty}F(n\omega_s)\delta(\omega-n\omega_s)$，$\omega_s$ 为抽样角频率。

其中

$$\begin{aligned}F(n\omega_s) &= \frac{1}{T}\int_{-\frac{T}{2}}^{\frac{T}{2}} f(t)\mathrm{e}^{-\mathrm{j}n\omega_s t}\,\mathrm{d}t = \frac{1}{T}\int_{-\frac{\tau}{2}}^{\frac{\tau}{2}}\mathrm{e}^{-\mathrm{j}n\omega_s t}\,\mathrm{d}t \\ &= \frac{-1}{T\mathrm{j}n\omega_s}\left[\mathrm{e}^{-\mathrm{j}n\omega_s\frac{\tau}{2}} - \mathrm{e}^{-\mathrm{j}n\omega_s\frac{\tau}{2}}\right] = \frac{\tau}{T}\frac{\sin n\omega_s\frac{\tau}{2}}{n\omega_s\frac{\tau}{2}} \\ &= \frac{\tau}{T}\mathrm{Sa}\left(n\omega_s\frac{\tau}{2}\right)\end{aligned}$$

所以 $S(\omega)=\frac{2\pi\tau}{T}\sum\limits_{n=-\infty}^{\infty}\mathrm{Sa}\left(n\omega_s\frac{\tau}{2}\right)\delta(\omega-n\omega_s)$。可以看出，$S(\omega)$是一个冲激序列，它们分别出现在 $\omega=n\omega_s$ 处，其中 $n=0,\pm1,\pm2,\cdots$，各个冲激信号的强度是不相同的，分别为 $\frac{2\pi\tau}{T}\mathrm{Sa}\left(n\omega_s\frac{\tau}{2}\right)$，将 $S(\omega)$代入式(4.2.2)，得

$$F_s(\omega) = \frac{\tau}{T}\left[F(\omega) * \sum_{n=-\infty}^{\infty}\mathrm{Sa}\left(n\omega_s\frac{\tau}{2}\right)\delta(\omega-n\omega_s)\right] \tag{4.2.3}$$

现在定性地分析 $F_s(\omega)$的形状，暂不考虑$\frac{\tau}{T}\mathrm{Sa}\left(n\omega_s\frac{\tau}{2}\right)$，$F_s(\omega)$则为 $F(\omega)$与一个强度为 1 的均匀冲激序列的卷积，其结果必然是将 $F(\omega)$搬移到$\pm\omega_s$，$\pm2\omega_s$，$\pm3\omega_s$，…的图形，它们的幅度是相等的。若考虑$\frac{\tau}{T}\mathrm{Sa}\left(n\omega_s\frac{\tau}{2}\right)$时经搬移后的频谱，其幅度是随$|n|$值增大而衰减。假定 $f(t)$为一有限频带信号，即当$|f|\geqslant|f_m|$或$|\omega|\geqslant|\omega_m|$时，$|F(\omega)|=0$，另外假定 $\omega_s\geqslant3\omega_m$，画出 $F(\omega)$与 $F_s(\omega)$如图 4-2-3 所示。

可见在满足上述两个假定条件下，抽样信号的频谱 $F_s(\omega)$中，完整地保留了输入信号的频谱 $F(\omega)$，所不同的是每隔 ω_s，其频谱周期性地重复出现。因此只需要一个低通滤波器，

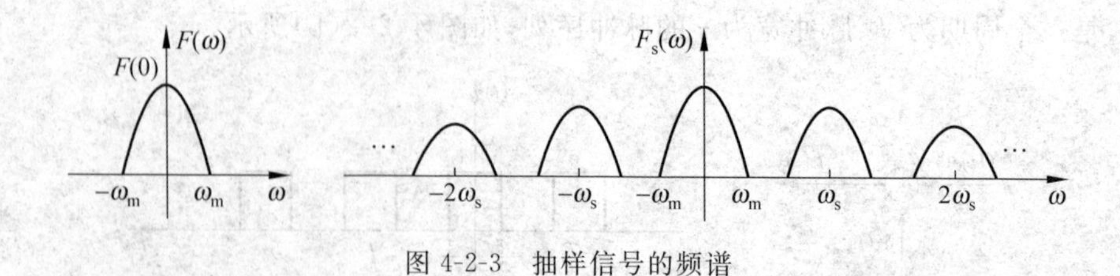

图 4-2-3 抽样信号的频谱

令其截止频率为 ω_m,则可滤除高频成分,将原信号的频谱 $F(\omega)$保留下来,这就意味着从抽样信号 $f_s(t)$中不失真地恢复了原信号 $f(t)$。

为了分析简明起见,假定图 4-2-1(a)中开关 S 在上面接触时间 $\tau\to 0$,此时称作理想抽样,在理想情况下,开关函数可用均匀冲激序列表示,即 $S(t)=\sum_{n=-\infty}^{\infty}\delta(t-nT)$,其中 T 为抽样间隔,也即各个冲激信号之间的间隔。此时有

$$f_s(t)=f(t)s(t)=f(t)\sum_{n=-\infty}^{\infty}\delta(t-nT)$$

$s(t)$与 $f_s(t)$的波形如图 4-2-4(a)、(b)所示。

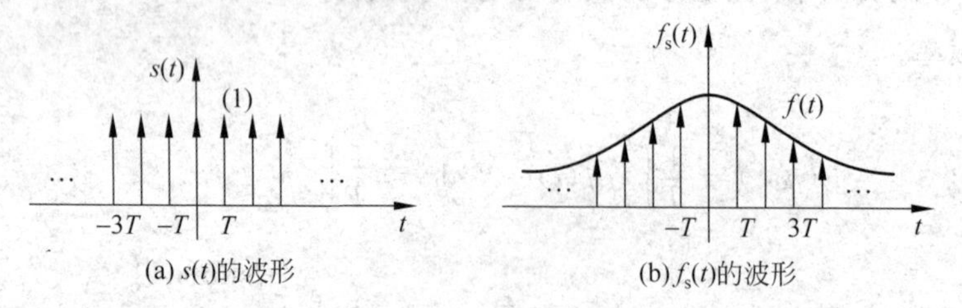

图 4-2-4 理想抽样

可见 $f_s(t)$是一系列冲激函数,它们端点形成的包络线反映了 $f(t)$的特性,根据冲激序列的傅里叶变换可知

$$S(\omega)=\omega_s\sum_{n=-\infty}^{\infty}\delta(\omega-n\omega_s),\quad 其中\ \omega_s T=2\pi$$

因为 $f_s(t)=f(t)s(t)$则

$$F_s(\omega)=\frac{1}{2\pi}F(\omega)*S(\omega)=\frac{\omega_s}{2\pi}F(\omega)*\left[\sum_{n=-\infty}^{\infty}\delta(\omega-n\omega_s)\right]$$

$$=\frac{1}{T}\sum_{n=-\infty}^{\infty}F(\omega-n\omega_s)\tag{4.2.4}$$

仍然假定 $f(t)$为有限频带信号,即$|\omega|\geqslant|\omega_m|$时$|F(\omega)|=0$,同时抽样频率足够高,即 $\omega_s\geqslant 2\omega_m$,画出 $F(\omega)$、$S(\omega)$和 $F_s(\omega)$如图 4-2-5 所示。

4.2.2 抽样定理

由图 4-2-3 和图 4-2-5 均可看出,若 $f(t)$不是一个有限频带信号,那么 $f_s(t)$的频谱将会出现重叠现象,将不能从 $f_s(t)$中不失真地恢复原来的信号 $f(t)$。另外,即使 $f(t)$为有限频带信号,但抽样频率不够高即不满足 $\omega_s\geqslant 2\omega_m$ 的条件,抽样信号 $f_s(t)$的频谱也要产生重

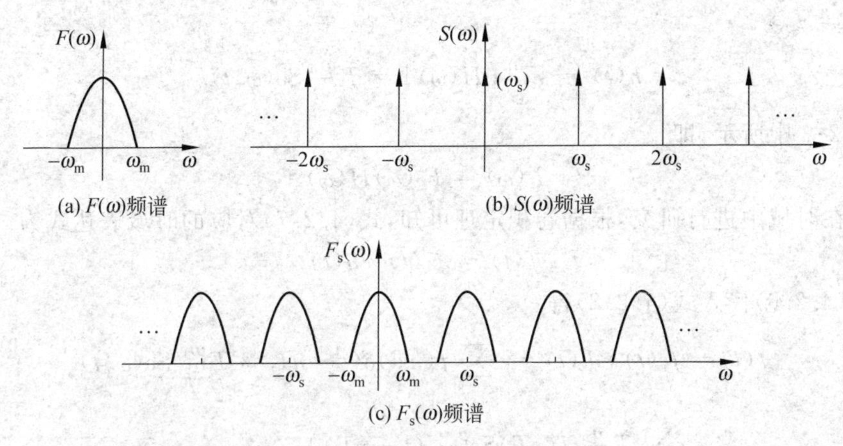

图 4-2-5　理想抽样与频谱

叠现象，此时也不可能从抽样信号中恢复原信号。

综合以上分析，将均匀抽样定理叙述如下，一个在频谱中不包含有高于频率 ω_m 成分的有限频带信号，以不小于 2 倍信号最高频率的抽样率进行抽样，即 $\omega_s \geqslant 2\omega_m$，可从抽样信号 $f_s(t)$ 中无失真地恢复原输入信号 $f(t)$。$\omega_s = 2\omega_m$ 称为奈奎斯特抽样率。

实际信号不可能是有限频带信号，因此进行抽样之后，总要出现频谱重叠的现象，这种现象也叫频谱混叠现象，如图 4-2-6 所示。在频谱发生混叠现象时，就不可能无失真地恢复原来的信号，由此而产生的失真称为混叠误差。为了满足不失真地恢复原信号的要求，可以在抽样之前先使 $f(t)$ 通过一个低通滤波器进行预滤波，获得有限频带信号。例如，$f(t)$ 为语音信号，可将其最高频率限制在 3400Hz 以内。如果再使抽样频率满足奈奎斯特抽样率，即 $f_s \geqslant 2f_m$，对语音信号的抽样率可采用 $f_s = 8000\text{Hz}$，如此得到的抽样信号，就保留了原信号的全部信息，最后再经过一个低通滤波器进行滤波，就可以无失真地恢复原来的输入信号 $f(t)$。

前面已经提到，在满足抽样定理两个基本条件的情况下，为了从抽样信号 $f_s(t)$ 恢复原来的信号 $f(t)$，只要使 $f_s(t)$ 通过一个增益为 T 的理想低通滤波器，把所有的高频分量滤除，仅留下原信号频谱 $F(\omega)$，就可达到由抽样 $f_s(t)$ 恢复原信号 $f(t)$ 的目的。已从频域分析得到以上结果，其示意图如图 4-2-7 所示。

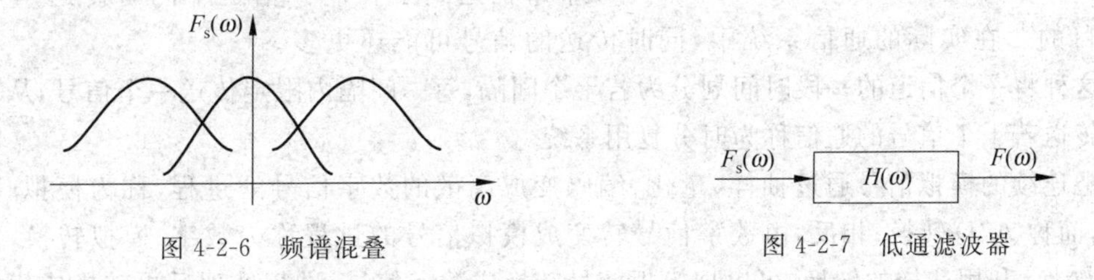

图 4-2-6　频谱混叠　　　图 4-2-7　低通滤波器

现在再从时域进行考查。低通滤波器的传输函数为

$$H(\omega) = \begin{cases} T & |\omega| < \omega_m \\ T & 0 \end{cases} \tag{4.2.5}$$

式中，ω_m 为输入信号 $f(t)$ 的最高频率，也是低通滤波器的截止频率。低通滤波器的单位冲

激响应为

$$h(t)=\mathscr{F}^{-1}[H(\omega)]=T\frac{\omega_{\mathrm{m}}}{\pi}\mathrm{Sa}(\omega_{\mathrm{m}}t) \tag{4.2.6}$$

正如图 4-2-7 中所示，即

$$F(\omega)=F_{\mathrm{s}}(\omega)H(\omega) \tag{4.2.7}$$

为了在时域中进行研究，根据卷积定理可知，式(4.2.7)对应的时域表达式为

$$f(t)=f_{\mathrm{s}}(t)*h(t) \tag{4.2.8}$$

将式(4.2.6)代入式(4.2.8)得

$$\begin{aligned}f(t)=f_{\mathrm{s}}(t)*h(t)&=\sum_{n=-\infty}^{\infty}f(nT)\delta(t-nT)*T\frac{\omega_{\mathrm{m}}}{\pi}\mathrm{Sa}(\omega_{\mathrm{m}}t)\\&=\sum_{n=-\infty}^{\infty}T\frac{\omega_{\mathrm{m}}}{\pi}f(nT)\mathrm{Sa}[\omega_{\mathrm{m}}(t-nT)]\end{aligned} \tag{4.2.9}$$

式(4.2.9)说明原输入连续信号 $f(t)$ 可表示为无穷多个抽样函数的线性组合，而每个抽样函数的幅值随 n 值而异，它等于响应 n 值下原信号的抽样值 $f(nT)$ 乘以系数 $T\frac{\omega_{\mathrm{m}}}{\pi}$。这就是说，在每个抽样点上画出响应抽样函数波形再叠加起来就可得到原信号波形 $f(t)$。

4.2.3 时分复用

在第 2 章中已经谈到，傅里叶变换的频移特性是实现频分制通信的理论基础。与此相对应，抽样定理则是实现时分制通信(多路数字通信)的理论基础。用一个开关函数乘一连续函数，而得到图 4-2-1(b)所示的抽样信号 $f_{\mathrm{s}}(t)$，实际上是脉冲信号的调制过程，称为脉冲幅度调制。将这些幅度变化的脉冲再经过量化和编码就得到数字信号，数字通信和计算机系统中的信号都是数字信号。抽样信号的脉冲宽度比较窄，只占抽样间隔的一小部分，因此在一个抽样间隔内可以容纳许多其他的抽样信号。图 4-2-8 表示两个抽样信号的脉冲适当错开而不重叠的情况，把这两个经过调制的脉冲序列再调制到高频信号上一起传输或发射出去，然后在接收端设法把两者分离而分别恢复这两个信号，那么就达到了在同一信道中同时传送两个信号的目的。在实际的通信系统中，同时传送的信号可能还更多。

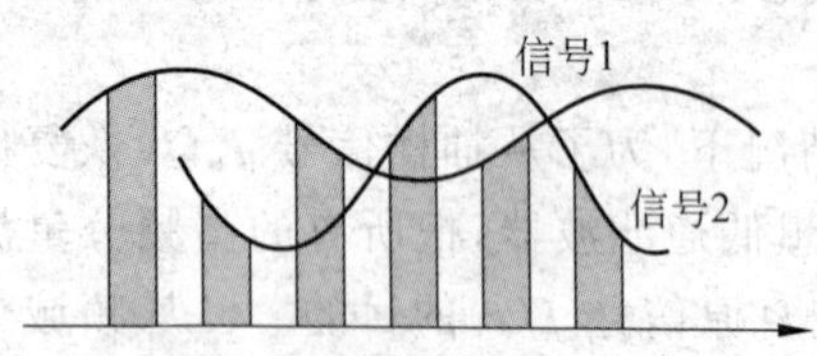

图 4-2-8 时分复用系统示意图

这种将一个信道的一段时间划分为若干个间隔，每一间隔内限定传送一个信号，从而能同时传送若干个信号的通信称为时分复用系统。

把连续的模拟信号通过抽样、量化、编码变成离散的数字信号的过程，称为模拟-数字转换，简称 A/D 转换；相反，由数字信号转变成模拟信号的过程称为数字-模拟转换，简称 D/A 转换，利用这样的转换，可以把模拟信号转换成数字信号，进行处理后再转换成模拟信号，如图 4-2-9 所示。这样可把模拟信号处理难以解决的问题，变换成数字信号后利用数字计算机进行处理。数字信号处理器是进行数字信号处理的核心装置，它可以是通用数字计算机也可以是专用处理器。

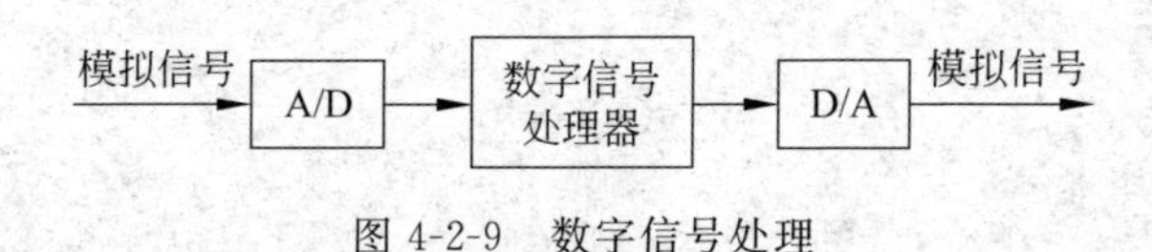

图 4-2-9　数字信号处理

4.3　离散时间系统的描述

4.3.1　离散信号的基本运算

离散信号通过运算可以得到新的序列，这些运算可以是相加、相乘、累加及变换自变量（翻转、移位和尺度转换）。

1. 序列相加

$$y(n)=x_1(n)+x_2(n) \tag{4.3.1}$$

式(4.3.1)表明，两个序列相加减，就是它们对应样点的值分别相加减。

例 4.3.1　已知 $x_1(n)=u(n)$，$x_2(n)=u(n-3)$，求 $y(n)=x_1(n)-x_2(n)$。

【解】　$x_1(n)=u(n)=\{1,1,1,\cdots\}_0$，

$x_2(n)=u(n-3)=\{1,1,1,\cdots\}_3$

$$\begin{array}{rl} & \{1,1,1,\cdots\}_0 \\ - & \{1,1,1,\cdots\}_3 \\ \hline & \{1,1,1\}_0 \end{array}$$

所以 $y(n)=x_1(n)-x_2(n)=\{1,1,1\}_0$。

注意：$y(n)$不为零的值只出现在 $n=0,1,2$ 这 3 个点而不包含 $n=3$ 的点。

2. 序列相乘

$$y(n)=x_1(n)\cdot x_2(n) \tag{4.3.2}$$

式(4.3.2)表明，两个序列同序号的值逐项对应相乘而得到一个新的序列。

例 4.3.2　$x_1(n)$和 $x_2(n)$如例 4.3.1，求 $y(n)=x_1(n)\cdot x_2(n)$。

【解】

$$\begin{array}{rl} & \{1,1,1,\cdots\}_3 \\ \times & \{1,1,1,\cdots\}_3 \\ \hline & \{1,1,1,\cdots\}_3 \end{array}$$

所以 $y(n)=x_1(n)\cdot x_2(n)=\{1,1,1,\cdots\}_3$。

3. 序列的累加

在连续系统中有信号的积分运算，而在离散系统中有累加运算。序列的累加定义为

$$y(n)=\sum_{k=-\infty}^{n}x(k) \tag{4.3.3}$$

例 4.3.3　已知 $x(n)$如图 4-3-1(a)所示，试画出其累加序列 $y(n)$。

【解】　由式(4.3.3)可知

$n\leqslant -2$ 时，

$$y(n)=0$$

$n=-1$ 时，

$$y(-1)=\sum_{k=-\infty}^{-1}x(k)=x(-1)=-3$$

$n=0$ 时，

$$y(0)=\sum_{k=-\infty}^{0}x(k)=x(-1)+x(0)=y(-1)+x(0)=-3+1=-2$$

$n=1$ 时，

$$y(1)=\sum_{k=-1}^{1}x(k)=x(-1)+x(0)+x(1)=y(0)+x(1)=-2+3.5=1.5$$

$$\vdots$$

依次类推，得

$$y(n)=y(n-1)+x(n)$$

所以

$$y(2)=\sum_{k=-1}^{2}x(k)=y(1)+x(2)=1.5+1.5=3$$

$$y(3)=\sum_{k=-1}^{3}x(k)=y(2)+x(3)=3+2=5$$

根据以上各值可以画出 $y(n)$，如图 4-3-1(b)所示。

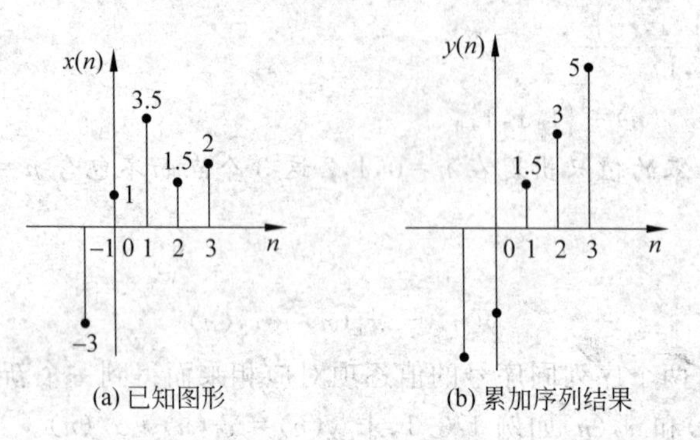

(a) 已知图形　(b) 累加序列结果

图 4-3-1　例 4.3.3 用图

4. 序列的差分

序列 $x(n)$ 的 1 阶前向差分 $\Delta x(n)$ 定义为

$$\Delta x(n)=x(n+1)-x(n) \tag{4.3.4}$$

1 阶后向差分 $\nabla x(n)$ 定义为

$$\nabla x(n)=x(n)-x(n-1) \tag{4.3.5}$$

依次类推，2 阶前向差分为

$$\begin{aligned}\Delta[\Delta x(n)]=\Delta^2 x(n)&=\Delta x(n+1)-\Delta x(n)\\&=x(n+2)-2x(n+1)+x(n)\end{aligned} \tag{4.3.6}$$

2 阶后向差分为

$$\nabla[\nabla x(n)] = \nabla^2 x(n) = \nabla x(n) - \nabla x(n-1)$$
$$= x(n) - 2x(n-1) + x(n-2) \tag{4.3.7}$$

序列的差分依然是一个序列。当序列本身不便进行研究时(如不收敛时),可改为研究其差分(其差分可能收敛)。

5. 序列的翻转

若有离散信号 $x(n)$,用 $-n$ 置换 $x(n)$ 中的自变量 n,定义 $x(-n)$ 为 $x(n)$ 的翻转信号。图 4-3-2 所示 $x(-n)$ 是图 4-3-1(a)中 $x(n)$ 的翻转信号。

6. 序列的移位

若有离散信号 $x(n)$ 用 $(n-k)$ 置换 $x(n)$ 中的自变量 n,则定义 $x(n-k)$ 为 $x(n)$ 的移位信号。

当 $k>0$,称 $x(n-k)$ 为右移位,滞后 $x(n)$;当 $k<0$,称 $x(n-k)$ 为左移位,超前 $x(n)$。图 4-3-3 所示 $x(n+1)$ 是图 4-3-1(a)中 $x(n)$ 的左移位信号。

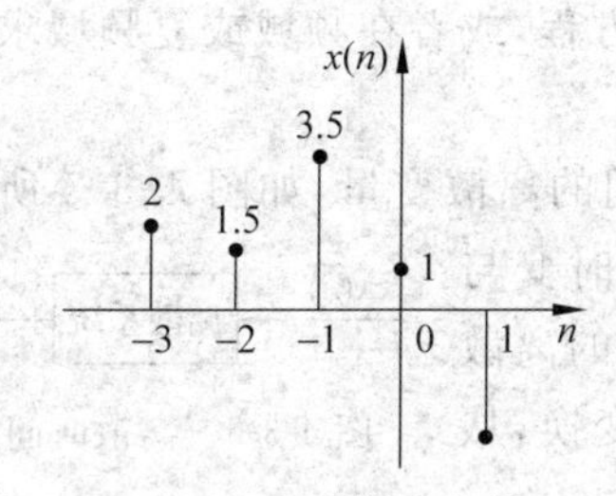

图 4-3-2　翻转信号

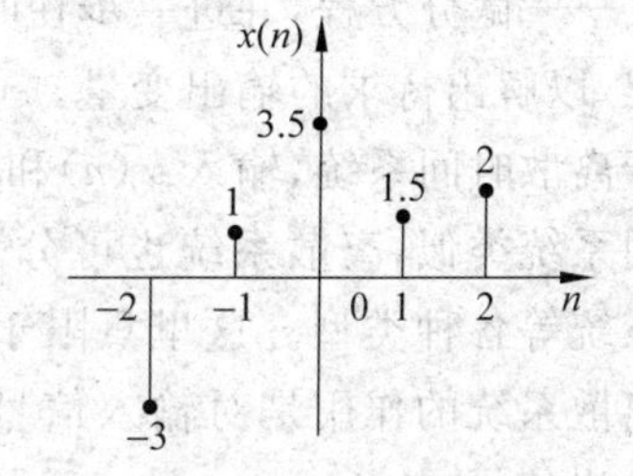

图 4-3-3　移位信号

序列左移一位的运算可用单位超前算子 E 来表示,即

$$Ex(n) = x(n+1) \tag{4.3.8a}$$

由此有

$$E^k x(n) = x(n+k) \tag{4.3.8b}$$

而序列右移一位的运算可用单位延迟算子 E^{-1} 来表示,即

$$E^{-1} x(n) = x(n-1) \tag{4.3.9a}$$

由此有

$$E^{-k} x(n) = x(n-k) \tag{4.3.9b}$$

单位延迟运算可用单位延迟电路实现。超前运算则是非因果的,不能用实际电路实现,但在做事后处理的数字计算机中可以用程序来实现。

7. 序列的时间尺度展缩

若有离散信号 $x(n)$,用 an 置换 $x(n)$ 中自变量 n,则:

当 $a>1$,$x(an)$ 为 $x(n)$ 的压缩信号。在离散信号压缩时,$x(n)$ 中的一部分信息被舍去,这一点与连续系统为压缩信号有所不同。

当 $a<1$,$x(an)$ 为 $x(n)$ 的扩展信号。

图 4-3-4 中的 $x(2n)$ 和 $x\left(\frac{1}{2}n\right)$ 分别为图 4-3-1(a)中的 $x(n)$ 的压缩信号和扩展信号。

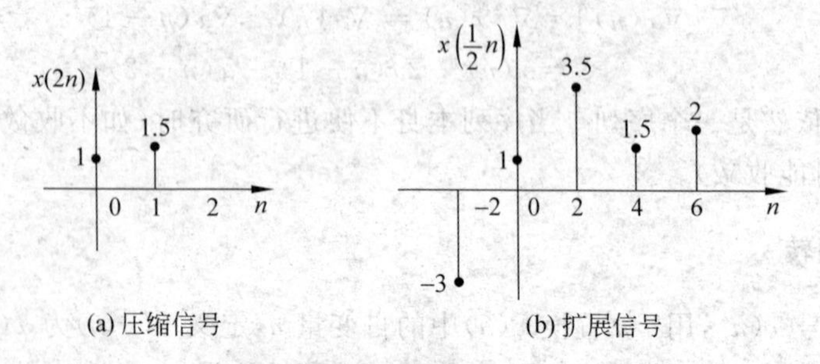

(a) 压缩信号　(b) 扩展信号

图 4-3-4　压缩信号和扩展信号

4.3.2　离散时间系统

对连续时间系统有比较深刻的了解。在连续系统中，系统的输入变量与输出变量都是时间的连续函数，输入信号与输出信号之间的关系用微分方程来描述，如果电路或系统内部的参数 R、L、C 已知，可以根据电路、系统的知识和数学知识比较容易地列出电路、系统的数学表达式——微分方程，并进一步在时域求解这个微分方程，或者在频域或复频域求解这个微分方程，以解出待求的输出变量。

对于离散时间系统，输入 $x(n)$ 和输出 $y(n)$ 都是时间的离散变量，如图 4-3-5 所示。与连续时间系统类似，离散系统也可分为线性与非线性和时变与非时变系统等各种类型。这里只限于研究线性、非时变的离散系统。离散系统的作用是对输入信号 $x(n)$ 进行加工、变换，从而得到输出信号 $y(n)$。

x(n) → 离散系统 → y(n)

图 4-3-5　离散时间系统

线性离散系统满足线性特性，即同时满足均匀性(比例性)与叠加特性。若输入信号为 $x_1(n)$ 得到输出信号 $y_1(n)$，输入信号为 $x_2(n)$ 得到输出信号 $y_2(n)$。当输入信号为 $a_1x_1(n)+a_2x_2(n)$ 时，则输出信号为 $a_1y_1(n)+a_2y_2(n)$（其中 a_1、a_2 为常数），其示意图如图 4-3-6 所示。

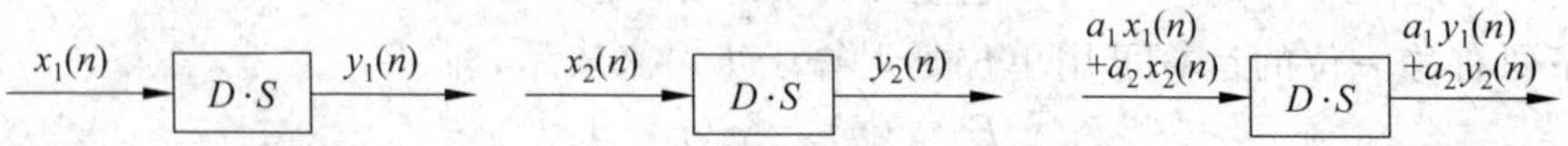

$x_1(n)$ → $D\cdot S$ → $y_1(n)$　$x_2(n)$ → $D\cdot S$ → $y_2(n)$　$a_1x_1(n)+a_2x_2(n)$ → $D\cdot S$ → $a_1y_1(n)+a_2y_2(n)$

图 4-3-6　线性特性

非时变离散系统(非移变离散系统)是指在同样起始状态下系统响应与激励施加于系统的时刻无关。若激励 $x(n)$ 产生响应 $y(n)$，则激励 $x(n-N)$ 产生响应 $y(n-N)$，表明若激励延迟 N，则响应也同样延迟 N，如图 4-3-7 所示。

4.3.3　离散时间系统数字模型的建立

连续时间系统的数字模型是微分方程，而离散时间系统的数学模型是差分方程，下面通过实例来说明如何将微分方程离散化得到一个近似的差分方程，从而对差分方程有个初步的了解，然后进一步加深对差分方程的认识。设某系统的微分方程为

$$\frac{\mathrm{d}y(t)}{\mathrm{d}x}-Ay(t)=x(t) \tag{4.3.10}$$

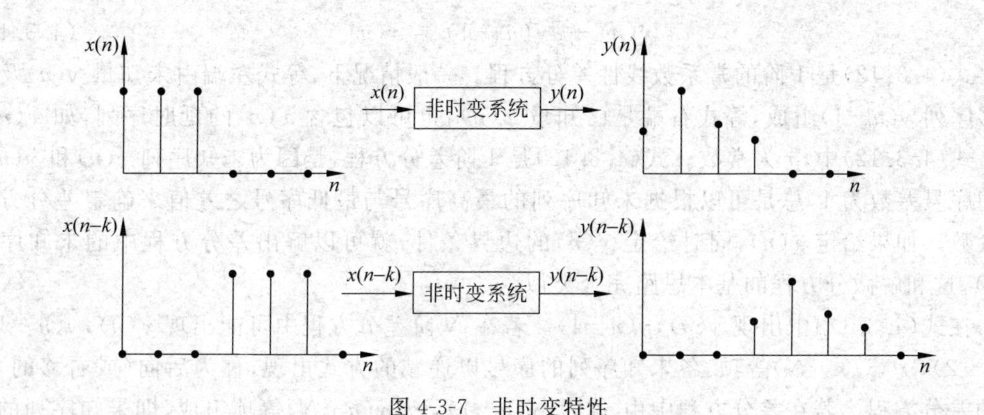

图 4-3-7　非时变特性

对连续函数 $y(t)$，在 $t=nT$ 各点进行等间隔的抽样得到样本值为 $y(nT)$。假定抽样间隔 T 足够小，于是 $y(t)$ 的导数可以近似地表示为

$$\frac{\mathrm{d}y(t)}{\mathrm{d}x} \approx \frac{y[(n+1)T]-y(nT)}{T}$$

于是式(4.3.10)可近似表示为

$$\frac{y(n+1)-y(n)}{T} \approx Ay(n)+x(n)$$

整理后得到

$$y(n+1) \approx (1+AT)y(n)+Tx(n)=ay(n)+bx(n) \qquad (4.3.11)$$

式中，$a=1+AT$；$b=T$。式(4.3.11)称为差分方程，它是由微分方程(4.3.10)近似得到的，T 取得越小，近似程度越好。利用数字电子计算机解微分方程时，就是先将微分方程近似为差分方程再进行计算的。只要间隔 T 取得足够小，计算数值的位数足够多，就可得到准确的结果。

连续系统的数学模型为微分方程，可以用积分器、加法器、乘法器来进行模拟。而离散系统的数字模型为差分方程，可用延时器、乘法器、加法器来模拟。图 4-3-8 表明了离散系统 3 个基本单元的作用。用 $\frac{1}{E}$ 表示单位延时，即延时一个抽样间隔 T，用 Σ 表示加法器完成数个信号的相加运算，用⊗表示乘法器完成序列与某一常数相乘的运算。

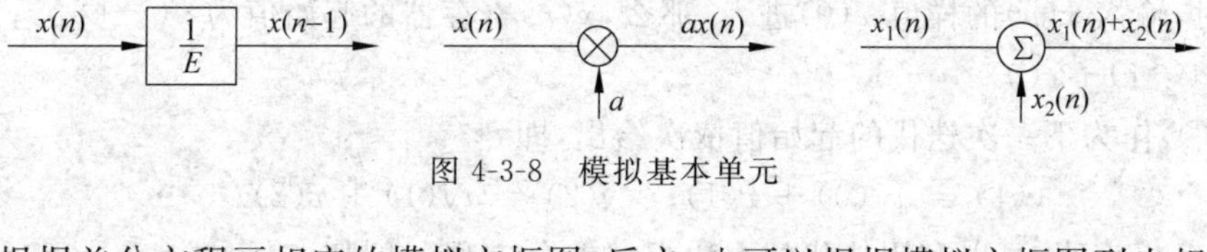

图 4-3-8　模拟基本单元

可以根据差分方程画相应的模拟方框图；反之，也可以根据模拟方框图列出相应的差分方程。

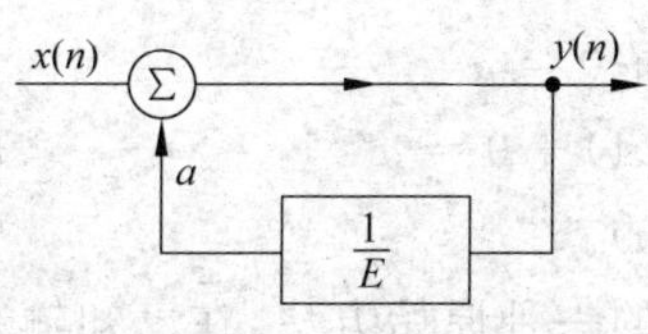

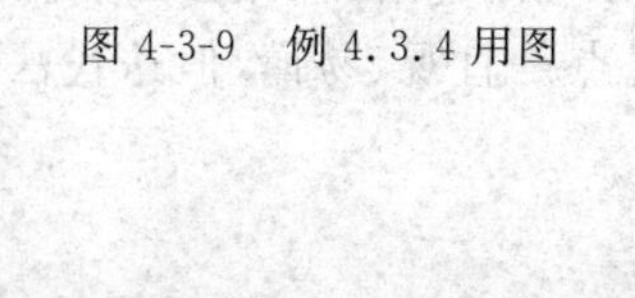

图 4-3-9　例 4.3.4 用图

例 4.3.4　根据图 4-3-9 所示的模拟图，列出差分方程。

【**解**】　延时器的输出为 $y(n-1)$，加法器输入为 $x(n)+ay(n-1)$，加法器的输出为 $y(n)$，所以 $y(n)=ay(n-1)+x(n)$，或

$$y(n) - ay(n-1) = x(n) \tag{4.3.12}$$

式(4.3.12)是1阶的常系数线性差分方程。一般情况下，等式左端由未知量 $y(n)$ 及其位移序列 $y(n-1)$ 组成，等式右端是已知量 $x(n)$，也可以包含 $x(n)$ 的延时序列，如 $x(n-1)$。式(4.3.12)中，a 为常数。式(4.3.12)是1阶差分方程，是因为未知序列 $y(n)$ 和 $y(n-1)$ 的序号差数为1，总是可以根据未知序列的最高序号与最低序号之差值来确定差分方程的阶数。如果给定 $x(n)$，同时给定 $y(n)$ 的边界条件，就可以解出差分方程中的未知序列 $y(n)$，这和解微分方程的基本思路完全类似。

在式(4.3.12)中出现 $y(n)$，$y(n-1)$。若在 N 阶差分方程中可能出现 $y(n)$，$y(n-1)$，$y(n-2)$，…，$y(n-N)$ 等项，各未知序列的序号以递减的方式出现，称为后向(或右移的)形式的差分方程。若在差分方程中由 $y(n)$，$y(n+1)$，…，$y(n+N)$ 等项组成，即未知序列的序号以递加的形式出现，则称为前向(或左移的)形式的差分方程，通常因果系统习惯采用后向形式的差分方程，如描述数字滤波器就用这种形式。而在状态变量分析中，习惯上用前向形式的差分方程。在本章的例题中将同时采用这两种形式。

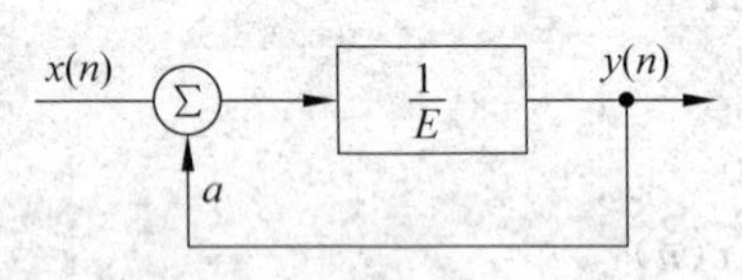

图 4-3-10　例 4.3.5 用图

例 4.3.5　列出图 4-3-10 所示离散系统的差分方程。

【解】　延时器的输入为 $y(n+1)$，加法器的输入为 $x(n)+ay(n)$，加法器输出为 $y(n+1)$，所以

$$y(n+1) = ay(n) + x(n) \tag{4.3.13}$$

或

$$y(n) - \frac{1}{a}y(n+1) = -\frac{1}{a}x(n)$$

式(4.3.13)是1阶差分方程，而且是前向形式的差分方程。

以差分方程式(4.3.12)，即 $y(n)=ay(n-1)+x(n)$ 为例说明求解差分方程的基本思路。可以利用数字计算机来求解差分方程，为了解上面的1阶差分方程，需要3个寄存器，一个存放 $x(n)$，一个存放 $y(n)$，另一个存放系数 a。当 a 与 $y(n-1)$ 相乘之后，存放 $x(n)$ 的寄存器给出 $x(n)$ 的一个样值，并与 $ay(n-1)$ 相加，相加后得到 $y(n)$ 的值，再存入 $y(n)$ 寄存器中，这样就完成了第一次迭代，为下一个输入样值做好准备。每一个新的输入样值进入之前(也即每一次迭代之前)，系统的状态完全决定于 $y(n)$ 寄存器中的数值。假定在 $n=0$ 时，输入 $x(n)$ 的样值 $x(0)$ 进入，那么，$y(n)$ 寄存器的起始值为 $y(-1)$。于是可得到 $y(0)=ay(-1)+x(0)$。

把 $y(0)$ 作为下一次迭代的起始值依次给出，即

$$y(1) = ay(0) + x(1);\quad y(2) = ay(1) + x(2);\quad \cdots$$

上述分析表明，可以利用迭代的方法求解差分方程。例如，对于式(4.3.12)，已知输入信号 $x(n)=\delta(n)$，初始条件 $y(-1)=0$，于是有

$$y(0) = ay(-1) + 1 = 1;\quad y(1) = ay(0) + 0 = a$$
$$y(2) = ay(1) + 0 = a^2;\cdots;y(n) = ay(n-1) + 0 = a^n$$

适用范围是 $n\geqslant 0$，可得到式(4.3.12)的解答 $y(n)=a^n u(n)$。

上面求解差分方程的方法称为迭代法，它是解差分方程的一种原始方法，在已知输入 $x(n)$ 和初始条件时，总可以根据这种方法解出差分方程，其优点是直观、易懂，但迭代法一

般不能给出明显的封闭形式，下节将介绍求解差分方程的一般方法。N 阶连续时间系统的数字模型为 N 阶微分方程，即

$$\sum_{i=0}^{N} a_i y^{(i)}(t) = \sum_{j=0}^{M} b_j x^{(j)}(t) \tag{4.3.14}$$

N 阶离散时间系统的数学模型为 N 阶差分方程，即

$$\begin{aligned} & y(n+N) + a_{N-1} y(n+N-1) + \cdots + a_0 y(n) \\ & = b_m x(n+M) + b_{M-1} x(n+M-1) + \cdots + b_0 x(n) \end{aligned} \tag{4.3.15}$$

或写成

$$\sum_{i=0}^{N} a_i y(n+i) = \sum_{j=0}^{M} b_j x(n+j) \tag{4.3.16}$$

式中，$a_N=1$。

在微分方程(4.3.14)中，一般 $M<N$，但也有 $M>N$ 的情况，一个简单的例子是无耗电容器的充电电流，即

$$i(t) = C\frac{\mathrm{d}u}{\mathrm{d}t}$$

此式相当于 $N=0, M=1$。而对于离散系统式(4.3.15)或式(4.3.16)，不可能存在 $M>N$ 的情况。例如，对于1阶差分方程，有

$$y(n) = x(n+1) + x(n)$$

该式 $N=0, M=1$。它说明 $t=nT$ 时的响应 $y(n)$ 取决于 $t=(n+1)T$ 时的激励 $x(n+1)$，这就违背了因果关系。所以在描述离散系统的差分方程中，激励函数的最高序号 M，不能大于响应函数的最高序号 N，即 $M\leqslant N$。

例 4.3.6　试画出2阶差分方程 $y(n+2)+a_1 y(n+1)+a_0 y(n)=x(n+1)$ 的模拟方框图。

【解】　将等式左、右两端各变量的序号均减1，得 $y(n+1)+a_1 y(n)+a_0 y(n-1)=x(n)$，与原式是等效的。$y(n+1)=-a_1 y(n)-a_0 y(n-1)+x(n)$，画出框图如图4-3-11所示。

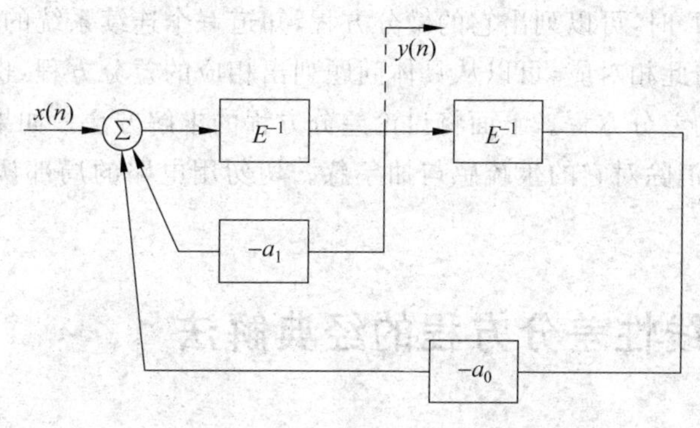

图 4-3-11　例 4.3.6 解图

例 4.3.7　图4-3-12所示电阻为梯形网络，各支路电阻均为 R，每个节点对地电压为 $u(n)(n=0,1,2,\cdots,N)$。已知两边界节点电压为 $u(0)=E, u(N)=0$。试写出第 n 个节点电压 $u(n)$ 的差分方程。

【解】　对于任一节点 $n-1$，应用节点电流定律，写出差分方程

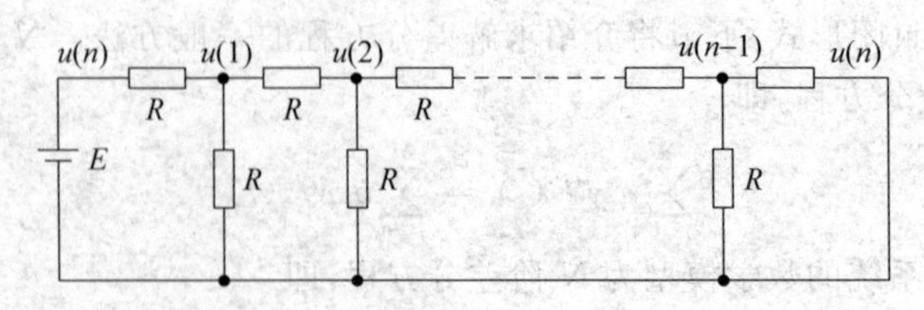

图 4-3-12 例 4.3.7 用图

$$\frac{u(n-1)}{R}=\frac{u(n)-u(n-1)}{R}+\frac{u(n-2)-u(n-1)}{R}$$

整理后得出 $u(n)-3u(n-1)+u(n-2)=0$。

这是一个 2 阶后向差分方程，利用两个边界条件可解出 $u(n)$。在本例中，$u(n)$中的序号 n 不代表时间，而代表电路中节点顺序的编号。

例 4.3.8 假定每对兔子每月可以生育一对兔子，新生的小兔子要隔一个月才具有生育能力，若第一个月只有一对新生兔子，求第 n 个月兔子对的数目是多少？

【解】 令 $y(n)$表示第 n 个月兔子对的数目。已知 $y(0)=0, y(1)=1$，显然可以推知：$y(2)=1, y(3)=2, y(4)=3, y(5)=5, \cdots$。容易想到，第 n 个月时，应有 $y(n-2)$对兔子具有生育能力，因而这批兔子要从 $y(n-2)$对变成 $2y(n-2)$；此外还有 $y(n-1)-y(n-2)$对兔子没有生育能力(它们是在第 $n-1$ 月新生的)，仍按原数目保留下来，于是可以写出

$$y(n)=2y(n-2)+[y(n-1)-y(n-2)]$$

整理后得 $y(n)-y(n-1)-y(n-2)=0$ 或 $y(n)=y(n-1)+y(n-2)$。

这是一个 2 阶差分方程。很明显，此序列中，第 n 个样值是前两个样值 $y(n-1)$与 $y(n-2)$之和，这就是著名的费班纳西数列。当给定不同的初始值时，可得到不同的数列。例如，若 $y(0)=0, y(1)=1$，则数列 $y(n)$可写为

$$\{0,1,1,2,3,5,8,13,\cdots\}$$

差分方程是描述离散系统的数学模型，通过以上分析，有了初步的概念。知道电路结构及其内部参数 R、C、L 时，可以列出它的微分方程，知道一个连续系统的模拟框图时，也可以列出其微分方程。与此相对应，可以从具体问题列出相应的差分方程，也可以根据离散系统的模拟框图列出它的差分方程。下面将讨论差分方程的求解方法。如果用“系统”的概念去认识差分方程，将会消除对它的生疏感与抽象感。切勿用电路的局部认识去对待离散系统与差分方程。

4.4 常系数线性差分方程的经典解法

设常系数线性 N 阶差分方程为

$$\sum_{i=0}^{N}a_i y(n-i)=\sum_{j=0}^{M}b_j x(n-j) \tag{4.4.1}$$

式中，a_i、b_j 均为常数。注意式(4.4.1)为后向形式的差分方程，而式(4.3.16)为前向形式的差分方程，它们没有质的区别，求解方法完全相同。

差分方程的解法一般可以归纳为以下几种：

(1) 迭代法。可以手算也可以编写程序利用计算机求解。这种方法概念清楚，比较简便，但只能得到数值解，而不能直接给出一个闭合的解析表达式。

(2) 时域经典法。和求解微分方程的经典法相类似，将完全解分为齐次解与特解两部分分别求出齐次解与特解，代入边界条件(或初始条件)确定待定的积分常数。该法物理概念清楚，但解题过程比较麻烦。

(3) 将完全响应分为零输入响应与零状态响应。可以利用求齐次解的方法得到零输入响应，但应注意，零输入响应与齐次解的系数是不同的，可以利用卷积和求零状态响应。

(4) 变域分析法。类似于连续系统分析中的拉普拉斯变换法，对离散系统的差分方程，利用 Z 变换法进行求解，该法计算步骤简便。

迭代法已在上节中讨论过，本节只讨论时域经典法。

4.4.1　差分方程的齐次解

差分方程对应的齐次方程，一般形式为

$$\sum_{i=0}^{N} a_i y(n-i) = 0 \tag{4.4.2}$$

为了易于理解，先看最简单的1阶齐次差分方程，即

$$y(n) - ay(n-1) = 0 \tag{4.4.3}$$

或写成

$$a = \frac{y(n)}{y(n-1)}$$

它说明在序列 $y(n)$ 中，任意两个相邻样值的数值之比均等于一个常数 a。显然，$y(n)$ 应该是一个公比为 a 的几何级数(等比级数)，即

$$y(n) = Cr^n$$

式中，r 为公比 a；C 为待定系数，由边界条件决定。

因为齐次差分方程的解，必定要满足式(4.4.2)，对于 N 阶齐次差分方程，其解的形式应为 N 个 Cr^n 项的线性组合，现在就来论证这一结论的正确性。

将 $y(n)=Cr^n$ 代入式(4.4.2)中，得到

$$\sum_{i=0}^{N} a_i C r^{n-i} = 0 \tag{4.4.4}$$

消去 C，并逐项除以 r^{n-N} 化简后，得

$$a_0 r^N + a_1 r^{N-1} + \cdots + a_{N-1} r + a_N = 0 \tag{4.4.5}$$

如果 r_i 是方程式(4.4.5)的根，$y(n)=Cr_i^n$ 将满足式(4.4.2)。式(4.4.5)称为差分方程式(4.4.1)的特征方程，特征方程的根 $r_1, r_2, r_3, \cdots, r_N$ 称为差分方程的特征根。

在没有重根的情况下，差分方程的齐次解为

$$y(n) = C_1 r_1^n + C_2 r_2^n + C_3 r_3^n + C_N r_N^n \tag{4.4.6}$$

其中，$C_1, C_2, \cdots, C_N$ 由边界条件来确定。

例 4.4.1　已知差分方程 $y(n)-y(n-1)-y(n-2)=0$，并知 $y(1)=1, y(2)=1$。试求其齐次解。

【解】　特征方程为

$$r^2 - r - 1 = 0$$

解出特征根

$$r_1 = \frac{1+\sqrt{5}}{2}, \quad r_2 = \frac{1-\sqrt{5}}{2}$$

于是得齐次解为

$$y(n) = C_1\left(\frac{1+\sqrt{5}}{2}\right)^n + C_2\left(\frac{1-\sqrt{5}}{2}\right)^n$$

将边界条件 $y(1)=1$、$y(2)=1$ 分别代入上式，得联立方程为

$$\begin{cases} 1 = C_1\left(\dfrac{1+\sqrt{5}}{2}\right) + C_2\left(\dfrac{1-\sqrt{5}}{2}\right) \\ 1 = C_1\left(\dfrac{1+\sqrt{5}}{2}\right)^2 + C_2\left(\dfrac{1-\sqrt{5}}{2}\right)^2 \end{cases}$$

解出

$$C_1 = \frac{1}{\sqrt{5}}, \quad C_2 = \frac{-1}{\sqrt{5}}$$

于是

$$y(n) = C_1 r_1^n + C_2 r_2^n = \frac{1}{\sqrt{5}}\left(\frac{1+\sqrt{5}}{2}\right)^n - \frac{1}{\sqrt{5}}C_2\left(\frac{1-\sqrt{5}}{2}\right)^n$$

在有重根的情况下，齐次解的形式将有所不同。设 r_1 是特征方程的 P 重根，那么在齐次解中，对应于 r_1 的部分将有 P 项

$$C_1 n^{p-1} r_1^n + C_2 n^{p-2} r_1^n + \cdots + C_{p-1} n r_1^n + C_p r_1^n \tag{4.4.7}$$

例 4.4.2 某系统的差分方程为 $y(n)-0.7y(n-1)-0.1y(n-2)=0$，并知 $y(-1)=-26$，$y(-2)=-202$，求该方程的齐次解。

【解】 根据给定的差分方程，可得特征方程为

$r^2-0.7r-0.1=0$，$(r-0.5)(r-0.2)=0$，解出 $r_1=0.5$，$r_2=0.2$。

于是有

$$y(n) = C_1(0.5)^n + C_2(0.2)^n$$

把边界条件代入原方程，经过两次迭代，求得 $y(0)=2$，$y(1)=4$。将这两个值代入特征方程中，有

$$\begin{cases} 2 = C_1 + C_2 \\ 4 = 0.5C_1 + 0.2C_2 \end{cases}$$

解出 $C_1=12$，$C_2=-10$。

因此，齐次解为 $y(n)=12(0.5)^n-10(0.2)^n (n\geqslant 0)$。

此题也可以不用迭代，直接用所给边界条件，所得结果一样。

例 4.4.3 已知差分方程 $y(n)-2y(n-1)+2y(n-2)-2y(n-3)+y(n-4)=0$ 及边界条件 $y(1)=1$，$y(2)=0$，$y(3)=1$，$y(5)=1$，试求其解。

【解】 特征方程为 $r^4-2r^3+2r^2-2r+1=0$，特征根 $r_1=r_2=1$（重根），$r_3=\mathrm{j}$，$r_4=-\mathrm{j}$（共轭复根）。

于是，可写出方程的解为

$$y(n)=(C_1n+C_2)(1)^n+C_3(\mathrm{j})^n+C_4(-\mathrm{j})^n=C_1n+C_2+C_3\mathrm{e}^{\mathrm{j}\frac{n\pi}{2}}+C_4\mathrm{e}^{-\mathrm{j}\frac{n\pi}{2}}$$
$$=C_1n+C_2+P\cos\frac{n\pi}{2}+Q\sin\frac{n\pi}{2}$$

这里，C_1、C_2、P、Q是待定系数，其中$P=C_3+C_4$，$Q=\mathrm{j}(C_3-C_4)$，利用边界条件可写出

$$\begin{cases}1=y(1)=C_1+C_2+Q\\0=y(2)=2C_1+C_2-P\\1=y(3)=3C_1+C_2-Q\\1=y(5)=5C_1+C_2+Q\end{cases}$$

解出：$C_1=0$，$C_2=1$，$P=1$，$Q=0$。

于是差分方程的解为

$$y(n)=1+\cos\frac{k\pi}{2}$$

4.4.2　差分方程的特解

差分方程的齐次解、特解及完全解的求法与微分方程的解法完全类似，为了求特解，将激励函数$x(n)$代入方程的右端（也称自由项），观察自由项的函数形式，选择一定的特解形式代入原方程，然后确定待定系数，输入激励与其对应的特解函数形式如表4-4-1所示。

表4-4-1　输入激励与其对应的特解函数形式

激励函数	特　解	激励函数	特　解
常数A	常数C	常数A	常数C
n	C_1+C_2n	$\sin\omega n$	$\lvert A\rvert\sin(\omega n+\varphi)$
n^n	$C_1n^n+C_2n^{n-1}+\cdots+C_{n+1}$	$\cos\omega n$	$\lvert A\rvert\cos(\omega n+\varphi)$
e^{an}（a为实数）	$C\mathrm{e}^{an}$	r^n	Cr^n（r不是特征方程的根）
$\mathrm{e}^{\mathrm{j}\omega n}$	$A\mathrm{e}^{\mathrm{j}\omega n}$（$A$为复数）	r^n	$C_1r^n+C_2r^n$（r为单重根）

例4.4.4　差分方程$y(n)+2y(n-1)=x(n)-x(n-1)$，$x(n)=n^2$，$y(-1)=1$，求其完全解。

【解】（1）首先求齐次解，特征方程为$r+2=0$，特征根$r=2$，齐次解为$C(-2)^n$。

（2）将$x(n)=n^2$代入方程右端，得到自由项为$n^2-(n-1)^2=2n-1$。选择特解为C_1n+C_2的形式，代入原方程得

$$C_1n+C_2+2[C_1(n-1)+C_2]=n^2-(n-1)^2, 3C_1n+3C_2-2C_1=2n-1$$

比较方程两边的系数，得

$$\begin{cases}3C_1=2\\3C_2-2C_1=-1\end{cases}$$

解出

$$C_1=\frac{2}{3},\quad C_2=\frac{1}{9}$$

完全的表达式为

$$y(n)=C(-2)^n+\frac{2n}{3}+\frac{1}{9}$$

(3) 代入边界条件(或初始条件),$y(-1)=-1$,求待定系数 C,$-1=C(-2)^{-1}-\frac{2}{3}+\frac{1}{9}$,解出 $C=\frac{8}{9}$,最后得完全解 $y(n)=\frac{8}{9}(-2)^n+\frac{2}{3}n+\frac{1}{9}$。

一般情况下,N 阶差分方程应给出 N 个边界条件,如 $y(0),y(1),y(2),\cdots,y(N-1)$。利用这些边界条件,代入完全解的表达式可以组成一个联立方程,求得 N 个系数 C_1,$C_2,\cdots,C_N$。在没有重根的情况下,差分方程的完全解为

$$C_1r_1^n+C_2r_2^n+\cdots+C_Nr_N^n+D(n) \tag{4.4.8}$$

其中,$D(n)$为特解,其余各项之和为奇次解。将边界条件代入式(4.4.8)可建立一个方程组

$$\begin{cases}y(0)=C_1+C_2+\cdots+C_N+D(0)\\ y(1)=C_1r_1+C_2r_2+\cdots+C_Nr_N+D(1)\\ \vdots\\ y(N-1)=C_1r_1^{N-1}+C_2r_2^{N-1}+\cdots+C_Nr_N^{N-1}+D(N-1)\end{cases} \tag{4.4.9}$$

联立求解方程(4.4.9),可解出各个待定系统 $C_1,C_2,\cdots,C_N$。

当特征方程没有重根的情况下,差分方程的完全解为

$$\underbrace{y(n)}_{\text{完全解}}=\underbrace{\left[\sum_{i=1}^{N}C_ir_i^n\right]}_{\text{齐次解}}+\underbrace{D(n)}_{\text{特解}} \tag{4.4.10}$$

齐次解对应于完全响应(完全解)中的自由响应,而特解对应于完全响应中的强制响应,于是

$$\text{自由响应}=\sum_{i=1}^{N}C_ir_i^n=\text{齐次解}$$

$$\text{强制响应}=D(n)=\text{特解}$$

$$\underbrace{y(n)}_{\text{完全响应}}=\underbrace{\left[\sum_{i=1}^{N}C_ir_i^n\right]}_{\text{自由响应}}+\underbrace{D(n)}_{\text{强制响应}} \tag{4.4.11}$$

差分方程的边界条件不一定由 $y(0),y(1),y(2),\cdots,y(N-1)$这一组数字给出。对于 N 阶差分方程,只要是独立的 N 个 $y(i)$值,即可作为边界条件来确定系数 C_i,对于因果系统,常给定 $y(-1),y(-2),y(-3),\cdots,y(-N)$为边界条件。当激励信号在 $n=0$ 接入系统时,系统的零状态是指 $y(-1),y(-2),\cdots,y(-N)$等于零,而不是指 $y(0),y(1),\cdots,y(N)$为零。如果已知 $y(-1),y(-2),\cdots,y(-N)$,欲求 $y(0),y(1),\cdots,y(N)$,可用迭代法逐次导出。一般情况下,若 $n=n_0$ 时将激励信号接入系统,零状态是指 $y(n_0-1),y(n_0-2),\cdots$,$y(n_0-N)$等于零。

例 4.4.5 已知边界条件 $y(-1)=0$,求 1 阶差分方程 $y(n)-0.9y(n-1)=0.05u(n)$的解。

【解】 因为 $y(-1)=0$,必须用迭代法求出 $y(0)$,$y(0)=0.9y(-1)+0.05=0.05$。

由特征方程求得齐次解为 $C(0.9)^n$,特解为常数 D,完全解为

$$y(n)=C(0.9)^n+D$$

$$D(1-0.9)=0.05$$

所以 $D=0.5$。

将 $y(0)$ 代入 $y(n)$ 中，得

$$0.05=y(0)=C+D$$
$$C=0.05-0.5=-0.45$$

最后得

$$\underbrace{y(n)}_{\text{完全响应}}=[\underbrace{-0.45\times(0.9)^n}_{\text{自由响应}}+\underbrace{0.5}_{\text{强制响应}}]u(n)$$

4.5 零输入响应与零状态响应

4.5.1 离散系统的传输算子

在连续时间系统中，曾引入微分算子 p 和 $\frac{1}{p}$，分别表示对信号的微分和积分运算。与此类似，对于离散系统，前面已引入移位算子 E 和 E^{-1}，表示将序列超前或延迟一个单位时间的运算，有时也称为差分算子，即

$$Ex(n)=x(n+1),\quad E^2x(n)=x(n+2),\quad E^{-1}x(n)=x(n-1)$$

利用移位算子可将差分方程的一般形式化为

$$\begin{aligned}&a_ky(n+k)+a_{k-1}y(n+k-1)+\cdots+a_1y(n+1)+a_0y(n)\\&=b_mx(n+m)+b_{m-1}x(n+m-1)+\cdots+b_0x(n)\end{aligned}\tag{4.5.1}$$

$$\begin{aligned}&(a_kE^k+a_{k-1}E^{k-1}+\cdots+a_1E+a_0)y(n)\\&=(b_mE^m+b_{m-1}E^{m-1}+\cdots+b_1E+b_0)x(n)\end{aligned}\tag{4.5.2}$$

简记为

$$D(E)y(n)=N(E)x(n)\tag{4.5.3}$$

进一步可记为

$$y(n)=\frac{N(E)}{D(E)}x(n)=H(E)x(n)\tag{4.5.4}$$

这里，$H(E)$ 称为离散时间系统的传输算子，它在离散系统分析中的作用与连续系统中的 $H(p)$ 相同，$H(E)$ 表明了系统对输入作用而产生输出的规则，是一个算子运算。这样，离散系统除直接用差分方程表示外，也可用传输算子来代表，如图 4-5-1 所示。

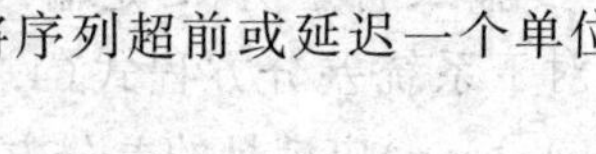

$x(n)$ → $H(E)$ → $y(n)$

图 4-5-1 离散系统的传输算子

对于系统 $y(n)-\frac{1}{2}y(n-1)=\frac{1}{2}x(n)$，其差分方程的算子形式为

$$y(n)-\frac{1}{2}E^{-1}y(n)=\frac{1}{2}x(n)$$

故其传输算子为

$$H(E)=\frac{\frac{1}{2}}{1-\frac{1}{2}E^{-1}}=\frac{E}{2E-1}$$

4.5.2 零输入响应

类似于线性时不变的连续时间系统,线性时不变的离散时间系统的响应也具有分解性。即其响应可以分解成零输入响应和零状态响应两部分。在第1章中,从描述系统的微分方程或传输算子 $H(p)$出发,分别求出系统的零输入响应和零状态响应,然后把它们叠加起来得到系统的完全响应。这种做法同样适用于离散系统的时域分析,只是在离散时间系统分析中,讨论问题的出发点是描述系统的差分方程或传输算子 $H(E)$。此外,求解系统零状态响应时,需要进行的不是连续时间信号的卷积积分,而是离散时间信号的卷积和计算。本节讨论离散时间系统零输入响应的求解方法。

如前所述,一个描述 N 阶线性时不变离散系统的差分方程,若用算子表示,可写成

$$D(E)y(n) = N(E)x(n) \tag{4.5.5}$$

其中传输算子为

$$H(E) = \frac{N(E)}{D(E)} = \frac{b_m E^m + b_{m-1}E^{m-1} + \cdots + b_1 E + b_0}{a_N E^N + a_{N-1}E^{N-1} + \cdots + a_1 E + a_0}$$

零输入响应 $y_x(n)$是输入信号 $x(n)$加入之前由系统原来的初始状态决定的。由此可见,对于系统差分方程式(4.5.5),若令输入信号 $x(n)$为零,即可得到零输入响应,记为 $y_x(n)$,$y_x(n)$应满足的差分方程的一般形式为

$$(a_N E^N + a_{N-1}E^{N-1} + \cdots + a_1 E + a_0)y_x(n) = 0 \tag{4.5.6}$$

具体地说,离散时间系统的零输入响应就是上面齐次差分方程满足初始条件时的解。

首先考虑以下1阶差分方程,即

$$(E-\lambda)y_x(n) = 0 \tag{4.5.7}$$

表明系统传输算子 $H(E)$仅含有单个特征根 λ。式(4.5.7)是一个1阶齐次差分方程,容易验证其解为

$$y_x(x) = C\lambda^n \tag{4.5.8}$$

式中,C 为常数,由系统的零输入初始条件确定。

因此,有以下结论,即

$$H(E) = \frac{1}{E-\lambda} \rightarrow y_x(n) = C\lambda^n \tag{4.5.9}$$

如果系统传输算子 $H(E)$仅含有 N 个单特征根 $\lambda_1,\lambda_2,\cdots,\lambda_N$ 且 $\lambda_1 \neq \lambda_2 \neq \cdots \neq \lambda_N$,则相应的齐次差分方程可写成

$$(E-\lambda_1)(E-\lambda_2)\cdots(E-\lambda_N)y_x(n) = 0 \tag{4.5.10}$$

其解为

$$y_x(n) = C_1\lambda_1^n + C_2\lambda_2^n + \cdots + C_N\lambda_N^n \tag{4.5.11}$$

式中,$C_1,C_2,\cdots,C_n$ 由系统零输入初始条件确定。于是有以下结论,即

$$H(E) = \frac{1}{(E-\lambda_1)(E-\lambda_2)\cdots(E-\lambda_N)} \rightarrow y_x(n) = \sum_{i=1}^{N} C_i\lambda_i^n \tag{4.5.12}$$

例 4.5.1 2阶差分方程系统

$$y(n+2) - 5y(n+1) + 6y(n) = x(n)$$

的初始值 $y_x(0)=1$,$y_x(1)=5$,求其零输入响应 $y_x(n)$。

【解】 由方程可得传输算子为

$$H(E)=\frac{1}{E^2-5E+6}=\frac{1}{(E-3)(E-2)}$$

系统的特征根为 $\lambda_1=3,\lambda_2=2$。所以设 $y_x(n)=C_1 3^n+C_2 2^n$

令 $n=0$、1,代入初始值得

$$\begin{cases}y_x(0)=C_1+C_2=1\\ y_x(1)=3C_1+2C_2=5\end{cases}$$

联立上述方程,求解得

$$C_1=3,\quad C_2=-2$$

故最终有

$$y_x(n)=3\cdot 3^n-2\cdot 2^n\quad n\geqslant 0$$

n 阶连续时间系统的初始条件是 $t=0_-$ 时刻 $y_x(t)$ 及其直到 $n-1$ 阶各阶导数的值,与 $t=0$ 以后情况无关,而 N 阶离散时间系统的初始条件 $y_x(n)$ 在 $n=0,1,\cdots,N-1$ 处的样点值,与 $n=0$ 以后的情况有关。这是两类系统的不同之处。因此,对连续系统,不存在因果输入对初始条件的影响问题;而对离散系统,即使是因果输入,对系统的初始条件也是有影响的,这是由于输入信号一般是 $n=0$ 开始加入系统,当 $n<0$ 时,零状态响应 $y_f(n)=0$,此时 $y(n)=y_x(n)$,即 $y(-1)=y_x(-1)$;而当 $n\geqslant 0$ 时,$y(n)=y_x(n)+y_f(n)$,即

$$y(0)=y_x(0)+y_f(0),\cdots,y(n-1)=y_x(n-1)+y_f(n-1)$$

用于求零输入响应的仅仅是系统的零输入初始条件,这点一定要引起注意。

当系统含有特征根为一个 $q(q\leqslant k)$ 阶重特征根时,式(4.5.6)将分解成

$$(E-\lambda_1)^q(E-\lambda_{q+1})\cdots(E-\lambda_N)y_x(n)=0 \tag{4.5.13}$$

其解将具有以下的形式,即

$$y_x(n)=(C_1+C_2n+\cdots+C_qn^{q-1})\lambda_1^n+C_{q+1}\lambda_{q+1}^n+\cdots+C_N\lambda_N^n \tag{4.5.14}$$

式中,$C_1,C_2,\cdots,C_N$ 由系统的零输入初始条件决定。

例 4.5.2 差分方程系统

$$y(n)-7y(n-1)+16y(n-2)-12y(n-3)=0$$

的初始值 $y(1)=-1,y(2)=-3,y(3)=-5$,求其零输入响应 $y_x(n)$。

【解】 本题方程是后向差分方程,将其变成前向差分方程后,利用上面的结论来解题。

$$y(n+3)-7y(n+2)+15y(n+1)-12y(n)=0$$

传输算子为

$$H(E)=\frac{1}{E^3-7E^2+16E-12}=\frac{1}{(E-3)(E-2)^2}$$

特征根为

$$\lambda_1=3,\quad \lambda_2=2(2\text{ 重根})$$

所以

$$y_x(n)=(C_1+C_2n)2^n+C_3\cdot 3^n$$

本题的初始值是

$$y(1)=-1,\quad y(2)=-3,\quad y(3)=-5$$

因为输入信号 $x(n)=0$,所以 $y_x(n)=y(n)$

故得

$$y_x(1)=y(1)=-1,\quad y_x(2)=y(2)=-3,\quad x_x(3)=y(3)=-5$$

令 $n=1$、2、3,代入初始值得

$$y_x(1)=(C_1+C_2)\cdot 2+3\cdot C_3=-1$$
$$y_x(2)=(C_1+2C_2)\cdot 4+9\cdot C_3=-3$$
$$y_x(3)=(C_1+3C_2)\cdot 8+27\cdot C_3=-5$$

联立方程组,解得

$$C_1=-1,\quad C_2=-1,\quad C_3=1$$

最终得

$$y_x(n)=(-1-n)\cdot 2^n+3^n\quad n\geqslant 0$$

与连续系统特征根一样,离散系统特征根中也会出现复根,它们也必定共轭成对出现,设离散系统的共轭根为

$$\lambda=r\mathrm{e}^{\mathrm{j}\varphi},\lambda^*=r\mathrm{e}^{-\mathrm{j}\varphi}$$

则其零输入响应为

$$\begin{aligned}y_x(n)&=C_1(r\mathrm{e}^{\mathrm{j}\varphi})^n+C_2(r\mathrm{e}^{-\mathrm{j}\varphi})^n\\&=r^n(C_1\mathrm{e}^{\mathrm{j}n\varphi}+C_2\mathrm{e}^{-\mathrm{j}n\varphi})\\&=r^n[(C_1+C_2)\cos(n\varphi)+\mathrm{j}(C_1-C_2)\sin(n\varphi)]\\&=r^n[C'_1\cos(n\varphi)+C'_2\sin(n\varphi)]\end{aligned}\tag{4.5.15}$$

其中,$C_1'=C_1+C_2$,$C_2'=\mathrm{j}(C_1-C_2)$。

具体值由初始状态确定。可见,当系统出现复根时,随 r 的取值不同,系统的零输入响应可能是等幅,增长或衰减的正弦(余弦)序列。

例 4.5.3 差分方程系统

$$y(n+2)+0.25y(n)=x(n+1)-2x(n)$$

的初始值为 $y_x(0)=2$,$y_x(1)=3$,试求其零输入响应。

【解】 由方程得传输算子为

$$H(E)=\frac{E-2}{E^2+0.25}$$

其特征根是一对共轭复根,即

$$\lambda_1=\mathrm{j}0.5=0.5\mathrm{e}^{\mathrm{j}\frac{\pi}{2}},\quad \lambda_2=-\mathrm{j}0.5=0.5\mathrm{e}^{-\mathrm{j}\frac{\pi}{2}}$$

由式(4.5.15)得

$$y_x(n)=(0.5)^n\left[C_1\cos\left(n\frac{\pi}{2}\right)+\mathrm{j}C_2\sin\left(n\frac{\pi}{2}\right)\right]$$

令 $n=0$、1,代入初始值,得到

$$y_x(0)=C_1=2$$

$$y_x(1)=0.5\left[C_1\cos\left(\frac{\pi}{2}\right)+\mathrm{j}C_2\sin\left(\frac{\pi}{2}\right)\right]=3$$

联立方程得

$$C_1=2,\quad C_2=3$$

所以

$$y_x(n)=(0.5)^n\left[2\cos\left(\frac{n\pi}{2}\right)+\mathrm{j}3\sin\left(\frac{n\pi}{2}\right)\right]\quad n\geqslant 0$$

4.5.3 零状态响应

设系统的起始观察时间为 n_0，离散时间系统的零状态响应是指该系统在 n_0 时刻的状态为零或者 $n<n_0$ 时的输入为零时，仅由 $n\geqslant n_0$ 时加入的输入所引起的响应，记为 $y_f(n)$，通常取观察时间 $n_0=0$，所以表达式 $y_f(n)$之后一般要乘以 $u(n)$。

在连续时间系统分析中，首先求出系统对单位冲激信号 $\delta(t)$的零状态响应，即单位冲激响应 $h(t)$，然后利用信号的分解特性和系统的线性时不变特性，导出系统对于任意信号作用时的零状态响应的求解方法。对于离散时间系统也是如此，本节将首先讨论单位样值信号作用于离散时间系统时的零状态响应，然后推导出任意序列信号作用于离散时间系统时零状态响应的求解方法。

1. 单位样值响应

离散时间系统对于单位样值信号的零状态响应，称为系统的单位样值响应，又称单位脉冲响应，记为 $h(n)$。单位样值响应 $h(n)$可由系统的传输算子 $H(E)$求出，下面讨论几个具体例子，这里仅限于讨论时不变线性因果系统的情况。

例 4.5.4 若系统的传输算子为

$$H(E)=E^k$$

则相应差分方程可分为

$$y(n)=E^k x(n)$$

令 $x(n)=\delta(n)$，此时 $y_f(n)=h(n)$，于是有

$$h(n)=E^k\delta(n)=\delta(n+k)\tag{4.5.16}$$

所以

$$H(E)=E^k\rightarrow h(n)=\delta(n+k)$$

例 4.5.5 若系统的传输算子为

$$H(E)=\frac{E}{E-\lambda}$$

则相应的差分方程有

$$(E-\lambda)y(n)=Ex(n)$$

令 $x(n)=\delta(n)$时，$y_f(n)=h(n)$，故有

$$(E-\lambda)h(n)=E\delta(n)$$

或

$$h(n+1)-\lambda h(n)=\delta(n+1)\tag{4.5.17}$$

由于

$$\delta(n+1)=0\quad n\leqslant -2$$

同时，对于因果系统必有

$$h(n)=0\quad n\leqslant -2$$

利用该式作为初始条件，用递推法可由式(4.5.17)求得 $h(n)$的各个序列项，分别令

式(4.5.17)中 $n=-2,-1,0,1,2,\cdots$，可得

$$h(-1)=\lambda h(-2)+\delta(-1)=0$$
$$h(0)=\lambda h(-1)+\delta(0)=1$$
$$h(1)=\lambda h(0)+\delta(1)=\lambda$$
$$h(2)=\lambda h(1)+\delta(2)=\lambda^2$$
$$\vdots$$
$$h(n)=\lambda h(n-1)+\delta(n)=\lambda\cdot\lambda^{n-1}=\lambda^n$$

即

$$h(n)=\lambda^n u(n)$$

按式(4.5.17)的算子表示，形式上将有

$$h(n)=\frac{E}{E-\lambda}\delta(n)=\lambda^n u(n)$$

即

$$\frac{E}{E-\lambda}\delta(n)=\lambda^n u(n) \tag{4.5.18}$$

在式(4.5.18)两边对 λ 进行微分运算，有

$$\begin{aligned}
&\frac{E}{(E-\lambda)^2}\delta(n)=n\lambda^{n-1}u(n)\\
&\frac{E}{(E-\lambda)^3}\delta(n)=\frac{n(n-1)}{2!}\lambda^{n-2}u(n)\\
&\vdots\\
&\frac{E}{(E-\lambda)^m}\delta(n)=\frac{n(n-1)\cdots(n-m+2)}{(m-1)!}\lambda^{n-m+1}u(n)
\end{aligned} \tag{4.5.19}$$

现在总结一下由传输算子 $H(E)$ 求解 $h(n)$ 的一般方法。设离散时间系统的传输算子为

$$H(E)=\frac{b_mE^m+b_{m-1}E^{m-1}+\cdots+b_1E+b_0}{a_NE^N+a_{N-1}E^{N-1}+\cdots+a_1E+a_0}\quad N\geqslant m$$

求单位样值响应 $h(n)$ 的方法如下：

第一步：从 $H(E)$ 中提出一个 E，得到 $H(E)=EH'(E)$（$H'(E)$ 是提出 E 后 $H(E)$ 的余式）。

第二步：将 $H'(E)$ 进行部分分式展开。

第三步：将 E 再乘以部分分式展开式，得到 $H(E)$ 的部分分式展开式，即

$$H(E)=\sum_{i=1}^{p}H_i(E)=\sum_{i=1}^{p}\frac{A_iE}{(E-\lambda_i)^{q_i}}$$

式中，λ_i 为系统的特征根；q_i 为该特征根的重数；A_i 为部分分式项系数；p 为 $H(E)$ 相异特征根个数。

第四步：利用式(4.5.16)、式(4.5.18)、式(4.5.19)，求出每个 $H_i(E)$ 对应的单位样值响应分量 $h_i(n)$。

第五步：求出系统的单位样值响应，即

$$h(n)=\sum_{i=1}^{p}h_i(n)$$

例 4.5.6 一系统的差分方程为

$$y(n+2)+3y(n+1)+2y(n)=2x(n+1)+x(n)$$

求其单位样值响应。

【解】 传输算子为

$$\begin{aligned}H(E)&=\frac{2E+1}{E^2+3E+2}=E\cdot\frac{2E+1}{E(E+1)(E+2)}\\&=E\left(\frac{1}{2}\cdot\frac{1}{E}+\frac{1}{E+1}-\frac{3}{2}\cdot\frac{1}{E+2}\right)\\&=\frac{1}{2}+\frac{E}{E+1}-\frac{3}{2}\cdot\frac{E}{E+2}\end{aligned}$$

利用式(4.5.16)和式(4.5.18),有

$$\begin{aligned}h(n)&=\left(\frac{1}{2}+\frac{E}{E+1}-\frac{3}{2}\cdot\frac{E}{E+2}\right)\delta(n)\\&=\frac{1}{2}\delta(n)+(-1)^n u(n)-\frac{3}{2}(-2)^n u(n)\end{aligned}$$

例 4.5.7 系统的传输算子为

$$H(E)=\frac{2E^3-4E+1}{(E-1)^2(E-2)}$$

求其单位样值响应。

【解】 $h(n)=H(E)\delta(n)=E\cdot\frac{2E^2-4E+1}{(E-1)^2(E-2)}\delta(n)=\left(\frac{E}{(E-1)^2}+\frac{E}{E-1}+\frac{E}{E-2}\right)\delta(n)$

按式(4.5.19)可得

$$h(n)=nu(n)+u(n)+2^n u(n)$$

传输算子分解成部分分式后,部分分式的基本形式不只是$\frac{1}{E-r}$和$\frac{E}{E-r}$两种,因为可能出现重根和共轭复根的情况。现将几种基本形式的传输算子对应的单位样值响应列于表 4-5-1 中以供查用。

表 4-5-1 几种基本形式的传输算子对应的单位样值响应

序号	$H(E)$	$h(n)$
1	1	$\delta(n)$
2	$\frac{1}{E-r}$	$r^{n-1}\cdot u(n-1)$
3	$\frac{1}{E-e^{\lambda T}}$	$e^{\lambda(n-1)T}\cdot u(n-1)$
4	$\frac{E}{E-r}$	$r^n\cdot u(n)$
5	$\frac{E}{E-e^{\lambda T}}$	$e^{\lambda nT}\cdot u(n)$
6	$A\frac{E}{E-r}+A*\frac{E}{E-r^*}$ $A=re^{j\theta},r=e^{(\alpha+j\beta)T}$	$2r^{\alpha\beta T}\cos(\beta nT+\theta)u(n)$

续表

序号	$H(E)$	$h(n)$
7	$\dfrac{E}{(E-r)^2}$	$nr^{n-1}\cdot u(n)$
8	$\dfrac{E}{(E-\mathrm{e}^{\lambda T})^2}$	$n\mathrm{e}^{\lambda(n-1)T}\cdot u(n)$
9	$\dfrac{E}{(E-r)^k}$	$\dfrac{1}{(k-1)!}n(n-1)(n-2)\cdots$ $(n-k+2)\cdot r^{n-k+1}\cdot u(n)$
10	$\dfrac{E}{(E-\mathrm{e}^{\lambda T})^k}$	$\dfrac{1}{(k-1)!}n(n-1)(n-2)\cdots$ $(n-k+2)\cdot \mathrm{e}^{\lambda-k+1}\cdot u(n)$

2. 离散卷积、零状态响应

在连续系统中,系统的零状态响应等于系统的单位冲激响应 $h(t)$ 与输入激励 $f(t)$ 的卷积积分

$$y_f(t)=\int_0^t f(\tau)h(t-\tau)\mathrm{d}\tau=f(t)*h(t)$$

在离散系统中,也有类似的关系。因为离散系统中的输入与输出信号均为离散变量,系统的特性也以离散变量 $h(n)$ 表示,所以离散系统的零状态响应表示为输入信号与冲激响应的离散卷积或卷积和。下面论证这个关系。

设离散系统的输入信号为 $f(n)$,是一个有起始的序列(因果序列),可用冲激函数表示为

$$\begin{aligned}f(n)&=f(0)\delta(n)+f(1)\delta(n-1)+f(2)\delta(n-2)+\cdots+f(i)\delta(n-i)+\cdots\\&=\sum_{i=0}^{\infty}f(i)\delta(n-i)\end{aligned}\tag{4.5.20}$$

因为 $\delta(n)$ 产生响应 $h(n)$,根据非时变特性,$\delta(n-i)$ 产生响应 $h(n-i)$。同时考虑线性与非时变特性,可知式(4.5.20)表示的输入序列将会产生输出序列

$$\begin{aligned}y_f(n)&=f(0)h(n)+f(1)h(n-1)+f(2)h(n-2)+\cdots+f(i)h(n-i)+\cdots\\&=\sum_{i=0}^{\infty}f(i)h(n-i)\end{aligned}\tag{4.5.21}$$

将式(4.5.21)与卷积积分式 $y_f(t)=\int_0^t f(\tau)h(t-T)\mathrm{d}\tau$ 相比较,在形式上有类似之处,称式(4.5.21)为 $f(n)$ 与 $h(n)$ 的离散卷积,因此得出结论,系统的零状态响应 $y_f(n)$ 等于输入信号与系统单位样值响应的离散卷积(卷积和),并用简单的符号 * 表示卷积运算,即

$$y_f(n)=f(n)*h(n)=\sum_{i=0}^{\infty}f(i)h(n-i)\tag{4.5.22}$$

离散卷积也满足交换律,即

$$y_f(n)=h(n)*f(n)=\sum_{i=0}^{\infty}h(i)f(n-i)\tag{4.5.23}$$

现在用图解法来说明求离散卷积(卷积和)的过程,大致可分为反褶、平移、相乘、求和4个步骤。

例 4.5.8　某系统的单位冲激响应 $h(n)=a^n u(n)(0<a<1)$,若输入信号为门函数序列,即 $f(n)=u(n)-u(n-N)$,求零状态响应 $y_f(n)$。

【解】　由式(4.5.22)可知

$$y_f(n)=\sum_{i=0}^{\infty} f(i)h(n-i)=\sum_{i=0}^{\infty}[u(i)-u(i-N)]a^{n-i}u(n-i)$$

在图 4-5-2 中画出了 $f(n)$、$h(n)$图形。为了求卷积和,同时绘出 $h(i)$以及对应某几个 n 值的 $h(n-i)$,如 $h(0-i)$、$h(-4-i)$、$h(4-i)$。由图 4-5-2 可以看出,在 $n<0$ 时,$h(n-i)$与 $f(i)$相乘,处处都为零值,因此 $n<0$,$y_f(n)=0$。而 $0\leqslant n\leqslant N-1$ 时,从 $i=0$ 到 $i=n$ 范围内,$h(n-i)$与 $f(i)$有重叠相乘而得的非零值,于是得到

$$y_f(n)=\sum_{i=0}^{n} a^{n-i}=a^n\sum_{i=0}^{n} a^{-i}=a^n\left[\frac{1-a^{-(n+1)}}{1-a^{-1}}\right]\quad 0\leqslant n\leqslant N-1$$

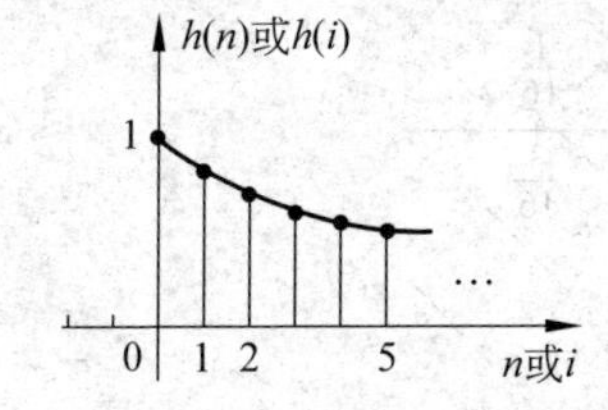

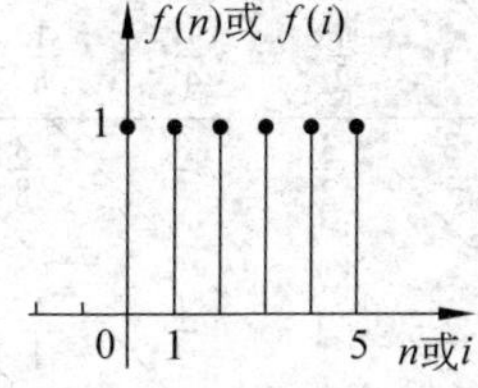

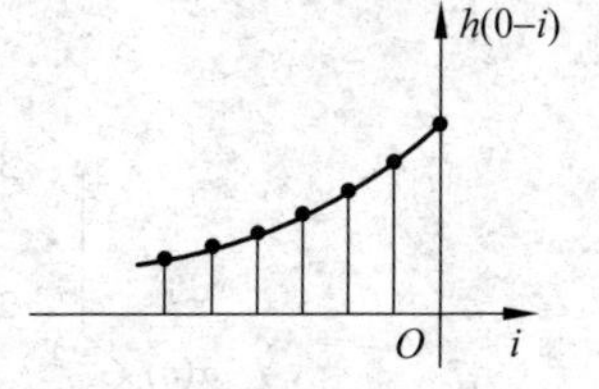

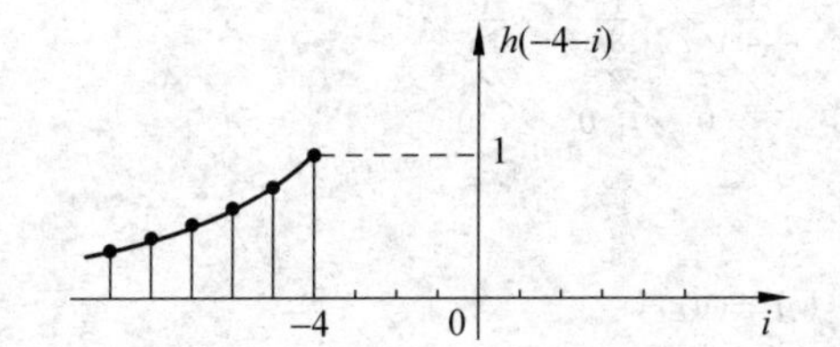

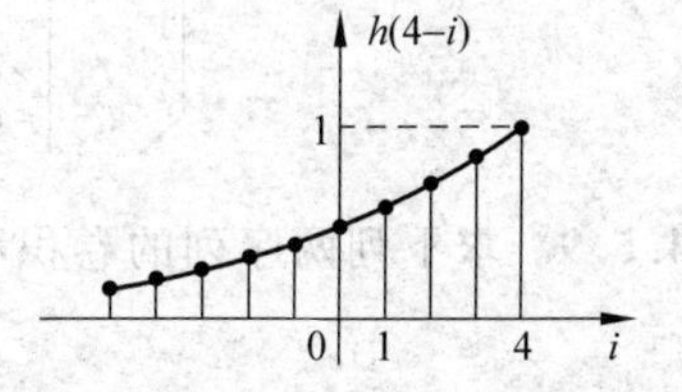

图 4-5-2　例 4.5.8 用图

对于 $N-1\leqslant n$,重叠相乘的非零值从 $i=0$ 延伸到 $i=N-1$,因此有

$$y_f(n)=\sum_{i=0}^{N-1} a^{n-1}=a^n\sum_{i=0}^{N-1} a^{-i}=a^n\left[\frac{1-a^{-N}}{1-a^{-1}}\right]\quad N-1\leqslant n$$

在图 4-5-3 中画出了 $y_f(n)$的波形。

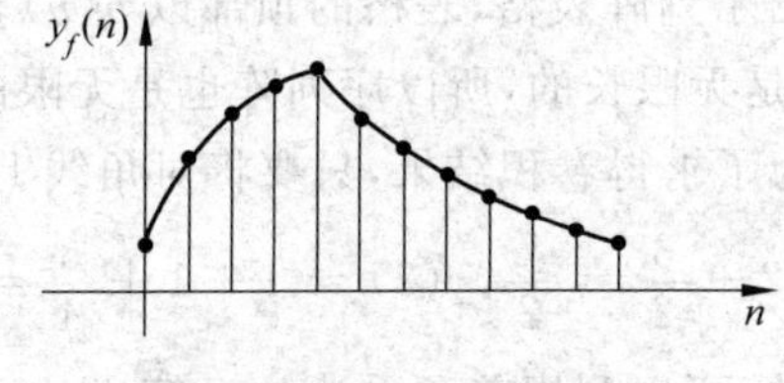

图 4-5-3　例 4.5.8 卷积和

在表 4-5-2 中给出了常用卷积和的公式以备查用。

根据求卷积和的4个步骤,也可以利用“序列阵表格”计算卷积和,如表 4-5-3 所示。

表 4-5-2 常用卷积和的公式

$f_1(n)$	$f_2(n)$	$f_1(n)*f_2(n)=f_2(n)*f_1(n)\quad n\geqslant 0$	$e^{\lambda_2 nT}$	$e^{\lambda_1 nT}$	$\dfrac{e^{\lambda_1(n+1)T}-e^{\lambda_2(n+1)T}}{e^{\lambda_1 T}-e^{\lambda_2 T}}\quad \lambda_1\neq\lambda_2$
$\delta(n)$	$f(n)$	$f(n)$	r^n	r^n	$(n+1)r^n$
r^n	$u(n)$	$(1-r^{n+1})/(1-r)$	$e^{\lambda nT}$	$e^{\lambda nT}$	$(n+1)e^{\lambda nT}$
$e^{\lambda nT}$	$u(n)$	$(1-e^{\lambda(n+1)T})/(1-e^{XT})$	r^n	n	$\dfrac{n}{(1-r)}+\dfrac{r(r^n-1)}{(1-r)^2}$
$u(n)$	$u(n)$	$n+1$	$e^{\lambda nT}$	n	$\dfrac{n}{(1-e^{\lambda T})}+\dfrac{e^{\lambda T}(e^{\lambda nT}-1)}{(1-e^{\lambda nT})^2}$
r_1^n	r_2^m	$(r_1^{n+1}-r_2^{n+1})/(r_1-r_2)\quad r_1\neq r_2$	n	n	$\dfrac{1}{6}(n-1)n(n+1)$

表 4-5-3 序列阵表格

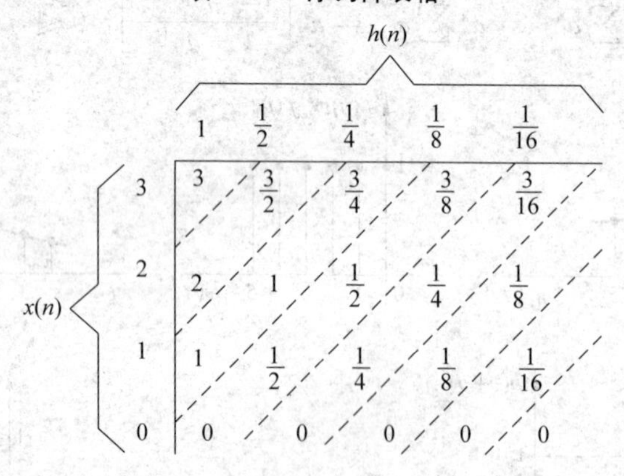

例 4.5.9 求下列两序列的卷积和，已知

$$x(n)=\begin{cases}3 & (n=0)\\ 2 & (n=1)\\ 1 & (n=2)\\ 0 & (n\text{ 为其他值})\end{cases}$$

$$h(n)=\begin{cases}\left(\dfrac{1}{2}\right)^n & n\geqslant 0\\ 0 & n<0\end{cases}$$

【解】 在表 4-5-3 中画出了列阵表格，表格的顶部以 $h(n)$表示。左面边界纵排序列以 $x(n)$表示。由于本例中 $h(n)$是无限长的，所以序列阵也是无限的。表中记录的数字相应于 $h(n)$与 $x(n)$所标数的乘积，为了求得卷积结果，只要将对角线上的数值叠加即可，因此有

$$y(0)=3,y(1)=2+\frac{3}{2}=\frac{7}{2},y(2)=1+1+\frac{3}{4}=\frac{11}{4}\cdots y(n)=\frac{11}{2^n}$$

根据求卷积和的 4 个步骤，可以利用普通乘法的运算方法去计算两个有限长序列的卷积和，这种方法不需要把其中一个序列倒过来，按普通乘法运算，但不要进位，把同一列上的乘积相加就得到两个序列的卷积和。例如，$f_1(n)=\{3,1,4,2\}$，$f_2(n)=\{2,1,5\}$，则 $f_1(n)*f_2(n)=\{6,5,24,13,22,10\}$。

计算过程如下：

$$
\begin{array}{rrrrrr}
 & & 3 & 1 & 4 & 2 \\
 & & & 2 & 1 & 5 \\
\hline
 & & 15 & 5 & 20 & 10 \\
 & 3 & 1 & 4 & 2 & \\
6 & 2 & 8 & 4 & & \\
\hline
6 & 4 & 24 & 13 & 22 & 10
\end{array}
$$

例 4.5.10　某离散系统的传输算子为 $H(E)=\dfrac{E(7E-2)}{(E-0.5)(E-0.2)}$，系统的初始条件为 $y(0)=2$，$y(1)=4$，系统的激励信号为 $f(n)=u(n)$，求系统的完全响应。

【解】　先求零输入响应。$H(E)$的极点即特征根为 0.5 和 0.2，于是，零输入响应为

$$y_x(n)=C_1(0.5)^n+C_2(0.2)^n \quad n\geqslant 0$$

根据初始条件，确定 C_1 和 C_2，即

$$\begin{cases}2=C_1+C_2\\4=0.5C_1+0.2C_2\end{cases}$$

解出 $C_1=12$，$C_2=-10$

所以

$$y_x(n)=12(0.5)^n-10(0.2)^n \quad n\geqslant 0$$

然后求零状态响应，必须先求出样值响应 $h(n)$，为此将 $H(E)$分解为部分分式，即

$$H(E)=\frac{E(7E-2)}{(E-0.5)(E-0.2)}=\frac{7E^2-2E}{E^2-0.7E+0.1}=7+\frac{2.9E-0.7}{E^2-0.7E+0.1}$$

$$=7+\frac{2.5}{E-0.5}+\frac{0.4}{E-0.2}$$

查表 4-5-1，可得系统的单位样值响应为

$$\begin{aligned}h(n)&=7\delta(n)+2.5(0.5)^{n-1}\cdot u(n-1)+0.4(0.2)^{n-1}\cdot u(n)\\&=7\delta(n)+[5(0.5)^{n-1}+2(0.2)^n]\cdot u(n-1)\\&=[5(0.5)^{n-1}+2(0.2)^n]u(n)\end{aligned}$$

零状态响应为

$$\begin{aligned}h_f(n)&=h(n)\cdot u(n)=[5(0.5)^n+2(0.2)^n]u(n)*u(n)\\&=5(0.5)^nu(n)*u(n)+2(0.2)^nu(n)*u(k)\end{aligned}$$

查表 4-5-2 可得

$$\begin{aligned}y_f(n)&=\frac{5}{0.5}[1-(0.5)^{n+1}]u(n)+\frac{2}{0.8}[1-(0.2)^{n+1}]u(n)\\&=10[1-0.5(0.5)^n]u(n)+2.5[1-(0.2)^{n+1}]u(n)\\&=[12-5.5(0.5)^n-0.5(0.2)^n]u(n)\end{aligned}$$

将零输入响应与零状态响应相加，可得系统的完全响应为

$$\begin{aligned}y(n)&=y_x(n)+y_f(n)\\&=[12.5+7(0.5)^n-10.5(0.2)^n]u(n)\end{aligned}$$

本题所给初始值实际上只是代表系统未加激励时的初始状态 $y_x(0)$和 $y_x(1)$，如以 $n=0$，$n=1$ 代入完全响应 $y(n)$，可得 $y(0)=9$，$y(1)=13.9$，与所给初始值的差值，即为由外激励引起的 $y_f(0)$和 $y_f(1)$。

例 4.5.11　1 阶系统的差分方程为

$$y(n+2)-2.5y(n+1)+y(n)=u(n)$$

已知 $y(-2)=0, y(-1)=4$，求其完全响应。

【解】 由方程可得输出算子为

$$H(E)=\frac{1}{E^2-2.5E+1}$$

特征根为 $\lambda_1=2, \lambda_2=\frac{1}{2}$

所以零输入响应 $y_x(n)=C_1 2^n+C_2\left(\frac{1}{2}\right)^n$，代入初始条件

$$y(-2)=C_1\frac{1}{4}+C_2\cdot 4=0$$

$$y(-1)=C_1\frac{1}{2}+C_2\cdot 2=4$$

所以

$$y_x(n)=\frac{32}{3}(2)^n-\frac{2}{3}\cdot\left(\frac{1}{2}\right)^n$$

由于 $u(n)=\frac{E}{E-1}\delta(n)$

故零状态响应为

$$\begin{aligned}y_f(n)&=\frac{1}{(E-2)(E-0.5)}\cdot\frac{E}{(E-1)}\delta(n)\\&=\frac{4}{3}\cdot\frac{E}{E-0.5}\delta(n)+\frac{2}{3}\cdot\frac{E}{E-2}\delta(n)-\frac{2E}{(E-1)}\cdot\delta(n)\\&=\frac{2}{3}(2)^n+\frac{4}{3}\cdot\left(\frac{1}{2}\right)^n-2u(n)\end{aligned}$$

完全响应为

$$y(n)=y_x(n)+y_f(n)=\underbrace{\frac{34}{3}(2)^n u(n)+\frac{2}{3}\left(\frac{1}{2}\right)^n u(n)}_{\text{自然响应}}-\underbrace{2u(n)}_{\text{强迫响应}}$$

其中，$\left(\frac{1}{2}\right)^n$ 是系统的瞬态响应，而 $\frac{34}{3}\cdot(2)^n-2$ 是系统的稳态响应，此系统是一个不稳定系统，因为自然响应中包含了 $(2)^n$ 这一随 n 的增大而增大的分量。

习题 4

4.1 绘出下列各序列的图形。

(1) $f(n)=\left(\frac{1}{2}\right)^n u(n)$　　(2) $f(n)=\left(-\frac{1}{2}\right)^n u(n)$

(3) $f(n)=\left(\frac{1}{2}\right)^n u(-n)$　　(4) $f(n)=2^n u(n)$

(5) $f(n)=(-2)^n u(n)$　　(6) $f(n)=(-2)^n u(-n)$

(7) $f(n)=nu(n)$　　(8) $f(n)=-nu(n)$

(9) $f(n)=nu(-n)$　　(10) $f(n)=u(n^2-9)$

4.2 运算下列各序列，并绘出其图形。

(1) $\sin\frac{n\pi}{5}u(n)$

(2) $\cos\frac{n\pi}{10}u(n)$

(3) $\sin\frac{\pi n}{2}-\sin\frac{\pi(n-1)}{2}$

(4) $3^{n-1}-2^{n-1}$

(5) $3^{-n}u(n)+3^{n}u(-n)$

(6) $u(-n)-u(-n+1)$

(7) $u(-n-1)-u(-n)$

(8) $[1^{n}+(-1)^{n}][u(n)-u(n-6)]$

(9) $\delta(n)+5\delta(n-1)+\left(\frac{1}{2}\right)^{n}u(n-2)$

(10) $\sum_{p=0}^{\infty}\delta(n-p)$

4.3 如有离散信号

$$f(n)=\begin{cases}-1 & n<-2\\ n+1 & -2\leqslant n\leqslant 3\\ \frac{1}{2} & n>3\end{cases}$$

试画出下列每个信号的图形，并加以标注。

(1) $f(n)$

(2) $f(n-2)$

(3) $f(-n)$

(4) $f(-n-2)$

(5) $f(n)u(-n+1)$

(6) $f(n-1)\delta(n-3)$

(7) $f(n^{2})$

(8) $\frac{1}{2}f(n)+\frac{1}{2}(-1)^{n}f(n)$

(9) $f(n-1)+f(n+1)$

(10) $f(n+1)+f(-n+1)$

4.4 序列如题4.4图所示，试将$f(n)$表示为$\delta(n)$的加权与时移的线性组合。

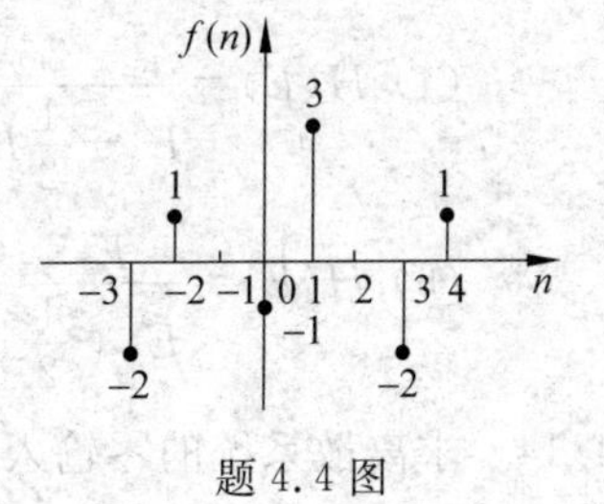

题4.4图

4.5 等比增长是应用很广泛的一种模型，假定在第n年($n=0,1,2,\cdots$)年终时，某地人口数为$y(n)$，已知每年相对增长率为2%，试写出差分方程。

4.6 一个乒乓球从H米高处自由下落，到地面再弹起的高度是前一次最高值的$\frac{2}{3}$，若用$y(n)$表示第n次下落后的高度，试写出差分方程并求$y(n)$。

4.7 求解下列差分方程：

(1) $y(n)-2y(n-1)=0, y(0)=\frac{1}{2}$

(2) $y(n)+3y(n-1)=0, y(1)=1$

(3) $y(n)+\frac{1}{3}y(n-1)=0, y(-1)=-1$

(4) $y(n)-0.9y(n-1)=0, y(-1)=0$

4.8 求解下列差分方程：

(1) $y(n)+3y(n-1)+2y(n-2)=0, y(-1)=0, y(-2)=1$

(2) $y(n)+2y(n-1)+y(n-2)=0, y(0)=y(-1)=1$

(3) $y(n)-6y(n-1)+9y(n-2)=0, y(0)=0, y(1)=3$

(4) $y(n)+y(n-2)=0, y(0)=1, y(1)=2$

4.9 求解下列差分方程：

(1) $y(n)+5y(n-1)=nu(n), y(-1)=0$

(2) $y(n)+5y(n-1)+4y(n-2)=u(n)$，$y(-1)=y(-2)=1$

(3) $y(n)-2y(n-1)+y(n-2)=2^n u(n)$，$y(0)=y(1)=2$

(4) $y(n)+y(n-1)-6y(n-2)=x(n-1)$，$x(n)=4^n u(n)$，$y(0)=0$，$y(1)=1$

4.10 写出题 4.10 图中所示系统的差分方程，已知初始状态 $y(-1)=0$，试求系统的单位样值响应 $h(n)$和阶跃响应 $g(n)$。

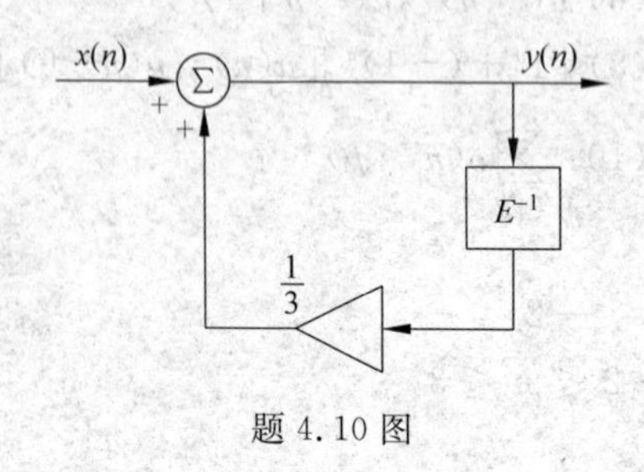

题 4.10 图

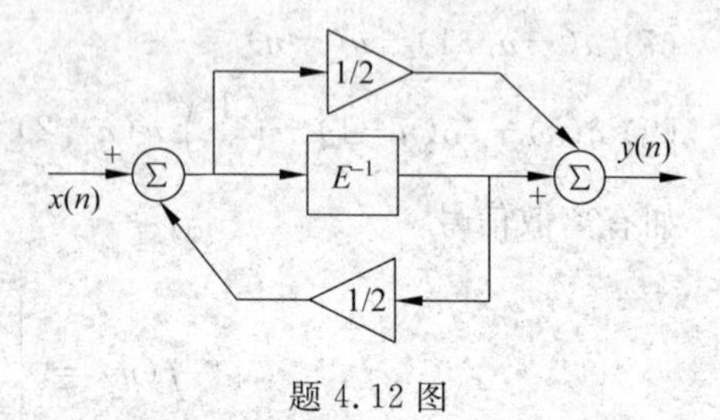

题 4.12 图

4.11 若线性时不变系统

(1) 已知系统的单位阶跃响应 $g(n)$，试写出冲激响应 $h(n)$的表达式。

(2) 已知冲激响应 $h(n)$，试写出阶跃响应$g(n)$。

4.12 试求题 4.12 图中所示系统的单位冲激响应和阶跃响应。

4.13 已知描述系统的差分方程式传输算子如下，试求系统的单位样值响应。

(1) $y(n+2)-5y(n+1)+6y(n)=u(n)$

(2) $y(n)-2y(n-1)-5y(n-2)+6y(n-3)=x(n)$

(3) $H(E)=\dfrac{1}{E^2-E+0.25}$

(4) $H(E)=\dfrac{2-E^3}{E^3-\frac{1}{2}E^2+\frac{1}{18}E}$

(5) $H(E)=\dfrac{E^2}{E^2+\frac{1}{2}}$

4.14 求离散系统的零输入响应。

(1) $y(n+2)+3y(n+1)+2y(n)=f(n)$，$y(0)=2$，$y(1)=1$

(2) $y(n+2)+2y(n+1)+2y(n)=f(n+1)-2f(n)$，$y(0)=0$，$y(1)=1$

(3) $y(n+2)+2y(n+1)+2y(n)=2f(n+1)$，$y(0)=y(1)=1$

(4) $y(n+2)-y(n+1)-y(n)=0$，$y(0)=0$，$y(1)=1$

4.15 求下列系统的单位冲激响应序列。

(1) $y(n+2)+y(n)=f(n)$

(2) $y(n)-7y(n-1)+6y(n-2)=6f(n)$

(3) $y(n+3)-3y(n+2)+3y(n+1)-y(n)=f(n)$

(4) $y(n+3)+3y(n+2)+y(n)=f(n+3)+f(n+1)+f(n)$

4.16 计算下列各对信号的卷积和 $y(n)=x(n)*h(n)$：

(1) $x(n)=2^n u(-n)$，$h(n)=u(n)$

(2) $x(n)=u(n)$，$h(n)=u(n)$

(3) $x(n)=0.5^n u(n), h(n)=u(n)$

(4) $x(n)=2^n u(n), h(n)=3^n u(n)$

(5) $x(n)=(-0.5)^n u(n-4), h(n)=4^n u(-n+2)$

(6) $x(n)=u(n)-u(-n), h(n)=\begin{cases}4^n & n<0\\ 0.5^n & n\geqslant 0\end{cases}$

4.17　已知离散信号 $x(n)=u(n)-u(n-4)$，试求卷积：

(1) $x(n)*x(n)$

(2) $x(n)*x(n)*x(n)$

4.18　试求题4.18图中两个离散信号 $x(n)$ 与 $h(n)$ 的卷积和。

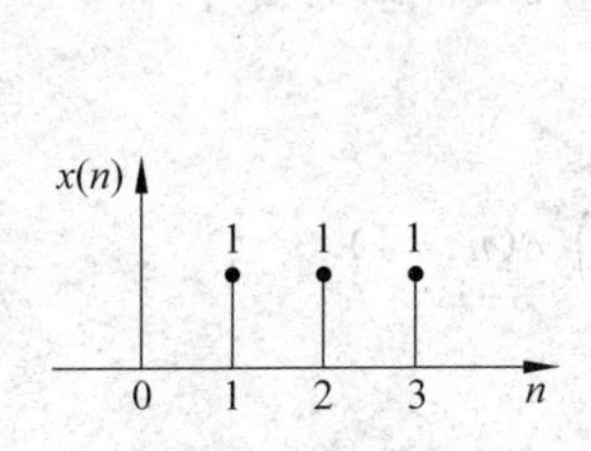

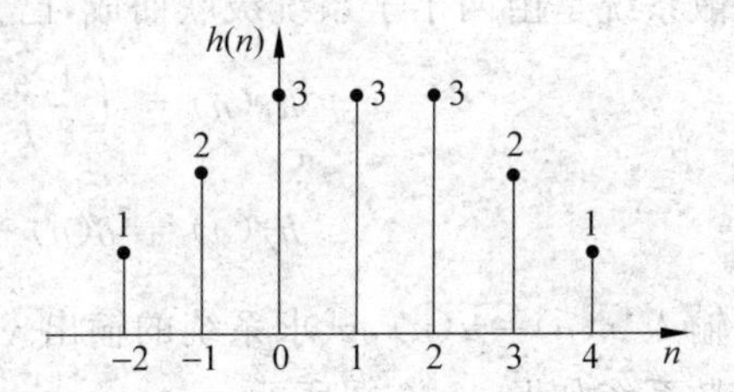

题4.18图

4.19　已知离散信号 $x(n)$ 如题4.19图所示。试求：

(1) $x(n)*x(n)$

(2) $x(n)*x(-n)$

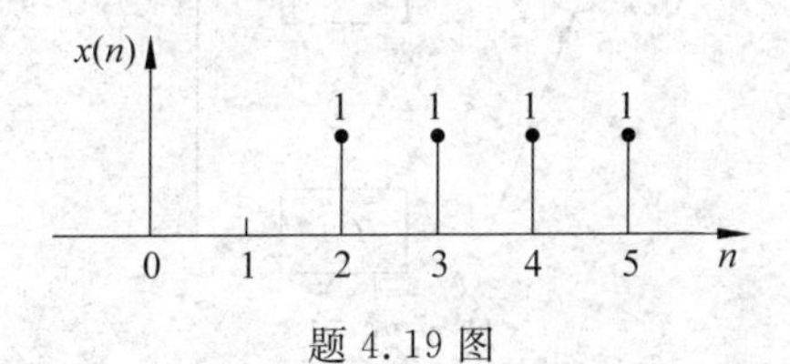

题4.19图

4.20　$x_1(n)$ 和 $x_2(n)$ 如题4.20图所示，求 $n=1$、4、6、8、11、13时的 $x_1(n)*x_2(n)$。

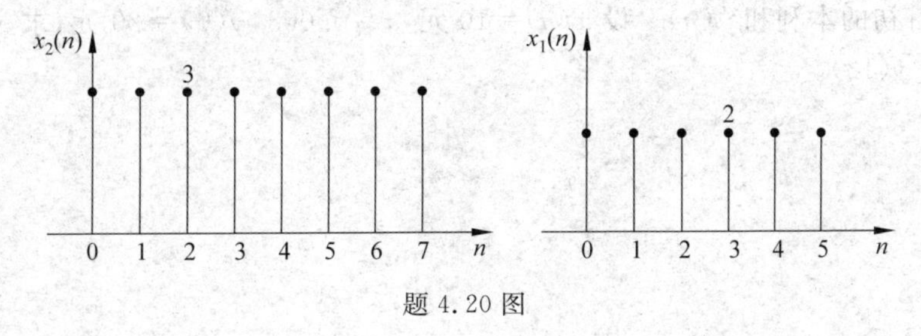

题4.20图

4.21　求以下系统的零状态响应：

(1) $y(n+2)-3y(n+1)+2y(n)=1+a^n(n\geqslant 0)$

(2) $y(n+1)-5y(n)=\sin n(n\geqslant 0)$

(3) $y(n+2)-y(n)=\delta(n)+n(n\geqslant 0)$

4.22　已知下列各差分方程及初始条件，试求系统的完全响应。

(1) $y(n+2)-2y(n+1)+y(n)=\delta(n)+\delta(n-1)+u(n-2), y_x(0)=0, y_x(1)=1$

(2) $y(n+2)-3y(n+1)+2y(n)=f(n+1)-2f(n)$，$y_x(0)=0$，$y_x(1)=1$，$f(n)=2^n u(n)$

4.23 设离散时间系统的传输算子为 $H(E)=\dfrac{E^2+E}{E^2+2E+2}$

系统的初始条件 $y(0)=y(1)=0$，输入 $x(n)=(-2)^n u(n)$，试求系统的零输入响应 $y_x(n)$、零状态响应 $y_f(n)$ 和全响应 $y(n)$。

4.24 某系统的差分方程为

$$y(n+2)-5y(n+1)+6y(n)=x(n)$$

已知 $x(n)=u(n)$，初始条件 $y_x(0)=2$，$y_x(1)=1$，求系统响应 $y(n)$。

4.25 某离散系统是由两个子系统级联而成，已知子系统的冲激响应为

$$h_1(n)=\left(\frac{1}{2}\right)^2 u(n)$$

$$h_2(n)=\delta(n)+\left(\frac{1}{2}\right)^2 \delta(n-1)$$

假若输入 $x(n)=u(n)$，试求系统的输出 $y(n)$。

4.26 某离散系统如题 4.26 图所示。

(1) 试求系统的单位样值响应 $h(n)$。

(2) 计算输入 $x(n)=\left(\frac{1}{2}\right)^n \sin\frac{n\pi}{2}u(n)$ 时系统的零状态响应 $y_f(n)$。

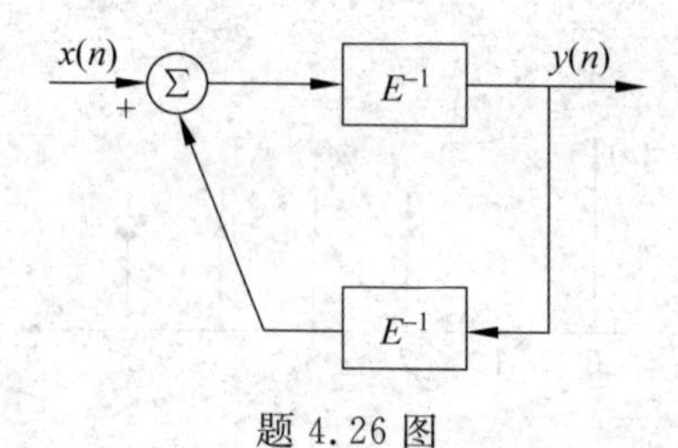

题 4.26 图

4.27 如果在第 n 个月初向银行存款 $x(n)$ 元，月息为 a，每月利息不取，试用差分方程写出第 n 月初的本利和 $y(n)$。设 $x(n)=10$ 元，$a=0.003$，$y(0)=20$ 元，求 $y(n)$；若 $n=12$，求 $y(12)$。

第5章 离散时间系统的Z域分析

众所周知,连续时间系统的特性可以用微分方程来描述,离散时间系统的特性可以用差分方程来描述。对于线性非时变的连续时间系统,为了求解线性常系数微方程,除在时域直接求解外,还可以用拉普拉斯变化的方法,把问题从时域转换到复频域,从而研究系统。在离散时间系统的理论研究中,同样也可以采用变换方法,把离散系统的数学模型——差分方程,转化为代数方程,进而分析离散时间系统,这种变换称为 Z 变换。

5.1 Z 变换的定义及其收敛域

5.1.1 Z 变换的定义

1. 从拉普拉斯变换到 Z 变换

离散时间信号的 Z 变换,可以由抽样信号的拉普拉斯变换推导出来。设连续时间信号为 $f(t)$,利用 δ 函数的筛选特性,在$(\cdots,-T_s,0,T_s,\cdots)$瞬间抽样,则抽样函数 $f_s(t)$可表示为

$$f_s(t) = f(t)\sum_{n=-\infty}^{\infty}\delta(t-nT_s) = \sum_{n=-\infty}^{\infty}f(nT_s)\delta(t-nT_s)$$

对抽样函数 $f_s(t)$取拉普拉斯变换,即

$$F_s(s) = \mathscr{L}[f_s(t)] = \sum_{n=-\infty}^{\infty}f(nT_s)\mathscr{L}\delta(t-nT_s) = \sum_{n=-\infty}^{\infty}f(nT_s)\mathrm{e}^{-snT_s}$$

对抽样函数 $z=\mathrm{e}^{sT}$,式中 $s=\sigma+\mathrm{j}\omega$,则

$$F_s(s)\mid_{z=\mathrm{e}^{sT}} = \sum_{n=-\infty}^{\infty}f(nT_s)z^{-n} = F(z)$$

这是对抽样序列 $f(nT_s)$的 Z 变换式。对于任何一个离散时间序列 $f(n)$,其 Z 变换式定义为

$$F(z) = \sum_{n=-\infty}^{\infty}f(n)z^{-n} \tag{5.1.1}$$

式(5.1.1)称为双边 Z 变换。若 $f(n)$是因果序列,则总会有一个起始时刻(设为 $n=0$),若满足 $f(n)=0(n<0)$,则式(5.1.1)可写为

$$F(z) = \sum_{n=0}^{\infty}f(n)z^{-n} \tag{5.1.2}$$

式(5.1.2)称为单边 Z 变换。

在实际中,多数序列具有因果性,亦称为有起因序列。所以在本书中主要讨论单边 Z 变换。Z 变换可简单记为

$$F(z)=\mathscr{Z}[f(n)]$$

式(5.1.1)和式(5.1.3)表明,离散序列 $f(n)$ 的 Z 变换是复变数 z^{-1} 的幂级数,其系数是序列 $f(n)$ 的样值。$f(n)$ 是 Z 变换展开式,即

$$\begin{aligned}F(z)&=\mathscr{Z}[f(n)]=\sum_{n=-\infty}^{\infty}f(n)z^{-n}\\&=\cdots+f(-2)z^{2}+f(-1)z+f(0)+f(1)z^{-1}+f(2)z^{-2}+\cdots\end{aligned}\tag{5.1.3}$$

2. 逆变换式

已知序列 $f(n)$ 的 Z 变换式 $F(z)$ 的逆变换记为

$$f(n)=\mathscr{Z}^{-1}[F(z)]$$

根据复变函数中的柯西定理,有

$$\oint_{c}z^{k-1}\mathrm{d}z=\begin{cases}2\pi\mathrm{j}, & k=0\\0, & k\neq 0\end{cases}$$

设一个函数 $z^{m-1}F(z)$,在变换式 $F(z)$ 的收敛域内旋一围线 c,沿围线对其积分,则得到

$$\oint_{c}z^{m-1}F(z)\mathrm{d}z=\oint_{c}\Big[\sum_{n=-\infty}^{\infty}f(n)z^{-n}\Big]z^{m-1}\mathrm{d}z$$

其中,$F(z)=\sum\limits_{n=0}^{\infty}f(n)z^{-n}$。将围线积分与求和运算次序互换,则有

$$\oint_{c}z^{m-1}F(z)\mathrm{d}z=\sum_{n=-\infty}^{\infty}f(n)\oint_{c}z^{m-n-1}\mathrm{d}z=\begin{cases}2\pi\mathrm{j}f(n) & m=n\\0 & m\neq n\end{cases}$$

即

$$\oint_{c}F(z)z^{n-1}\mathrm{d}z=2\pi\mathrm{j}f(n)$$

由此得到原函数

$$f(n)=\frac{1}{2\pi\mathrm{j}}\oint_{c}F(z)z^{n-1}\mathrm{d}z\tag{5.1.4}$$

式(5.1.4)称为 $F(z)$ 的逆变换,或称 $f(n)$ 是 $F(z)$ 的原函数。记为

$$f(n)=\mathscr{Z}^{-1}[F(z)]$$

或者

$$f(n)\leftrightarrow F(z)$$

下面研究几个 Z 变换的例子。

(1) 设离散序列 $f_1(n)=2^n(n\geqslant 0)$,则其 Z 变换为

$$F_1(z)=\mathscr{Z}[f_1(n)]$$

$$F_1(z)=\sum_{n=0}^{\infty}f_1(n)z^{-n}=\sum_{n=0}^{\infty}2^{n}z^{-n}=\sum_{n=0}^{\infty}\left(\frac{2}{z}\right)^{n}$$

根据级数求和公式,有

$$F_1(z)=\frac{\left(\frac{2}{z}\right)^{0}}{1-\frac{2}{z}}=\frac{z}{z-2}$$

(2) 设离散序列 $f_2(n)=-(2)^n(n<0)$，则其 Z 变换为

$$F_2(z)=\sum_{n=-\infty}^{-1}f_2(n)z^{-n}=\sum_{n=-\infty}^{-1}-(2)^nz^{-n}=-\sum_{n=-\infty}^{-1}\left(\frac{2}{z}\right)^n$$

$$=-\sum_{n=1}^{\infty}\left(\frac{z}{2}\right)^n=-\frac{\frac{z}{2}}{1-\frac{z}{2}}=\frac{z}{z-2}$$

上面例题中的 $f_1(n)$ 和 $f_2(n)$ 是两个不相同的序列，但是具有相同形式的 Z 变换形式，这说明了仅有变换式 $F(z)$ 本身，不能唯一地确定相应的序列 $f(n)$，必须要指定 $F(z)$ 存在的范围。

5.1.2　Z 变换的收敛域

Z 变换的定义式是一个无穷级数，只有当级数收敛时 Z 变换才有意义，因此研究 Z 变换的收敛域是非常重要的。$F(z)$ 的收敛域是指使和式 $\sum|f(n)z^{-n}|$ 存在的复变数 z 的集合。在 z 平面(复平面)内，有

$$z=e^{sT}=e^{\sigma T}\cdot e^{j\omega T}=re^{j\theta}$$

式中，复数的幅值 $r=e^{\sigma T}$，幅角 $\theta=\omega T$。则和式为

$$\sum_{n=-\infty}^{\infty}|f(n)z^{-n}|=\sum_{n=-\infty}^{\infty}|f(n)(re^{j\theta})^{-n}|=\sum_{n=-\infty}^{\infty}|f(n)|r^{-n}$$

$$=\sum_{n=-\infty}^{-1}|f(n)|r^{-n}+\sum_{n=0}^{\infty}|f(n)|r^{-n}$$

$$=\sum_{n=1}^{\infty}|f(-n)|r^{n}+\sum_{n=0}^{\infty}|f(n)|r^{-n}$$

如果能找到3个正数 M、R_+、R_-，满足不等式

$$\sum_{n=-\infty}^{\infty}|f(n)z^{-n}|\leqslant\left(M\sum_{n=1}^{\infty}R_+^{-n}r^n+M\sum_{n=0}^{\infty}R_-^n r^n\right)\tag{5.1.5}$$

并使和式 $\sum_{n=-\infty}^{\infty}|f(n)z^{-n}|$ 为有限值，其充分必要条件是

$$\frac{r}{R_+}<1 \text{ 和 } \frac{R_-}{r}<1$$

即

$$R_-<|z|=r<R_+\tag{5.1.6}$$

式中，R_- 是由 $n\geqslant0$ 的右边序列 $f(n)$ 的形式确定；R_+ 是由 $n<0$ 的左边序列 $f(n)$ 的形式确定。

下面举例讨论几种情况。

1. 右边无限长序列

已知序列 $f_1(n)=\left(-\frac{1}{2}\right)^n(n\geqslant0)$ 的 Z 变换式 $\mathscr{Z}$ 为

$$F_1(z)=\mathscr{Z}[f_1(n)]=\sum_{n=0}^{\infty}\left(-\frac{1}{2}\right)^nz^{-n}\tag{5.1.7}$$

和式 $\sum_{n=0}^{\infty}\left|\left(-\frac{1}{2}\right)^n z^{-n}\right|=\sum_{n=0}^{\infty}\left(\frac{1}{2}\right)^n z^{-n}$ 与式(5.1.5)右边第二项比较可知，$R_-=\frac{1}{2}$，则 $F_1(z)$ 的收敛域(ROC)为 $|z|=r>R_1=\frac{1}{2}$，这说明右边无限长序列的 Z 变换收敛域在圆外，如图 5-1-1 所示。

2. 左边无限长序列

设有序列 $f_2(n)=2^n(n<0)$，其 Z 变换式为

$$F_2(z)=\mathscr{Z}[f_2(n)]=\sum_{n=-\infty}^{-1}2^n z^{-n}=\sum_{n=1}^{\infty}2^{-n}z^n \tag{5.1.8}$$

和式 $\sum_{n=-\infty}^{-1}|2^n z^{-n}|=\sum_{n=-\infty}^{-1}|2^n|z^{-n}=\sum_{n=1}^{\infty}2^{-n}z^n$ 与式(5.1.5)右边第一项比较可知 $R_+=2$，则 $F_2(z)$ 的收敛域为 $|z|=r<R_+=2$，这说明左边无限长序列的 Z 变换收敛域在圆内，如图 5-1-2所示。由式(5.1.8)得

$$F_2(z)=\sum_{n=1}^{\infty}2^{-n}z^n=\sum_{n=1}^{\infty}\left(\frac{z}{2}\right)^n=\frac{\frac{z}{2}}{1-\frac{z}{2}}=\frac{z}{2-z}$$

其展开式

$$F_2(z)=\frac{1}{2}z+\frac{1}{4}z^2+\frac{1}{8}z^3+\cdots$$

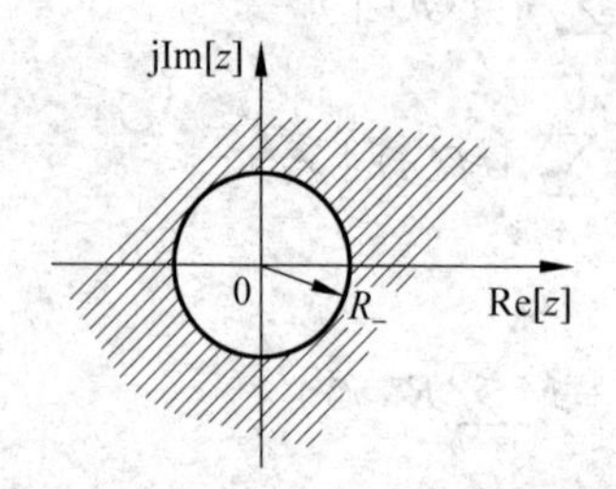

图 5-1-1 右边无限长序列的收敛域

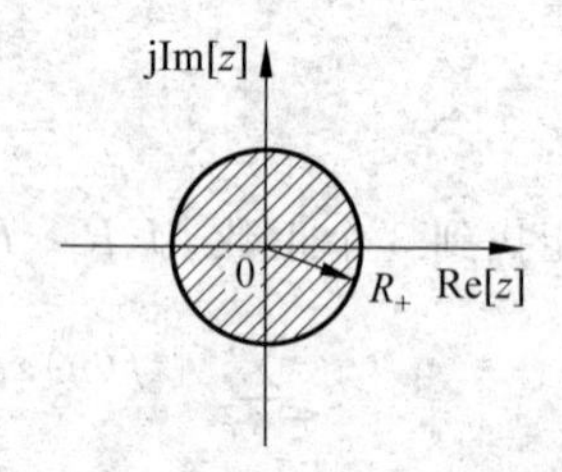

图 5-1-2 左边无限长序列的收敛域

式(5.1.7)中

$$F_1(z)=\sum_{n=0}^{\infty}\left[\frac{-\frac{1}{2}}{z}\right]^n=\frac{1}{1-\left(-\frac{1}{2z}\right)}=\frac{z}{z+\frac{1}{2}}$$

其展开式为

$$\begin{aligned}F_1(z)&=\sum_{n=0}^{\infty}f_1(n)z^{-n}=\sum_{n=0}^{\infty}\left(-\frac{1}{2}\right)^n z^{-n}\\&=1-\frac{1}{2}z^{-1}+\frac{1}{4}z^{-2}-\frac{1}{8}z^{-3}+\cdots\end{aligned}$$

3. 双边无限长序列

没有双边序列 $f_3(n)=\begin{cases}\left(\dfrac{1}{3}\right)^n & n\geqslant 0\\ \left(\dfrac{1}{2}\right)^{-n} & n<0\end{cases}$

其 Z 变换式

$$F_3(z)=\mathscr{Z}[f_3(n)]=\sum_{n=-\infty}^{\infty}f_3(n)z^{-n}=\sum_{n=-\infty}^{-1}\left(\frac{1}{2}\right)^{-n}z^{-n}+\sum_{n=0}^{\infty}\left(\frac{1}{3}\right)^n z^{-n}$$

$$=\sum_{n=1}^{\infty}\left(\frac{z}{2}\right)^n+\sum_{n=0}^{\infty}\left(\frac{1}{3}\right)^n z^{-n} \tag{5.1.9}$$

根据式(5.1.5)得

$$\sum_{n=-\infty}^{\infty}f_3(n)r^{-n}\leqslant\sum_{n=1}^{\infty}\left|\left(\frac{z}{2}\right)^n\right|+\sum_{n=0}^{\infty}\left|\left(\frac{1}{3z}\right)^n\right|$$

$$=\sum_{n=1}^{\infty}\left(\frac{z}{2}\right)^n+\sum_{n=0}^{\infty}\left(\frac{1}{3z}\right)^n$$

可见，只有当$\frac{z}{2}<1$ 及$\frac{1}{3z}<1$ 时，不等式才成立，也就是其收敛域为

$$\frac{1}{3}<|z|=r<2$$

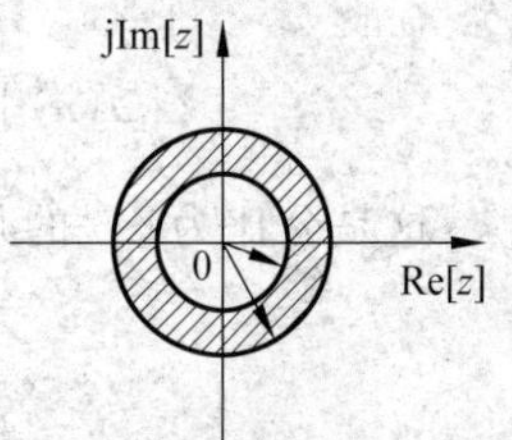

图 5-1-3　双边无限长序列的收敛域

如图 5-1-3 所示，双边无限长序列的 Z 变换收敛域为圆环。由式(5.1.9)得

$$F_3(z)=\frac{\frac{z}{2}}{1-\frac{z}{2}}+\frac{1}{1-\frac{1}{3z}}=\frac{z}{2-z}+\frac{3z}{3z-1}$$

$$=\frac{5z}{(2-z)(3z-1)}$$

其展开式为

$$F_3(z)=\cdots+\left(\frac{1}{2}\right)^2z^2+\frac{1}{2}z+1+\frac{1}{3}z^{-1}+\left(\frac{1}{3}\right)^2z^{-2}+\cdots$$

4. 有限长序列

设有序列

$$f_4(n)=\{1,2,3,2,1\}$$
$$\uparrow$$
$$n=0$$

其 Z 变换

$$F_4(z)=\sum_{n=-2}^{2}f_4(n)z^{-n}=1z^2+2z^1+3+2z^{-1}+z^{-2}$$

收敛域为除去 $z=0$ 和 $z=\infty$之外的全部 z 域。

5.2 基本序列的 Z 变换

5.2.1 单位样值信号

已知 $\delta(n)=\begin{cases}1, & n=0\\ 0, & n\neq 0\end{cases}$

$$\mathscr{Z}[\delta(n)]=\sum_{n=0}^{\infty}\delta(n)z^{-n}=[1\times z^{-n}]_{n=0}=1$$

单位冲激函数 $\delta(n)$的 Z 变换为 1,与连续系统中 $\delta(t)$的拉普拉斯变换类似。

5.2.2 单位阶跃序列

$$u(n)=1\quad n\geqslant 0$$

$$\mathscr{Z}[u(n)]=\sum_{n=0}^{\infty}u(n)z^{-n}=\sum_{n=0}^{\infty}z^{-n}=1+z^{-1}+z^{-2}+z^{-3}+\cdots$$

这是公比为 z^{-1}的几何级数。当$|z|<1$ 时级数发散;当$|z|>1$ 时级数收敛。所以

$$\mathscr{Z}[u(n)]=\frac{1}{1-z^{-1}}=\frac{z}{z-1}$$

收敛域为$|z|>1$。

5.2.3 单边指数序列 $f(n)=r^n u(n)$

$$\mathscr{Z}[r^n u(n)]=\sum_{n=0}^{\infty}r^n z^{-n}=1+rz^{-1}+r^2z^{-2}+r^3z^{-3}+\cdots$$

这是一个公比为 rz^{-1}的等比级数,当$|rz^{-1}|<1$ 或$|z|>r$ 时,级数收敛。所以 $\mathscr{Z}[r^n u(n)]=\frac{1}{1-rz^{-1}}=\frac{z}{z-r}$,收敛域为$|z|>r$,若 $r=e^{\lambda T}$,则 $\mathscr{Z}[e^{\lambda nT}u(n)]=\frac{z}{z-e^{\lambda T}}$。收敛域为$|z|>e^{\lambda T}$。

5.2.4 单边正弦序列和单边余弦序列

$$\mathscr{Z}[e^{j\beta nT}u(n)]=Z[\cos\beta nT\cdot u(n)+\mathrm{j}\sin\beta nT\cdot u(n)]$$

因为

$$\mathscr{Z}[e^{j\beta nT}u(n)]=\frac{z}{z-e^{j\beta T}}=\frac{z}{z-\cos\beta T-\mathrm{j}\sin\beta T}=\frac{z(z-\cos\beta T)+\mathrm{j}z\sin\beta T}{z^2-2z\cos\beta T+1}$$

所以有

$$\mathscr{Z}[\cos\beta nT\cdot u(n)]=\frac{z(z-\cos\beta T)}{z^2-2z\cos\beta T+1}$$

$$\mathscr{Z}[\sin\beta nT\cdot u(n)]=\frac{z\sin\beta T}{z^2-2z\cos\beta T+1}$$

以上 3 式的收敛域均为$|z|<1$。

5.2.5 斜变序列 $f(n)=nu(n)$

$$\mathscr{Z}[nu(n)]=\sum_{n=0}^{\infty}nz^{-n}$$

因为

$$\sum_{n=0}^{\infty}z^{-n}=\frac{1}{1-z^{-1}}$$

收敛域$|z|>1$。

将上式两边分别对 z^{-1} 求导，得

$$\sum_{n=0}^{\infty}n(z^{-1})^{n-1}=\frac{1}{(1-z^{-1})^{2}}$$

两边各乘 z^{-1}，即得

$$\mathscr{Z}[nu(n)]=\sum_{n=0}^{\infty}nz^{-n}=\frac{z}{(z-1)^{2}}$$

在表 5-2-1 中列出了常见序列的 Z 变换。

表 5-2-1 常见序列的 Z 变换

$f(n)(n\geqslant 0)$	$F(z)$	$f(n)(n\geqslant 0)$	$F(z)$
$\delta(n)$	1	$ne^{\lambda(n-1)T}$	$\frac{z}{(z-e^{\lambda T})^{2}}$
$u(n)$	$\frac{z}{z-1}$	$\cos\beta nT$	$\frac{z(z-\cos\beta T)}{z^{2}-2z\cos\beta T+1}$
r^{n}	$\frac{z}{z-r}$	$\sin\beta nT$	$\frac{z\sin\beta T}{z^{2}-2z\sin\beta T+1}$
$e^{\lambda nT}$	$\frac{z}{z-e^{\lambda T}}$	$e^{anT}\cos\beta nT$	$\frac{z(z-e^{aT}\cos\beta T)}{z^{2}-2ze^{aT}\cos\beta T+e^{2aT}}$
$r^{n-1}u(n-1)$	$\frac{1}{z-r}$	$2r_{1}e^{anT}\cos(\beta nT+\theta)$	$\frac{Az}{z-r}+\frac{A*z}{z-r}$ $A=r_{1}e^{j\theta},r=e^{(a+j\beta)T}$
$e^{\lambda(n-1)T}u(n-1)$	$\frac{1}{z-e^{\lambda T}}$	$\text{ch}bnT$	$\frac{z(z-\text{ch}bT)}{z^{2}-2z\text{ch}bT+1}$
n	$\frac{z}{(z-1)^{2}}$	$\text{sh}bnT$	$\frac{z\text{sh}bT}{z^{2}-2z\text{ch}bT+1}$
n^{2}	$\frac{z(z+1)}{(z-1)^{3}}$	$e^{anT}\sin\beta nT$	$\frac{ze^{aT}\sin\beta T}{z^{2}-2ze^{aT}\cos\beta T+e^{2aT}}$
nr^{n-1}	$\frac{z}{(z-r)^{2}}$		

5.3 Z 变换的性质

前面讨论了 Z 变换的概念和定义，并举例说明了 Z 变换的计算过程，本书介绍 Z 变换的基本性质，利用这些性质可以使 Z 变换的计算有可能简便些，并可对离散系统进行较深

入的研究。

5.3.1 线性特性

若

$$f_1(n)\leftrightarrow F_1(z),f_2(n)\leftrightarrow F_2(z)$$

则

$$C_1f_1(n)+C_2f_2(n)\leftrightarrow C_1F_1(z)+C_2F_2(z)$$

其中 C_1、C_2 为任意常数。

例如,求 $a^nu(n)-a^nu(n-1)$ 的 Z 变换。因为

$$\mathscr{Z}[a^nu(n)]=\frac{z}{z-a},\mathscr{Z}[a^nu(n-1)]=\frac{z}{z-a}$$

所以

$$\mathscr{Z}[a^nu(n)]-\mathscr{Z}[a^nu(n-1)]=\frac{z}{z-a}-\frac{a}{z-a}=1$$

5.3.2 左移位特性

若 $f(n)\leftrightarrow F(z)$,则 $f(n+1)\leftrightarrow z[F(z)-f(0)]$。

证明: $f(n+1)$应理解为原来的序列 $f(n)$整个向左移动一个单位所形成的新序列如图 5-3-1 所示。

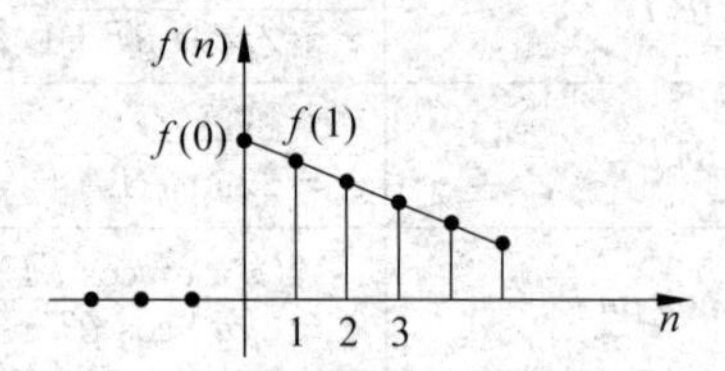

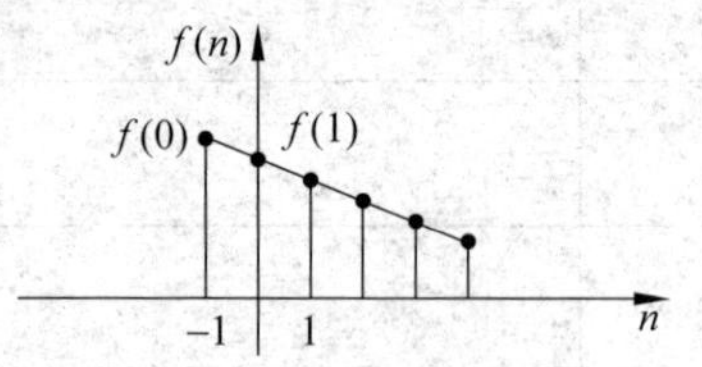

图 5-3-1 左移图示

$$\mathscr{Z}[f(n+1)]=\sum_{n=0}^{\infty}f(n+1)z^{-n}=z\sum_{n=0}^{\infty}f(n+1)z^{-(n+1)}$$

令$(n+1)=i$,所以

$$\begin{aligned}\mathscr{Z}[f(n+1)]&=z\sum_{i=1}^{\infty}f(i)z^{-i}=z\left[\sum_{i=0}^{\infty}f(i)z^{-i}-f(0)\right]\\&=z[F(z)-f(0)]\end{aligned}\tag{5.3.1}$$

同理,可推广到左移任意单位的情况,有

$$\mathscr{Z}[f(n+2)]=z^2F(z)-z^2f(0)-zf(1)\tag{5.3.2}$$

$$\vdots$$

$$\mathscr{Z}[f(n+k)]=z^kF(z)-z^k\sum_{n=1}^{k-1}f(n)z^{-n}\tag{5.3.3}$$

5.3.3 右位移性质

若序列是因果序列，即 $n<0$ 时，$f(n)=0$ 则有

$$\mathscr{Z}[f(n-1)]=\sum_{n=0}^{\infty}f(n-1)z^{-n}=z^{-1}\sum_{n=0}^{\infty}f(n-1)z^{-(n-1)}$$

令 $i=n-1$，因 $f(-1)=0$，所以有

$$\mathscr{Z}[f(n-1)]=z^{-1}\sum_{i=0}^{\infty}f(i)z^{-i}=z^{-1}F(z)\tag{5.3.4}$$

对因果序列 $f(-1)=f(-2)=f(-3)=\cdots=f(-n)=0$，不难得到

$$\mathscr{Z}[f(n-k)]=z^{-k}F(z)\tag{5.3.5}$$

若 $f(n)$ 为非因果序列，即 $n<0$ 时，$f(n)\neq 0$，整个序列向右移动一位的情况为

$$\begin{aligned}\mathscr{Z}[f(n-1)]&=f(-1)+f(0)z^{-1}+f(1)z^{-2}+\cdots\\&=z^{-1}\sum_{n=0}^{\infty}f(n)z^{-n}+f(-1)\\&=z^{-1}F(z)+f(-1)\end{aligned}\tag{5.3.6}$$

若整个序列向右移动 k 位，则 $f(-k)$ 移到 $n=0$ 的点上，于是有

$$\begin{aligned}\mathscr{Z}[f(n-k)]&=f(-k)+f(-k+1)z^{-1}+\cdots+f(-1)z^{-k+1}+z^{-k}F(z)\\&=z^{-k}F(z)+\sum_{i=0}^{k-1}z^{-i}f(i-k)\end{aligned}\tag{5.3.7}$$

向右移动一位相当于延迟一个抽样间隔，这里的位移特性与拉普拉斯变换的时移性是对应的。

5.3.4 标度变换特性

若 $f(n)\leftrightarrow F(z)$，则 $a^nf(n)\leftrightarrow F\left(\frac{z}{a}\right)$

证明：

$$\mathscr{Z}[a^nf(n)]=\sum_{n=0}^{\infty}a^nf(n)z^{-n}=\sum_{n=0}^{\infty}f(n)\left(\frac{z}{a}\right)^{-n}$$

$$\mathscr{Z}[a^nf(n)]=F\left(\frac{z}{a}\right)\tag{5.3.8}$$

$f(n)$ 在时域乘以指数序列等效于 Z 平面上的尺度的展缩。

5.3.5 序列乘以 n

若 $f(n)\leftrightarrow F(z)$，则 $nf(n)\leftrightarrow -z\frac{\mathrm{d}F(z)}{\mathrm{d}z}$

证明：

$$F(z)=\sum_{n=0}^{\infty}f(n)z^{-n}$$

将上式两边对 z 求导，得

$$\frac{\mathrm{d}F(z)}{\mathrm{d}z}=\frac{\mathrm{d}}{\mathrm{d}z}\sum_{n=0}^{\infty}f(n)z^{-n}$$

交换求导与求和顺序，得

$$\frac{\mathrm{d}F(z)}{\mathrm{d}z}=\sum_{n=0}^{\infty}f(n)\frac{\mathrm{d}}{\mathrm{d}z}(z^{-n})=-z^{-1}\sum_{n=0}^{\infty}nf(n)z^{-n}=-z^{-1}\mathscr{Z}[nf(n)]$$

所以有

$$\mathscr{Z}[nf(n)]=-z\frac{\mathrm{d}F(z)}{\mathrm{d}z} \tag{5.3.9}$$

此序列 $f(n)$乘以 n 等效于其 Z 变换求导再乘以$(-z)$,可推广到任意序列乘以 n 的 k 次的一般情况(k 为正整数),即

$$n^k f(n)\leftrightarrow\left[(-z)\frac{\mathrm{d}}{\mathrm{d}z}\right]^k F(z) \tag{5.3.10}$$

符号$\left[(-z)\frac{\mathrm{d}}{\mathrm{d}z}\right]^k$ 表示$-z\frac{\mathrm{d}}{\mathrm{d}z}\left(\cdots\left(-z\frac{\mathrm{d}}{\mathrm{d}z}()\right)\cdots\right)$,有 k 项。

例 5.3.1 已知 $u(n)\leftrightarrow\frac{z}{z-1}$,因

$$-z\frac{\mathrm{d}}{\mathrm{d}z}\left(\frac{z}{z-1}\right)=-z\left[\frac{z-1-z}{(z-1)^2}\right]=\frac{z}{(z-1)^2}$$

$$-z\frac{\mathrm{d}}{\mathrm{d}z}\left[\frac{z}{(z-1)^2}\right]=-z\left[\frac{-1-z}{(z-1)^3}\right]=\frac{z(z+1)}{(z-1)^3}$$

$$-z\frac{\mathrm{d}}{\mathrm{d}z}\left[z\frac{z(z+1)}{(z-1)^3}\right]=-z\left[\frac{-z^3-4z-1}{(z-1)^4}\right]=\frac{z(z^2+4z+1)}{(z-1)^4}$$

根据式(5.3.10)可以得以下关系式,即

$$nu(n)\leftrightarrow\frac{z}{(z-1)^2},\quad n^2u(n)\leftrightarrow\frac{z(z+1)}{(z-1)^3},\quad n^3u(n)\leftrightarrow\frac{z(z^2+4z+1)}{(z-1)^4}$$

5.3.6 初值定理和终值定理

设 $f(n)$是因果序列,已知 $F(z)=\mathscr{Z}[f(n)]=\sum_{n=0}^{\infty}f(n)z^{-n}$,则

$$f(0)=\lim_{z\to\infty}F(z) \tag{5.3.11}$$

该式称为初值定理。

证明:$F(z)=\sum_{n=0}^{\infty}f(n)z^{-n}=f(0)+f(1)z^{-1}+f(2)z^{-2}+\cdots$,当 $z\to\infty$,除第一项外,其余各项均趋近于零,所以$\lim_{z\to\infty}F(z)=f(0)$。

若 $f(n)$是因果序列,已知 $F(z)=\sum_{n=0}^{\infty}f(n)z^{-n}$,则

$$\lim_{n\to\infty}f(n)=\lim_{z\to 1}[(z-1)F(z)] \tag{5.3.12}$$

此式称为终值定理。

证明:$\mathscr{Z}[f(n+1)-f(n)]=z[F(z)-f(0)]-F(z)=(z-1)F(z)-zf(0)$

取极限有

$$\lim_{z\to 1}(z-1)F(z)=f(0)+\lim_{z\to 1}\sum_{n=0}^{\infty}[f(n+1)-f(n)]z^{-n}$$

$$=f(0)+[f(1)-f(0)]+[f(2)-f(1)]+[f(3)-f(2)]+\cdots$$

$$= f(0) - f(0) + f(\infty) = f(\infty)$$

所以

$$\lim_{z \to 1}(z-1)F(z) = f(\infty)$$

利用初值定理和终值定理可以直接由 $F(z)$ 计算出初值 $f(0)$ 和终值 $f(\infty)$，而不必先求 $F(z)$ 的逆变换。终值定理只有当 $n \to \infty$ 时 $f(n)$ 收敛才能应用，也就是说要求 $F(z)$ 的极点必须处于单位圆内(若单位圆上只能位于 $z=+1$ 点或是1阶共轭极点)。

5.3.7　时域卷积定理

若 $f_1(n) \leftrightarrow F_1(z)$，$f_2(n) \leftrightarrow F_2(z)$，则

$$f_1(n) * f_2(n) \leftrightarrow F_1(z)F_2(z) \tag{5.3.13}$$

式(5.3.13)卷积定理说明，时域函数的卷积等效于 Z 域函数的乘积。

证明：

$$\mathscr{Z}[f_1(n) * f_2(n)] = \mathscr{Z}\sum_{i=0}^{n} f_1(i)f_2(n-i) = \sum_{n=0}^{\infty} z^{-n}\sum_{i=0}^{n} f_1(i)f_2(n-i)$$

交换求和的顺序，另外考虑到 $i>n$ 时，对于因果序列 $f_2(n-i)=0$，将第二个求和的上限 n 换成 ∞，结果不会改变。于是有

$$\mathscr{Z}[f_1(n) * f_2(n)] = \sum_{i=0}^{\infty} f_i(i)\sum_{n=0}^{n} f_2(n-i)z^{-n} = \sum_{i=0}^{\infty} f_1(i)[z^{-i}F_2(z)]$$

$$= \left[\sum_{i=0}^{\infty} f_1(i)z^{-i}\right]F_2(z) = F_1(z)F_2(z)$$

例 5.3.2　已知 $f_1(n)=u(n)$，$f_2(n)=a^n u(n)-a^{n-1}u(n-1)$，试求其卷积。

【解】　$F_1(z)=\dfrac{z}{z-1}$，$F_2(z)=\dfrac{z}{z-a}-\dfrac{z}{z-a}z^{-1}=\dfrac{z-1}{z-a}$，根据卷积定理有

$$\mathscr{Z}[f_1(n) * f_2(n)] = F_1(z)F_2(z) = \frac{z}{z-1}\,\frac{z-1}{z-a} = \frac{z}{z-a}$$

故

$$f_1(n) * f_2(n) = a^n u(n)$$

5.3.8　部分和

设有序列 $g(n)$，它是另一序列 $f(i)$ 的前 n 项之和，即

$$g(n) = \sum_{i=0}^{n} f(i)$$

现求它的 Z 变换。因为

$$g(n) - g(n-1) = \sum_{i=0}^{n} f(i) - \sum_{i=0}^{n-1} f(i) = f(n)$$

令 $g(n) \leftrightarrow G(z)$，$f(n) \leftrightarrow F(z)$，取上式的 Z 变换得

$$G(z) - z^{-1}G(z) = F(z)$$

$$G(z) = \frac{1}{1-z^{-1}}F(z) = \frac{z}{z-1}F(z) = U(z)F(z)$$

根据卷积定理可知

$$g(n)=\sum_{i=0}^{n}f(i)=f(n)*u(n) \tag{5.3.14}$$

5.4 逆 Z 变换

由 $f(n)$求 $F(z)$叫正 Z 变换，即 $F(z)=\sum_{n=0}^{\infty}f(n)z^{-n}=\mathscr{Z}[f(n)]$，具体计算方法已在前两节中讨论过。由 $F(z)$求 $f(n)$叫做逆 Z 变换，记做

$$f(n)=\mathscr{Z}^{-1}[F(z)]$$

求逆 Z 变换的方法有幂级数展开法、部分分式展开法、回线积分法(留数法)。另外，也可以利用查表法即查 Z 变换表求逆 Z 变换。

5.4.1 幂级数展开法(长除法)

根据 $F(z)$的定义

$$F(z)=\sum_{n=0}^{\infty}f(n)z^{-n}=f(0)+f(1)z^{-1}+f(2)z^{-2}+\cdots+f(n)z^{-n}+\cdots$$

很明显，单边 Z 变换 $F(z)$是按 z^{-1}的升幂展开的幂级数，它的系数构成序列 $f(n)$，为了得到序列 $f(n)$的开始若干项，可以利用长除法，即用 $F(z)$的分母去除分子，注意其商按 z 的降幂(z^{-1}的升幂)进行排列。

例 5.4.1 求 $F(z)=\dfrac{z^2+2z}{(z^2-1)(z+0.5)}$的逆 Z 变换。

【解】

$$\begin{array}{r} z^{-1}+1.5z^{-2}+0.25z^{-3}+\cdots \\ (z^3+0.5z^2-z-0.5)\overline{\big)\, z^2+2z \qquad\qquad} \\ \underline{z^2+0.5z-1-0.5z^{-1}+\cdots} \\ 1.5z+1+0.5z^{-1} \\ \underline{1.5z+0.75-1.5z^{-1}-0.75z^{-2}} \\ 0.25+2z^{-1}+0.75z^{-2} \\ \cdots \end{array}$$

求得

$$F(z)=z^{-1}+1.5z^{-2}+0.25z^{-3}+\cdots$$

对应的序列

$$f(n)=\{0,1,1.5,0.25,\cdots\}$$

该方法很简便，但只能得到 $f(n)$的前几项数值，不能得到闭合形式的解答。

5.4.2 部分分式展开法

对于单边 Z 变换

$$F(z)=\sum_{n=0}^{\infty}f(n)z^{-n}=f(0)+f(1)z^{-1}+f(2)z^{-2}+\cdots$$

在 $F(z)$的展开式中只有 Z 的零次幂与负幂而没有正幂。这就意味着，若 $F(z)$以分子

多项式与分母多项式的形式给出，即

$$F(z)=\frac{b_m z^m+b_{m-1}z^{m-1}+\cdots+b_1 z+b_0}{z^n+a_{n-1}z^{n-1}+\cdots+a_1 z+a_0}=\frac{B(z)}{A(z)}$$

必然有 $m\leqslant n$。根据代数学理论，只有 $m<n$ 即 $F(z)$ 为真分式时，方可展开成部分分式。当 $m=n$ 时，可以按照两种方法进行处理。可以先将 $\frac{F(z)}{z}$ 展开为部分分式，然后再乘以 z。也可以进行长除法，这样 $F(z)$ 等于一个常数与一个真分式相加。

因为 $\frac{F(z)}{z}=\frac{B(z)}{zA(z)}=\frac{B(z)}{z(z^n+a_{n-1}z^{n-1}+\cdots+a_1 z+a_0)}$ 是真分式，可以展开为部分分式。若 $A(z)=0$ 有 n 个根 $z_1,z_2,\cdots,z_n$，它们称为 $F(z)$ 的极点，根据 $F(z)$ 的极点类型，$\frac{F(z)}{z}$ 的展开式有以下几种情况：

1. $F(z)$ 只有单极点

若 $F(z)$ 有 $z_1,z_2,\cdots,z_n$ 等 n 个极点，则

$$\frac{F(z)}{z}=\frac{k_0}{z-z_0}+\frac{k_1}{z-z_1}+\cdots+\frac{k_n}{z-z_n}=\sum_{i=0}^{n}\frac{k_i}{z-z_i} \tag{5.4.1}$$

其中，$z_0=0$。

式(5.4.1)中各系数

$$k_i=(z-z_i)\frac{F(z)}{z}\bigg|_{z=z_i}=\frac{z-z_i}{z}F(z)\bigg|_{z=z_i} \tag{5.4.2}$$

将求得的系数 k_i 代入式(5.4.1)，等式两边同乘以 z，得

$$F(z)=k_0+\sum_{i=0}^{n}\frac{k_i z}{z-z_i} \tag{5.4.3}$$

根据已知的 Z 变换，有

$$\delta(n)\leftrightarrow 1,\ a^n u(n)\leftrightarrow \frac{z}{z-a}$$

于是得到式(5.4.3)的逆变换为

$$f(n)=k_0\delta(n)+\sum_{i=1}^{n}k_i(z_i)^n \quad n\geqslant 0 \tag{5.4.4}$$

例 5.4.2　已知 $F(z)=\frac{2z^2-3z+1}{z^2-4z-5}$，求 $f(n)$。

【解】　$F(z)=\frac{2z^2-3z+1}{z^2-4z-5}=\frac{2z^2-3z+1}{(z-5)(z+1)}=2+\frac{6}{z-5}-\frac{1}{z+1}$

所以

$$f(n)=2\delta(n)+[6(5)^{n-1}-(-1)^{n-1}]u(n-1)$$

或者

$$F(z)=z\frac{2z^2-3z+1}{z(z-5)(z+1)}=z\left[\frac{-\frac{1}{5}}{z}+\frac{\frac{6}{5}}{z-5}+\frac{1}{z+1}\right]$$

$$=-\frac{1}{5}+\frac{\frac{6}{5}z}{z-5}+\frac{1}{z+1}$$

$$f(n)=-\frac{1}{5}\delta(n)+\left[\frac{6}{5}(5)^n+(-1)^n\right]u(n)$$

两个答案的形式不同，但实际上是相同。

例 5.4.3 已知 $F(z)=\frac{z^2-4z+2}{(z-1)(z-0.5)}$，求 $f(n)$。

【解】 $\frac{F(z)}{z}=\frac{z^2-4z+2}{z(z-1)(z-0.5)}=\frac{k_0}{z}+\frac{k_1}{z-1}+\frac{k_2}{z-0.5}$

系数 $k_0=z\frac{F(z)}{z}\Big|_{z=0}=4$，$k_1=(z-1)\frac{F(z)}{z}\Big|_{z=1}=-2$，

$k_2=(z-0.5)\frac{F(z)}{z}\Big|_{z=0.5}=-1$，

$$\frac{F(z)}{z}=\frac{4}{z}-\frac{2}{z-1}-\frac{1}{z-0.5}$$

$$F(z)=4-\frac{2z}{z-1}-\frac{z}{z-0.5}$$

所以

$$f(n)=4\delta(n)-2u(n)-(0.5)^n u(n)$$

2. $F(z)$有共轭单极点

此时可将一对共轭复根，看做两个不等的单个根来处理。

设 $F(z)$ 有一对共轭极点 $z_{1,2}=C\pm \mathrm{j}d$，将 $\frac{F(z)}{z}$ 展开为

$$\frac{F(z)}{z}=\frac{k_1}{z-z_1}+\frac{k_2}{z-z_2}=\frac{k_1}{z-C-\mathrm{j}d}+\frac{k_2}{z-C+\mathrm{j}d}$$

可以证明，若 $f(n)$ 是实系数多项式，则 $k_1=k_2^*$。

令 $z_{1,2}=C\pm \mathrm{j}d=a\mathrm{e}^{\pm\mathrm{j}\beta}=\mathrm{e}^{\alpha\pm\mathrm{j}\beta}$，$a=\sqrt{C^2+d^2}$，$\beta=\arctan\frac{d}{c}$

令 $k_1=|k_1|\mathrm{e}^{\mathrm{j}\theta}$，则 $k_2=k_1*=|k_1|\mathrm{e}^{-\mathrm{j}\theta}$，于是

$$\frac{F(z)}{z}=\frac{|k_1|\mathrm{e}^{-\mathrm{j}\theta}}{z-a\mathrm{e}^{\mathrm{j}\beta}}+\frac{|k_1|\mathrm{e}^{-\mathrm{j}\theta}}{z-a\mathrm{e}^{-\mathrm{j}\beta}}$$

等号两边同乘以 z，得

$$F(z)=\frac{|k_1|\mathrm{e}^{\mathrm{j}\theta}\cdot z}{z-a\mathrm{e}^{\mathrm{j}\beta}}+\frac{|k_1|\mathrm{e}^{-\mathrm{j}\theta}\cdot z}{z-a\mathrm{e}^{-\mathrm{j}\beta}}$$

取逆变换得

$$f(n)=2|k_1|a^n\cos(\beta n+\theta)$$

例 5.4.4 求 $F(z)=\frac{z^3+6}{(z+1)(z^2+4)}$的逆变换 $f(n)$。

【解】 $F(z)$的极点 $z_1=1$，$z_{2,3}=\pm\mathrm{j}2=2\mathrm{e}^{\pm\mathrm{j}\frac{\pi}{2}}$。

$$\frac{F(z)}{z}=\frac{z^3+6}{z(z+1)(z^2+4)}=\frac{k_0}{z}+\frac{k_1}{z+1}+\frac{k_2}{z-\mathrm{j}2}+\text{共轭项。}$$

$$k_0 = z \cdot \frac{F(z)}{z}\bigg|_{z=0} = 1.5$$

$$k_1 = (z+1) \cdot \frac{F(z)}{z}\bigg|_{z=-1} = -1$$

$$k_2 = (z-\mathrm{j}2) \cdot \frac{F(z)}{z}\bigg|_{z=\mathrm{j}2} = \frac{1+2\mathrm{j}}{4} = \frac{\sqrt{5}}{4}\mathrm{e}^{\mathrm{j}63.4^\circ}$$

于是

$$F(z) = 1.5 - \frac{z}{z+1} + \frac{\frac{\sqrt{5}}{4}\mathrm{e}^{\mathrm{j}63.4^\circ} \cdot z}{z+2\mathrm{e}^{\mathrm{j}\frac{\pi}{2}}} + 共轭项$$

取逆 Z 变换，得

$$\begin{aligned} f(n) &= 1.5\delta(n) - (-1)^n + \frac{\sqrt{5}}{2}2^n\cos\left(\frac{n\pi}{2}+63.4^\circ\right) \\ &= 1.5\delta(n) - (-1)^n + \sqrt{5}2^{n-1}\cos\left(\frac{n\pi}{2}+63.4^\circ\right) \quad n \geqslant 0 \end{aligned}$$

例 5.4.5　求 $F(z)=\dfrac{-2z^4+z^2}{(z-0.5)(z^2+1)(z^2+0.25)}$ 的 $f(n)$。

【解】　$F(z)$的极点为

$z_1 = 0.5, z_{2,3} = \pm \mathrm{j}1 = \mathrm{e}^{\pm\mathrm{j}\frac{\pi}{2}}$

$z_{4,5} = \pm \mathrm{j}0.5 = 0.5\mathrm{e}^{\pm\mathrm{j}\frac{\pi}{2}}$

$$\frac{F(z)}{z} = \frac{-2z^3+z}{(z-0.5)(z^2+1)(z^2+0.25)} = \frac{k_1}{z-0.5} + \frac{k_2}{z-\mathrm{j}1} + \frac{k_4}{z-\mathrm{j}0.5} + 共轭项$$

系数　$k_1=(z-0.5)\dfrac{F(z)}{z}\bigg|_{z=0.5}=\dfrac{2}{5}$

$$k_2=(z-\mathrm{j}1)\frac{F(z)}{z}\bigg|_{z=\mathrm{j}1}=\frac{\mathrm{j}4}{2+\mathrm{j}1}=\frac{4}{\sqrt{5}}\mathrm{e}^{\mathrm{j}63.4^\circ}$$

$$k_4=(z-\mathrm{j}0.5)\frac{F(z)}{z}\bigg|_{z=\mathrm{j}0.5}=\frac{-2\mathrm{j}}{1+\mathrm{j}1}=\sqrt{2}\mathrm{e}^{-\mathrm{j}135^\circ}$$

所以　$F(z)=\dfrac{2}{5}\dfrac{z}{z-0.5}+\dfrac{\frac{4}{\sqrt{5}}\mathrm{e}^{\mathrm{j}63.4^\circ} \cdot z}{z-\mathrm{j}1}+\dfrac{\sqrt{2}\mathrm{e}^{-135^\circ} \cdot z}{z-\mathrm{j}0.5}+共轭项$

因为　$\mathrm{j}1=\mathrm{e}^{\pm\mathrm{j}\frac{\pi}{2}}, \mathrm{j}0.5=0.5\mathrm{e}^{\pm\mathrm{j}\frac{\pi}{2}}$

逆变换 $f(n)=\dfrac{2}{5}(0.5)^n+\dfrac{8}{\sqrt{5}}\cos\left(\dfrac{n\pi}{2}+63.4^\circ\right)+2\sqrt{2}(0.5)^n\cos\left(\dfrac{n\pi}{2}-135^\circ\right)\quad n\geqslant 0$

3. F(z)有重极点

如果 $F(z)$在 $z=z_1=a$ 处有 r 重极点，则$\dfrac{F(z)}{z}$展开式为

$$\frac{F(z)}{z} = \frac{F_1(z)}{z} + \frac{F_2(z)}{z} = \frac{k_{11}}{(z-a)^r} + \frac{k_{12}}{(z-a)^{r-1}} + \cdots + \frac{k_{1r}}{(z-a)} + \frac{F_2(z)}{z} \qquad (5.4.5)$$

其中，$\dfrac{F_2(z)}{z}$是除重极点 $z=a$ 以外的项，与重极点有关的各个系数，求法为

$$k_{1i}=\frac{1}{(i-1)!}\frac{\mathrm{d}^{i-1}}{\mathrm{d}z^{i-1}}\left[(z-a)^{r}\frac{F_1(z)}{z}\right]\bigg|_{z=a} \tag{5.4.6}$$

求得各个系数后代入式(5.4.5)，等号两边同乘以 z 得

$$F(z)=\frac{k_{11}z}{(z-a)^{r}}+\frac{k_{12}z}{(z-a)^{r-1}}+\cdots+\frac{k_{1r}z}{(z-a)}+F_2(z)$$

查 Z 变换表或者根据 Z 变换的性质有

$$\frac{z}{z-a}\leftrightarrow a^{n}u(n),\quad \frac{z}{(z-a)^{2}}\leftrightarrow na^{n-1}u(n-1)$$

$$\frac{z}{(z-a)^{3}}\leftrightarrow \frac{1}{2!}n(n-1)a^{n-2}u(n-2),\cdots$$

从而得到逆变换 $f(n)$。

例 5.4.6 已知 $F(z)=\dfrac{z^3+z^2}{(z-1)^3}$，求 $f(n)$。

【解】 $\dfrac{F(z)}{z}=\dfrac{z^2+z}{(z-1)^3}=\dfrac{k_{11}}{(z-1)^3}+\dfrac{k_{12}}{(z-1)^2}+\dfrac{k_{13}}{z-1}$

$$k_{11}=(z-1)^3\frac{F(z)}{z}\bigg|_{z=1}=2$$

$$k_{12}=\frac{\mathrm{d}}{\mathrm{d}z}\left[(z-1)^3\frac{F(z)}{z}\right]\bigg|_{z=1}=3$$

$$k_{13}=\frac{1}{2}\frac{\mathrm{d}^2}{\mathrm{d}z^2}\left[(z-1)^3\frac{F(z)}{z}\right]\bigg|_{z=1}=1$$

所以

$$\frac{F(z)}{z}=\frac{2}{(z-1)^3}+\frac{3}{(z-1)^2}+\frac{1}{z-1}$$

$$F(z)=\frac{2z}{(z-1)^3}+\frac{3z}{(z-1)^2}+\frac{z}{z-1}$$

于是

$$f(n)=\frac{2}{2!}n(n-1)u(n-2)+3nu(n-1)+u(n)$$

$$=\begin{cases}1 & n=0\\ 4 & n=1\\ n(n-1)+3n+1 & n\geqslant 2\end{cases}$$

$$=\begin{cases}1 & n=0\\ 4 & n=1\\ (n+1)^2 & n\geqslant 2\end{cases}$$

5.4.3 回线积分法(留数法)

$f(n)$的 Z 变换为

$$F(z)=\sum_{n=0}^{\infty}f(n)z^{-n}$$

在 $F(z)$的收敛域内选择一条围线 C，使其包围坐标原点，逆时针方向旋转，如图 5-4-1 所示。

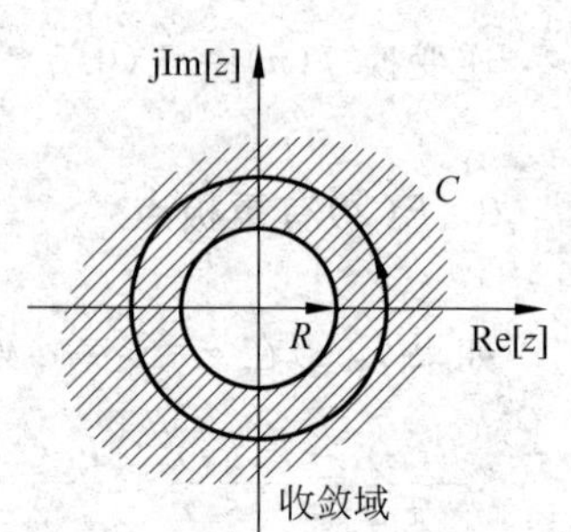

图 5-4-1 留数法示图

将上式两边乘以 z^{m-1}，并沿围线 C 积分，得到

$$\oint_C z^{m-1}F(z)\mathrm{d}z=\oint_C\Big[\sum_{n=0}^{\infty}f(n)z^{-n}\Big]z^{m-1}\mathrm{d}z$$

将积分与求和次序互换，得

$$\oint_C F(z)z^{m-1}\mathrm{d}z=\sum_{n=0}^{\infty}f(n)\oint_C z^{m-n-1}\mathrm{d}z \tag{5.4.7}$$

由复变函数理论——柯西定理可知

$$\oint_C z^{m-1}\mathrm{d}z=\begin{cases}2\pi\mathrm{j} & m=0\\ 0 & m\neq 0\end{cases}$$

因此式(5.4.7)的右边只存在 $m=n$ 一项，其余项均为零，所以式(5.4.7)可变为

$$\oint_C F(z)z^{n-1}\mathrm{d}z=2\pi\mathrm{j}f(n)$$

若

$$f(n)=\frac{1}{2\pi\mathrm{j}}\oint_C F(z)z^{n-1}\mathrm{d}z \tag{5.4.8}$$

该式就是求 $F(z)$ 的逆变换 $f(n)$ 的回线积分式。

根据复变函数理论，可以用留数法来计算，即

$$f(n)=\frac{1}{2\pi\mathrm{j}}\oint_C F(z)z^{n-1}\mathrm{d}z=\sum\mathrm{Res}[F(z)z^{n-1}]\big|_{z=z_\mathrm{m}} \tag{5.4.9}$$

式中，$z=z_\mathrm{m}$ 为 $F(z)z^{n-1}$ 在围线 C 内的极点，也即 $F(z)z^{n-1}$ 的根；Res 是求在极点处的留数。

当 $z=z_\mathrm{m}$ 为1阶极点时，有

$$\mathrm{Res}[F(z)z^{n-1}]\big|_{z=z_\mathrm{m}}=[(z-z_\mathrm{m})F(z)z^{n-1}]\big|_{z=z_\mathrm{m}} \tag{5.4.10}$$

若 $z=z_\mathrm{m}$ 为 r 阶极点，则

$$\mathrm{Res}[F(z)z^{n-1}]=\frac{1}{(r-1)!}\left\{\frac{\mathrm{d}^{r-1}}{\mathrm{d}z^{r-1}}[(z-z_\mathrm{m})^rF(z)z^{n-1}]\right\}_{z=z_\mathrm{m}} \tag{5.4.11}$$

例 5.4.7　求 $F(z)=\dfrac{2z^2-0.5z}{z^2-0.5z-0.5}$ 的逆变换。

【解】　$F(z)=\dfrac{2z^2-0.5z}{(z-1)(z+0.5)}$

$$F(z)z^{n-1}=\frac{(2z^2-0.5z)z^{n-1}}{(z-1)(z+0.5)}$$

$F(z)z^{n-1}$ 的极点为 $z=1$ 和 $z=-0.5$，在原点处的极点相消了，因为 $n=0$ 时 z^{-1} 与 $F(z)$ 中公因子 z 消去了。

$F(z)z^{n-1}$ 在极点 $z=1$ 和 $z=-0.5$ 处的留数分别为

$$\mathrm{Res}[F(z)z^{n-1}]\big|_{z=1}=\frac{(2z-0.5)z^n}{z+0.5}\bigg|_{z=1}=1$$

$$\mathrm{Res}[F(z)z^{n-1}]\big|_{z=-0.5}=\frac{(2z-0.5)z^n}{z-1}\bigg|_{z=-0.5}=(-0.5)^n$$

所以

$$f(n)=[1+(-0.5)^n]u(n)$$

例 5.4.8　已知 $F(z)=\dfrac{1}{z^3-3z^2+3z+1}$，求 $f(n)$。

【解】 $F(z)z^{n-1}=\dfrac{z^{n-1}}{(z-1)^3}$，$z=1$ 为 3 重极点，$z=0$ 为 1 阶极点。

$$\text{Res}[1]=\frac{1}{2}\frac{\mathrm{d}^2}{\mathrm{d}z^2}\left[\frac{z^{n-1}}{(z-1)^3}(z-1)^3\right]\bigg|_{z=1}=\frac{1}{2}(n-1)(n-2)$$

$$\text{Res}[0]=\frac{1}{(z-1)^3}\bigg|_{z=0}=-1$$

所以 $f(n)=-\delta(n)+\dfrac{1}{2}(-1)(-2)\delta(n)+\dfrac{1}{2}(n-1)(n-2)u(n-1)$

$$=\frac{1}{2}(n-1)(n-2)u(n-3)$$

5.5 离散时间系统的 Z 域分析法

在连续系统中，对于微分方程的求解，可以在时域进行，也可以利用拉普拉斯变换在 s 域内进行。与此相对应，在离散系统中，对于差分方程的求解，可在 n 域内直接求解；也可以利用 Z 变换，将差分方程化成代数方程，求出响应的 Z 变换，然后再进行逆变换，得到差分方程的解。与连续系统相仿，离散系统也有系统的传输算子、系统传输函数。现以 2 阶系统为例，说明利用 Z 变换法求解差分方程的过程。

已知 2 阶差分方程

$$y(n+2)+a_1y(n+1)+a_0y(n)=b_2f(n+2)+b_1f(n+1)+b_0f(n) \tag{5.5.1}$$

现在分别求出式(5.5.1)的零输入响应与零状态响应。

零输入 $y_{zi}(n)$ 满足式(5.5.1)对应的齐次方程，即令 $f(n)=f(n+1)=f(n+2)=0$，于是有

$$y_{zi}(n+2)+a_1y_{zi}(n+1)+a_0y_{zi}(n)=0 \tag{5.5.2}$$

采用位移算子 E 于式(5.5.2)，得

$$(E^2+a_1E+a_0)y_{zi}(n)=0 \tag{5.5.3}$$

$$(E^2+a_1E+a_0)=0 \tag{5.5.4}$$

为原方程的特征方程，解式(5.5.4)可得两个特征根 r_1 和 r_2，于是零状态响应为

$$y_{zi}(n)=(C_1r_1^n+C_2r_2^n)u(n) \tag{5.5.5}$$

式(5.5.5)中的待定常数由初始条件确定，即

$$\begin{cases}y_{zi}(0)=C_1+C_2\\ y_{zi}(1)=C_1r_1+C_2r_2\end{cases}$$

可联立求解出 C_1、C_2 来，代入式(5.5.5)，零输入响应 $y_{zi}(n)$ 就确定下来了。

然后再计算零状态响应。已经知道零状态响应是系统单位冲激响应与系统激励的卷积。即

$$y_{zs}(n)=h(n)*f(n)$$

应用卷积定理，得

$$y_{zs}(z)=H(z)F(z) \tag{5.5.6}$$

其中，$y_{zs}(n)\leftrightarrow Y_{zs}(z)$，$h(n)=H(z)$，$f(n)\leftrightarrow F(z)$。$H(z)$是系统的 Z 域传输函数，可以由式(5.5.1)取 Z 变换而得到(初始条件为零)。

$$z^2Y(z)+a_1zY(z)+a_0Y(z)=b_2z^2F(z)+b_1zF(z)+b_0F(z)$$

$$Y(z)(z^2+a_1z+a_0)=F(z)(b_2z^2+b_1z+b_0)$$

$$H(z)=\frac{Y(z)}{F(z)}=\frac{b_2z^2+b_1z+b_0}{z^2+a_1z+a_0} \tag{5.5.7}$$

由式(5.5.7)得到 $H(z)$后,代入式(5.5.6),求出 $Y_{zs}(z)$,则零状态响应为

$$y_{zs}(n)=\mathscr{Z}^{-1}[Y_{zs}(z)] \tag{5.5.8}$$

系统的完全响应为

$$y(n)=y_{zi}(n)+y_{zs}(n) \tag{5.5.9}$$

将完全响应分为零输入响应与零状态响应,物理概念清楚,计算步骤也有条有理。现在对初始值做一讨论,由式(5.5.9)可知

$$y(0)=y_{zi}(0)+y_{zs}(0) \tag{5.5.10}$$

其中,$y_{zi}(0)$为系统储能所产生,与外加激励无关,$y_{zs}(0)$与系统储能无关,是由外加激励产生的初始值。同理

$$y(1)=y_{zi}(1)+y_{zs}(1) \tag{5.5.11}$$

但是在许多书中往往初始条件以 $y(0)$、$y(1)$给出,而不是 $y_{zi}(0)$、$y_{zi}(1)$给出。希望读者清楚,后者形式比较确切。

也可以直接对给定的差分方程式(5.5.1)求 Z 变换,得

$$\begin{aligned}&(z^2+a_1z+a_0)Y(z)-y(0)z^2-y(1)z-a_1y(0)z\\&=(b_2z^2+b_1z+b_0)F(z)-b_2z^2f(0)-b_2zf(1)-b_1zf(0)\end{aligned} \tag{5.5.12}$$

考虑到 $f(n)$为因果序列,即 $n<0$ 时 $f(n)=0$,令 $n=-2$ 和 $n=-1$ 代入式(5.5.1),可得

$$\begin{aligned}&y_{zs}(0)=b_2f(0)\\&y_{zs}(1)=b_2f(1)+(b_1-a_1b_2)f(0)\end{aligned} \tag{5.5.13}$$

将式(5.5.10)、式(5.5.11)和式(5.5.13)同时代入式(5.5.12)中,可得

$$\begin{aligned}&(z^2+a_1z+a_0)Y(z)-y_{zi}(0)z^2-y_{zi}(1)z-a_1y_{zi}(0)z\\&=(b_2z^2+b_1z+b_0)F(z)\end{aligned} \tag{5.5.14}$$

由式(5.5.14)求出 $Y(z)$,然后进行反变换,即可求出完全响应 $y(n)$。用这种方法可以直接求出完全响应 $y(n)$,而没有将零输入响应 $y_{zi}(n)$与零状态响应 $y_{zs}(n)$分开。

例 5.5.1　离散系统的差分方程为

$$y(n+2)-0.7y(n+1)+0.1y(n)=7f(n+2)-2f(n+1)$$

系统的初始条件为 $y(0)=2$,$y(1)=4$,系统的激励 $f(n)=u(n)$,求完全响应 $y(n)$。

【解】　特征根 $r_1=0.5$,$r_2=0.2$,所以零输入响应为

$$y_{zi}(n)=C_1r_1^n+C_2r_2^n=C_1(0.5)^n+C_2(0.2)^n \quad n\geqslant 0$$

确定积分常数 $\begin{cases}2=C_1+C_2\\4=0.5C_1+0.2C_2\end{cases}$

解出 $C_1=12$,$C_2=-10$,所以有

$$y_{zi}(n)=12(0.5)^n-10(0.2)^n \quad n\geqslant 0$$

然后求零状态响应 $y_{zs}(n)$,因为 $F(z)=\dfrac{z}{z-1}$

所以

$$Y_{zs}(z)=H(z)F(z)=\frac{z^2(7z-2)}{(z-1)(z-0.5)(z-0.2)}$$

$$\frac{Y_{zs}(z)}{z}=\frac{z(7z-2)}{(z-1)(z-0.5)(z-0.2)}=\frac{12.5}{z-1}-\frac{5}{z-0.5}-\frac{0.5}{z-0.2}$$

$$Y_{zs}(z)=12.5\frac{z}{z-1}-5\frac{z}{z-0.5}-0.5\frac{z}{z-0.2}$$

进行逆 Z 变换，得

$$y_{zs}(n)=12.5u(n)-5(0.5)^n u(n)-0.5(0.2)^n u(n)$$

完全响应等于零输入响应与零状态响应之和，即

$$y(n)=y_{zi}(n)+y_{zs}(n)=12.5u(n)+7(0.5)^n u(n)-10.5(0.2)^n\cdot u(n)$$

也可以直接将给定的差分方程进行 Z 变换，得到完全响应的 Z 变换，然后进行逆变换，得到完全响应。原差分方程的 Z 变换为

$$\begin{aligned}&(z^2-0.7z+0.1)Y(z)-y(0)z^2-y(1)z+0.7y(0)z\\&=(7z^2-2z)F(z)-7f(0)z^2-7f(0)z+2f(0)z\end{aligned}$$

将 $y(0)=y_{zi}(0)+y_{zs}(0)$，$y(1)=y_{zi}(1)+y_{zs}(1)$，以及 $y_{zs}(0)=b_2f(0)=7f(0)$，$y_{zs}(1)=b_2f(1)+(b_1-a_1b_2)f(0)=7f(1)+(-2+0.7\times7)f(0)$，代入 Z 变换式中，消去 $f(0)$ 和 $f(1)$，得出

$$\begin{aligned}&(z^2-0.7z+0.1)Y(z)-y_{zi}(0)z^2-y_{zi}(1)z+0.7y_{zi}(0)z\\&=(7z^2-2z)F(z)\end{aligned}$$

用 $y_{zi}(0)=2$，$y_{zi}(1)=4$ 及 $F(z)=\frac{z}{z-1}$代入后，得到

$$\begin{aligned}Y(z)&=\frac{2z_2+2.6z}{z^2-0.7z+1}+\frac{7z^2-2z}{z^2-0.7z+0.1}\cdot\frac{z}{z-1}\\&=\frac{z(9z^2-1.4z-2.6)}{(z-1)(z-0.5)(z-0.2)}\end{aligned}$$

$$\frac{Y(z)}{z}=\frac{12.5}{z-1}+\frac{7}{z-0.5}-\frac{10.5}{z-0.2}$$

经逆变换得

$$y(n)=12.5u(n)+7(0.5)^n u(n)-10.5(0.5)^n u(n)$$

请注意，以 $n=0$，$n=1$ 代入完全响应得到 $y(0)=9$ 和 $y(1)=13.9$，并不等于给定的初始值 $y(0)=2$ 和 $y(1)=4$。其原因是题目给出的值实际上是 $y_{zi}(0)=2$ 和 $y_{zi}(1)=4$，它们仅由系统的初始状态确定。而 $y_{zs}(0)=b_2f(0)=7$，$y_{zs}(1)=b_2f(1)+(b_1-a_1b_2)f(0)=9.9$。实际上 $y(0)=y_{zi}(0)+y_{zs}(0)$和 $y(1)=y_{zi}(1)+y_{zs}(1)$。

例 5.5.2 某线性非时变系统的差分方程组为

$$y_1(n)-4y_1(n-1)-y_2(n)=f(n-1)$$

$$y_1(n-1)+2y_1(n-2)+y_2(n)+2y_2(n-1)=f(n)-3f(n-1)$$

若 $f(n)=u(n)$，求 $y_1(n)$的零状态响应。

【解】 对上述差分方程取 Z 变换，得

$$\begin{cases}(1-4z^{-1})Y_1(z)-Y_2(z)=z^{-1}F(z)\\(z^{-1}+2z^{-2})Y_1(z)+(1+2z^{-1})Y_2(z)=(1-3z^{-1})F(z)\end{cases}$$

经 Z 变换后，将差分方程组变换为代数方程组。可解出

$$Y_1(z)=\frac{\begin{vmatrix} z^{-1} & -1 \\ 1-3z^{-1} & 1+2z^{-1}\end{vmatrix}F(z)}{\begin{vmatrix} 1-4z^{-1} & -1 \\ z^{-1}+2z^{-2} & 1+2z^{-1}\end{vmatrix}}=\frac{1-2z^{-1}+2z^{-2}}{1-z^{-1}-6z^{-2}}F(z)$$

$$=\frac{z^2-2z+2}{z^2-z-6}F(z)$$

将 $F(z)=\mathscr{Z}[u(n)]=\dfrac{z}{z-1}$ 代入，得到

$$Y_1(z)=\frac{z^2-2z+2}{z^2-z-6}\cdot\frac{z}{z-1}=\frac{z(z^2-2z+2)}{(z-1)(z+2)(z-3)}$$

将 $\dfrac{Y(z)}{z}$ 用部分分式展开，然后再乘以 z，得到

$$Y_1(z)=\left(-\frac{1}{6}\right)\frac{z}{z-1}+\frac{2}{3}\cdot\frac{z}{z-2}+\frac{1}{2}\cdot\frac{z}{z-3}$$

取逆 Z 变换，得

$$y_1(n)=\left[\frac{1}{6}+\frac{2}{3}(-2)^n+\frac{1}{2}(3)^n\right]u(n)$$

例 5.5.3　描述某离散系统的差分方程为

$$y(n)+3y(n-1)+2y(n-3)=x(n) \tag{5.5.15}$$

若已知激励 $x(n)=2^n u(n)$，系统的初始值 $y(0)=0, y(1)=2$；求离散序列 $y(n)$，并指出零输入响应和零状态响应。

【解】　式(5.5.15)是右向差分方程，激励与响应的 Z 变换式为

$$X(z)=\mathscr{Z}[x(n)]$$
$$Y(z)=\mathscr{Z}[y(n)]$$

对应式(5.5.15)取 Z 变换，得

$$Y(z)+3[z^{-1}Y(z)+y(-1)]+2[z^{-2}Y(z)+z^{-1}Y(-1)+y(-2)]=X(z) \tag{5.5.16}$$

根据初始值 $y(0), y(1)$，利用迭代法(递推法)求初始状态 $y(-1), y(-2)$，由(5.5.15)式得

$$y(n)=x(n)-3y(n-1)-2y(n-2)$$

由此得到一组方程

$$\begin{cases} y(0)=x(0)-3y(-1)-2y(-2) \\ y(1)=x(1)-3y(0)-2y(-1)\end{cases}$$

解出：$y(-1)=0, y(-2)=\dfrac{1}{2}$。

由式(5.5.16)整理得

$$Y(z)(1+3z^{-1}+2z^{-2})+[3y(-1)+2y(-2)+2y(-1)z^{-1}]=X(z)$$

$$Y(z)=\frac{X(z)}{1+3z^{-1}+2z^{-2}}-\frac{3y(-1)+2y(-2)+2y(-1)z^{-1}}{1+3z^{-1}+2z^{-2}}$$
$$=Y_{zs}(z)+Y_{zi}(z) \tag{5.5.17}$$

式中的 $Y_{zs}(z)=\dfrac{X(z)}{1+3z^{-1}+2z^{-2}}$ 只与激励有关，称为零状态响应的变换式；$Y_{zi}(z)=-\dfrac{3y(-1)+2y(-2)+2y(-1)z^{-1}}{1+3z^{-1}+2z^{-2}}$ 仅与初始状态有关，称为零输入响应的变换式。

下面分别求 $Y_{zs}(z)$，$Y_{zi}(z)$ 的逆 Z 变换。利用部分分式展开法，有

$$Y_{zs}(z)=\frac{\dfrac{z}{z-2}}{1+3z^{-1}+2z^{-2}}=\frac{z^3}{(z-2)(z^2+3z+2)}$$
$$=\frac{z^3}{(z-2)(z+2)(z+1)}$$

可写为

$$\frac{Y_{zs}(z)}{z}=\frac{z^2}{(z-2)(z+2)(z+1)}=\frac{A_1}{z-2}+\frac{A_2}{z+2}+\frac{A_3}{z+1}$$

求得系数 $A_1=\dfrac{1}{3}$，$A_2=1$，$A_3=-\dfrac{1}{3}$，故得

$$Y_{zs}(z)=\frac{1}{3}\frac{z}{z-2}+\frac{z}{z+2}-\frac{1}{3}\frac{z}{z+1}$$

则系统的零状态响应

$$Y_{zs}(n)=\mathscr{Z}^{-1}[Y_{zs}(z)]=\frac{1}{3}\times 2^n+(-2)^n+\frac{1}{3}\times(-1)^n \quad n\geqslant 0$$

由零输入响应变换式，并代入 $y(-1)=0$，$y(-2)=\dfrac{1}{2}$ 得

$$Y_{zi}(z)=\frac{-1}{1+3z^{-1}+2z^{-2}}=\frac{-z^2}{z^2+3z+2}$$

可写为

$$\frac{Y_{zi}(z)}{z}=\frac{-z}{(z+2)(z+1)}=\frac{B_1}{z+2}+\frac{B_2}{z+1}$$

求得系数 $B_1=-2$，$B_2=-1$，故得

$$Y_{zi}(z)=-2\frac{z}{z+2}+\frac{z}{z+1}$$

则系统的零输入响应为

$$Y_{zi}(z)=\mathscr{Z}^{-1}[Y_{zi}(z)]=-2\times(-2)^n+(-1)^n \quad n\geqslant 0$$

所以系统的全响应为

$$y(n)=Y_{zs}(n)+Y_{zi}(n)=\left[\frac{1}{3}\times 2^n+(-2)^n-\frac{1}{3}\times(-1)^n\right]$$
$$+[-2\times(-2)^n+(-1)^n] \quad n\geqslant 0 \tag{5.5.18}$$

或者写为

$$y(n)=\underbrace{\left[\frac{2}{3}\times(-1)^n+(-2)^n\right]}_{\text{自由响应}}+\underbrace{\frac{1}{3}\times 2^n}_{\text{强迫响应}} \quad n\geqslant 0$$

例 5.5.4 已知系统的差分方程为

$$y(n)-y(n-1)=n \quad n\geqslant 0$$

且有 $y(0)=1$,求序列 $y(n)$的表达式。

【解】 对差分方程取 Z 变换

$$Y(z)-[z^{-1}Y(z)+y(-1)]=\frac{z}{(z-1)^2}$$

由方程 $y(n)=n+y(n-1)$递推出 $y(0)=y(-1)$,代入上式得

$$Y(z)-z^{-1}Y(z)=\frac{z}{(z-1)^2}+1$$

得到响应的变换式

$$Y(z)=\frac{z^2}{(z-1)^3}+\frac{z}{z-1}$$

则响应序列为

$$y(n)=\mathscr{Z}^{-1}[Y(z)]=\frac{n(n+1)}{2}+1 \quad n\geqslant 0$$

例 5.5.5 图 5-5-1 示出了一无限长梯形网络,试求该网络的输入电阻 R_{i}。

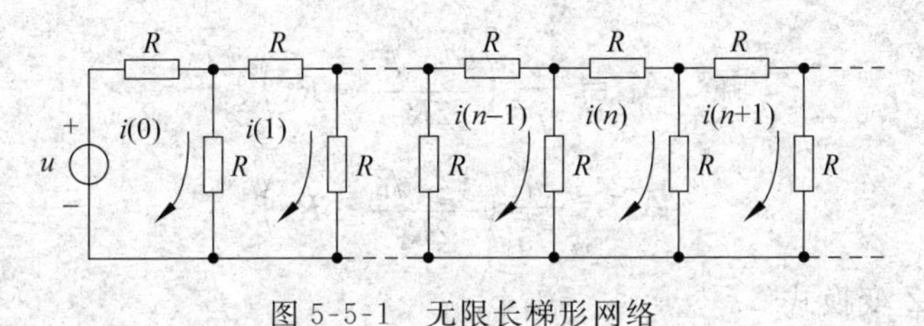

图 5-5-1 无限长梯形网络

【解】 对网络的第 n 网孔,列该网孔方程为

$$i(n)(R+R+R)-i(n-1)R-i(n+1)R=0$$

化简得

$$3i(n)-i(n-1)-i(n+1)=0$$

则差分方程为

$$i(n+2)-3i(n+1)+i(n)=0 \tag{5.5.19}$$

式(5.5.19)是左位移差分方程,设电流序列 $i(n)$的 Z 变换式为

$$I(z)=\mathscr{Z}[i(n)]$$

对式(5.5.19)取 Z 变换,得

$$[z^2I(z)-z^2i(0)-zi(1)]-3[zI(z)-zi(0)]+I(z)=0 \tag{5.5.20}$$

$i(0)$,$i(1)$为初始值。

根据输入电阻的定义,网络的输入电阻 $R_{\mathrm{i}}=\dfrac{u}{i(0)}$,则初始值为

$$i(0)=\frac{u}{R_{\mathrm{i}}}$$

由于第一个网孔满足方程

$$i(0)(R+R)=R\times i(1)=u$$

由此得到初始值

$$i(1)=2i(0)-\frac{u}{R}$$

把初始值 $i(0)$，$i(1)$代入式(5.5.20)得

$$I(z)(z^2-3z+1)=z^2\frac{u}{R_i}+z\left[2i(0)-\frac{u}{R}\right]-3zi(0)$$

$$I(z)=\frac{z^2\frac{u}{R_i}-z\frac{u}{R}-z\frac{u}{R_i}}{z^2-3z+1}=\frac{z^2\frac{u}{R_i}-zuR_0}{z^2-3z+1}$$

式中 $R_0=\frac{R+R_i}{RR_i}$。对于$\frac{I(z)}{z}=\frac{z\frac{u}{R_i}-zuR_0}{z^2-3z+1}$，其极点为

$$p_1=\frac{3+\sqrt{5}}{2},\quad p_2=\frac{3-\sqrt{5}}{2}$$

即

$$\frac{I(z)}{z}=\frac{z\frac{u}{R}-uR_0}{(z-p_1)(z-p_2)}=\frac{A_1}{z-p_1}+\frac{A_2}{z-p_2}$$

求出系数

$$A_1=\frac{u}{\sqrt{5}}\left(\frac{3+\sqrt{5}}{2R_i}-R_0\right)$$

$$A_2=\frac{u}{\sqrt{5}}\left(\frac{3-\sqrt{5}}{2R_i}-R_0\right)$$

电流 $i(n)$的 Z 变换式

$$I(z)=\frac{A_1z}{z-p_1}+\frac{A_2z}{z-p_2}$$

则电流为

$$i(n)=\mathscr{Z}^{-1}[I(z)]=A(p_1)^n+A(p_2)^n\quad n\geqslant 0 \tag{5.5.21}$$

由于网络中的信号源 u 是有界值，故存在

$$\lim_{n\to\infty}i(n)=0$$

即

$$i(\infty)=0 \tag{5.5.22}$$

由于极点 $p_2=\frac{3-\sqrt{5}}{2}<1$，所以式(5.5.21)中的 $A_2(p_2)^n$ 项是衰减序列，即

$$\lim_{n\to\infty}A_2(p_2)^n=0$$

为了满足 $i(\infty)=0$，必须使式(5.5.21)中的 $A_1(p_1)^n$ 项为零，即

$$\frac{u}{\sqrt{5}}\left(\frac{3+\sqrt{5}}{2R_i}-R_0\right)\left(\frac{3+\sqrt{5}}{2}\right)^n=0$$

满足上式的条件是

$$\frac{3+\sqrt{5}}{2R_i}-R_0=0$$

把 $R_0=\frac{R+R_i}{RR_i}$代入上式得到输入电阻

$$R_i = \frac{1+\sqrt{5}}{2}R$$

5.6　系统函数 H(z)

5.6.1　H(z)的定义

与连续系统相仿，在离散系统中也可以引入离散系统的传输函数 $H(z)$，传输函数 $H(z)$定义为系统的零状态响应与激励信号之比，即

$$H(z) = \frac{\text{零状态响应}}{\text{激励}}$$

根据 $H(z)$的定义，可以由差分方程求出相应的 $H(z)$，也可以根据信号流图求出 $H(z)$。

设 N 阶系统差分方程为

$$\begin{aligned} &y(n) + a_{N-1}y(n-1) + \cdots + a_1 y(n-N-1) + a_0 y(n-N) \\ &= b_M f(n) + b_{M-1} f(n-1) + \cdots + b_1 f(n-M+1) + b_0 f(n-M) \end{aligned}$$

对该差分方程进行 Z 变换得

$$\begin{aligned} &(1 + a_{N-1}z^{-1} + \cdots + a_1 z^{-(N-1)} + a_0 z^{-N})Y(z) \\ &= (b_M + b_{M-1}z^{-1} + \cdots + b_1 z^{-(M-1)} + b_0 z^{-M})F(z) \end{aligned}$$

于是传输函数

$$H(z) = \frac{Y_{zs}(z)}{F(z)} = \frac{b_M + b_{M-1}z^{-1} + \cdots + b_1 z^{-(M-1)} + b_0 z^{-M}}{1 + a_{N-1}z^{-1} + \cdots + a_1 z^{-(N-1)} + a_0 z^{-N}}$$

已知系统零状态响应

$$y_{za}(z) = F(z)H(z), \quad y_{zs}(n) = f(n) * h(n)$$

其中 $h(n)$为 $H(z)$的逆变换，即

$$H(z) = \mathscr{Z}[h(n)], \quad h(n) = \mathscr{Z}^{-1}[H(z)]$$

例 5.6.1　试求图 5-6-1 所示系统的 $H(z)$和 $h(n)$。

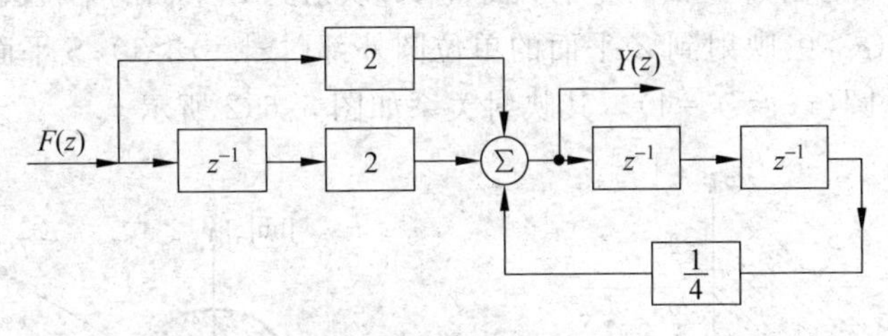

图 5-6-1　例 5.6.1 示图

【解】　在加法器的输出端列出方程

$$Y(z) = \frac{1}{4}z^{-2}y(z) + 2F(z) + 2z^{-1}F(z)$$

$$Y(z)\left(1 - \frac{1}{4}z^{-2}\right) = 2F(z)(1 + z^{-1})$$

所以系统的传输函数为

$$H(z)=\frac{Y(z)}{F(z)}=\frac{2(1+z^{-1})}{1-\frac{1}{4}z^{-2}}=\frac{2(z^2+z)}{z^2-\frac{1}{4}}$$

将$\frac{H(z)}{z}$展开成部分分式，有

$$\frac{H(z)}{z}=\frac{3}{z-\frac{1}{2}}-\frac{1}{z+\frac{1}{2}},$$

$$H(z)=\frac{3z}{z-\frac{1}{2}}-\frac{z}{z+\frac{1}{2}}$$

取逆 Z 变换得系统的单位冲激响应为

$$h(n)=\mathscr{Z}^{-1}[H(z)]=3\left(\frac{1}{2}\right)^n-\left(-\frac{1}{2}\right)^n \quad n\geqslant 0$$

5.6.2 S 域与 Z 域的关系

复变量 s 与 z 的关系是

$$\left.\begin{aligned}z&=e^{ST}\\ s&=\frac{1}{T}\ln z\end{aligned}\right\} \tag{5.6.1}$$

将 s 表示为直角坐标形式，即

$$s=\sigma+j\omega$$

将 z 表示为极坐标形式

$$z=re^{j\theta}$$

代入式(5.6.1)得

$$\left.\begin{aligned}r&=e^{\sigma T}\\ \theta&=\omega T\end{aligned}\right\} \tag{5.6.2}$$

由式(5.6.2)可以看出，S 平面的左半平面($\sigma<0$)映射到 Z 平面的单位圆内部($|z|=r<1$)；S 平面的右半平面($\sigma>0$)映射到 Z 平面的单位圆外部($|z|=r>1$)；S 平面的 $j\omega$ 轴($\sigma=0$)映射为 Z 平面的单位圆($|z|=r=1$)。其映射关系如图 5-6-2 所示。

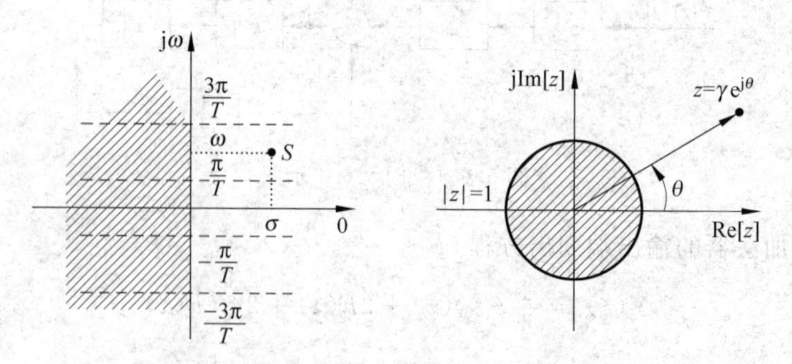

图 5-6-2 S～Z 平面的映射关系

还可以看到，S 平面的实轴 $\omega=0$ 映射为 Z 平面上的正实轴($\theta=0$)，而原点($\sigma=0,\omega=0$)映

射为 Z 平面上 $z=1$ 的点($r=1,\theta=0$)。S 平面上任一点 S_0,映射到 Z 平面上一点 $z=e^{s_0T}$。另外,由 $\theta=\omega T$ 可以看出,当 ω 从 $-\frac{\pi}{T}$ 增长到 $\frac{\pi}{T}$ 时,Z 平面辐角由 $-\pi$ 增长到 π。也就是说,在 Z 平面上,θ 变化 2π,相应于 S 平面上 ω 变化 $\frac{2\pi}{T}$。因此,从 Z 平面到 S 平面的映射是多值的。在 Z 平面上的一点 $z=re^{j\theta}$,映射到 S 平面为无穷多点

$$s=\frac{1}{T}\ln z=\frac{1}{T}\ln r+j\frac{\theta\cdot 2\pi m}{T},\quad m=0,\pm1,\pm2,\cdots$$

5.6.3 系统的稳定性

离散系统的稳定性前面已讨论过,现在再做进一步的讨论。线性时不变离散系统中,系统的零状态响应为

$$y(n)=f(n)*h(n)=\sum_{i=-\infty}^{\infty}h(i)h(n-i)$$

若输入信号 $f(n)$ 是有界的,即 $|f(n)|<M<\infty$(对所有 n 值),则有

$$|y(n)|\leqslant\sum_{i=-\infty}^{\infty}|h(i)h(n-i)|\leqslant M\sum_{i=-\infty}^{\infty}|h(i)|$$

要保证响应 $y(n)$ 也是有界的,要求 $h(i)$ 满足

$$\sum_{i=-\infty}^{\infty}|h(i)|<0$$

所以离散系统稳定的充要条件是系统的单位冲激响应 $h(n)$ 应绝对可和。

因为

$$H(z)=Z[h(n)]=\sum_{n=-\infty}^{\infty}|h(n)z^{-n}|$$

当 $z=1$ 时,有

$$H(z)=\sum_{n=-\infty}^{\infty}h(n)<\infty$$

所以,$H(z)$ 的收敛域应包括单位圆在内。对于稳定的因果系统,其收敛域为 $|z|\geqslant1$,即 $H(z)$ 的全部极点应落在单位圆内。因为 $h(n)$ 是 $H(z)$ 得逆 Z 变换,$H(z)$ 的极点将决定 $h(n)$ 的函数形式,图 5-6-3 表明了 $H(z)$ 的极点位置与 $h(n)$ 形状的关系。由图 5-6-3 可知,如果系统是稳定的,那么极点应位于单位圆内。$H(z)$ 的极点在 Z 平面上的位置与系统单位样值响应序列 $h(n)$ 的关系归纳如下:

(1) $H(z)$ 的极点在单位圆与正实轴的交点上($z=1$),则单位冲激响应序列 $h(n)$ 为1阶跃序列。

(2) $H(z)$ 的极点在单位圆上以共轭复数对的形式出现,则 $h(n)$ 为等幅振荡。

(3) $H(z)$ 的极点在单位圆内,则 $h(n)$ 的幅度包络线将按指数规律衰减。

(4) $H(z)$ 的极点在单位圆外,则 $h(n)$ 为增幅振荡序列或上升序列。

5.6.4 系统的频率响应

在连续系统中,系统的传输函数为 $H(s)$,若 $s=j\omega$,则 $H(s)|_{s=j\omega}=H(j\omega)$ 或 $H(\omega)$ 称为

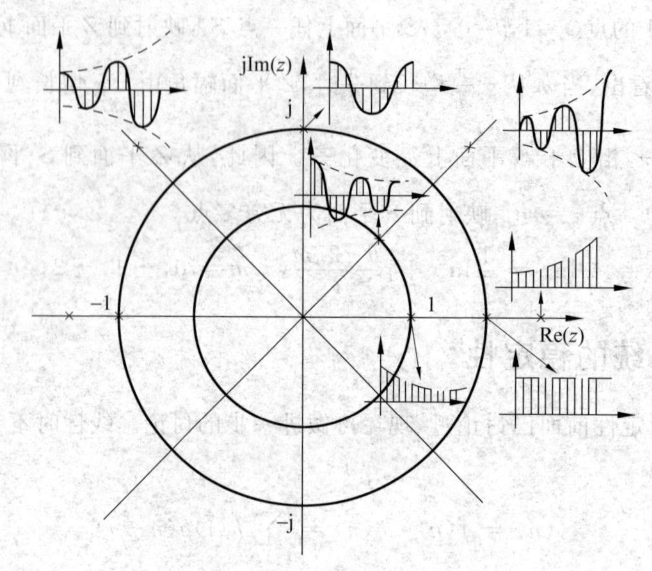

图 5-6-3 $H(z)$的极点分布与$h(n)$的形状关系

连续系统的频率响应。$H(\omega)$一般为复数，$H(\omega)$的绝对值和角度分别表示了系统的输出信号在正弦稳态下的幅度特性和相位特性。

对于离散系统，Z域的传输函数为$H(z)$，由S平面与Z平面的映射关系可知$z=e^{sT}=e^{(\sigma+j\omega)T}=e^{\sigma T}\cdot e^{j\omega T}$，在$Z$平面上的单位圆上$|z|=1$，所以$z=e^{j\omega T}$。此时

$$H(z)\mid_{z=e^{j\omega T}}=H(e^{j\omega T})=\sum_{n=0}^{\infty}h(n)e^{-j\omega n} \tag{5.6.3}$$

称为离散系统的频率响应。

设有一离散系统，其冲激响应序列为$h(n)$，并设激励信号$f(n)=e^{-j\omega nT}$，于是因果离散系统的响应为

$$y(n)=h(n)*f(n)=\sum_{i=0}^{\infty}h(i)e^{j\omega(n-i)T}$$

$$=\left[\sum_{i=0}^{\infty}h(i)e^{-j\omega T}\right]e^{j\omega nT}=H(e^{j\omega T})e^{j\omega nT} \tag{5.6.4}$$

该式说明，当输入信号为虚指数序列或正弦序列时，稳态输出信号$y(n)$也是同频率的虚指数或正弦序列，而$H(e^{j\omega T})$的模数和相角分别表示了输出序列的幅度和相位。正如连续系统一样，当ω变化时，$|H(e^{j\omega T})|$和$\angle H(e^{j\omega T})$对ω的关系正好反映了正弦稳态下离散系统的频率特性。因为$e^{j\omega T}$是周期为2π的周期函数，所以频率响应$H(e^{j\omega T})$也是周期函数。与连续系统的频率响应相似，离散系统的幅度响应$|H(e^{j\omega T})|$是频率的偶函数，相位响应$\angle H(e^{j\omega T})$是频率的奇函数。

5.7 数字滤波器的基本概念

在通信、控制和遥测系统中，常常要用到一个很重要的部件——滤波器。它具有信号变换的功能，即采用某种方式可将输入信号变换成预定要求的输出信号，从而达到改变信号频

谱结构的目的。在连续系统(模拟系统)的分析中,曾经讨论过滤波的概念,上一节讨论了离散系统的系统函数 $H(z)$与频率响应的关系,下面介绍利用数字离散时间滤波实现连续时间滤波的一些基本概念。

图 5-7-1(a)表示的是连续时间系统的模拟滤波器,输入信号为 $x(t)$,系统有输出 $y_1(t)$。图 5-7-1(b)表示的是离散时间系统的数字滤波器实现模拟系统滤波的方框图。

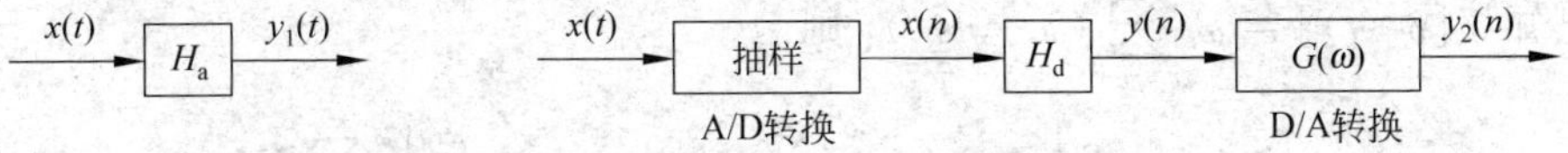

$x(t)$ → H_a → $y_1(t)$

(a) 连续时间系统模拟滤波器

$x(t)$ → 抽样(A/D转换) → $x(n)$ → H_d → $y(n)$ → $G(\omega)$(D/A转换) → $y_2(n)$

(b) 离散时间系统模拟滤波器

图 5-7-1　连续时间滤波与离散时间滤波框图

一个连续时间信号 $x(t)$,经过抽样,进行模/数(A/D)转换,产生一个数字序列 $x(n)$,为数字滤波器的输入信号;数字滤波器产生的输出信号 $y(n)$,经过模拟低通滤波器 $G(\omega)$,进行数/模(D/A)转换,把数字序列还原为一个连续的时间信号 $y_2(n)$,使 $y_2(t)=y_1(t)=y(t)$,这就是说,图 5-7-1(a)所示的连续时间系统完成的功能可以由图 5-7-1(b)所示的数字滤波系统来完成,从而实现了模拟系统的数字模仿。

5.7.1　数字滤波器的原理

数字滤波器的功能是利用离散系统的频率特性对输入信号的频谱进行滤波。图 5-7-1 所示的系统中,若输入信号 $x(t)$是连续带限信号,其频谱在$\pm\omega_m$之内,并有 $\mathscr{F}[x(t)]=X(\omega)$,在奈奎斯特抽样条件下,对 $x(t)$理想抽样,抽样冲激函数为

$$\delta_T(t)=\sum_{n=-\infty}^{\infty}\delta(t-nT_s)$$

式中,T_s 为抽样时间间隔。

抽样角频率 $\omega_s=2\pi f_s=\dfrac{2\pi}{T_s}$,$\omega_s\geqslant 2\omega_m$,则抽样信号为

$$x(t)\cdot\delta_T(t)=x(t)\sum_{n=-\infty}^{\infty}\delta(t-nT_s)=\sum_{n=-\infty}^{\infty}x(nT_s)\delta(t-nT_s)$$

其傅里叶变换为

$$\begin{aligned}\mathscr{F}[x(t)\cdot\delta_T(t)]&=\int_{-\infty}^{\infty}\Big[\sum_{n=-\infty}^{\infty}x(nT_s)\cdot\delta(t-nT_s)\Big]e^{-j\omega t}\,dt\\&=\sum_{n=-\infty}^{\infty}x(nT_s)\cdot\Big[\int_{-\infty}^{\infty}\delta(t-nT_s)e^{-j\omega t}\,dt\Big]\\&=\sum_{n=-\infty}^{\infty}x(nT_s)e^{-jn\omega T_s}\end{aligned}\tag{5.7.1}$$

式中,$x(nT_s)$是 $x(t)$的抽样值,为离散信号。

定义 $x(n)=x(nT_s)$,并令 $\omega T_s=\Omega$,则式(5.7.1)可写为

$$\mathscr{F}[x(t)\cdot\delta_T(t)]=\sum_{n=-\infty}^{\infty}x(n)(e^{j\Omega})^{-n}\tag{5.7.2}$$

与 Z 变换定义式比较可知

$$\mathscr{F}[x(t)\cdot\delta_T(t)] = \mathscr{Z}[x(n)]\big|_{z=e^{j\Omega}} = X(e^{j\Omega}) \tag{5.7.3}$$

式(5.7.3)说明了抽样信号的频谱函数与离散信号在单位圆上的 Z 变换相同。

抽样信号的频谱函数可以利用傅里叶变换性质(频域卷积性质),即

$$\mathscr{F}[x(t)\cdot\delta_T(t)] = \frac{1}{2\pi}X(\omega) * \mathscr{F}[\delta_T(t)]$$

已知 $\mathscr{F}[\delta_T(t)] = \omega_s\sum_{n=-\infty}^{\infty}(\omega - n\omega_s)$,则

$$\mathscr{F}[x(t)\cdot\delta_T(t)] = \frac{1}{2\pi}X(\omega) * \omega_s\sum_{n=-\infty}^{\infty}\delta(\omega - n\omega_s) = \frac{1}{T_s}\sum_{n=-\infty}^{\infty}X(\omega - n\omega_s) \tag{5.7.4}$$

由式(5.7.3)和式(5.7.4)得到数字滤波器的输入序列 $x(n)$ 的频谱为

$$X(e^{j\Omega}) = X(z)\big|_{z=e^{j\Omega}} = X(e^{j\omega T_s}) = \frac{1}{T_s}\sum_{n=-\infty}^{\infty}X(\omega - n\omega_s) \tag{5.7.5}$$

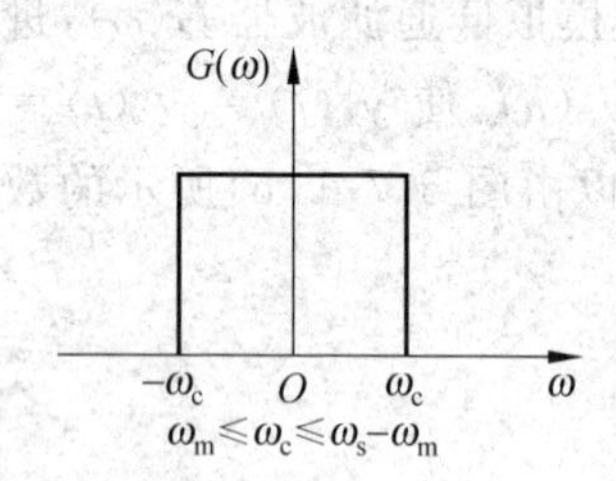

图 5-7-2 模拟低通滤波器系统函数

若数字滤波器的频率响应

$$H_d(e^{j\Omega}) = H(z)\big|_{z=e^{j\Omega}} = H_d(e^{j\omega T_s})$$

根据 Z 变换性质(时域卷积性质),数字滤波器的输出序列 $y(n)$ 的频谱为

$$Y(e^{j\omega T_s}) = H_d(e^{j\omega T_s})\cdot X(e^{j\omega T_s}) \tag{5.7.6}$$

为了从 $y(n)$ 的周期性频谱 $Y(e^{j\omega T_s})$ 中选出 $Y(\omega)$,以恢复出连续时间信号 $y(t)$,在输出端常用一个模拟低通滤波器,其系统函数 $G(\omega)$ 如图 5-7-2 所示。

该系统输出的模拟信号 $y(t)$ 的频谱为

$$\begin{aligned} Y(\omega) &= \mathscr{F}[y(t)] = H_d(e^{j\omega T_s})\cdot X(e^{j\omega T_s})\cdot G(\omega) \\ &= H_d(e^{j\omega T_s})\cdot\left[\frac{1}{T_s}\sum_{n=-\infty}^{\infty}X(\omega - n\omega_s)\right]\cdot G(\omega) \\ &= \frac{1}{T_s}H_d(e^{j\omega T_s})X(\omega) \end{aligned} \tag{5.7.7}$$

式(5.7.7)说明了数字滤波器的频率响应 $H_d(e^{j\omega T_s})$ 对输入连续信号 $x(t)$ 的频谱起到了滤波的作用。上述过程如图 5-7-3 所示。

5.7.2 数字滤波器的设计

数字滤波器的设计方法多种多样,限于本书的范围,只介绍直接 Z 变换法,或者称为冲激响应不变法。这种方法的中心思想是设计一种数字滤波器,使它的单位样值响应 $h_d(n)$ 等于所需连续系统的模拟滤波器的冲激响应 $h(t)$ 的抽样值,由 $h_d(n)$ 求出数字滤波器的系统函数 $H_d(z)$,即可得到描述离散系统(数字滤波器)的差分方程。

设有连续时间系统的系统函数,即

$$H_a(s) = \sum_{i=1}^{N}\frac{C_i}{s - p_i} \tag{5.7.8}$$

模拟系统相应的冲激响应,即

$$h_a(t) = \sum_{i=1}^{N}C_i e^{p_i t}u(t) \tag{5.7.9}$$

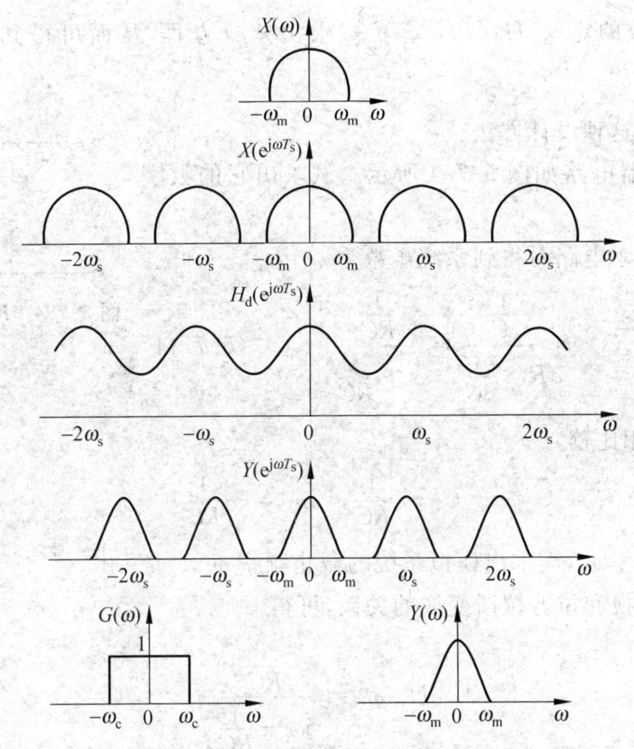

图 5-7-3　数字滤波器对信号的滤波过程

对 $h_{\rm a}(t)$进行抽样，抽样间隔为 $T_{\rm s}$，抽样角频率为 $\omega_{\rm s}=\dfrac{2\pi}{T_{\rm s}}$，则 $h_{\rm a}(t)$的抽样序列为

$$h_{\rm a}(nT_{\rm s}) = \sum_{i=1}^{N} C_i {\rm e}^{p_i nT_{\rm s}} u(nT_{\rm s}) \tag{5.7.10}$$

定义数字滤波器的单位样值响应为

$$h_{\rm d}(n) = \sum_{i=1}^{N} C_i ({\rm e}^{p_i T_{\rm s}})^n u(n) \tag{5.7.11}$$

对式(5.7.11)直接进行 Z 变换，得

$$\begin{aligned}\mathscr{Z}[h_{\rm d}(n)] = H_{\rm d}(z) &= \sum_{n=0}^{\infty} h_{\rm d}(n)^{-n} = \sum_{n=0}^{\infty}\left[\sum_{i=1}^{N} C_i ({\rm e}^{p_i T_{\rm s}})^n\right] z^{-n} \\ &= \sum_{i=1}^{N}\left[\sum_{n=0}^{\infty} C_i \left(\frac{{\rm e}^{p_i T_{\rm s}}}{z}\right)^n\right]\end{aligned} \tag{5.7.12}$$

对于稳定系统，极点 p_i 的实部为负值，即 ${\rm Re}\,(p_i)<0$，则 $|{\rm e}^{p_i T_{\rm s}}|<1$，等效离散系统(数字滤波器)的系统函数 $H_{\rm d}(z)$的极点在单位圆内，即 $|{\rm e}^{p_i T_{\rm s}}/z|<1$。

由式(5.7.12)得到的数字滤波器的系统函数为

$$H_{\rm d}(z) = \sum_{i=1}^{N} \frac{C_i}{1-\dfrac{{\rm e}^{p_i T_{\rm s}}}{z}} = \sum_{i=1}^{N} \frac{C_i z}{z-{\rm e}^{p_i T_{\rm s}}} \tag{5.7.13}$$

式(5.7.13)说明具有 N 个极点的模拟系统的数字模仿器，是一个同阶数 N 的数字滤波器，一旦知道了模拟系统的函数 $H_{\rm a}(s)$，就可以写出数字滤波器的系统函数 $H_{\rm d}(z)$，然后利用系统函数的定义 $H_d(z)=\frac{Y(z)}{X(z)}$，求出差分方程，从而可得到所需要的数字滤波器。

下面举例说明这种设计方法。

RC 低通滤波器电路如图 5-7-4 所示。试求出它的数字仿真器。

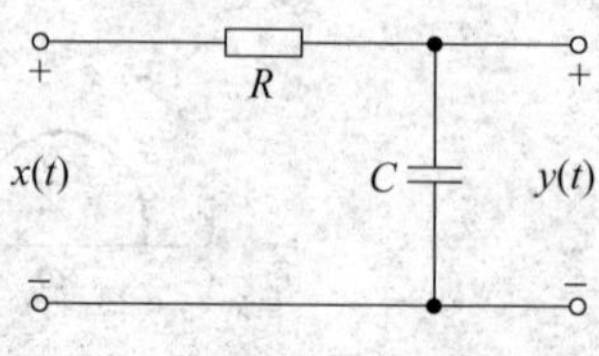

图 5-7-4 RC 低通滤波器电路

由图 5-7-4 所示电路可得到系统函数为

$$H_a(s)=\frac{\frac{1}{sC}}{R+\frac{1}{sC}}=\frac{\frac{1}{RC}}{s+\frac{1}{RC}} \tag{5.7.14}$$

与式(5.7.8)相比较，

$$C_1=\frac{1}{RC},\quad p_1=-\frac{1}{RC}$$

为确定抽样频率 ω_s，需求出模拟系统的截止频率 ω_c。

根据傅里叶变换和拉普拉斯变换的关系，可得

$$H_a(\omega)=\frac{\frac{1}{RC}}{j\omega+\frac{1}{RC}}$$

并由频宽定义

$$|H_a(\omega)|=\frac{\frac{1}{RC}}{\sqrt{\omega_c^2+\left(\frac{1}{RC}\right)^2}}=\frac{1}{\sqrt{2}}$$

求得截止频率为

$$\omega_c=\frac{1}{RC} \tag{5.7.15}$$

为满足抽样定理，设取样角频率 $\omega_s=5\omega_c$，即

$$\frac{1}{RC}=\frac{\omega_s}{5}=\frac{2\pi}{5T_s}=\frac{1.256}{T_s}$$

根据式(5.7.13)，模拟电路的数字模仿器(离散系统)的系统函数为

$$H_d(z)=\frac{\frac{1.256}{T_s}}{1-z^{-1}e^{\frac{1.256}{T_s}\cdot T_s}}=\frac{\frac{1.256}{T_s}}{1-z^{-1}e^{-1.256}}$$

即

$$H_d(z)=\frac{Y(z)}{X(z)}=\frac{\frac{1.256}{T_s}}{1-0.285z^{-1}} \tag{5.7.16}$$

$$Y(z)(1-0.285z^{-1})=\frac{1.256}{T_s}X(z)$$

对应的差分方程为

$$y(n)-0.285y(n-1)=\frac{1.256}{T_s}x(n) \quad (5.7.17)$$

根据式(5.7.17)，可得到如图 5-7-4 所示的 RC 低通滤波器的数字模仿器(数字滤波器)，如图 5-7-5 所示。

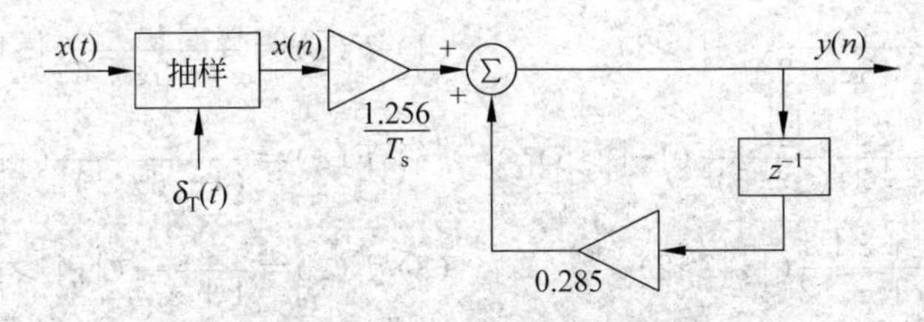

图 5-7-5 1 阶数字低通滤波器

从图 5-7-5 中可以看出，该数字滤波器同样是 1 阶系统，它是由两个乘法器、一个移位单位和一个加法器组成的。

通过对数字滤波器的分析，把离散系统的差分方程、系统函数 $H(z)$、Z 变换与连续系统的傅里叶变换、拉普拉斯变换、冲激响应 $h(t)$ 的概念统一起来，加深了对线性系统各个领域之间内在联系的理解。

滤波器是线性系统中的一个极其重要的部件，特别是数字滤波器，它精度高、稳定性好、适用频率范围宽、容易实现，利用硬件或者软件都能实现滤波功能。随着大规模集成电路的迅速发展，数字滤波器的成本日渐降低，应用越来越广泛。

本书对数字滤波器的概念只作了简单的介绍，在后续的“数字信号处理”课程中将作进一步的研究。

习题 5

5.1 求下列序列的 Z 变换，并注明其收敛域。

(1) $\left(\frac{1}{2}\right)^n u(n)$　　(2) $\left(-\frac{1}{2}\right)^n u(n)$

(3) $\left(\frac{1}{2}\right)^n u(n)+\delta(n)$　　(4) $2^n u(n)+\left(\frac{1}{3}\right)^n u(n)$

(5) $\left(\frac{1}{3}\right)^n u(-n)$　　(6) $\left(\frac{1}{3}\right)^n [u(n)-u(n-5)]$

(7) $-(3)^{-n}u(-n-1)$　　(8) $\cos\frac{n\pi}{4}u(n)$

(9) $\delta(n-1)$　　(10) $\delta(n+1)$

5.2 画出下列因果序列的图形，并求出其 Z 变换。

(1) $f(n)=\begin{cases}0 & n\text{ 为奇数}\\ 1 & n\text{ 为偶数}\end{cases}$　　(2) $f(n)=\begin{cases}-1 & n\text{ 为奇数}\\ 1 & n\text{ 为偶数}\end{cases}$

5.3 求下列各序列的 Z 变换。

(1) $(n+1)u(n)$　　(2) $u(n)-2u(n-4)+u(n-9)$

(3) $(-1)^n nu(n)$　　(4) $(n-1)u(n-1)$

(5) $n(n-1)u(n-1)$　　(6) $(n-1)^2u(n-1)$

5.4　求下列像函数的逆 Z 变换。

(1) $F(z)=\frac{10z}{z^2-3z+2}(|z|>2)$　　(2) $F(z)=\frac{z^2}{(z-0.5)(z-0.25)}(|z|>0.5)$

(3) $F(z)=\frac{z^2}{z^2+3z+2}(|z|>2)$　　(4) $F(z)=\frac{1}{z^2-5z+6}(|z|>3)$

(5) $F(z)=\frac{2z^2-2z}{(z-3)(z-5)^2}(|z|>5)$　　(6) $F(z)=\frac{z^{-1}}{(1-6z^{-1})^2}(|z|>6)$

(7) $F(z)=\frac{z^2+z+1}{z^2+z-2}(|z|>2)$　　(8) $F(z)=\frac{z^{-2}}{1+z^{-2}}(|z|>1)$

(9) $F(z)=\frac{1}{1-0.5z^{-1}}(|z|>0.5)$　　(10) $F(z)=\frac{1-\frac{1}{2}z^{-1}}{1-\frac{1}{4}z^{-2}}\left(|z|>\frac{1}{2}\right)$

5.5　已知 $F(z)=z^{-1}+6z^{-3}-2z^{-5}$，求 $F(z)$ 的原函数 $f(n)$。

5.6　试求下列 z 变换式的逆变换。

(1) $F(z)=\frac{z(2z-1)}{2(z-1)(z+0.5)}$　　(2) $F(z)=\frac{1}{2z^2-z-1}$

(3) $F(z)=\frac{z}{z^2+z+0.5}$　　(4) $F(z)=\frac{z^2}{z^4+2z^3-2z-1}$

5.7　已知

(1) $x(n)=a^nu(n),h(n)=b^nu(-n)$

(2) $x(n)=a^nu(n),h(n)=b^nu(n)$

(3) $x(n)=a^{n+1}u(n+1),h(n)=\delta(n-3)$

(4) $x(n)=a^{n-1}u(n-1),h(n)=u(n)$

利用卷积定理求 $y(n)=x(n)*h(n)$。

5.8　已知因果序列 $f(n)$ 的 Z 变换 $F(z)$，求该序列的初值 $f(0)$ 与终值 $f(\infty)$。

(1) $F(z)=\frac{1+z^{-1}+2z^{-2}}{(1-z^{-1})(1-2z^{-1})}$　　(2) $F(z)=\frac{z^{-1}}{(1-0.5z^{-1})(1+0.5z^{-1})}$

(3) $F(z)=\frac{z^2}{z^2-1.5z+0.5}$　　(4) $F(z)=\frac{2z^2-\frac{7}{3}z}{(z-2)\left(z-\frac{1}{3}\right)}$

5.9　用单边 Z 变换解下列差分方程。

(1) $y(n)-0.9y(n-1)=0.05u(n)$

$y(-1)=0$

(2) $y(n)+3y(n-1)+2y(n-2)=u(n)$

$y(-1)=0,y(-2)=0.5$

(3) $y(n)+0.1y(n-1)-0.02y(n-2)=10u(n)$

$y(-1)=4,y(-2)=6$

(4) $y(n)+5y(n-1)=nu(n)$

$y(-1)=0$

(5) $y(n)+2y(n-1)=(n-2)u(n)$

$y(0)=1$

(6) $y(n)+y(n-1)-6y(n-2)=x(n-1)$

$x(n)=4^n u(n),y(0)=0,y(1)=1$

5.10　分别用幂级数法、部分分式法和留数法求以下 Z 变换的原序列。

(1) $F(z)=\dfrac{z^2+2z}{(z^2-1)(z+0.5)}$　　(2) $F(z)=\dfrac{2z^2-3z+1}{z^2-4z-5}$

(3) $F(z)=\dfrac{z^3+2z^2-z+1}{z^3+z^2+0.5z}$　　(4) $F(z)=\dfrac{1}{z^3-3z^2+3z+1}$

5.11　利用卷积定理求下述序列 $f(n)$ 与 $h(n)$ 的卷积 $y(n)=f(h)*h(n)$。

(1) $f(n)=a^n u(n)$　　(2) $h(n)=\delta(n-2)$

(3) $f(n)=a^n u(n)$　　(4) $h(n)=u(n-1)$

(5) $f(n)=a^n u(n)$　　(6) $h(n)=b^n u(n)$

5.12　用 Z 变换解下列差分方程。

(1) $y(n)+2y(n-1)=(n-2)u(n-2)$　$(y(0)=1)$

(2) $y(n)+2y(n-1)=(n-2)u(n)$　$(y(0)=1)$

5.13　设 $f_1(n)=1,0\leqslant n\leqslant 5;f_2(n)=1,0\leqslant n\leqslant 10$;试求 $f_1(n)*f_2(n)$。

5.14　求下列差分方程的完全解。

(1) $y(n)-0.9y(n-1)=0.1u(n),y(-1)=2$

(2) $y(n)+3y(n-1)+2y(n-2)=u(n),y(-1)=0,y(-2)=0.5$

(3) $y(n+2)+3y(n+1)+2y(n)=u(n),y(0)=0,y(1)=1$

(4) $y(n)-y(n-1)-2y(n-2)=u(n),y(-1)=-1,y(-2)=\dfrac{1}{4}$

5.15　利用 Z 变换求下列差分方程。

(1) $y(n+2)+y(n+1)+y(n)=u(n),y(0)=1,y(1)=2$

(2) $y(n)+0.1y(n-1)-0.02y(n-2)=10u(n),y(-1)=4,y(-2)=6$

(3) $y(n)-0.9y(n-1)=0.05u(n),y(-1)=0$

(4) $y(n)-0.9y(n)=0.05u(n),y(-1)=1$

5.16　如一离散系统,当输入 $x(n)=u(n)$ 时,其零状态响应 $y(n)=2(1-0.5^n)u(n)$,试求当输入 $x(n)=0.5^n u(n)$ 时的零状态响应。

5.17　如有一离散系统,当输入 $x(n)=\left(\dfrac{1}{4}\right)^n u(n)$ 时,其零状态响应 $y(n)=(n+2)\left(\dfrac{1}{2}\right)^n u(n)$。试求当输入 $x(n)=\delta(n)+\left[\dfrac{7}{5}\times(-1)^n-\dfrac{7}{5}\times\left(\dfrac{1}{4}\right)^n\right]u(n)$ 时,系统的输出序列。

5.18　如一离散系统,当输入 $x(n)=u(n)$ 时,其零状态响应 $y(n)=2u(n)-(0.5)^n u(n)+(-1.5)^n u(n)$,试求其系统函数和描述该系统的差分方程。

5.19　画出由下列差分方程所描述的离散系统框图,并求出其系统函数 $H(z)$ 及其单位样值响应 $h(n)$。

$$y(n)-5y(n-1)+6y(n-2)=x(n)-3x(n-2)$$

5.20　某离散系统如题 5.20 图所示。

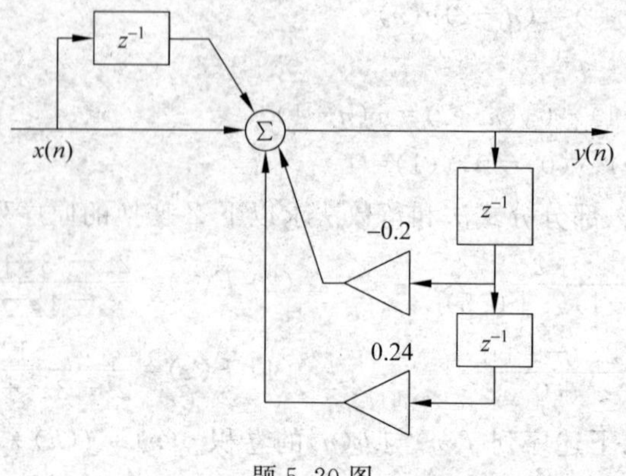

题 5.20 图

(1) 写出系统的差分方程。

(2) 求系统函数 $H(z)$,画出零极图,指出其收敛域,说明该系统是否稳定。

(3) 求单位样值响应序列 $h(n)$。

(4) 求系统在输入序列为 $x(n)=\sum_{n=0}^{\infty}\delta(n-n)$ 激励下的响应。已知 $y(0)=0.8$,$y(1)=2.08$。

5.21 已知系统的差分方程,试求 $H(z)$ 及 $h(n)$。

(1) $3y(n)-6y(n-1)=x(n)$

(2) $y(n)=x(n)-5x(n-1)+8x(n-3)$

(3) $y(n)-\frac{1}{2}y(n-1)=x(n)$

5.22 已知离散系统的传输函数 $H(z)$,试求该系统的差分方程。

(1) $\frac{z+2}{8z^2-2z-3}$ (2) $\frac{8(1-z^{-1}+z^{-2})}{z+5z^{-1}+2z^{-2}}$

(3) $\frac{2z^2-4}{2z^2+z+1}$ (4) $\frac{1+z^{-1}}{1+z^{-1}+z^{-2}}$

第6章 系统的状态变量分析法

对系统进行分析，就是建立表征物理系统的数学模型并求出它的解答。在前几章分析系统时，重点是研究系统的激励（输入）$x(t)$与响应（输出）$y(t)$之间的关系。描述线性时不变系统的数学模型是以响应 $y(t)$列写的 n 阶线性常微分方程，一般形式为

$$y^{(n)}(t)+a_{n-1}y^{(n-1)}(t)+\cdots+a_0y(t)=b_mx^{(m)}(t)+b_{m-1}x^{(m-1)}(t)+\cdots+b_0x(t)$$

求解微分方程时，必须知道一组在 $t=t_0$ 时的初始条件 $y(t_{0_+})$，$y^{(1)}(t_{0_+})$，$y^{(2)}(t_{0_+})$，…，$y^{(n-1)}(t_{0_+})$的值，但是往往是先已知电容电压 $u_C(t_0)$和电感电流 $i_L(t_0)$，由此计算所需要的初始条件，这种输入—输出的描述法亦称端口法。这种方法的运算过程比较麻烦。

本章介绍的状态变量法，是从系统的内部观察动态变化，通常是以具有连续性的电容电压 $u_C(t)$及电感电流 $i_L(t)$建立动态系统的数学模型，状态变量法描述系统的数学模型是 n 维的一阶微分方程组。

随着现代控制理论的发展，需要对系统内部的一些变量进行研究，以便通过控制这些变量实现对系统的可控性和可测性的研究。由于状态变量分析法是以系统内部变量为基础建立的系统方程，对于研究多输入—多输出（多变量）系统不仅非常方便，而且也适用于非线性电路和时变电路，所以对状态变量分析法的研究越来越受到广泛的重视。由于本书受篇幅所限，只能对连续系统的状态变量分析法作一些基本概念的介绍，但这并不影响对系统分析建立一个完整的体系，因为对连续系统分析建立的概念和所得出的结果，对离散系统是类似的，所以在此不再作分析。

6.1 状态与状态变量

系统是从它的过去历史变化来的，在变化过程中，系统的状态是用一组最少的系统变量来表征的，根据它们在某时刻 t_0 的值（通常称初始值）及 $t\geqslant t_0$ 时系统的输入 $x(t)$，便能唯一地确定 $t\geqslant t_0$ 时这组变量和系统的输出 $y(t)$，因此这组被看做初始条件的数表示了系统的状态。由于动态系统的状态随时间变化，因此表示系统状态的这组数也在随时间变化，所以这一组最少的系统变量称为状态变量，记做 $\lambda_1(t)$，$\lambda_2(t)$，…，$\lambda_n(t)$。

下面分析两个很熟悉的电路，进一步加深对状态与状态变量概念的理解。

1. 简单的1阶系统

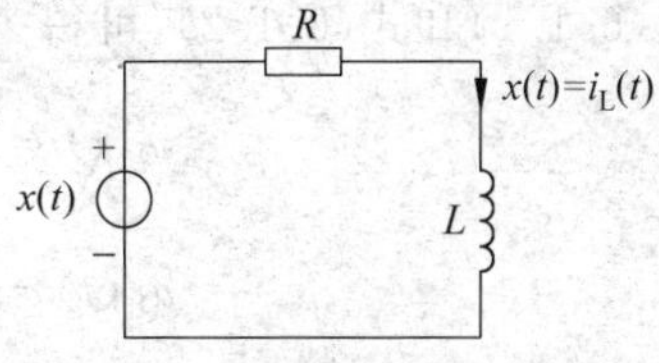

如图6-1-1所示，系统为非零状态 $i_L(t_{0_+})\neq0$，设响应

R
$x(t)=i_L(t)$
$x(t)$
L

图6-1-1　1阶 RL 的电路

$y(t)=i_L(t)$，电路满足 KVL 方程，即

$$Ry(t)+L\frac{\mathrm{d}y}{\mathrm{d}t}=x(t)\quad t\geqslant t_0$$

则有微分方程

$$\frac{\mathrm{d}}{\mathrm{d}t}y(t)+\frac{R}{L}y(t)=\frac{1}{L}x(t)$$

令 $a=\frac{R}{L}$，则方程的解为

$$y(t)=y(t_{0_+})\mathrm{e}^{-a(t-t_0)}+\frac{1}{L}\int_{t_{0_+}}^{t}x(\tau)\mathrm{e}^{-a(t-\tau)}\mathrm{d}\tau\quad t\geqslant t_0$$

式中，$y(t_{0_+})$是 $y(t)$在特定时刻 t_0 的值（初始值），因此，$t\geqslant t_0$ 的输出 $y(t)$不仅取决于此时的输入 $x(t)$，还与系统的历史状况有关。$y(t_{0_+})$表征了有关输入历史的总结果，至于在 $t<t_0$ 时是什么样的输入形式则无关紧要，由此可以看到系统到 t_0 时刻的状态是用 $y(t_{0_+})$表示的。

在电路分析中，一般选取动态元件的电容电压 $u_C(t)$及电感电流 $i_L(t)$作为状态变量，根据电路的基本定律，可以用动态变量和激励表示电路中各处的电压和电流。

2. 2 阶系统

如图 6-1-2 所示由 KCL 方程，得

$$C\frac{\mathrm{d}\lambda_1}{\mathrm{d}t}+\frac{x(t)-L\frac{\mathrm{d}\lambda_2}{\mathrm{d}t}}{R_2}=i_L(t)$$

和 KVL 方程

$$L\frac{\mathrm{d}\lambda_2}{\mathrm{d}t}+R_1C\frac{\mathrm{d}\lambda_1}{\mathrm{d}t}+\lambda_1(t)=x(t)$$

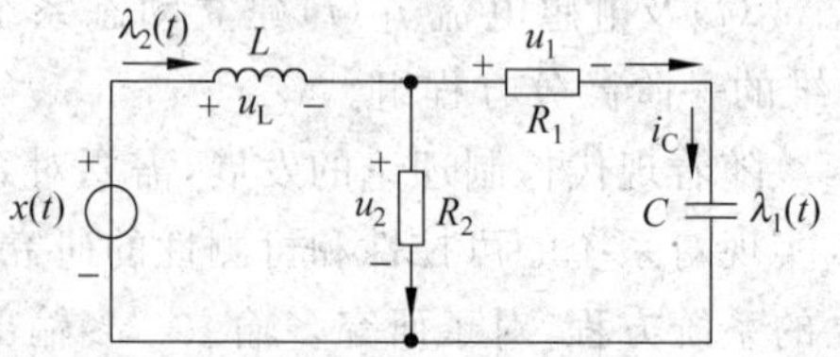

图 6-1-2　2 阶 RLC 的电路

可求得

$$\frac{\mathrm{d}\lambda_1}{\mathrm{d}t}=-\frac{1}{C(R_1+R_2)}\lambda_1(t)+\frac{R_2}{C(R_1+R_2)}\lambda_2(t)\tag{6.1.1}$$

$$\frac{\mathrm{d}\lambda_2}{\mathrm{d}t}=-\frac{R_2}{(R_1+R_2)L}\lambda_1(t)-\frac{R_1R_2}{(R_1+R_2)L}\lambda_2(t)+\frac{1}{L}x(t)\tag{6.1.2}$$

设 $R_1=2\Omega, R_2=3\Omega, L=5\mathrm{H}, C=4\mathrm{F}$，则

$$\frac{\mathrm{d}\lambda_1}{\mathrm{d}t}=-\frac{1}{20}\lambda_1(t)+\frac{3}{20}\lambda_2(t)$$

$$\frac{\mathrm{d}\lambda_2}{\mathrm{d}t}=-\frac{3}{25}\lambda_1(t)-\frac{6}{25}\lambda_2(t)+\frac{1}{5}x(t)$$

电路中的动态元件电容上的电压 $u_C(t)=\lambda_1(t)$，电感上的电流 $i_L(t)=\lambda_2(t)$，根据式(6.1.1)和式(6.1.2)，可得

$$i_C(t)=C\frac{\mathrm{d}\lambda_1}{\mathrm{d}t}=-\frac{1}{5}\lambda_1(t)+\frac{3}{5}\lambda_2(t)$$

$$u_L(t)=L\frac{\mathrm{d}\lambda_2}{\mathrm{d}t}=-\frac{3}{5}\lambda_1(t)+\frac{6}{5}\lambda_2(t)+x(t)$$

$$i_{R_1}(t)=i_C(t)=-\frac{1}{5}\lambda_1(t)+\frac{3}{5}\lambda_2(t)$$

$$i_{R_2}(t)=\lambda_2(t)-i_{R_1}(t)=\frac{1}{5}\lambda_1(t)+\frac{2}{5}\lambda_2(t)$$

$$u_2(t)=x(t)-u_L(t)=\frac{3}{5}\lambda_1(t)+\frac{6}{5}\lambda_2(t)$$

6.2 状态方程的建立

至此已经知道，连续系统在任意瞬时 t 的状态，可以用它的状态变量 $\lambda_1(t),\lambda_2(t),\cdots,\lambda_n(t)$ 来描述。由于状态变量的值随时间连续地变化，故要确定状态变量值的改变，就需要给出状态变量的变化率。对于一个因果系统，状态变量在任意瞬时的变化率是该瞬时的状态变量及其输入信号的函数，可用函数表示为

$$\begin{aligned}\frac{d\lambda_1}{dt}&=f_1[\lambda_1(t),\lambda_2(t),\cdots,\lambda_n(t),x_1(t),x_2(t),\cdots,x_m(t)]\\ \frac{d\lambda_2}{dt}&=f_2[\lambda_1(t),\lambda_2(t),\cdots,\lambda_n(t),x_1(t),x_2(t),\cdots,x_m(t)]\\ &\vdots\\ \frac{d\lambda_n}{dt}&=f_n[\lambda_1(t),\lambda_2(t),\cdots,\lambda_n(t),x_1(t),x_2(t),\cdots,x_m(t)]\end{aligned}\tag{6.2.1}$$

此系统的输出 $y(t)$ 由该瞬时的状态变量值及输入值确定，其表达式为

$$y(t)=g[\lambda_1(t),\lambda_2(t),\cdots,\lambda_n(t),x_1(t),x_2(t),\cdots,x_m(t)]\tag{6.2.2}$$

式(6.2.1)和式(6.2.2)分别表示了系统的状态方程和输出方程。

状态方程的建立方法有直接编写法和间接编写法。直接编写法包括直观编写、拓扑分析编写和计算机自动编写。间接编写法是利用微分方程或者是系统框图编写，还可以由系统转移函数来编写。

6.2.1 系统状态方程的直观编写

编写步骤如下：

(1) 把所有的独立电容电压和独立电感电流作为状态变量。

(2) 对电容写出独立结点的 KCL 方程；对电感写出独立回路的 KVL 方程。

(3) 整理方程。用状态变量与激励来表示状态变量的变化率及系统的输出。

例 6.2.1 写出如图 6-2-1 所示电路的状态方程。

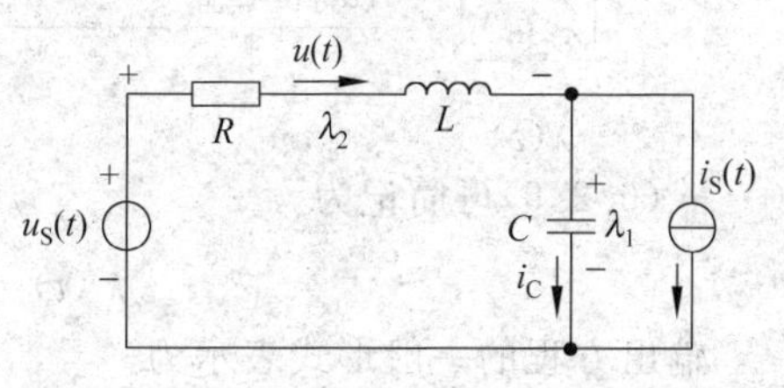

图 6-2-1 含有两个输入的 2 阶网络

【解】 选取电容电压为状态变量 $\lambda_1(t)$，电感电流为状态变量 $\lambda_2(t)$，观察电路，可得出含有电容支路独立结点的 KCL 方程为

$$C\frac{d\lambda_1}{dt}+i_S(t)=\lambda_2(t)$$

含有电感支路独立回路的 KVL 方程为

$$L\frac{d\lambda_2}{dt}+\lambda_1(t)+R\lambda_2(t)=u_S(t)$$

由此得到状态方程为

$$\left.\begin{aligned}\frac{\mathrm{d}\lambda_1}{\mathrm{d}t}&=\frac{1}{C}\lambda_2(t)-\frac{1}{C}i_{\mathrm{S}}(t)\\\frac{\mathrm{d}\lambda_2}{\mathrm{d}t}&=-\frac{1}{L}\lambda_1(t)-\frac{R}{L}\lambda_2(t)+\frac{1}{L}u_{\mathrm{S}}(t)\end{aligned}\right\}\tag{6.2.3}$$

式(6.2.3)是联立的1阶微分方程组,可写成矩阵形式为

$$\begin{bmatrix}\frac{\mathrm{d}\lambda_1}{\mathrm{d}t}\\\frac{\mathrm{d}\lambda_2}{\mathrm{d}t}\end{bmatrix}=\begin{bmatrix}0&\frac{1}{C}\\-\frac{1}{L}&-\frac{R}{L}\end{bmatrix}\begin{bmatrix}\lambda_1(t)\\\lambda_2(t)\end{bmatrix}+\begin{bmatrix}0&-\frac{1}{C}\\\frac{1}{L}&0\end{bmatrix}\begin{bmatrix}u_{\mathrm{S}}(t)\\i_{\mathrm{S}}(t)\end{bmatrix}$$

令 $x_1(t)=u_{\mathrm{S}}(t)$,$x_2(t)=i_{\mathrm{S}}(t)$,定义

$$\dot{\lambda}_1(t)\overset{\mathrm{def}}{=}\frac{\mathrm{d}\lambda_1}{\mathrm{d}t}\qquad\dot{\lambda}_2(t)\overset{\mathrm{def}}{=}\frac{\mathrm{d}\lambda_2}{\mathrm{d}t}$$

则式(6.2.3)又可写为

$$\begin{bmatrix}\dot{\lambda}_1(t)\\\dot{\lambda}_2(t)\end{bmatrix}=\begin{bmatrix}0&\frac{1}{C}\\-\frac{1}{L}&-\frac{R}{L}\end{bmatrix}\begin{bmatrix}\lambda_1(t)\\\lambda_2(t)\end{bmatrix}+\begin{bmatrix}0&-\frac{1}{C}\\\frac{1}{L}&0\end{bmatrix}\begin{bmatrix}x_1(t)\\x_2(t)\end{bmatrix}\tag{6.2.4}$$

欲要求网络的响应 $u(t)$ 和 $i_{\mathrm{C}}(t)$,则根据基本定律,有KVL方程,即

$$u(t)=-\lambda_1(t)+u_{\mathrm{S}}(t)$$
$$i_{\mathrm{C}}(t)=\lambda_2(t)-i_{\mathrm{S}}(t)$$

写成矩阵形式

$$\begin{bmatrix}u(t)\\i_{\mathrm{C}}(t)\end{bmatrix}=\begin{bmatrix}-1&0\\0&1\end{bmatrix}\begin{bmatrix}\lambda_1(t)\\\lambda_2(t)\end{bmatrix}+\begin{bmatrix}1&0\\0&-1\end{bmatrix}\begin{bmatrix}x_1(t)\\x_2(t)\end{bmatrix}$$

令 $y_1(t)=u(t)$,$y_2(t)=i_{\mathrm{C}}(t)$,则有输出方程

$$\begin{bmatrix}y_1(t)\\y_2(t)\end{bmatrix}=\begin{bmatrix}-1&0\\0&1\end{bmatrix}\begin{bmatrix}\lambda_1(t)\\\lambda_2(t)\end{bmatrix}+\begin{bmatrix}1&0\\0&-1\end{bmatrix}\begin{bmatrix}x_1(t)\\x_2(t)\end{bmatrix}\tag{6.2.5}$$

由式(6.2.4)和式(6.2.5)可推广到多输入—多输出连续时间系统,其状态方程的一般形式可表示为

$$\underbrace{\begin{bmatrix}\dot{\lambda}_1(t)\\\vdots\\\dot{\lambda}_n(t)\end{bmatrix}}_{\dot{\boldsymbol{\lambda}}(t)}=\underbrace{\begin{bmatrix}a_{11}&a_{12}&\cdots&a_{1n}\\\vdots&\vdots&\ddots&\vdots\\a_{n1}&a_{n2}&\cdots&a_{nn}\end{bmatrix}}_{\boldsymbol{A}}\underbrace{\begin{bmatrix}\lambda_1(t)\\\vdots\\\lambda_n(t)\end{bmatrix}}_{\boldsymbol{\lambda}(t)}+\underbrace{\begin{bmatrix}b_{11}&b_{12}&\cdots&b_{1m}\\\vdots&\vdots&\ddots&\vdots\\b_{n1}&b_{n2}&\cdots&b_{nm}\end{bmatrix}}_{\boldsymbol{B}}\underbrace{\begin{bmatrix}x_1(t)\\\vdots\\x_m(t)\end{bmatrix}}_{\boldsymbol{x}(t)}\tag{6.2.6}$$

式(6.2.6)可简记为

$$\dot{\boldsymbol{\lambda}}(t)=\boldsymbol{A}\boldsymbol{\lambda}(t)+\boldsymbol{B}\boldsymbol{x}(t)\tag{6.2.7}$$

输出方程的一般形式表示为

$$\underbrace{\begin{bmatrix}y_1(t)\\\vdots\\y_p(t)\end{bmatrix}}_{\boldsymbol{y}(t)}=\underbrace{\begin{bmatrix}c_{11}&c_{12}&\cdots&c_{1n}\\\vdots&\vdots&\ddots&\vdots\\c_{p1}&c_{p2}&\cdots&c_{pn}\end{bmatrix}}_{\boldsymbol{C}}\underbrace{\begin{bmatrix}\lambda_1(t)\\\vdots\\\lambda_n(t)\end{bmatrix}}_{\boldsymbol{\lambda}(t)}+\underbrace{\begin{bmatrix}d_{11}&d_{12}&\cdots&d_{1m}\\\vdots&\vdots&\ddots&\vdots\\d_{p1}&d_{p2}&\cdots&d_{pm}\end{bmatrix}}_{\boldsymbol{D}}\underbrace{\begin{bmatrix}x_1(t)\\\vdots\\x_m(t)\end{bmatrix}}_{\boldsymbol{x}(t)}\tag{6.2.8}$$

可简记为

$$\boldsymbol{y}(t) = \boldsymbol{C}\lambda(t) + \boldsymbol{D}\boldsymbol{x}(t) \tag{6.2.9}$$

在式(6.2.7)和式(6.2.9)中：

$\boldsymbol{A}$ 为 $n\times n$ 方阵；　　$\boldsymbol{B}$ 为 $n\times m$ 矩阵；

$\boldsymbol{C}$ 为 $p\times n$ 矩阵；　　$\boldsymbol{D}$ 为 $p\times m$ 矩阵

统称为系数矩阵。

在矩阵理论中，把行矩阵和列矩阵看做矢量，矩阵中的各元素看做该矢量的分量，因此 $\lambda(t)$，$\dot{\lambda}(t)$，$\boldsymbol{x}(t)$和 $\boldsymbol{y}(t)$分别称为状态矢量、状态变量时间导数矢量、输入矢量和输出矢量。

由状态矢量$\lambda(t)$组成了一个 n 维矢量空间，此 n 维空间又称为状态空间，所以状态变量法也称为状态空间法。

6.2.2　利用微分方程编写系统的状态方程——间接编写

状态变量法是描述系统的一种方法，因此单输入—单输出的连续时间系统状态方程和系统微分方程间，必然可以互相转换。众所周知，微分方程可用加法器、标量乘法器和积分器来模拟该系统，画出系统的方框图。又因为方框图中积分器的数目正好等于系统最少独立状态变量的个数，所以取每一个积分器的输出作为状态变量来列写状态方程直观、简易。

例 6.2.2　已知描述系统的微分方程为

$$\frac{\mathrm{d}^3}{\mathrm{d}t^3}\boldsymbol{y}(t) + a_2\frac{\mathrm{d}^2}{\mathrm{d}t^2}\boldsymbol{y}(t) + a_1\frac{\mathrm{d}}{\mathrm{d}t}\boldsymbol{y}(t) + a_0\boldsymbol{y}(t) = \boldsymbol{x}(t) \tag{6.2.10}$$

求描述该系统的状态方程。

【解】　根据式(6.2.10)，可用加法器、标量乘法器和积分器模拟系统，画出系统的方框图，如图 6-2-2 所示。

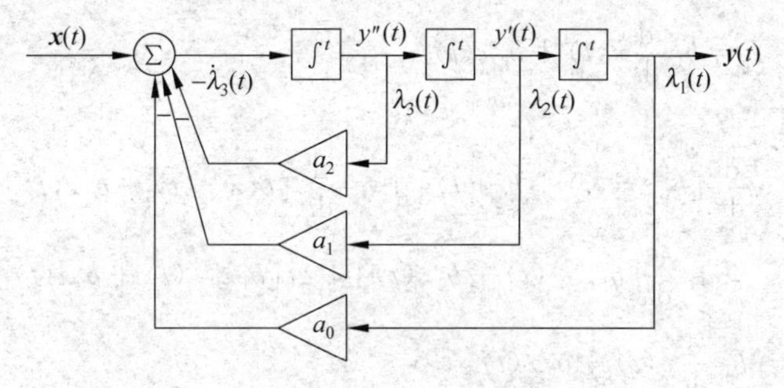

图 6-2-2　3 阶系统方框图

选择积分器的输出为状态变量

$$\lambda_1(t) = \boldsymbol{y}(t)$$

$$\lambda_2(t) = \dot{\lambda}_1(t) = \frac{\mathrm{d}}{\mathrm{d}t}\boldsymbol{y}(t)$$

$$\lambda_3(t) = \dot{\lambda}_2(t) = \frac{\mathrm{d}^2}{\mathrm{d}^2t}\boldsymbol{y}(t)$$

由此可知

$$\dot{\lambda}_3(t)=\frac{\mathrm{d}^3}{\mathrm{d}^3 t}\boldsymbol{y}(t)$$

则

$$\dot{\lambda}_1(t)=\lambda_2(t)$$

$$\dot{\lambda}_2(t)=\lambda_3(t)$$

$$\dot{\lambda}_3(t)=-a_0\lambda_1(t)-a_1\lambda_2(t)-a_2\lambda_3(t)+\boldsymbol{x}(t)$$

写成矩阵形式，则系统的状态方程为

$$\begin{bmatrix}\dot{\lambda}_1(t)\\\dot{\lambda}_2(t)\\\dot{\lambda}_3(t)\end{bmatrix}=\begin{bmatrix}0&1&0\\0&0&1\\-a_0&-a_1&-a_2\end{bmatrix}\begin{bmatrix}\lambda_1(t)\\\lambda_2(t)\\\lambda_3(t)\end{bmatrix}+\begin{bmatrix}0\\0\\1\end{bmatrix}\boldsymbol{x}(t)\tag{6.2.11}$$

输出方程为

$$\boldsymbol{y}(t)=\lambda_1(t)\tag{6.2.12}$$

如果描述系统的数学模型为

$$\frac{\mathrm{d}^3}{\mathrm{d}t^3}\boldsymbol{y}(t)+a_2\frac{\mathrm{d}^2}{\mathrm{d}t^2}\boldsymbol{y}(t)+a_1\frac{\mathrm{d}}{\mathrm{d}t}\boldsymbol{y}(t)+a_0\boldsymbol{y}(t)=b_1\frac{\mathrm{d}}{\mathrm{d}t}\boldsymbol{x}(t)+b_0\boldsymbol{x}(t)\tag{6.2.13}$$

与式(6.2.10)比较，两式等号左边相同，只是等号右边包含输入 $\boldsymbol{x}(t)$的导数项。为了模拟该系统，根据式(6.2.10)设有辅助函数 $z(t)$，满足方程

$$\frac{\mathrm{d}^3}{\mathrm{d}t^3}z(t)+a_2\frac{\mathrm{d}^2}{\mathrm{d}t^2}z(t)+a_1\frac{\mathrm{d}}{\mathrm{d}t}z(t)+a_0z(t)=x(t)\tag{6.2.14}$$

利用系统的线性特性，对式(6.2.14)微分并且乘以 b_1，再加上 b_0 乘式(6.2.14)，即

$$\begin{aligned}&b_1\frac{\mathrm{d}}{\mathrm{d}t}[z^{(3)}(t)+a_2z^{(2)}(t)+a_1z^{(1)}(t)+a_0z(t)]\\&\quad+b_0[z^{(3)}(t)+a_2z^{(2)}(t)+a_1z^{(1)}(t)+a_0z(t)]\\&=b_1\frac{\mathrm{d}}{\mathrm{d}t}x(t)+b_0x(t)\end{aligned}\tag{6.2.15}$$

经过整理得到

$$\begin{aligned}&\frac{\mathrm{d}^3}{\mathrm{d}t^3}[b_1z^{(1)}(t)+b_0z(t)]+a_2\frac{\mathrm{d}^2}{\mathrm{d}t^2}[b_1z^{(1)}(t)+b_0z(t)]\\&+a_1\frac{\mathrm{d}}{\mathrm{d}t}[b_1z^{(1)}(t)+b_0z(t)]+a_2[b_1z^{(1)}(t)+b_0z(t)]\\&=b_1\frac{\mathrm{d}}{\mathrm{d}t}x(t)+b_0x(t)\end{aligned}\tag{6.2.16}$$

与式(6.2.13)相比较，得

$$y(t)=b_1z^{(1)}(t)+b_0z(t)\tag{6.2.17}$$

由此可以画出式(6.2.13)所描述的系统方框图，如图 6-2-3 所示。

观察图 6-2-3 可知，该系统的状态方程仍为式(6.2.11)，而输出方程为

$$\boldsymbol{y}(t)=b_1\lambda_2(t)+b_0\lambda_1(t)$$

其矩阵形式为

$$\boldsymbol{y}(t)=(b_0\quad b_1\quad 0)\begin{bmatrix}\lambda_1(t)\\\lambda_2(t)\\\lambda_3(t)\end{bmatrix}$$

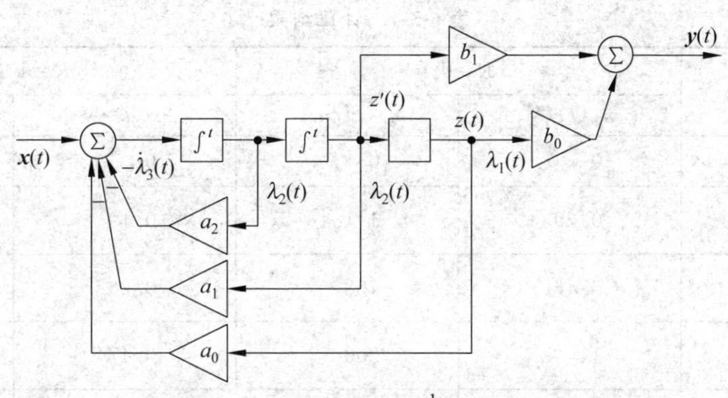

图 6-2-3　含有输入导数项$\frac{\mathrm{d}}{\mathrm{d}t}x(t)$的 3 阶系统

利用系统的微分方程建立状态方程时，输出 $y(t)$是任意量，不一定是电容电压与电感电流；状态变量也不一定是电容电压与电感电流。对同一个系统，选择不同的状态变量，可得到不同形式的状态方程，但是，应注意到它们对所描述的系统其输入关系是不会变的。

6.3　状态空间的概念

系统在任意时刻的状态都可用状态空间中的一个点来表示，由状态矢量$\lambda(t)$组成的 n 维矢量空间，根据矢量端点随时间变化，所描述的路径称为状态轨迹。

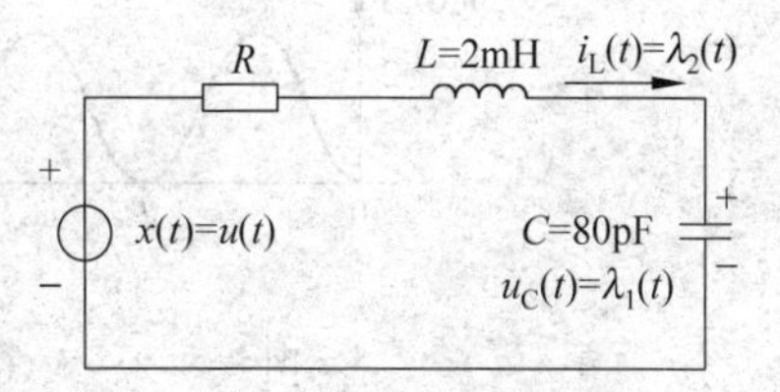

图 6-3-1　RLC 串联电路

以图 6-3-1 所示的 RLC 串联电路为例，选取 $u_C(t)=\lambda_1(t)$，$i_L(t)=\lambda_2(t)$为状态变量，由二维矢量 $\lambda_1(t)$和 $\lambda_2(t)$组成的矢量空间可称为状态平面。以状态矢量为坐标时间 t 为参变量，给定某一指定时刻 $t=t_0$，即对应有一点$[u_C(t_0),i_L(t_0)]$，连续变化 t 值，这样就可以画出矢量端点的轨迹，如果把 $u_C(t)$和 $i_L(t)$分别加至示波器的水平输入和垂直输入，在屏幕上就可以显示状态轨迹的图形。

图 6-3-1 所示电路为零状态系统，即 $u_C(0)=0$，$i_L(0)=0$，现在分析在 $R=0\Omega$ 和 $R=10\mathrm{k}\Omega$ 两种情况下的状态轨迹。

设输入信号 $x(t)=u(t)$，当 $R=0\Omega$ 时，可解出

$$u_C(t)=(1-\cos\omega_0 t)u(t) \tag{6.3.1}$$

$$i_L(t)=2\times10^{-4}\sin\omega_0 t u(t) \tag{6.3.2}$$

当 $R=10\mathrm{k}\Omega$ 时，可以求出

$$u_C(t)=[1-(\omega_0 t+1)\mathrm{e}^{-\omega_0 t}]u(t) \tag{6.3.3}$$

$$i_L(t)=\frac{1}{L}t\mathrm{e}^{-\omega_0 t}u(t) \tag{6.3.4}$$

式中 $\omega_0=\sqrt{\frac{1}{LC}}=0.25\times10^7(T=8\pi\times10^7)$。

式(6.3.1)～式(6.3.4)的计算结果列于表 6-3-1 中。

表 6-3-1　计算结果

t/s	$R=0\Omega$		$R=10\mathrm{k}\Omega$	
	$u_C(t)/\mathrm{V}$	$i_L(t)/\mu\mathrm{A}$	$u_C(t)/\mathrm{V}$	$i_L(t)/\mu\mathrm{A}$
0	0	0	0	0
$\frac{T}{8}$	0.293	141.4	0.19	71.6
$\frac{T}{2\pi}=\frac{T}{6.28}$	0.46	168	0.26	74
$\frac{T}{4}$	1	200	0.47	65
$\frac{T}{2}$	2	0	0.82	27
$\frac{3T}{4}$	1	−200	0.95	8.5
T	0	0	0.986	2.3
$\frac{5T}{4}$	1	200	0.996	0.6

根据表 6-3-1 可以很容易地画出 $u_C(t)$ 和 $i_L(t)$ 的波形及状态轨迹，如图 6-3-2～图 6-3-5所示。

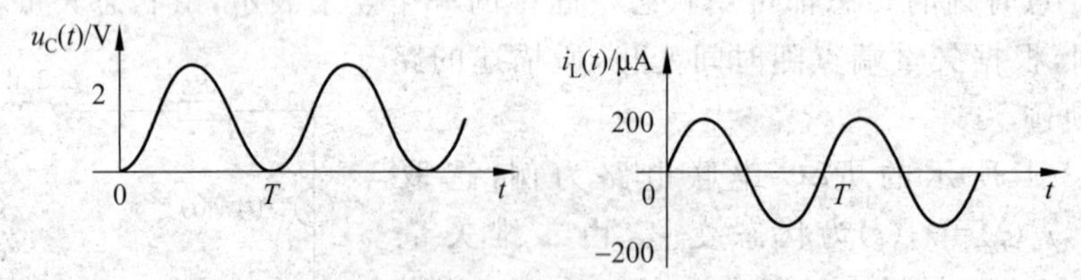

图 6-3-2　式(6.3.1)和式(6.3.2)的 $u_C(t)$ 和 $i_L(t)$ 波形

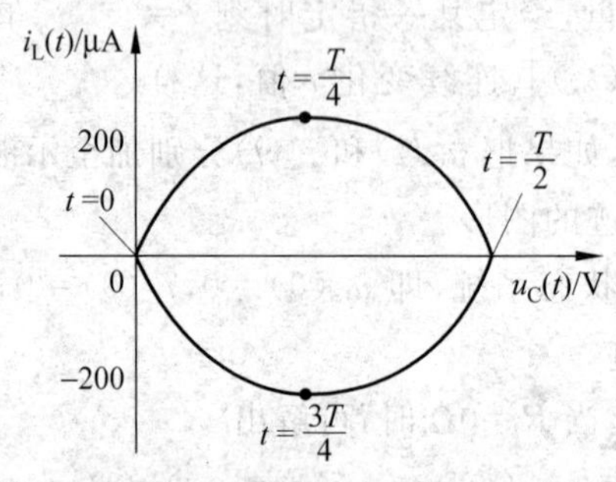

图 6-3-3　$R=0\Omega$ 时状态矢量 $\lambda(t)$ 的轨迹

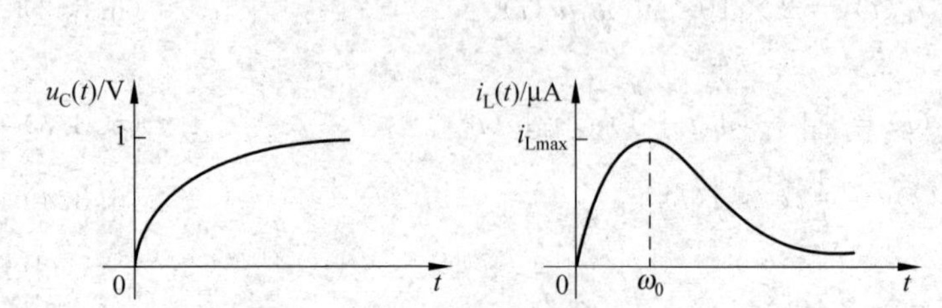

图 6-3-4　式(6.3.3)和式(6.3.4)的 $u_C(t)$ 和 $i_L(t)$ 波形

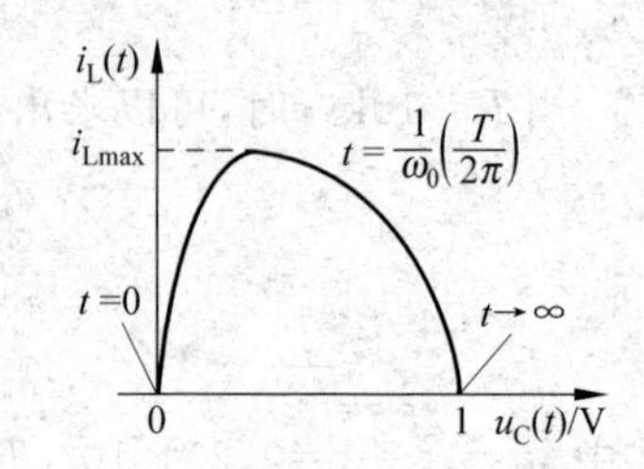

图 6-3-5　$R=10\mathrm{k}\Omega$ 时状态矢量 $\lambda(t)$ 的轨迹

6.4 状态方程的求解

求解状态方程有时域和变换域两种解法，这里只介绍变换域解法。

在状态方程式(6.2.6)中，第 j 个方程的一般形式为

$$\begin{aligned}\dot{\lambda}_j(t) &= a_{j1}\lambda_1(t)+a_{j2}\lambda_2(t)+\cdots+a_{jn}\lambda_n(t)\\ &\quad+b_{j1}x_1(t)+b_{j2}x_2(t)+\cdots+b_{jm}x_m(t)\end{aligned}\tag{6.4.1}$$

若状态矢量$\lambda(t)$的分量 $\lambda_j(t)$及输入矢量 $\boldsymbol{x}(t)$的分量 $x_i(t)$的拉普拉斯变换式分别为

$$\lambda_j(t)\leftrightarrow\Lambda_j(s)$$

$$\lambda_j(t)\leftrightarrow s\Lambda_j(s)-\lambda_j(0_-)$$

$$x_i(t)\leftrightarrow x_i(s)$$

对式(6.4.1)取拉普拉斯变换

$$\begin{aligned}&s\Lambda_j(s)-\lambda_j(0_-)\\ &=a_{j1}\Lambda_1(s)+a_{j2}\Lambda_1(s)+\cdots+a_{jn}\Lambda_1(s)+b_{j1}X_1(s)+b_{j2}X_2(s)+\cdots+b_{jm}X_m(s)\end{aligned}$$

则状态方程式(6.2.6)的拉普拉斯变换为

$$s\begin{bmatrix}\Lambda_1(s)\\ \vdots\\ \Lambda_n(s)\end{bmatrix}-\begin{bmatrix}\lambda_1(0_-)\\ \vdots\\ \lambda_n(0_-)\end{bmatrix}=\begin{bmatrix}a_{11}&a_{12}&\cdots&a_{1n}\\ \vdots&\vdots&\ddots&\vdots\\ a_{n1}&a_{n2}&\cdots&a_{nn}\end{bmatrix}\begin{bmatrix}\Lambda_1(s)\\ \vdots\\ \Lambda_n(s)\end{bmatrix}+\begin{bmatrix}b_{11}&b_{12}&\cdots&b_{1n}\\ \vdots&\vdots&\ddots&\vdots\\ b_{n1}&b_{n2}&\cdots&b_{nm}\end{bmatrix}\begin{bmatrix}X_1(s)\\ \vdots\\ X_m(s)\end{bmatrix}\tag{6.4.2}$$

其矢量形式为

$$s\Lambda(s)-\lambda(0_-)=\boldsymbol{A}\Lambda(s)+\boldsymbol{BX}(s)$$

或者写为

$$\{s\boldsymbol{I}-\boldsymbol{A}\}\Lambda(s)=\lambda(0_-)+\boldsymbol{BX}(s)\tag{6.4.3}$$

式中，$\boldsymbol{I}$ 为单位矩阵，若存在逆矩阵$(s\boldsymbol{I}-\boldsymbol{A})^{-1}$，对式(6.4.3)两边左乘以$(s\boldsymbol{I}-\boldsymbol{A})^{-1}$，即得

$$\Lambda(s)=(s\boldsymbol{I}-\boldsymbol{A})^{-1}(\lambda(0_-)+\boldsymbol{BX}(s))\tag{6.4.4}$$

令

$$\Phi(s)=(s\boldsymbol{I}-\boldsymbol{A})^{-1}$$

式(6.4.4)可写为

$$\Lambda(s)=\Phi(s)\lambda(0_-)+\Phi(s)\boldsymbol{BX}(s)\tag{6.4.5}$$

对式(6.4.5)取拉普拉斯反变换，即可得到时域表达式

$$\lambda(t)=\mathscr{L}^{-1}[\Phi(s)\lambda(0_-)]+\mathscr{L}^{-1}[\Phi(s)\boldsymbol{BX}(s)]\tag{6.4.6}$$

式(6.4.6)中的第一项是状态矢量的零输入解，第二项是状态矢量的零状态解。

由此可以看到，为求状态矢量的解，必须要计算 $s\boldsymbol{I}-\boldsymbol{A}$ 的逆矩阵$\Phi(s)$。根据矩阵运算

$$\Phi(s)=\frac{(s\boldsymbol{I}-\boldsymbol{A})^*}{\det(s\boldsymbol{I}-\boldsymbol{A})}\tag{6.4.7}$$

式中，$(s\boldsymbol{I}-\boldsymbol{A})^*$是$(s\boldsymbol{I}-\boldsymbol{A})$的伴随矩阵，$(s\boldsymbol{I}-\boldsymbol{A})^*$的第 i 行第 j 列元素是$(s\boldsymbol{I}-\boldsymbol{A})$的第 j 行第 i 列元素的代数余子式。$\det(s\boldsymbol{I}-\boldsymbol{A})$是矩阵$(s\boldsymbol{I}-\boldsymbol{A})$的行列式。

用同样的方法对输出方程式(6.2.9)

$$\boldsymbol{y}(t)=\boldsymbol{C}\lambda(t)+\boldsymbol{D}\boldsymbol{x}(t)$$

取拉普拉斯变换得到

$$\boldsymbol{Y}(s)=\boldsymbol{C}\Lambda(s)+\boldsymbol{D}\boldsymbol{X}(s) \tag{6.4.8}$$

把式(6.4.5)代入式(6.4.8)中,得

$$\boldsymbol{Y}(s)=\boldsymbol{C}(\boldsymbol{\Phi}(s)\lambda(0_-)+\boldsymbol{\Phi}(s)\boldsymbol{B}X(s))+\boldsymbol{D}\boldsymbol{X}(s)$$

或者

$$\boldsymbol{Y}(s)=\boldsymbol{C}(\boldsymbol{\Phi}(s)\lambda(0_-)+(\boldsymbol{C}\boldsymbol{\Phi}(s)\boldsymbol{B}+\boldsymbol{D}\boldsymbol{X}(s)$$

即

$$\boldsymbol{Y}(s)=\boldsymbol{C}\boldsymbol{\Phi}(s)\lambda(0_-)+\boldsymbol{H}(s)\boldsymbol{X}(s) \tag{6.4.9}$$

式中

$$\boldsymbol{H}(s)=\boldsymbol{C}\boldsymbol{\Phi}(s)\boldsymbol{B}+\boldsymbol{D} \tag{6.4.10}$$

称 $\boldsymbol{H}(s)$为系统函数矩阵。

对式(6.4.9)和式(6.4.10)进行拉普拉斯逆变换,则输出方程的时域解为

$$\boldsymbol{y}(t)=\underbrace{\boldsymbol{C}\mathcal{L}^{-1}[\boldsymbol{\Phi}(s)\lambda(0_-)]}_{\text{零输入响应}}+\mathcal{L}^{-1}\underbrace{\boldsymbol{H}(s)\boldsymbol{X}(s)}_{\text{零状态响应}} \tag{6.4.11}$$

系统的冲激响应矩阵为

$$\boldsymbol{h}(t)=\mathcal{L}^{-1}\boldsymbol{H}(s) \tag{6.4.12}$$

式(6.4.12)说明了系统函数矩阵 $\boldsymbol{H}(s)$与系统冲激响应矩阵 $\boldsymbol{h}(t)$是一对拉普拉斯变换对。例如,用状态变量分析法求图 6-4-1 所示电路的 $u_C(t)$、$i_L(t)$、$u_L(t)$、$i_C(t)$。

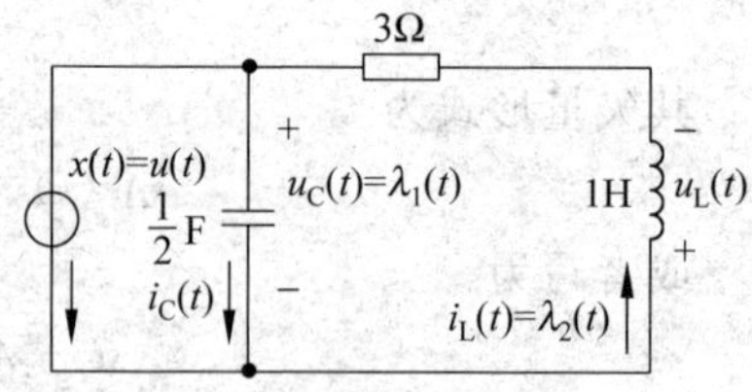

图 6-4-1 状态变量分析法示图

设:$u_C(0_-)=1\text{V}$,$i_L(0_-)=1\text{A}$,取

状态变量 $\lambda_1(t)=u_C(t)$,$\lambda_2(t)=i_L(t)$

输出变量 $y_1(t)=u_L(t)$,$y_2(t)=i_C(t)$

观察电路可以列写

KCL 方程 $i_L=C\dfrac{du_C}{dt}+x(t)$

KVL 方程 $L\dfrac{di_L}{dt}+Ri_L(t)+u_C(t)=0$

由此得到状态方程

$$\frac{du_C}{dt}=\frac{1}{C}i_L(t)-\frac{1}{C}x(t)$$

$$\frac{di_L}{dt}=-\frac{1}{L}u_C(t)-\frac{R}{L}i_L(t)$$

其矩阵形式为

$$\begin{bmatrix}\dot{\lambda}_1(t)\\ \dot{\lambda}_2(t)\end{bmatrix}=\begin{bmatrix}0 & \frac{1}{C}\\ -\frac{1}{L} & -\frac{R}{L}\end{bmatrix}\begin{bmatrix}\lambda_1(t)\\ \lambda_2(t)\end{bmatrix}+\begin{bmatrix}-\frac{1}{C} & 0\\ 0 & 0\end{bmatrix}x(t) \tag{6.4.13}$$

代入元件值

$$\dot{\lambda}(t)=\begin{pmatrix}0 & 2\\ -1 & -3\end{pmatrix}\lambda(t)+\begin{pmatrix}-2 & 0\\ 0 & 0\end{pmatrix}u(t) \tag{6.4.14}$$

令式中$\begin{pmatrix}0 & 2\\ -1 & -3\end{pmatrix}=\boldsymbol{A}$，$\begin{pmatrix}-2 & 0\\ 0 & 0\end{pmatrix}=\boldsymbol{B}$，用变换域解法求状态变量时域解。首先要计算矩阵 $s\boldsymbol{I}-\boldsymbol{A}$。

$$s\boldsymbol{I}-\boldsymbol{A}=s\begin{pmatrix}1 & 0\\ 0 & 1\end{pmatrix}-\begin{pmatrix}0 & 2\\ -1 & -3\end{pmatrix}=\begin{pmatrix}s & 0\\ 0 & s\end{pmatrix}-\begin{pmatrix}0 & 2\\ -1 & -3\end{pmatrix}=\begin{pmatrix}s & -2\\ 1 & s+3\end{pmatrix}$$

其相应的行列式为

$$\det(s\boldsymbol{I}-\boldsymbol{A})=\begin{pmatrix}s & -2\\ 1 & s+3\end{pmatrix}=s(s+3)+2=s^2+3s+2$$

伴随矩阵

$$(s\boldsymbol{I}-\boldsymbol{A})^*=\begin{pmatrix}s+3 & 2\\ -1 & s\end{pmatrix}$$

则

$$\boldsymbol{\Phi}(s)=\frac{(s\boldsymbol{I}-\boldsymbol{A})^*}{\det(s\boldsymbol{I}-\boldsymbol{A})}=\frac{\begin{pmatrix}s+3 & 2\\ -1 & s\end{pmatrix}}{s^2+3s+2}$$

或

$$\boldsymbol{\Phi}(s)=\begin{bmatrix}\frac{s+3}{(s+1)(s+2)} & \frac{2}{(s+1)(s+2)}\\ \frac{-1}{(s+1)(s+2)} & \frac{s}{(s+1)(s+2)}\end{bmatrix}$$

利用式(6.4.4)

$$\Lambda(s)=\boldsymbol{\Phi}(s)(\lambda(0_-)+\boldsymbol{BX}(s))=\boldsymbol{\Phi}(s)\left\{\begin{bmatrix}\lambda_1(0_-)\\ \lambda_2(0_-)\end{bmatrix}+\begin{pmatrix}-2\\ 0\end{pmatrix}\left(\frac{1}{s}\right)\right\}$$

或

$$\begin{aligned}\Lambda(s)&=\boldsymbol{\Phi}(s)\left\{\begin{pmatrix}1\\ 1\end{pmatrix}+\begin{bmatrix}-\frac{2}{s}\\ 0\end{bmatrix}\right\}=\boldsymbol{\Phi}(s)\begin{bmatrix}1-\frac{2}{s}\\ 1\end{bmatrix}\\ &=\begin{bmatrix}\frac{s+3}{(s+1)(s+2)} & \frac{2}{(s+1)(s+2)}\\ \frac{-1}{(s+1)(s+2)} & \frac{s}{(s+1)(s+2)}\end{bmatrix}\begin{bmatrix}1-\frac{2}{s}\\ 1\end{bmatrix}\\ &=\begin{bmatrix}\frac{s+3}{(s+1)(s+2)}\cdot\frac{s-2}{s}+\frac{2}{(s+1)(s+2)}\\ \frac{-1}{(s+1)(s+2)}\cdot\frac{s-2}{s}+\frac{s}{(s+1)(s+2)}\end{bmatrix}\end{aligned}$$

或

$$\begin{bmatrix}\Lambda_1(s)\\ \Lambda_2(s)\end{bmatrix}=\begin{bmatrix}\frac{s^2+3s-6}{s(s+1)(s+2)}\\ \frac{s^2-s+2}{s(s+1)(s+2)}\end{bmatrix}=\begin{bmatrix}\frac{-3}{s}+\frac{8}{s+1}+\frac{-4}{s+2}\\ \frac{1}{s}+\frac{-4}{s+1}+\frac{4}{s+2}\end{bmatrix}$$

则状态变量

$$\left.\begin{aligned}\lambda_1(t) &= u_C(t) = (-3 + 8e^{-t} - 4e^{-2t})u(t)\\ \lambda_2(t) &= i_L(t) = (1 - 4e^{-t} + 4e^{-2t})u(t)\end{aligned}\right\} \tag{6.4.15}$$

由电路直观地写出输出方程为

$$y_1(t) = -u_C(t) + Ri_L(t) + 0$$

$$y_2(t) = 0 + i_L(t) - u(t)$$

其矩阵形式为

$$\begin{bmatrix} y_1(t)\\ y_2(t)\end{bmatrix} = \begin{bmatrix} -1 & -3\\ 0 & 1\end{bmatrix}\begin{bmatrix}\lambda_1(t)\\ \lambda_2(t)\end{bmatrix} + \begin{bmatrix}0\\ -1\end{bmatrix}u(t) \tag{6.4.16}$$

利用式(6.4.8)

$$\begin{aligned}\begin{bmatrix} Y_1(s)\\ Y_2(s)\end{bmatrix} &= \begin{bmatrix} -1 & -3\\ 0 & 1\end{bmatrix}\begin{bmatrix}\Lambda_1(s)\\ \Lambda_2(s)\end{bmatrix} + \begin{bmatrix}0\\ -1\end{bmatrix}\left(\frac{1}{s}\right)\\ &= \begin{bmatrix} -1 & -3\\ 0 & 1\end{bmatrix}\begin{bmatrix}\dfrac{s^2+3s-6}{s(s+1)(s+2)}\\ \dfrac{s^2-s+3}{s(s+1)(s+2)}\end{bmatrix} + \begin{bmatrix}0\\ -\dfrac{1}{s}\end{bmatrix}\\ &= \begin{bmatrix}\dfrac{-s^2-3s+6}{s(s+1)(s+2)} + \dfrac{-3(s^2-s+2)}{s(s+1)(s+2)}\\ \dfrac{s^2-s+3}{s(s+1)(s+2)}\end{bmatrix} + \begin{bmatrix}0\\ -\dfrac{1}{s}\end{bmatrix}\end{aligned}$$

或者

$$\begin{bmatrix} Y_1(s)\\ Y_2(s)\end{bmatrix} = \begin{bmatrix}\dfrac{-4s}{(s+1)(s+2)}\\ \dfrac{-4}{(s+1)(s+2)}\end{bmatrix} = \begin{bmatrix}\dfrac{4}{s+1} + \dfrac{-8}{s+2}\\ \dfrac{-4}{s+1} + \dfrac{4}{s+2}\end{bmatrix}$$

则输出变量为

$$\left.\begin{aligned}y_1(t) &= u_L(t) = (4e^{-t} - 8e^{-2t})u(t)\\ y_2(t) &= i_C(t) = (-4e^{-t} + 4e^{-2t})u(t)\end{aligned}\right\} \tag{6.4.17}$$

显然，对于这样的简单电路，其输出变量可直接由状态变量求出，即

$$u_L(t) = L\frac{\mathrm{d}i_L}{\mathrm{d}t} = L\frac{\mathrm{d}\lambda_2}{\mathrm{d}t}$$

$$i_C(t) = C\frac{\mathrm{d}u_C}{\mathrm{d}t} = C\frac{\mathrm{d}\lambda_1}{\mathrm{d}t}$$

通过上面例题的求解，阐述了状态方程的变换域解法，它是一种非常简便的方法。由于系统的状态方程是表示为状态变量及输入激励的 1 阶微分方程组，所以也可以采用数值解法，为计算机分析系统提供了一条极为有效的途径。状态方程的其他内容，读者可根据需要参阅有关资料。

习题 6

6.1 写出题 6.1 图所示电路的状态方程(以 i_L 和 u_C 为状态变量)。

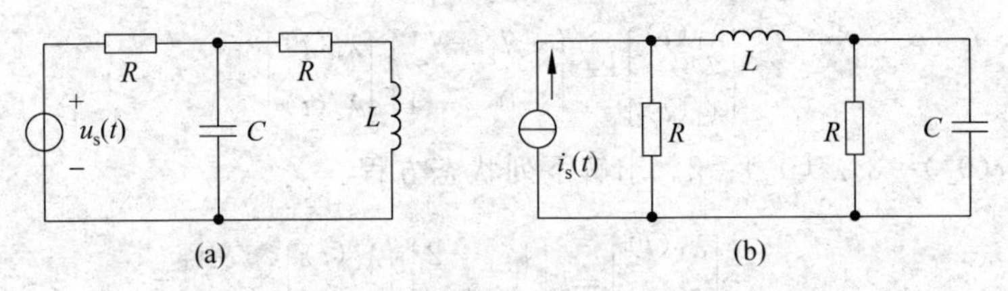

题 6.1 图

6.2 写出题 6.2 图所示电路的状态方程和输出方程。

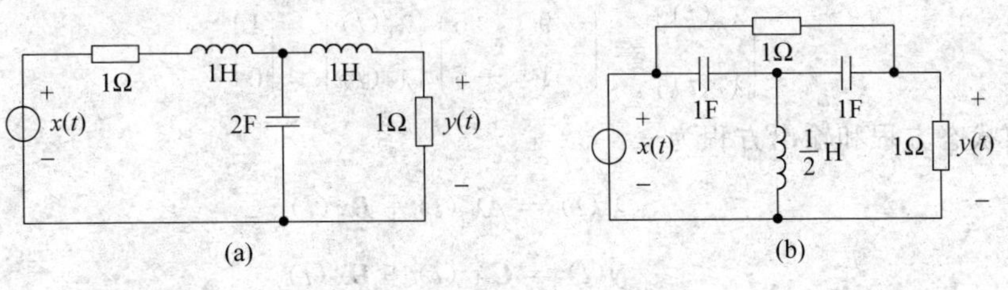

题 6.2 图

6.3 写出题 6.3 图所示电路的状态方程和输出方程。

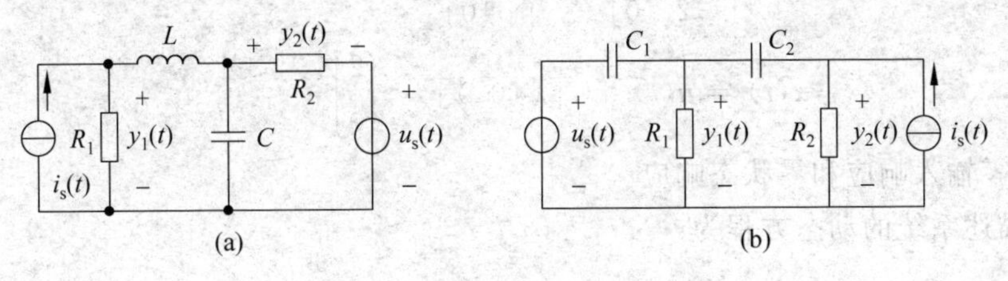

题 6.3 图

6.4 写出题 6.4 图所示电路的状态方程。

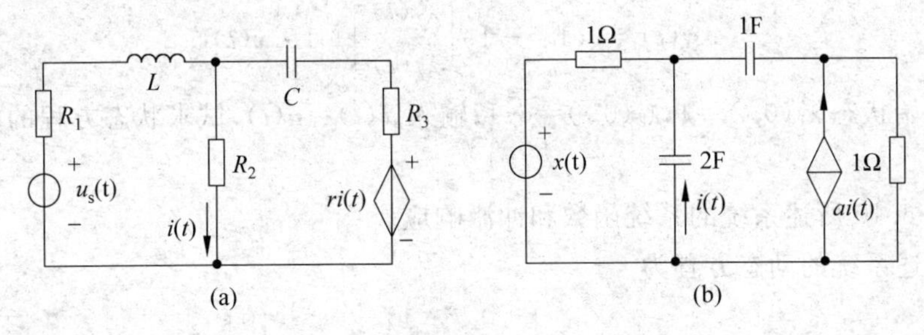

题 6.4 图

6.5 描述系统的微分方程如下,写出各系统的状态方程和输出方程。

(1) $y^{(2)}(t)+10y^{(1)}(t)+2y(t)=x(t)$

(2) $y^{(2)}(t)+4y(t)=x(t)$

(3) $y^{(3)}(t)+5y^{(2)}(t)+7y^{(1)}(t)+3y(t)=x(t)$

(4) $y^{(2)}(t)+4y^{(1)}(t)+3y(t)=x^{(1)}(t)+x(t)$

6.6 已知：$\lambda_1(0\_)=2,\lambda_2(0\_)=4$。求解下列状态方程。

$$\begin{pmatrix}\dot{\lambda}_1(t)\\ \dot{\lambda}_2(t)\end{pmatrix}=\begin{pmatrix}-7 & -1\\ 0 & -4\end{pmatrix}\begin{pmatrix}\lambda_1(t)\\ \lambda_2(t)\end{pmatrix}$$

6.7 已知：$\lambda_1(0\_)=3,\lambda_2(0\_)=2$。求解下列状态方程。

$$\begin{pmatrix}\dot{\lambda}_1(t)\\ \dot{\lambda}_2(t)\end{pmatrix}=\begin{pmatrix}1 & -2\\ 1 & 4\end{pmatrix}\begin{pmatrix}\lambda_1(t)\\ \lambda_2(t)\end{pmatrix}$$

6.8 已知：$\lambda_1(0\_)=0,\lambda_2(0\_)=1$。求解下列状态方程。

$$\begin{pmatrix}\dot{\lambda}_1(t)\\ \dot{\lambda}_2(t)\end{pmatrix}=\begin{pmatrix}-9 & 5\\ 1 & -5\end{pmatrix}\begin{pmatrix}\lambda_1(t)\\ \lambda_2(t)\end{pmatrix}+\begin{pmatrix}1\\ 0\end{pmatrix}$$

6.9 已知状态方程和输出方程为

$$\dot{\lambda}(t)=\boldsymbol{A}\dot{\lambda}(t)+\boldsymbol{Bx}(t)$$

$$\boldsymbol{y}(t)=\boldsymbol{C}\dot{\lambda}(t)+\boldsymbol{Dx}(t)$$

且

$$\boldsymbol{A}=\begin{pmatrix}-3 & 1\\ -2 & 0\end{pmatrix}\quad \boldsymbol{B}=\begin{pmatrix}1\\ 0\end{pmatrix}\quad \boldsymbol{C}=(0\quad 1)\quad \boldsymbol{D}=0$$

$$\boldsymbol{x}(t)=\boldsymbol{u}(t)\qquad [\lambda(0_-)]=\begin{pmatrix}2\\ 0\end{pmatrix}$$

试求零输入响应和零状态响应。

6.10 设描述系统的动态方程为

$$\begin{pmatrix}\dot{\lambda}_1(t)\\ \dot{\lambda}_2(t)\end{pmatrix}=\begin{pmatrix}-1 & 2\\ -1 & -4\end{pmatrix}\begin{pmatrix}\lambda_1(t)\\ \lambda_2(t)\end{pmatrix}+\begin{pmatrix}1\\ 1\end{pmatrix}\boldsymbol{x}(t)$$

$$\boldsymbol{y}(t)=(1\quad -1)\begin{bmatrix}\lambda_1(t)\\ \lambda_2(t)\end{bmatrix}+1\cdot\boldsymbol{x}(t)$$

且初始状态 $\lambda_1(0_-)=1,\lambda_2(0_-)=-1$；输入 $x(t)=u(t)$，试求状态方程的解和系统的输出。

6.11 求题 6.10 所述系统的系统函数和冲激响应。

6.12 设描述系统的动态方程为

$$\dot{\lambda}_1(t)=\begin{pmatrix}0 & 1\\ -8 & -4\end{pmatrix}\lambda(t)+\begin{pmatrix}0\\ 1\end{pmatrix}\boldsymbol{x}(t)$$

$$\boldsymbol{y}(t)=(-6\quad -1)\lambda(t)+1\cdot\boldsymbol{x}(t)$$

试求系统函数 $\boldsymbol{H}(s)$。

6.13　设描述系统的动态方程为

$$\dot{\lambda}(t)=\begin{pmatrix}0 & 3\\ -1 & -4\end{pmatrix}\lambda(t)+\begin{pmatrix}0 & 1\\ 1 & 0\end{pmatrix}\boldsymbol{x}(t)$$

$$\boldsymbol{y}(t)=\begin{pmatrix}1 & 2\\ -1 & 1\\ 1 & 1\end{pmatrix}\lambda(t)+\begin{pmatrix}0 & 0\\ 0 & 0\\ 1 & 1\end{pmatrix}\boldsymbol{x}(t)$$

试求系统函数矩阵 $\boldsymbol{H}(s)$和冲激响应矩阵 $\boldsymbol{h}(t)$。

6.14　用状态变量法求题 6.14 图中所示电路的单位阶跃响应 $u_C(t)$。

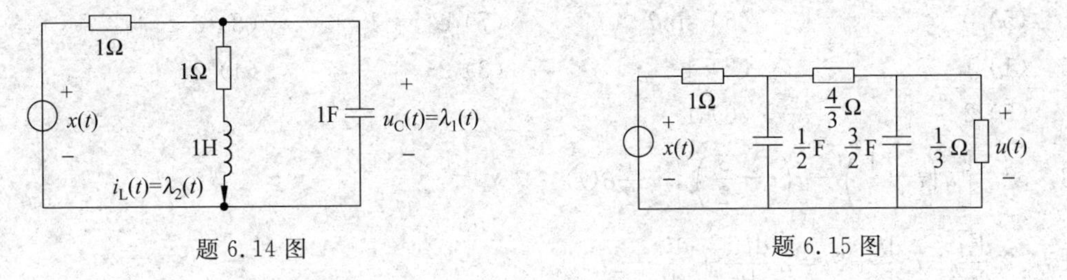

题 6.14 图　　题 6.15 图

6.15　求题 6.15 图中所示电路的单位阶跃响应 $u(t)$。

6.16　求题 6.16 图中所示电路的单位阶跃响应 $u(t)$。

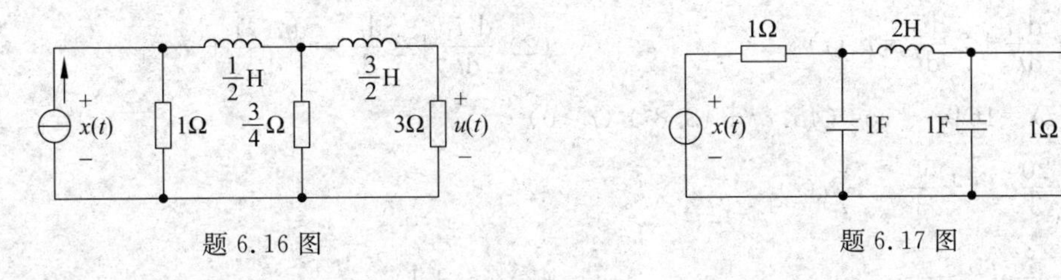

题 6.16 图　　题 6.17 图

6.17　求题 6.17 图中滤波器的阶跃响应 $y(t)$。

6.18　求题 6.18 图中滤波器的阶跃响应 $y(t)$。

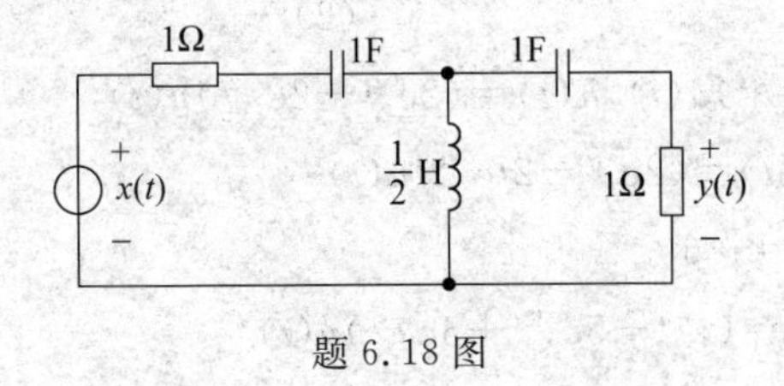

题 6.18 图

部分习题答案

习题 1

1.4 (1) $f(t-t_0)$ (2) 1 (3) 0 (4) 16

(5) 0 (6) $\sin\theta$ (7) $e^{-1}+1$ (8) e^{-3}

1.5 (1) 1 (2) 4 (3) 2 (4) 2

(5) 2 (6) 1

1.8 $e^{2t-3}\left[u\left(t-\frac{1}{2}\right)-u\left(t-\frac{3}{2}\right)\right]+\frac{1}{2}\delta(t)$

1.13 $2\frac{d^2 i}{dt^2}+7\frac{di}{dt}+5i=2\frac{d^2 i_s}{dt^2}+\frac{di_s}{dt}+2i_s$

$2\frac{d^2 u(t)}{dt}+7\frac{du(t)}{dt}+5u(t)=6i_s$

1.15 (1) $\frac{d^2 i}{dt^2}+2\frac{di_2}{dt}=u_s(t)$ (2) $\frac{d^2 i_1}{dt}+2\frac{di_1}{dt}=\frac{du(s)}{dt}+u_s$

1.16 $u_C(t)=164e^{-20t}\cos(45.8t+42.8°)$ $(t\geqslant 0)$

1.17 $\left(-\frac{20}{3}e^{-2t}+\frac{50}{3}e^{-5t}\right)u(t)$

1.18 (1) $\frac{8}{3}e^{-2t}-\frac{5}{3}e^{-5t}$ (2) $(6t+1)\frac{20}{3}e^{-3t}$

(3) $e^{-t}(\cos\sqrt{2}t+2\sqrt{2}\sin 2t)$

1.19 (1) $6e^{-3t}-5e^{-4t}$ (2) $-e^{-3t}$

1.20 $g(t)=(1+e^{-2t}-2e^{-t})u(t)$, $h(t)=(2e^{-t}-2e^{-2t})u(t)$

1.21 $g(t)=2te^{-t}u(t)$, $h(t)=(2e^{-t}-2te^{-t})u(t)$

1.22 $h_{(0+)}=1$ $h'_{(0+)}=-6$

$h''_{(0+)}=26$ $h(t)=(e^{-t}-5e^{-2t}+5e^{-3t})u(t)$

1.23 $12\delta(t)-2\sin\frac{t}{6}u(t)$

1.24 $\delta(t)+\left(\frac{1}{5}e^{-t}-\frac{36}{5}e^{-6t}\right)u(t)$

1.25 (1) $\begin{cases} t-1 & 1\leqslant t\leqslant 2 \\ 3-t & 2\leqslant t\leqslant 3 \\ 4-t & 4\leqslant t\leqslant 5 \\ t-6 & 5\leqslant t\leqslant 6 \\ 0 & \text{其余} \end{cases}$ (2) $\begin{cases} 1-2e^{2-t} & 2\leqslant t\leqslant 4 \\ e^{4-t}-e^{2-t} & t\geqslant 4 \\ 0 & \text{其余} \end{cases}$

1.26 $\begin{cases} 0 & t<-\frac{1}{2} \\ t+\frac{1}{2} & -\frac{1}{2}\leqslant t\leqslant 0 \\ \frac{1}{2} & 0\leqslant t\leqslant\frac{1}{2} \\ 1-t & \frac{1}{2}\leqslant t\leqslant 1 \\ 0 & t>1 \end{cases}$

1.27 $e^{t-2}(t<1)$　　$e^{-1}(t>1)$

1.28 $0(t\leqslant 0)$　　$0.5t(0\leqslant t\leqslant 0.5)$　　$\frac{3}{2}t-\frac{1}{2}(0.5\leqslant t\leqslant 1)$　　$\frac{3}{2}-0.5t\left(1\leqslant t\leqslant\frac{3}{2}\right)$

$3-\frac{3}{2}t\left(\frac{3}{2}\leqslant t\leqslant 2\right)$　　$0(t\geqslant 2)$

1.29 $r(t)=\frac{1}{2}(e^{-t}-e^{-3t})u(t)+\frac{1}{2}[(e^{-(t-\pi)}-e^{-3(t-\pi)})]u(t-\pi)$

1.30 $i(t)=\left[\left(\frac{5}{12}+\frac{\sqrt{3}}{4}\right)e^{(-3+\sqrt{3})t}+\left(\frac{5}{12}-\frac{\sqrt{3}}{4}\right)e^{(-3-\sqrt{3})t}+\frac{1}{6}\right]u(t)$

1.31 (1) $(t+3)u(t+3)$　　(2) $(1-e^{-t})u(t)$

(3) $\left[\frac{1}{2}t(t-4)\right]u(t)$　　(4) $\left[\frac{1}{2}(t+2)(t-2)\right]u(t+2)$

1.32 (1) $\left(\frac{1}{15}-\frac{1}{12}e^{-t}+\frac{1}{60}e^{-5t}\right)u(t)$　　(2) $\left(\frac{t}{3}-\frac{2}{5}+\frac{5}{12}e^{-t}-\frac{1}{60}e^{-5t}\right)u(t)$

1.33 $4e^{-t}-3e^{-3t}$，$(2t-1)e^{-t}+e^{-2t}(t\geqslant 0)$

1.34 $u_C(t)=10e^{-2t}-\frac{10}{3}e^{-t}+\frac{10}{3}e^{-4t}(t\geqslant 0)$

1.35 $u_C(t)=20e^{-\frac{1}{2}t}-9te^{-\frac{1}{2}t}-\frac{1}{4}t^2e^{-\frac{1}{2}t}(t\geqslant 0)$

1.36 $5e^{-t}-6e^{-2t}+2e^{-3t}+\left(\frac{1}{6}-e^{-t}+\frac{5}{2}e^{-2t}-\frac{5}{3}e^{-3t}\right)u(t)$

习 题 2

2.1 $f_1(t)=\frac{4}{\pi}\left(\cos-\frac{1}{3}\cos 3t+\frac{1}{5}\cos 5t-\frac{1}{7}\cos 7t+\cdots\right)$

$f_2(t)=\frac{4}{\pi}\left(\sin+\frac{1}{3}\sin 3t+\frac{1}{5}\sin 5t+\frac{1}{7}\sin 7t+\cdots\right)$

2.3 $f(t)=\frac{E}{2}+\frac{4E}{\pi^2}\left(\cos\omega t+\frac{1}{3^2}\cos 3\omega t+\frac{1}{5^2}\cos 5\omega t+\cdots\right)$

2.7 $f(t)=\begin{cases} 1+\frac{1}{j\pi}\sum\limits_{n=-\infty}^{\infty}\frac{1}{n}e^{jn\pi t} & n\neq 0 \\ 1 & n=0 \end{cases}$

2.8 $\sum\limits_{n=-\infty}^{\infty}\frac{1}{3}(e^{-j\frac{2}{3}n\pi}+e^{-j\frac{4}{3}n\pi})e^{j\frac{2}{3}n\pi}$

2.10 $i(t)=\frac{2}{\pi}(\cos t+\sin t)-\frac{2}{15\pi}(\cos 3t+3\sin 3t)+\frac{2}{65\pi}(\cos 5t+5\sin 5t)$

2.13 (1) $Y_1(\omega)=5\mathrm{e}^{-\mathrm{j}3\omega}$

(2) $Y_2(\omega)=(\mathrm{j}\omega)^2\left[\pi\delta(\omega)+\frac{1}{\mathrm{j}\omega}\right]=\mathrm{j}\omega$

(3) $Y_3(\omega)=\pi\delta(\omega-\omega_0)+\frac{1}{\mathrm{j}(\omega-\omega_0)}$

(4) $Y_4(\omega)=\pi[\delta(\omega-2\omega_0)+\delta(\omega)]$

2.14 (1) $F_1(\omega)=\left\{\pi[t_0\delta(\omega)-\mathrm{j}\delta'(\omega)]-\frac{1}{\omega}\left(\frac{1}{\omega}-\mathrm{j}t_0\right)\right\}\mathrm{e}^{\mathrm{j}\omega t_0}$

(2) $F_2(\omega)=\frac{\pi}{2}[\delta(\omega-1)+\delta(\omega+1)]+\frac{\mathrm{j}\omega}{1-\omega^2}$

(3) $F_3(\omega)=2\pi[U(\omega+1)-U(\omega-1)]$

(4) $F_4(\omega)=\frac{1}{(1+\mathrm{j}\omega)^2}$

2.15 (1) $\frac{1}{|A|}F\left(\frac{\omega}{A}\right)\mathrm{e}^{\mathrm{j}\omega\pi}$ (2) $\frac{1}{|A|}F\left(\frac{\omega}{A}\right)\mathrm{e}^{-\mathrm{j}\frac{\omega\pi}{A}}$

(3) $\frac{1}{|A|}F\left(\frac{\omega}{A}\right)\mathrm{e}^{-\mathrm{j}\frac{\omega\pi}{A^2}}$ (4) $\frac{1}{2}F\left[\frac{1}{2}(\omega+4)\right]$

2.16 $F_1(\omega)=\tau\mathrm{Sa}^2\left(\frac{\omega\pi}{2}\right)$ $F_2(\omega)=\frac{\mathrm{j}4}{\omega}\left(\sin\frac{\omega\pi}{2}\right)^2$

2.17 $F_1(\omega)=\tau\mathrm{Sa}\left(\frac{\omega\tau}{2}\right)\mathrm{e}^{-\mathrm{j}\frac{\omega\tau}{2}}$ $F_2(\omega)=\frac{1-\mathrm{e}^{-\mathrm{j}\omega\tau}-\mathrm{j}\omega\tau\mathrm{e}^{-\mathrm{j}\omega\tau}}{-\omega^2\tau}$

2.18 $F_1(\omega)=\frac{2}{\omega}(\sin 3\omega+\sin\omega)$ $F_2(\omega)=\mathrm{j}\frac{2}{\omega}[\cos 2\omega\tau-\mathrm{Sa}(2\omega\tau)]$

2.19 $F_1(\omega)=\frac{E}{\omega^2T}[1-\mathrm{j}\omega T-\mathrm{e}^{-\mathrm{j}\omega T}]$

2.20 (1) $\mathrm{j}\frac{1}{2}\frac{\mathrm{d}F\left(\frac{\omega}{2}\right)}{\mathrm{d}\omega}$ (2) $\mathrm{j}\frac{\mathrm{d}F(\omega)}{\mathrm{d}\omega}-2F(\omega)$

(3) $-F(\omega)-\omega\frac{\mathrm{d}F(\omega)}{\mathrm{d}\omega}$ (4) $F(-\omega)\mathrm{e}^{-\mathrm{j}\omega}$

(5) $-\mathrm{j}\frac{\mathrm{d}F(-\omega)}{\mathrm{d}\omega}\mathrm{e}^{-\mathrm{j}\omega}$ (6) $\frac{1}{2}F\left(\frac{\omega}{2}\right)\mathrm{e}^{-\mathrm{j}\frac{5}{2}\omega}$

2.22 $F_1(-\omega)\mathrm{e}^{-\mathrm{j}\omega t_0}$

2.24 (1) $F_1(\omega)=\pi\delta(\omega)-\frac{1}{\mathrm{j}\omega}$ (2) $F_2(\omega)=\frac{1}{1-\mathrm{j}\omega}$

(3) $F_3(\omega)=-\frac{1}{\mathrm{j}\omega}$ (4) $F_4(\omega)=\pi\delta(\omega-2)+\frac{1}{\mathrm{j}(\omega-2)}$

(5) $F_5(\omega)=\pi\delta(\omega)+\frac{1}{\mathrm{j}\omega}\mathrm{e}^{-\mathrm{j}3\omega}$

2.25 (1) $\frac{1}{2}(1-\mathrm{e}^{2t})u(t)$ (2) $(\mathrm{e}^{-t}-\mathrm{e}^{-2t})u(t)$

2.26 $\frac{1}{\pi t}(1-\cos\omega_0 t)$

习 题 3

3.1 (1) $\frac{2}{s(s+2)}$ (2) $\frac{s+3}{(s+2)^2}$ (3) $\frac{2s+1}{s+1}$ (4) $\frac{2s}{s^2-1}$

(5) $\frac{2}{(s+2)^3}$ (6) $\frac{2s+1}{s^2+1}$ (7) $\frac{2}{(s+1)^2+4}$ (8) $\frac{1}{2}\left(\frac{1}{s}+\frac{s}{s^2+4}\right)$

(9) $\frac{2s^3-6s}{(s^2+1)^3}$ (10) $\frac{s^2\pi}{s^2+\pi^2}$

3.3 (a) $\frac{(1-\mathrm{e}^{-s})^2}{s}$ (b) $\frac{1-\mathrm{e}^{-sT}-sT\mathrm{e}^{-sT}}{s^2T}$

(c) $\frac{2(1-\mathrm{e}^{-s})(1-\mathrm{e}^{-2s})}{s^2}$ (d) $\frac{2}{s+1}-\frac{2\mathrm{e}^{-(s-1)}}{s+1}$

(e) $\frac{A\pi}{s^2+\pi^2}(1+\mathrm{e}^{-s})$ (f) $\frac{A\pi}{s^2+\pi^2}(1+\mathrm{e}^{-2s})$

3.4 (b) $\frac{1}{s(1-\mathrm{e}^{-s})}$ (c) $\frac{1-\mathrm{e}^{-\frac{1}{2}sT}}{s(1-\mathrm{e}^{-sT})}$ (d) $\frac{1}{1+\mathrm{e}^{-\frac{1}{2}s}}$

3.7 (1) $2\mathrm{e}^{-\frac{3}{2}t}u(t)$ (2) $\frac{4}{3}(1-\mathrm{e}^{-\frac{3}{2}t})u(t)$

(6) $1+\sqrt{2}\sin(2t-45°)\quad (t\geqslant 0)$ (7) $1-(1-t)\mathrm{e}^{t}\quad (t\geqslant 0)$

(8) $t-1+\mathrm{e}^{-t}\quad (t\geqslant 0)$ (9) $1-\mathrm{e}^{-t}\cos 2t\quad (t\geqslant 0)$

(10) $\sin t-t\cos t\quad (t\geqslant 0)$

3.8 (1) $\delta(t)+\sin t$ (4) $\mathrm{e}^{-t}u(t)-\mathrm{e}^{-(t-T)}u(t-T)$

(6) $tu(t)-2(t-1)u(t-1)+(t-2)u(t-2)$

(8) $\frac{1}{4}[1-\cos(t-1)]u(t-1)$ (9) $\frac{1}{3}(\cos t-\cos 2t)$

(10) $\frac{1}{2}[(t-T)^2\mathrm{e}^{-(t-T)}]u(t-T)$

3.9 (1) $\frac{1}{2}t^2u(t)$ (2) $\delta(t)-2\mathrm{e}^{-t}u(t)+t\mathrm{e}^{-t}u(t)$

(3) $\left(\frac{1}{4}-\frac{1}{4}\cos 2t+\frac{1}{2}\sin 2t\right)u(t)$ (4) $\frac{1}{2}[1-\mathrm{e}^{-2(t-2)}]u(t-2)$

3.10 (1) $f(0_+)=1, f(\infty)=0$ (2) $f(0_+)=0, f(\infty)=0$

(3) $f(0_+)=0, f(\infty)=0$ (4) $f(0_+)=2, f(\infty)=0$

3.11 $y(t)=\frac{1}{4}(9+2t-5\mathrm{e}^{-2t})u(t)+\frac{1}{4}[-1+2t-\mathrm{e}^{-2(t-1)}]u(t-1)$

$-\frac{1}{2}[-3+2t+\mathrm{e}^{-2(t-2)}]u(t-1)$

3.13 (1) $y(t)=\frac{1}{2}+\frac{1}{2}\mathrm{e}^{-2t}\quad (t\geqslant 0)$ (2) $y(t)=\frac{3}{2}\mathrm{e}^{-t}-2\mathrm{e}^{-2t}+\frac{1}{2}\mathrm{e}^{-3t}\quad (t\geqslant 0)$

3.14 $h(t)=\frac{1}{2}\delta(t)-(\mathrm{e}^{-2t}+2\mathrm{e}^{-3t})u(t)$

3.15 $y_1(t)=\left(\frac{1}{2}+\sqrt{2}\right)\mathrm{e}^{(\sqrt{2}-1)t}+\left(\frac{1}{2}-\sqrt{2}\right)\mathrm{e}^{-(\sqrt{2}+1)t}\quad (t\geqslant 0)$

$y_2(t)=\left(1+\frac{\sqrt{2}}{4}\right)e^{(\sqrt{2}-1)t}+\left(1-\frac{\sqrt{2}}{4}\right)e^{-(\sqrt{2}+1)t}(t\geqslant0)$

3.16 $y_3(t)=(4\cos 2t-e^{-t})u(t)$

3.17 $y(t)=3\delta(t)-(9e^{-t}-12e^{-2t})u(t)$

3.18 $h(t)=\delta(t)-e^{-t}$,零输入响应,$2e^{-t}u(t)$

3.19 $u_C(t)=3-4e^{-2t}(t\geqslant0)$,$u_L(t)=\frac{5}{2}e^{-\frac{1}{2}t}(t\geqslant0)$

3.20 (a)$u(t)=\sin 2tu(t)$ (b) $u(t)=e^{-t}\sin\sqrt{3}tu(t)$

3.21 $u_C(t)=(1+t)e^{-t}(t\geqslant0)$

3.22 $i_1(t)=\frac{3}{2}e^{-\frac{7}{2}t}$ $i_2(t)=-i_1(t)$ $u(t)=-3.5\delta(t)-\frac{9}{4}e^{-\frac{7}{2}t}u(t)$

3.23 $i(t)=\frac{2}{3}E\delta(t)+\frac{E}{9}e^{-\frac{1}{3}t}u(t)$ $u(t)=\frac{E}{3}e^{-\frac{1}{3}t}u(t)$

3.24 $u_C(t)=3e^{-\frac{3}{2}t}-3e^{-2t}(t\geqslant0)$

3.26 $i_1(t)=i_2(t)=2.5e^{-t}u(t)$

3.27 $i(t)=50e^{-5\times10^3t}u(t)$ (mA)

3.28 $u_2(t)=-0.1te^{-t}u(t)$

3.29 $\frac{4}{5}e^{-t}+\frac{1}{5}e^{-2t}\cos 2t+\frac{8}{5}e^{-2t}\sin 2t$

3.30 $y_f(t)=[(t-1)e^{-5t}+e^{-6t}]u(t)$ (A)

3.31 $i_2(t)=\delta(t)+\frac{2}{5}e^{-\frac{3}{5}t}$(A) $(t\geqslant0)$

$u_2(t)=5-2e^{-\frac{3}{5}t}$(V) $(t\geqslant0)$

3.32 $y(t)=\frac{1}{2}e^{-t}$(V) $(t\geqslant0)$

3.33 $i(t)=\frac{1}{2}\delta(t)+1+\frac{1}{4}e^{-\frac{1}{2}}$(A) $(t\geqslant0)$

3.34 $i_3(t)=5+\frac{5}{3}e^{-\frac{1}{5}t}-\frac{10}{3}e^{-5t}$(A) $(t\geqslant0)$

3.35 (1) $\frac{2s-4}{(s+1)(s^2+4)}$ (2)$\frac{-2(s+1)^2}{s^2(s^2+2s+2)}$

3.36 (a) $\frac{LsR_2}{Ls+R_2}$ (b)$\frac{s}{2s+1}$

3.37 $|H(j1)|=\frac{8}{5}$

3.38 $H(s)=\frac{4s^3+8s^2+s+2}{s(s^2+2s+2)}$

3.39 $H(s)=\frac{s}{(s+1)(s+2)}$ 系统稳定

习 题 4

4.5 $y(n)-1.02y(n-1)=0$

4.6 $y(n)-\frac{2}{3}y(n-1)=0 \quad y(n)=\left(\frac{2}{3}\right)^n H \quad (n\geqslant 1)$

4.7 (4) $y(n)=(0.9)^{n+1}u(n)$

4.8 (1) $y(n)=2(-1)^n-4(-2)^n(n\geqslant 0)$

(2) $y(n)=(2n+1)^n(-1)^n(n\geqslant 0)$

(3) $y(n)=n(3)^n(n\geqslant 0)$

4.9 (2) $y(n)=1.6(-1)^n-9.6(-4)^n+0.1(1)^n(n\geqslant 0)$

(4) $y(n)=\frac{2}{7}(4)^n-\frac{3}{35}(-3)^n-\frac{1}{5}(2)^n(n\geqslant 0)$

4.10 $h(n)=\left(\frac{1}{3}\right)^n u(n) \qquad g(n)=\left[\frac{3}{2}-\frac{1}{2}\left(\frac{1}{3}\right)^n\right]u(n)$

4.11 (1) $h(n)=g(n)-g(n-1)$ (2) $g(n)=\sum_{k=0}^{\infty}h(n-k)$

4.12 $h(n)=\begin{cases}-\frac{1}{2} & n=0\\ 3\left(\frac{1}{2}\right)^{n+1} & n\geqslant 1\end{cases} \qquad g(n)=\begin{cases}-\frac{1}{2} & n=0\\ 1-3\left(\frac{1}{2}\right)^{n+1} & n\geqslant 1\end{cases}$

4.14 (1) $y(n)=5(-1)^n-3(-2)^n(n\geqslant 0)$

(2) $y(n)=(\sqrt{2})^n\sin\frac{3\pi}{4}\ (n\geqslant 0)$

(3) $y(n)=(-1)^n-2n(-1)^n(n\geqslant 0)$

(4) $y(n)=\frac{1}{5}\left(\frac{1+\sqrt{5}}{2}\right)^n-\frac{1}{5}\left(\frac{1-\sqrt{5}}{2}\right)^n(n\geqslant 0)$

4.15 (1) $h(n)=-\cos\frac{n\pi}{2}u(n-1)$ (2) $h(n)=\frac{6}{5}[(6)^{n+1}-1]u(n)$

(3) $h(n)=\frac{1}{2}(n^2-3n+2)u(n-1)$ (4) $h(n)=\delta(n)+\frac{1}{2}n(n+5)(-1)^n u(n-1)$

4.16 (2) $y(n)=(n+1)(1)^n(n\geqslant 0)$ (3) $y(n)=2(1)^n-\left(\frac{1}{2}\right)^n(n\geqslant 0)$

(4) $y(n)=3(3)^n-2(2)^n(n\geqslant 0)$

4.21 (1) $y(n)=\frac{a-2}{a+1}+\frac{a-3}{a-2}(2)^n+\frac{a^n}{(a-1)(a-2)}\ (n\geqslant 0)$

(2) $y(n)=0.04(5^n-\cos n)-0.22\sin n, n\geqslant 0$

(3) $y(n)=\left[\frac{1}{4}n^2-\frac{1}{4}n+\frac{5}{8}+\frac{3}{8}(-1)^n\right]u(n-1)$

4.22 (1) $y(n)=\frac{1}{2}n(n+1)u(n-1)$ (2) $y(n)=2(2^n-1)u(n)$

4.26 (1) $h(n)=\sin\frac{n\pi}{2}u(n)$ (2) $y_f(n)\left[2-\left(\frac{1}{2}\right)^n\right]\cos\frac{n\pi}{2}u(n)$

4.27 $y(n)-(1+a)y(n-1)=x(n) \qquad y(12)=142.73$ 元

习 题 5

5.1 (1) $\frac{z}{z-\frac{1}{2}}, |z|>\frac{1}{2}$ (2) $\frac{z}{z+\frac{1}{2}}, |z|>\frac{1}{2}$

(3) $\dfrac{4z-1}{2z-1},|z|>\dfrac{1}{2}$ (4) $\dfrac{2z^2-\frac{7}{3}z}{(z-2)\left(z-\frac{1}{3}\right)},|z|>2$

(5) $\dfrac{1}{1-3z},|z|<\dfrac{1}{3}$ (6) $\dfrac{1-(3z)^{-5}}{1-(3z)^{-1}},|z|>0$

(7) $\dfrac{z}{z-\frac{1}{3}},|z|<\dfrac{1}{3}$ (8) $\dfrac{z^2-\frac{\sqrt{2}}{2}z}{z^2-\sqrt{2}z+1},|z|>1$

(9) $z^{-1},|z|>0$ (10) $z|z|<\infty$

5.2 (1) $\dfrac{z^2}{z^2-1}$ (2) $\dfrac{z}{z+1}$

5.3 (1) $\dfrac{z^2}{(z-1)^2}$ (2) $\dfrac{z}{z-1}\left(\dfrac{z^4-1}{z^4}\right)^2$

(3) $\dfrac{-z}{(z+1)^2}$ (4) $\dfrac{z}{(z-1)^2}$

(5) $\dfrac{2z}{(z-1)^3}$ (6) $\dfrac{z+1}{(z-1)^3}$

5.4 (1) $f(n)=[10(2)^n-10]u(n)$ (2) $f(n)=\left[2\left(\dfrac{1}{2}\right)^n-\left(\dfrac{1}{4}\right)^n\right]u(n)$

(3) $f(n)=[(-1)^{n+1}-(-2)^{n+1}]u(n)$

(4) $f(n)=[3^{n-1}-2^{n-1}]u(n-1)$ (5) $f(n)=[3^n+(0.8n-1)5^n]u(n)$

(6) $f(n)=n\cdot 6^{n-1}u(n)$ (7) $f(n)=-\dfrac{1}{2}\delta(n)+\left[1+\dfrac{1}{2}(-2)^n\right]u(n)$

(8) $f(n)=\delta(n)-\cos\dfrac{n\pi}{2}u(n)$ (9) $f(n)=0.5^n u(n)$

(10) $f(n)=(-0.5)^n u(n)$

5.5 $f(n)=\delta(n-1)+6\delta(n-3)-2\delta(n-5)$

5.6 (1) $\dfrac{1}{3}\left[1+2\left(-\dfrac{1}{2}\right)^n\right]u(n)$ (2) $\dfrac{1}{3}\left[1-\left(-\dfrac{1}{2}\right)^{n-1}\right]u(n-1)$

(3) $2\left[\left(\dfrac{1}{2}\right)^{\frac{\pi}{2}}\sin\dfrac{3\pi}{4}n\right]u(n)$ (4) $\left[\dfrac{1}{4}(-1)^n\left(n^2-\dfrac{1}{2}\right)+\dfrac{1}{8}\right]u(n)$

5.7 (1) $y(n)=\dfrac{b}{b-a}[a^n u(n)+b^n u(-n-1)]$

(2) $y(n)=\dfrac{b^{n+1}-a^{n+1}}{b-a}u(n)$ (3) $y(n)=a^{n-2}u(n-2)$

(4) $y(n)=\dfrac{1-a^n}{1-a}u(n)$

5.8 (1) $f(0)=1,f(\infty)$不存在 (2) $f(0)=0,f(\infty)=0$

(3) $f(0)=1,f(\infty)=2$ (4) $f(0)=2,f(\infty)$不存在

5.9 (1) $y(n)=0.5-0.45\times 0.9^n(n\geqslant 0)$

(2) $y(n)=\dfrac{1}{6}+\dfrac{1}{2}(-1)^n-\dfrac{2}{3}\times(-2)^n(n\geqslant 0)$

(3) $y(n)=9.26+0.66\times(-0.2)^n-0.2\times0.1^n(n\geqslant0)$

(4) $y(n)=\frac{1}{6}[n+\frac{5}{6}-\frac{5}{6}(-5)^n]u(n)$

(5) $y(n)=\frac{1}{9}[3n-4+13(-2)^n]u(n)$

5.10 (1) $\left[1+(-1)^n-2\left(-\frac{1}{2}\right)^n\right]u(n)$

(2) $2\delta(n)+[6(5)^{n-1}-(-1)^{n-1}]u(n-1)$

(3) $-6\delta(n)+2\delta(n-1)+8\cdot6\left(\frac{\sqrt{2}}{2}\right)^n\cdot\cos\left(-\frac{3\pi}{4}n+35.3°\right)u(n)$

(4) $\frac{1}{2}(n-1)(n-2)u(n-3)$

5.11 (1) $a^{n-2}u(n-2)$ (2) $\frac{1-a^n}{1-a}u(n)$ (3) $\frac{b^{n+1}-a^{n+1}}{b-a}u(n)$

5.12 (1) $\left[\frac{1}{8}(n-2)+\frac{2}{9}+\frac{34}{9}(-2)^{n-2}\right]u(n-2)$

(2) $\left[\frac{13}{9}(-2)^n+\left(\frac{1}{3}\right)^n-\frac{4}{9}\right]u(n)$

5.13 0 $n<0$ $n+1$ $0\leqslant n\leqslant5$ 6 $5\leqslant n\leqslant10$ $16-n$ $10\leqslant n\leqslant15$ 0 $n>15$

5.14 (1) $1+(0.9)^{n+1}(n\geqslant0)$ (2) $\frac{1}{6}+\frac{1}{2}(-1)^n-\frac{2}{3}(-2)^n(n\geqslant0)$

(3) $\frac{1}{6}+\frac{1}{2}(-1)^n-\frac{2}{3}(-2)^n(n\geqslant0)$

(4) $-\frac{1}{2}+(-1)^n+(2)^n(n\geqslant0)$

5.15 (1) $\left(\frac{1}{3}+\frac{2}{3}\cos\frac{2n\pi}{3}+\frac{4\sqrt{3}}{3}\sin\frac{2n\pi}{3}\right)u(n)$

(2) $[9.26+0.66(-0.2)^n-0.2(0.1)^n]u(n)$

(3) $[0.5-0.45(0.9)^n]u(n)$

(4) $[0.5+0.45(0.9)^n]u(n)$

5.16 $2n\left(\frac{1}{2}\right)^n u(n)$

5.18 $H(z)=\frac{z^2-0.5}{z^2-z-0.75}$

5.19 $H(z)=\frac{z^2-3}{z^2-5z+6}$

$h(n)=-\frac{1}{2}\delta(n)-\frac{1}{2}(2)^n u(n)+2(3)^n u(n)$

5.20 $h(n)=[1.4(0.4)^n-0.4(-0.6)^n]u(n)$

5.21 (1) $H(z)=\frac{z}{3z-6}, h(n)=\frac{1}{3}(2)^n u(n)$

(2) $H(z)=1-5z^{-1}+8z^{-3}$ $h(n)=\delta(n)-5\delta(n-1)+8\delta(n-3)$

(3) $H(z)=\dfrac{z}{z-0.5}\quad h(n)=0.5^n u(n)$

习 题 6

6.2 (a)
$$\begin{bmatrix}\dfrac{\mathrm{d}u_C}{\mathrm{d}t}\\ \dfrac{\mathrm{d}i_{L1}}{\mathrm{d}t}\\ \dfrac{\mathrm{d}i_{L2}}{\mathrm{d}t}\end{bmatrix}=\begin{bmatrix}1 & \dfrac{1}{2} & -\dfrac{1}{2}\\ -1 & -1 & 0\\ 1 & 0 & -1\end{bmatrix}\begin{bmatrix}u_C(t)\\ i_{L1}(t)\\ i_{L2}(t)\end{bmatrix}+\begin{bmatrix}0\\1\\0\end{bmatrix}x(t),y(t)=i_{L2}(t)$$

(b)
$$\begin{bmatrix}\dfrac{\mathrm{d}i_L}{\mathrm{d}t}\\ \dfrac{\mathrm{d}u_{C1}}{\mathrm{d}t}\\ \dfrac{\mathrm{d}u_{C2}}{\mathrm{d}t}\end{bmatrix}=\begin{bmatrix}0 & -2 & 0\\ 1 & -2 & -2\\ 0 & -2 & -2\end{bmatrix}\begin{bmatrix}i_L(t)\\ u_{C1}(t)\\ u_{C2}(t)\end{bmatrix}+\begin{bmatrix}2\\1\\1\end{bmatrix}(t)$$

$y(t)=-u_{C1}(t)-u_{C2}(t)+x(t)$

6.3 (a)
$$\begin{bmatrix}\dfrac{\mathrm{d}u_C}{\mathrm{d}t}\\ \dfrac{\mathrm{d}i_L}{\mathrm{d}t}\end{bmatrix}=\begin{bmatrix}-\dfrac{1}{R_2C} & \dfrac{1}{C}\\ \dfrac{1}{-L} & \dfrac{R_1}{-L}\end{bmatrix}\begin{bmatrix}u_C(t)\\ i_L(t)\end{bmatrix}+\begin{bmatrix}\dfrac{1}{R_2C} & 0\\ 0 & \dfrac{R_1}{L}\end{bmatrix}\begin{bmatrix}u_s(t)\\ i_s(t)\end{bmatrix}$$

$$\begin{bmatrix}y_1(t)\\ y_2(t)\end{bmatrix}=\begin{bmatrix}0 & -R_1\\ 1 & 0\end{bmatrix}\begin{bmatrix}u_C(t)\\ i_L(t)\end{bmatrix}+\begin{bmatrix}0 & 1\\ -1 & 0\end{bmatrix}\begin{bmatrix}u_s(t)\\ i_s(t)\end{bmatrix}$$

(b)
$$\begin{bmatrix}\dfrac{\mathrm{d}u_{C1}}{\mathrm{d}t}\\ \dfrac{\mathrm{d}u_{C2}}{\mathrm{d}t}\end{bmatrix}=\begin{bmatrix}-\dfrac{R_1+R_2}{R_1R_2C_1} & \dfrac{1}{R_2C_1}\\ \dfrac{1}{-R_2C_2} & \dfrac{1}{-R_2C_2}\end{bmatrix}\begin{bmatrix}u_{C1}(t)\\ u_{C2}(t)\end{bmatrix}+\begin{bmatrix}\dfrac{R_1+R_2}{R_1R_2C_1} & -\dfrac{1}{C_1}\\ \dfrac{1}{R_2C_2} & -\dfrac{1}{C_2}\end{bmatrix}\begin{bmatrix}u_s(t)\\ i_s(t)\end{bmatrix}$$

$$\begin{bmatrix}y_1(t)\\ y_2(t)\end{bmatrix}=\begin{bmatrix}-1 & 0\\ -1 & -1\end{bmatrix}\begin{bmatrix}u_{C1}(t)\\ u_{C2}(t)\end{bmatrix}+\begin{bmatrix}1 & 0\\ 1 & 0\end{bmatrix}\begin{bmatrix}u_s(t)\\ i_s(t)\end{bmatrix}$$

6.4 (b)
$$\begin{bmatrix}\dfrac{\mathrm{d}u_{C1}}{\mathrm{d}t}\\ \dfrac{\mathrm{d}u_{C2}}{\mathrm{d}t}\end{bmatrix}=\begin{bmatrix}-\dfrac{1}{1+a} & \dfrac{1-a}{1+a}\\ \dfrac{0.5}{1+a} & -\dfrac{1}{1+a}\end{bmatrix}\begin{bmatrix}u_{C1}(t)\\ u_{C2}(t)\end{bmatrix}+\begin{bmatrix}\dfrac{a}{1+a}\\ \dfrac{0.5}{1+a}\end{bmatrix}x(t)$$

6.5 (1)
$$\begin{bmatrix}\dot{\lambda}_1(t)\\ \dot{\lambda}_2(t)\end{bmatrix}=\begin{bmatrix}0 & 1\\ -2 & 10\end{bmatrix}\begin{bmatrix}\lambda_1(t)\\ \lambda_2(t)\end{bmatrix}+\begin{bmatrix}0\\1\end{bmatrix}x(t)$$

(2)
$$\begin{bmatrix}\dot{\lambda}_1(t)\\ \dot{\lambda}_2(t)\end{bmatrix}=\begin{bmatrix}0 & 1\\ -4 & 0\end{bmatrix}\begin{bmatrix}\lambda_1(t)\\ \lambda_2(t)\end{bmatrix}+\begin{bmatrix}0\\1\end{bmatrix}x(t)\quad y(t)=\lambda_1(t)$$

(3)
$$\begin{bmatrix}\dot{\lambda}_1(t)\\ \dot{\lambda}_2(t)\\ \dot{\lambda}_3(t)\end{bmatrix}=\begin{bmatrix}0 & 1 & 0\\ 0 & 0 & 1\\ -3 & -7 & -5\end{bmatrix}\begin{bmatrix}\lambda_1(t)\\ \lambda_2(t)\\ \lambda_3(t)\end{bmatrix}+\begin{bmatrix}0\\0\\1\end{bmatrix}x(t)\quad y(t)=\begin{bmatrix}1 & 1\end{bmatrix}\begin{bmatrix}\lambda_1(t)\\ \lambda_2(t)\end{bmatrix}$$

6.6 $\lambda_1(t)=-\frac{4}{3}e^{-4t}+\frac{10}{3}e^{-7t}\quad \lambda_2(t)=4e^{-4t}$

6.7 $\lambda_1(t)=10e^{2t}-7e^{3t}\quad \lambda_2(t)=-5e^{2t}+7e^{3t}$

6.8 $\lambda_1(t)=-\frac{11}{12}e^{-10t}+\frac{19}{24}e^{-4t}+\frac{1}{8}\quad \lambda_2(t)=\frac{11}{60}e^{-10t}+\frac{19}{24}e^{-4t}+\frac{1}{40}$

6.9 $y_{zi}(t)=(4e^{-2t}-4e^{-t})u(t)$

$y_{zs}(t)=(-1-e^{-2t}+2e^{-t})u(t)$

6.10 $\begin{bmatrix}\lambda_1(t)\\ \lambda_2(t)\end{bmatrix}=\begin{bmatrix}1-2e^{-2t}+2e^{-3t}\\ e^{-2t}-2e^{-3t}\end{bmatrix}\quad y(t)=2-3e^{-2t}+4e^{-3t}(t\geqslant 0)$

6.11 $H(s)=\frac{s^2+5s+12}{s^2+5s+6}\quad h(t)=\delta(t)+6e^{-2t}-6e^{-3t}(t\geqslant 0)$

6.12 $H(s)=\frac{s^2+3s+2}{s^2+4s+8}$

6.13 $$\boldsymbol{H}(s)=\begin{bmatrix}\frac{2s+3}{(s+1)(s+3)} & \frac{s+2}{(s+1)(s+3)}\\ \frac{s-3}{(s+1)(s+3)} & \frac{-1}{s+3}\\ \frac{s+2}{s+1} & \frac{s+2}{s+1}\end{bmatrix}$$

6.14 $u_C(t)=\frac{1}{2}(1+e^{-t}\sin t-e^{-t}\cos t)u(t)$

$i_L(t)=\frac{1}{2}(1-e^{-t}\sin t-e^{-t}\cos t)u(t)$

6.15 $u(t)=\frac{1}{8}-\frac{1}{2}e^{-2t}+\frac{3}{8}e^{-4t}$

6.17 $y(t)=\frac{1}{2}\left[1-e^{-t}-\frac{2}{\sqrt{3}}e^{-0.5t}\sin\frac{\sqrt{3}}{2}t\right]$

6.18 $y(t)=\frac{1}{2}e^{-t}-\frac{1}{\sqrt{3}}e^{-0.5t}\sin\frac{\sqrt{3}}{2}t$

信号与系统分析实验

实验一　非正弦电路的研究

一、实验目的

(1) 验证非正弦信号有效值平方等于其各次谐波有效值平方之和。若以电压 U 为例，则有效值 $U=\sqrt{U_0^2+U_1^2+U_2^2+\cdots+U_n^2}$，式中 $U_0,U_1,U_2,\cdots,U_n$ 分别为 U 的直流分量、基波分量有效值、2 次谐波分量有效值、…、n 次谐波分量有效值。

(2) 观察不同频率的正弦波叠加后的波形——周期性非正弦波。

(3) 观察非正弦电路中，电感、电容对电流波形的影响。

二、实验原理

(1) 一个非正弦周期波可以用一系列频率成整数倍的正弦波来表示，其中与非正弦波具有相同频率的成分称为基波或 1 次谐波，其他成分则根据其频率为基波频率的 2、3、4、…、n 倍，分别称 2 次、3 次、4 次、…、n 次谐波，其幅度将随谐波次数的增加而减小，直至无穷小。

(2) 不同频率的谐波可以合成一个非正弦周期波；反过来，一个非正弦周期波也可以分解为无限个不同频率的谐波成分。

(3) 一个非正弦周期函数可用傅里叶级数来表示，其级数各项系数之间的关系可用频谱来表示，不同的非正弦周期函数具有不同的频谱图。

各种不同波形的傅里叶级数表达式如下：

$$\left.\begin{aligned}
&\text{① 方波为}\\
&u(t)=\frac{4U_{\mathrm{m}}}{\pi}\left(\sin\omega t+\frac{1}{3}\sin 3\omega t+\frac{1}{5}\sin 5\omega t+\frac{1}{7}\sin 7\omega t+\cdots\right)\\
&\text{② 三角波为}\\
&u(t)=\frac{8U_{\mathrm{m}}}{\pi^2}\left(\sin\omega t-\frac{1}{9}\sin 3\omega t+\frac{1}{25}\sin 5\omega t+\cdots\right)\\
&\text{③ 半波为}\\
&u(t)=\frac{2U_{\mathrm{m}}}{\pi}\left(\frac{1}{2}+\frac{\pi}{4}\sin\omega t-\frac{1}{3}\cos\omega t-\frac{1}{15}\cos 4\omega t+\cdots\right)\\
&\text{④ 全波为}\\
&u(t)=\frac{4U_{\mathrm{m}}}{\pi}\left(\frac{1}{2}-\frac{1}{3}\cos 2\omega t-\frac{1}{15}\cos 4\omega t-\frac{1}{35}\cos 6\omega t+\cdots\right)
\end{aligned}\right\}\qquad\text{(A.1)}$$

⑤ 矩形波为

$$u(t)=\frac{\tau U_m}{T}+\frac{2U_m}{\pi}\left(\sin\frac{\tau\pi}{T}\cos\omega t+\frac{1}{2}\sin\frac{2\tau\pi}{T}\cos 2\omega t+\frac{1}{3}\sin\frac{3\tau\pi}{T}\cos 3\omega t+\cdots\right) \tag{A.1}$$

(4) 在非正弦电路中，接入电感或电容时，由于感抗与频率成正比，容抗与频率成反比，所以电感有使高次谐波电流相对削弱的作用，电容有使高次谐波电流相对增强的作用。相反，电感有使高次谐波电压相对增强的作用，而电容有使高次谐波电压相对削弱的作用。各种不同波形如图 A-1 所示。

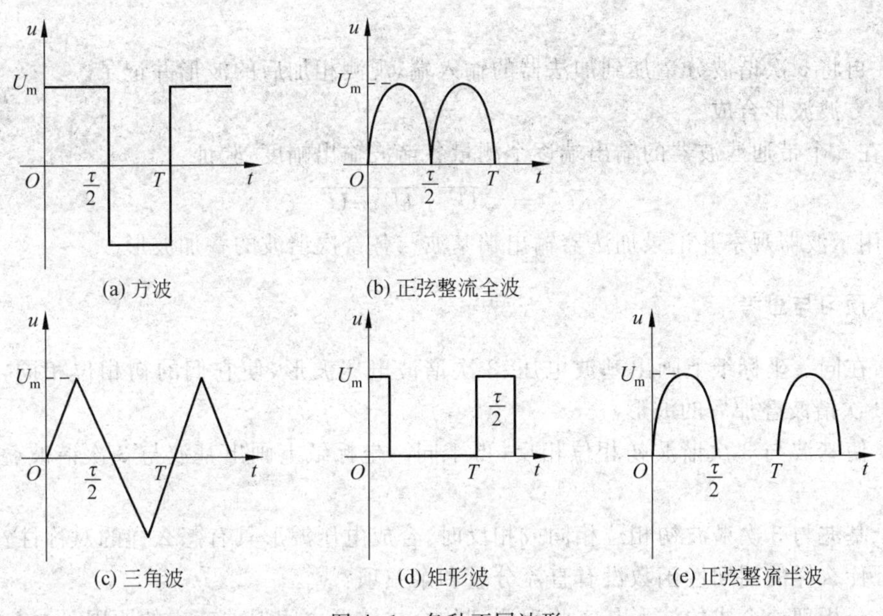

图 A-1　各种不同波形

实验装置结构如图 A-2 所示，图中 LPF 为低通滤波器，可分解出非正弦周期函数的直流分量。BPF1～BPF6 为调谐在基波和各次谐波上的带通滤波器，加法器用于信号的合成。

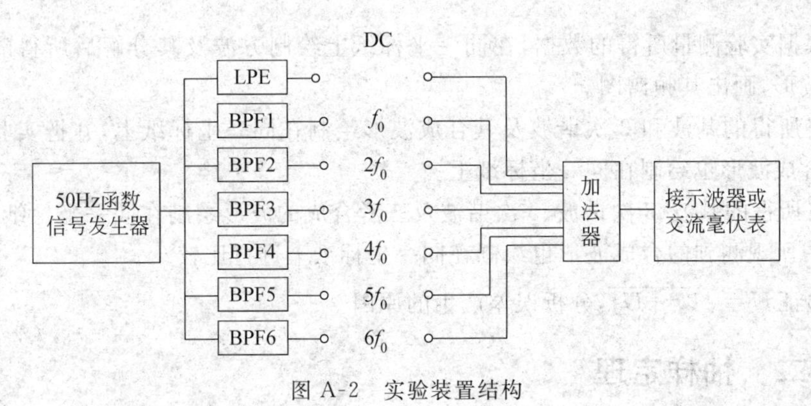

图 A-2　实验装置结构

三、实验内容与步骤

(1) 调节函数信号发生器，使其输出 50Hz 左右的方波(要求方波占空比为 50%。将

“波形选择”挡的1、2脚用短路器连接起来，即可输出方波）。将其接至该试验模块的各带通滤波器的输入端，再细调函数信号发生器的输出（将“频率选择”挡K301的跳线连接1、2脚，并调“频率”可调电位器），使50Hz（基波）的BPF模块有大量的输出。然后，将各带通滤波器的输出分别接至示波器，观测各次谐波的频率和幅度并记录。（注：观察频率时可打开实验箱上的频率计试验模块，即按下该模块电源开关S6）

（2）将方波分解所得的基波和3次谐波分量接至加法器的输入端（测试环TP011），观测加法器的输出波形。在输出端分别接入R、C及R、L，用示波器观察$i(t)$波形。记录所得的波形。

（3）再将5次谐波分量加到加法器的输入端，观测相加后的波形并记录。

（4）方波波形合成。

① 在5个带通滤波器的输出端逐个测量各谐波输出幅度，验证：

$$U^2 = \sqrt{U_1^2 + U_3^2 + U_5^2}$$

② 用示波器观察并记录加法器输出端基波与各奇次谐波的叠加波形。

四、预习与思考

（1）在同一坐标纸上画出基波电压、3次谐波电压波形，使它们的初相位相同，再画出基波与3次谐波叠加后的波形。

（2）使基波与3次谐波初相位相反，再于同一坐标纸上画出基波与3次谐波叠加后的波形。

（3）基波与3次谐波初相位相同或相反时，合成电压波形具有怎么样的对称性？

（4）什么样的周期性函数没有直流分量和余弦项？

（5）分析理论合成的波形与实验观测到的合成波形之间误差产生的原因。

（6）为何非正弦电路中接入L和C后，输出电流的波形与电压源的电压波形不一致？它们对电流波形的影响怎样？分析L、C对高次谐波电压的影响。

五、实验报告要求

（1）根据实验测量所得的数据，在同一坐标纸上绘制方波及其分解后所得的基波和各次谐波的波形，画出其频谱图。

（2）将所得的基波和3次谐波及其合成波形绘制在同一坐标纸上，并把实验步骤3中观测到的合成波形也绘制在同一坐标纸上。

（3）将所得的基波、3次谐波、5次谐波及三者合成的波形绘制在同一坐标纸上，并把实验步骤4中所观测到的合成波形也绘制在同一坐标纸上进行比较。

（4）验证$U=\sqrt{U_1^2+U_3^2}$，分析误差产生的原因。

实验二　抽样定理

一、实验目的

（1）了解电信号的采样方法与过程及信号恢复的方法。

（2）验证抽样定理。

二、实验原理

(1) 离散时间信号可以从离散信号源获得，也可以从连续时间信号抽样而得。抽样信号 $f_s(t)$ 可以看成连续信号 $f(t)$ 和一组开关函数 $S(t)$ 的乘积。$S(t)$ 是一组周期性窄脉冲，见图 A-3，T_s 称为抽样周期，其倒数 $f_s=1/T_s$ 称抽样频率。

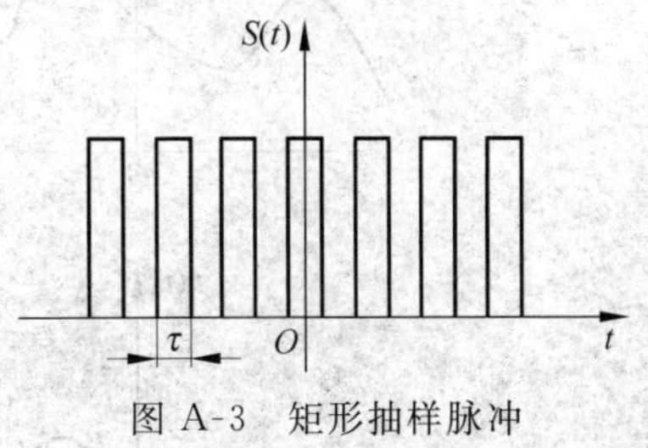

图 A-3 矩形抽样脉冲

对抽样信号进行傅里叶分析可知，抽样信号的频率包括了原连续信号及无限个经过平移的原信号频率。平移的频率等于抽样频率 f_s 及其谐波频率 $2f_s$、$3f_s$、…当抽样信号是周期性窄脉冲时，平移后的频率幅度按 $\sin x/x$ 规律衰减。抽样信号的频谱是原信号频谱周期的延拓，它占有的频带要比原信号频谱宽得多。

(2) 正如测得足够的实验数据以后，可以在坐标纸上把一系列数据点连起来，得到一条光滑的曲线一样，抽样信号在一定条件下也可以恢复为原信号。只要用一截止频率等于原信号频谱中最高频率 f_n 的低通滤波器滤除高频分量，由于经滤波后得到的信号包含了原信号频谱的全部内容，就可在低通滤波器输出端得到恢复后的原信号。

(3) 但原信号得以恢复的条件是 $f_s \geqslant 2B$，其中 f_s 为抽样频率，B 为原信号占有的频带宽度。而 $f_{\min}=2B$ 为最低抽样频率，又称"奈奎斯特抽样率"。当 $f_s<2B$ 时，抽样信号的频谱会发生混叠，从发生混叠后的频谱中，无法用低通滤波器获得原信号频谱的全部内容。在实际使用中，仅包含有限频率的信号是极少的，因此即使 $f_s=2B$，恢复后的信号失真还是难免的。图 A-4(a)、(b)、(c)画出了连续信号及当抽样频率 $f_s>2B$(不混叠时)和 $f_s<2B$(混叠时)三种情况下的冲激抽样信号的频谱。

试验中选用 $f_s<2B$、$f_s=2B$、$f_s>2B$ 这 3 种抽样频率对连续信号进行抽样，以验证抽样定理。要使信号采样后能不失真地还原，抽样频率 f_s 必须大于信号频率中最高频率的 2 倍。

(4) 为了实现对连续信号的抽样和抽样信号的复原，可采用实验原理框图图 A-5 所示的方案。除选用足够高的抽样频率外，常采用前置低通滤波器来防止原信号频谱过宽而造成抽样后信号频谱的混叠，但这也会造成失真。如实验选用的信号频带较窄，则可不设前置低通滤波器，本实验就是如此。

(5) 若原信号为方波或三角波，可用示波器观察到离散的抽样信号，但由于本装置难以实现一个理想的低通滤波器及高频窄脉冲(即冲激函数)，所以方波或三角波的离散信号经低通滤波器后只能观测到它们的基波分量，无法恢复原信号。

三、实验内容与步骤

(1) 将函数信号发生器产生的正弦波或三角波(频率一般不超过 1kHz，幅度为 2V 左右)送入抽样器(为便于观察，抽样信号频率一般选择 50～400Hz 的范围，而抽样脉冲的频率则是通过电位器 W501 来调节的)，即用跳线将函数信号发生器的输出端与本实验模块的输出端相连，观察经抽样后的正弦波或三角波信号。

(2) 若使用外接信号源，应将外接信号源的接地端与本实验箱的接地端相连，并将信号

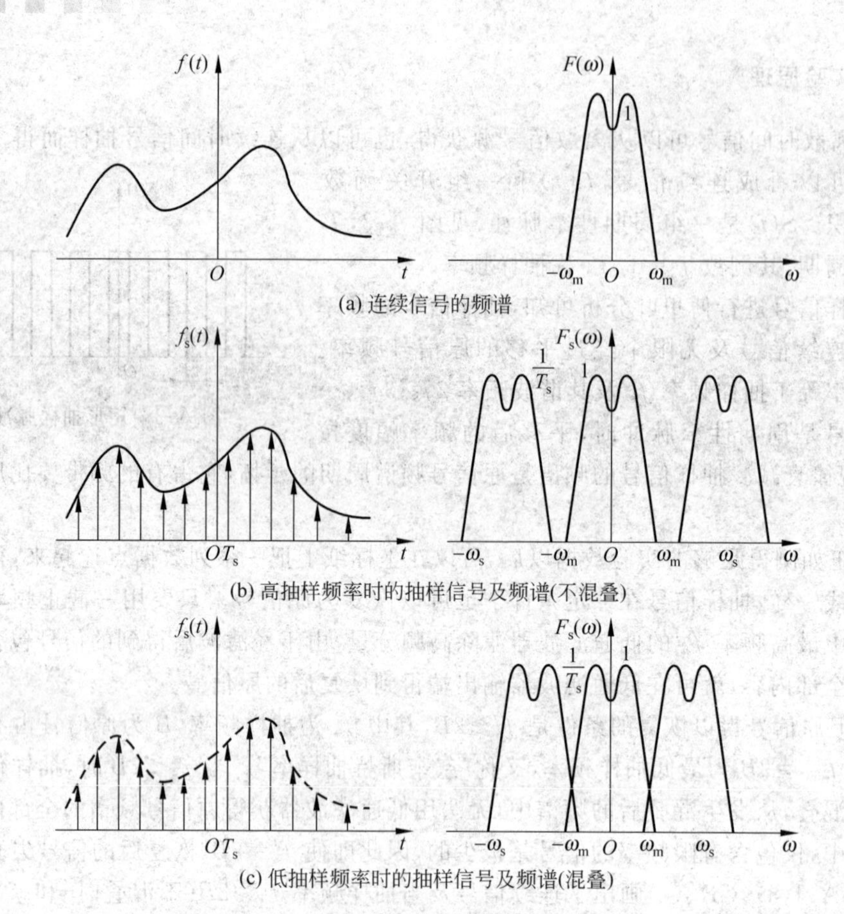

图 A-4　冲激抽样信号的频谱

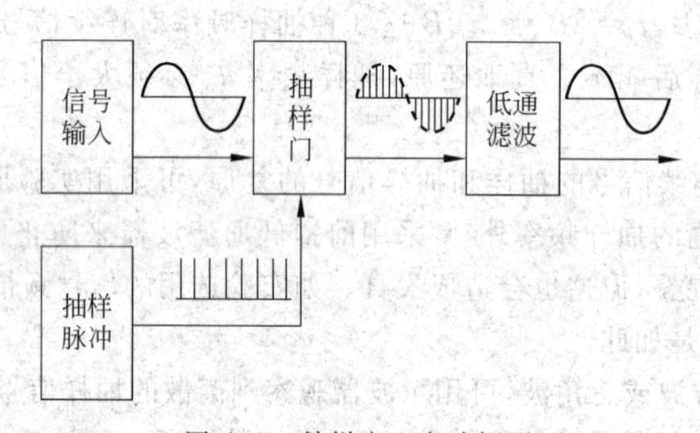

图 A-5　抽样定理实验框图

源的输出端接入本实验模块的输入端。

(3) 各测试点的波形分别如下：

TP500：接地端。

TP501：输入信号的波形。

TP502：本地输出的抽样脉冲。

TP503：经反相后的抽样脉冲。

TP504：抽样信号输出。

TP505：还原后的信号输出。

(4) 改变抽样频率 $f_s \geq 2B$ 和 $f_s < 2B$，观察复原后的信号，比较其失真程度。

四、预习与思考

(1) 若连续时间信号为 50Hz 的正弦波，开关函数为 $T_s = 0.5$ms 的窄脉冲，试求抽样后的信号 $f_s(t)$。

(2) 设计一个 2 阶 RC 低通滤波器，截止频率为 5kHz。

(3) 若连续时间信号取频率为 200～300Hz 的正弦波，计算其有效的频带宽度。该信号经频率为 f_s 的周期脉冲抽样后，若希望通过低通滤波后的信号失真较小，则抽样频率和低通滤波器的截止频率应该取多大？试设计一满足上述要求的低通滤波器。

五、实验报告要求

(1) 整理并绘出原信号、抽样信号及复原信号的波形，比较后得出结论。

(2) 整理 3 种不同抽样频率情况下 $f_s(t)$ 的波形，比较后得出结论。

(3) 总结实验调试中的体会。

参 考 文 献

[1] 郑君里.信号与系统.北京:高等教育出版社,2000.

[2] 徐守时.信号与系统.合肥:中国科学技术大学出版社,1999.

[3] 王宝祥.信号与系统.哈尔滨:哈尔滨工业大学出版社,2000.

[4] 吴京.信号与系统分析.长沙:国防科技大学出版社,1999.

[5] 于素芹.信号与系统.北京:北京邮电大学出版社,1997.

[6] 吴大正.信号与线性系统分析.北京:北京高等教育出版社,2005.

[7] 陈生潭.信号与系统.西安:西安电子科技大学出版社,2001.